塑料机械维修
指导手册

张丽珍　周殿明　编著

SULIAOJIXIE WEIXIU
ZHIDAO SHOUCE

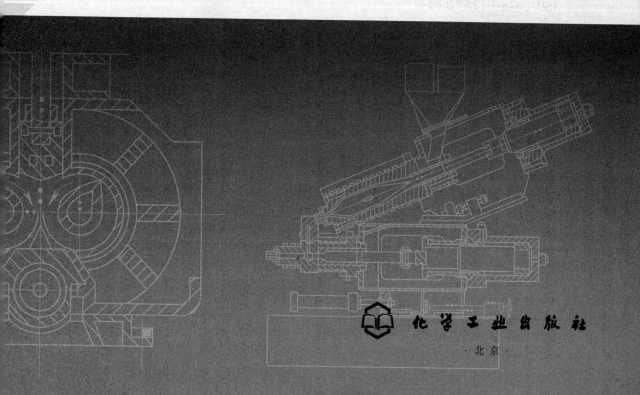

化学工业出版社

· 北京 ·

本书根据塑料机械维修从业人员的实际需求，系统讲述了塑料机械维修所需要的相关知识，主要内容包括：塑料机械维修技术基础知识；原料的配混与预塑化设备使用与维修；注塑机的使用与维修；塑料挤出机的使用与维修；压延机的使用与维修。全书总结了多位生产一线工程师所积累的各种技巧和经验，以供读者参考。本手册图文并茂、技术实用、内容全面、指导性强。

本书对塑料制品厂中所使用的主要机械设备的使用与维修，给出详细和实用性解答。本书可供从事塑料生产的一线技师、工人、生产操作人员、塑料机械维修保养人员学习和使用，也可供高等院校相关专业师生查阅和参考。

图书在版编目（CIP）数据

塑料机械维修指导手册/张丽珍，周殿明编著. —北京：化学工业出版社，2015.3
ISBN 978-7-122-22980-9

Ⅰ.①塑… Ⅱ.①张…②周… Ⅲ.①塑料成型加工设备-维修-技术手册 Ⅳ.①TQ320.5-62

中国版本图书馆 CIP 数据核字（2015）第 026410 号

责任编辑：朱 彤　　　　　　　　　　装帧设计：张 辉
责任校对：王素芹

出版发行：化学工业出版社（北京市东城区青年湖南街 13 号　邮政编码 100011）
印　　刷：北京永鑫印刷有限公司
装　　订：三河市宇新装订厂
787mm×1092mm　1/16　印张 21¾　字数 561 千字　2015 年 6 月北京第 1 版第 1 次印刷

购书咨询：010-64518888（传真：010-64519686）　售后服务：010-64518899
网　　址：http://www.cip.com.cn
凡购买本书，如有缺损质量问题，本社销售中心负责调换。

定　　价：75.00 元

前言 FOREWORD

塑料制品涉及国民经济和人民生活的各个方面，如化工、建材、机电、仪表、机械制造、汽车、家用电器、医疗卫生、农业、军事、航天工业等。进入 21 世纪以来，我国塑料机械工业得到了持续快速的发展，是全国增长最快的产业之一，随着化工、机械、电子等相关科技的发展，塑料和塑料机械在人类经济生活中的地位还会进一步提高。

《塑料机械维修指导手册》是一本以塑料机械维修钳工、生产操作工和设备管理人员为读者对象的学习应用参考书。本手册从实用角度出发，根据塑料机械维修从业人员的需求，重点讲解了以下几个方面的内容：（1）塑料机械维修技术基础知识；（2）原料的配混与预塑化设备使用与维修；（3）注塑机的使用与维修；（4）塑料挤出机的使用与维修；（5）压延机的使用与维修。本手册从生产需求出发，突出实际应用，着眼于提高塑料机械维修人员的水平，以问答的形式，通过图例说明塑料成型设备的结构、生产操作注意事项和如何对塑料机械进行维护与维修。

在对塑料机械设备的科学管理中，重要的一条就是如何对设备合理使用、维护与维修。这项工作做得好坏，将直接影响设备工作寿命的长短、生产效率的高低和产品质量的稳定。作者退休前一直从事塑料制品厂的技术和管理工作，为了给塑料机械使用者提供实际维修技术的相关知识，根据多年实践的体会把自己工作中的经验系统地整理出来，编著而成本书。全手册文字通俗易懂、图表丰富翔实，内容既包含必要的理论，深入浅出，又包含了许多经过了实践检验的技术技巧，对塑料制品厂中所使用的主要机械设备的使用与维修，给出详细和实用的解答。本手册可供从事塑料生产的一线技师、工人、生产操作人员、塑料机械维修保养人员学习和使用，也可供高等院校相关专业师生查阅和参考。

本手册由张丽珍、周殿明编著。在编写过程中，众多人员参与了书稿的编写工作或提供了技术资料，包括李洪喜、张力男、季丽芳、王丽、周恩会、吴鹏、张艳萍、康广乐、廖伟伟、王相华、周殿阁，在此一并表示衷心感谢！

由于本手册涉及面广，再加上编著者水平所限，书中疏漏和不足之处在所难免，敬请广大读者提出宝贵意见！

编著者
2015 年 1 月

目录 CONTENTS

第2章 原料的配混与预塑化设备使用与维修

第3章 注塑机的使用与维修

第4章 塑料挤出机的使用与维修

第5章 压延机的使用与维修

参考文献

第1章 塑料机械维修技术基础知识

1-1 塑料机械维修常用设备有哪些?

塑料机械维修时常用设备有钻床、砂轮机、压床和起重物用起重机及手动葫芦等。

1-2 钻孔用设备有几种? 各有哪些工作特点?

钻孔常用钻床有台式钻床、手持式电钻、立式钻床、摇臂钻床。

(1) 台式钻床 (图 1-1) 是一种小型钻床,放在台子上使用。一般用来钻削工件直径在 ϕ13mm 以下的孔,也可扩 ϕ16mm 以下的孔,为手动进给。台钻的型号与技术参数见表 1-1。

表 1-1 台式钻床型号与技术参数

技术参数	型 号				
	Z4002A	Z4006C	Z4012	Z4015	Z4116A
最大钻孔直径/mm	2	6	12	15	16
主轴行程/mm	25	65	100	100	125
主轴孔莫氏锥度号			1	2	2
主轴端面至底座距离/mm	20~120	90~215	30~430	30~430	560
主轴中心线至立柱表面距离/mm	80	152	190	190	240
主轴转速范围/(r/min)	3000~8700	2300~11400	480~2800	480~2800	335~3150
主轴转速级数	3	4	4	4	5
主轴箱升降方式	手托	丝杆升降	蜗轮蜗杆	蜗轮蜗杆	
主轴箱绕立柱回转角/(°)	±180	±180	0	0	±180
主轴进给方式	手动	手动	手动	手动	手动
电机功率/kW	0.09	0.37	0.55	0.55	0.55
工作台尺寸/mm	110×100	200×200	295×295	295×295	300×300
机床外形尺寸(长×宽×高)/mm	320×140×370	545×272×730	790×365×800	790×365×850	780×415×1300

(2) 手持式电钻 (图 1-2) 手持式电钻是一种手持式电动工具,在装配大型工件时,由于受工件形状或加工部位限制,不能用钻床钻孔时可用手持式电钻加工。手持式电钻的电源电压分单相 (220V、36V) 和三相 (380V) 两种。采用单相电压的电钻,用于钻 ϕ6mm、ϕ10mm、ϕ13mm、ϕ19mm、ϕ23mm 直径孔。采用三相电压的电钻,钻 ϕ13mm、ϕ19mm、ϕ23mm 直径孔。手持式电钻使用时应注意下列两点。

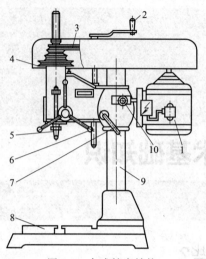

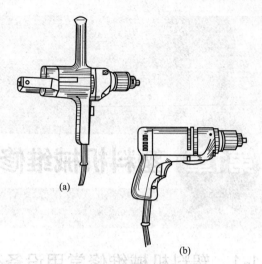

(a)

(b)

图 1-1 台式钻床结构

图 1-2 手持式电钻

1—电动机；2—升降手柄；3—V带；4—主轴承座；

5—主轴；6—主轴升降手轮；7—锁紧手柄；

8—工作平台；9—立柱；10—旋钮

① 电钻钻孔前应空转开机 1min，检查传动工作是否正常，发现故障应排除后再使用。

② 钻削钻头应锋利，钻孔时不宜用力过猛；当孔接近钻穿时，应减少钻孔压力，以防止发生事故。

（3）立式钻床（图 1-3） 立式钻床应用广泛，可钻 $\phi25mm\sim\phi50mm$ 直径的多种孔，也可用来锪孔、铰孔和攻螺纹。工作时主轴转速与进给速度有较大的变动范围，可加工出较高精度孔。钻床的型号与技术参数见表 1-2。

表 1-2 立式钻床型号与技术参数

技术参数	型号					
	Z5125A	Z5132A	Z5140A	Z5150A	Z5163A	ZQ5180A
最大钻孔直径/mm	25	32	40	50	63	80
主轴中心线至导轨面距离/mm	280	280	335	350	375	375
主轴端面至工作台距离/mm	710	710	750	750	800	800
主轴行程/mm	200	200	250	250	315	315
主轴箱行程/mm	200	200	200	200	200	200
主轴转速范围/(r/min)	50～2000	50～2000	31.5～1400	31.5～1400	22.4～1000	22.4～1000
主轴转速级数	9	9	12	12	12	12
进给量范围/(mm/r)	0.056～1.8	0.056～1.8	0.056～1.8	0.056～1.8	0.063～1.2	0.063～1.2
进给量级数	9	9	9	9	8	8
主轴孔莫氏锥度号	3	3	4	4	5	5
主轴最大进给抗力/N	9000	9000	16000	16000	30000	30000
主轴最大扭矩/N·m	160	160	350	350	800	800
主电动机功率/kW	2.2	2.2	3	3	5.5	5.5
总功率/kW	2.3	2.3	3.1	3.1	5.75	5.75
工作台行程/mm	310	310	300	300	300	300
工作台尺寸/mm	550×400	550×400	560×480	560×480	650×550	650×550
机床外形尺寸(长×宽×高)/mm	980×807 ×2302	980×807 ×2302	1090×905 ×2530	1090×905 ×2530	1300×980 ×2790	1300×980 ×2790

（4）摇臂钻床（图1-4） 摇臂钻床适用于大型笨重工件或多孔工件上的钻削工作。工作时靠移动钻轴去对准工件上的孔中心来钻孔。由于主轴变速箱4能在摇臂5上移动，而摇臂又能回转360°，所以这种钻床可钻削工件上多种不同位置孔，还可用来扩孔、锪平面、铰孔、镗孔、攻螺纹和环切大圆孔。

摇臂钻床型号与技术参数见表1-3。

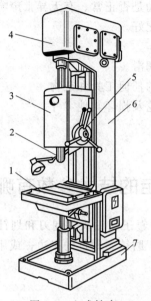

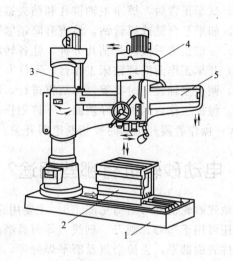

图1-3 立式钻床

1—工作台；2—主轴；3—进给变速箱；

4—主轴变速器；5—升降手柄；

6—主柱床身；7—底座

图1-4 摇臂钻床

1—底座；2—工作台；3—立柱；

4—主轴变速箱；5—摇臂

表1-3 摇臂钻床型号与技术参数

技术参数	型 号					
	Z3025B×10	Z3132	Z3035B	Z3040×16	Z3063×20	Z3080×25
最大钻孔直径/mm	25	32	35	40	63	80
主轴中心线至立柱表面距离/mm	300～1000	360～700	350～1300	350～1600	450～2000	500～2500
主轴端面至底座面距离/mm	250～1000	110～710	350～1250	350～1250	400～1600	550～2000
主轴行程/mm	250	160	300	315	400	450
主轴孔莫氏锥度号	3	4	4	4	5	6
主轴转速范围/(r/min)	50～2350	63～1000	50～2240	25～2000	20～1600	16～1250
主轴转速级数	12	8	12	16	16	16
进给量范围/(mm/r)	0.13～0.56	0.08～2.00	0.06～1.10	0.04～3.2	0.04～3.2	0.04～3.2
进给量级数	4	3	6	16	16	16
主轴最大扭矩/N·m	200	120	375	400	1000	1600
最大进给抗力/N	8000	5000	12500	16000	25000	35000
主电动机功率/kW	1.3	1.5	2.1	3	5.5	7.5
总装机容量/kW	2.3	—	3.35	5.2	8.55	10.85
摇臂回转角度/(°)	±180	±180	360	360	360	360
主轴箱水平移动距离/mm	700	—	850	1250	1550	2000
主轴箱水平面回转角度/(°)	—	±180	—	—	—	—

1-3　钻床操作应注意哪些事项?

（1）用手电钻时首先要注意手电钻允许的额定电压值，同时要检查手电钻体的绝缘是否良好。

（2）钻床操作者开车前要把机床擦拭干净，各部位无油污异物，滑动导轨要加注润滑油。

（3）调好各手柄至工作需要位置，开车试转，检查转动是否正常、有无异常声响。

（4）试车正常后，擦净主轴锥孔和钻夹锥柄，然后装配好。

（5）如果是台钻或摇臂钻，检查升降锁紧装置是否锁牢。

（6）一切正常后慢速开钻几分钟，让各转动零件充分润滑。

（7）开车工作前清理钻床工作台，不许有与工作无关的任何工具和杂物。

（8）调整主轴转速时要等停车后再进行，以免撞伤齿轮及损坏其他零件。

（9）保护工作台和滑动导轨面，不许划伤。

（10）操作者离开机床时要切断电源开关。

1-4　电动砂轮机有哪些用途? 标准规定的技术参数有哪些?

落地式砂轮机外形结构见图 1-5。主要用途是用来刃磨錾子、钻头、刮刀和划针等钳工工具；还可用于车刀、刨刀、刻线刀等刃具磨削；也可用于磨铸、锻件的飞边；或用来对型材、零件表面磨平，去掉余量及磨平焊缝等。

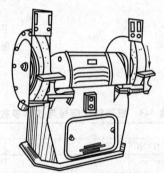

图 1-5　落地式砂轮机外形结构

落地式砂轮机的技术参数见表 1-4。

表 1-4　落地式砂轮机主要技术参数 （JB/T 3770—2000）

最大砂轮直径/mm	200	250	300	350	400	500	600
砂轮厚度/mm	25			40		50	65
砂轮孔径/mm	32		75		127	203	305
额定功率/kW	0.5	0.75	1.5	1.75	3.0,2.2	4.0	5.5
同步转速/(r/min)	3000	1500	3000	1500		1000	
额定电压/V	380						
额定频率/Hz	50						

注：此额定功率为自驱式砂轮机的额定功率。

1-5　落地式砂轮机使用与维护应注意哪些事项?

（1）操作方法

① 开车前要检查砂轮应有安全防护罩，砂轮应无损坏，外圆平整，托架间距合适。

② 人站在砂轮侧面，启动按钮，待砂轮运转正常，检查砂轮外圆应无跳动。

③ 摆正工件或坯料的角度，轻、稳地靠在砂轮外圆上，沿砂轮外圆在全宽上移动，施加的压力不要过大。

④ 磨削完毕，关闭电源。

（2）注意事项　由于砂轮的质地较脆，转速较高，如使用不当，容易发生砂轮碎裂，造成人身事故，因此使用砂轮机时，应严格遵守安全操作规程。一般应注意以下几点。

① 砂轮的旋转方向要正确，使磨屑向下方飞离砂轮。

② 砂轮启动后先观察运转情况，待转速正常后再进行磨削。

③ 磨削时，工作者应站在砂轮的侧面和斜侧面，不要站在砂轮的正对面。

④ 磨削过程中，不要对砂轮施加过大的压力，防止刀具或工件对砂轮发生激烈的撞击，砂轮应经常用修整器修整，保持砂轮表面的平整。

⑤ 经常调整托架和砂轮间的距离，一般应保持在 3mm 以内，防止磨削件轧入造成事故。

（3）维护保养

① 砂轮磨损后，直径会变小，当砂轮直径小到影响使用时，应及时更换新砂轮。

② 砂轮外圆不圆或母线不直时，应及时用砂轮修整器进行修整。

③ 要定期在砂轮的轴承部位加注润滑油，并定期检查，做必要的维护和修理。

1-6　压力机的结构类型与用途有哪些?

（1）结构种类　压力机的种类与外形结构见图 1-6。其种类可分为螺旋式、液压式、杠杆式、齿条式和气动式。

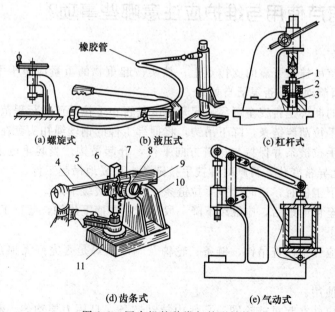

图 1-6　压力机的种类与外形结构

1,9—轴；2—轴承；3—衬套；4—手把；5—手轮；6—齿条；7—棘爪；8—棘轮；10—床身；11—底座

（2）用途　用于零件间（齿轮与轴、轴承与轴等）的压配合装配和零件间压配合后的拆卸；有时也可用来矫正、调直弯曲变形的零件。

1-7 手拉葫芦的用途与规格有哪些?

手拉葫芦的外形结构见图 1-7。它主要用来供手动提起重物,广泛用于小型设备的拆卸、装配和零部件的短距离吊装作业中。手拉葫芦(JB/T 7334—2007)的基本参数见表1-5。

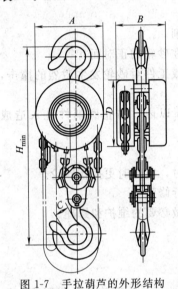

图 1-7 手拉葫芦的外形结构

表 1-5 手拉葫芦(JB/T 7334—2007)的基本参数

额定起重量 /t	工作级别	标准起升高度 /m	两钩间最小距离 H_{min}(不大于)/mm		标准手拉链条长度 /m	自重(不大于) /kg	
			Z 级	Q 级		Z 级	Q 级
0.5	Z 级 Q 级	2.5	330	350	2.5	11	14
1			360	400		14	17
1.6			430	460		19	23
2			500	530		20	30
2.5			530	600		33	37
3.2			580	700		38	45
5			700	850		50	70
8			850	1000		70	90
10		3	950	12000	3	95	130
16	Z 级		1200			150	—
20			1350			250	—
32			1600			400	—
40			2000			550	—

注:Z 级——重载,频繁使用;Q 级——轻载,不经常使用。

1-8 手拉葫芦使用与维护应注意哪些事项?

(1)操作方法

① 把手拉葫芦吊挂在可靠的支撑点上;核实被起重物的重量应小于手拉葫芦的额定起重量;检查手拉葫芦动作是否灵活自如。

② 检查工件的捆绑是否安全可靠,起升高度是否在手拉葫芦的行程范围之内。

③ 逆时针拽手拉葫芦链条,降下吊钩,将捆绑工件的钢丝绳扣头套在吊钩之中。

④ 顺时针拽手拉链条并保持与吊链方向平行,升起吊钩。当起重链条张紧时,先微量提升工件,观察无异常变化,再顺时针拽手拉链条,稳妥地吊起工件。

⑤ 当需要降下工件时,逆时针拽手拉链条,工件便缓缓下降。

⑥ 当工件落至目的地后,应继续下降一段距离,再摘下吊钩,起重工作结束。

(2)注意事项

① 使用前,应仔细检查吊钩、链条、轮轴及制动器等是否完好无损,棘爪弹簧应保证制动可靠。

② 严禁超载使用。

③ 操作时,应站在起重链轮同一平面内拉动链条,且用力要均匀、和缓,保持链条理顺。拉不动时,不要加大用力或抖动链条,应待查找原因后,再继续操作。

(3)维护保养

① 手拉葫芦属起重设备,必须严格按规定进行定期检查维护,对破损件要及时进行修换。

② 对润滑部位、运动表面应经常加注润滑油。

③ 手拉葫芦不用时应定点存放，不要被其他重物压坏。

1-9 机械零件测量常用哪些量具?

常用量具有：游标卡尺、千分尺、百分表、游标角度尺、塞尺、直角尺、平尺、水平仪、表面粗糙度样板等。

1-10 游标卡尺的结构和用途有哪些? 怎样测量工件?

（1）游标卡尺的结构 游标卡尺的结构如图1-8所示。它由卡脚、锁紧螺钉、滑动框架、游标、尺身和量条等部分组成。

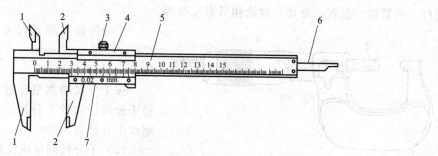

图1-8 游标卡尺的结构

1—固定卡脚；2—移动卡脚；3—锁紧螺钉；4—滑动框架；

5—尺身；6—量条；7—游标

游标卡尺按其功能分，有两用游标卡尺（只能测量孔、外圆、宽度和厚度）和三用游标卡尺（除了两用游标卡尺的功能外，还能测量零件的深度）；按其测量尺寸大小分，有0～125mm、0～150mm、0～200mm、0～300mm、0～500mm、0～1000mm、0～1500mm、0～2000mm 和 0～3000mm 等规格；按游标卡尺的测量精度分，有0.02mm、0.05mm 和 0.10mm 三种。

（2）游标卡尺的用途 游标卡尺主要用来测量零件的内外尺寸、宽度、厚度、深度和孔的距离等。用游标卡尺测量圆柱外径、孔的内径及槽深的方法如图1-9所示。

（3）注意事项

① 测量前应把滑动框架和尺身

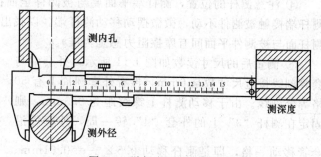

图1-9 游标卡尺的应用示例

的配合间隙调好。以能让框架在尺身上滑动时有最小配合间隙为合理。同时擦干净被测量零件的表面和游标卡尺的各部位。

② 测量时卡脚与被测件表面的接触力应适当，以卡脚与被测表面接触时有摩擦力的感觉即可，然后紧固锁紧螺钉。

③ 测量方法见图1-9，卡脚与被测面全部接触（见测内孔），端面与零件平面靠平（见测深度），以避免产生较大的测量误差。

④ 被测零件尺寸数值、框架游标上零刻线与尺身刻线对准或接近的数值为毫米（mm）（见图1-9，为35mm）。由于游标上零刻线与尺身刻线没有完全重合，然后再查看游标上哪个刻线与尺身刻线完全重合。图1-9中是游标上第5刻线与尺身刻线完全重合（游标上刻线共10条，每条线为0.1mm，即0.1×5＝0.5mm），则图1-9中零件尺寸为35.5mm。

⑤ 注意游标卡尺在使用时不许被撞击，不许被挤压，不许有污物；测量前检查两卡脚合严后，游标上零刻线与尺寸零刻线要完全重合。

⑥ 游标卡尺用完后要擦干净放入工具盒中。

1-11　千分尺的结构、规格及用途是什么？怎样测量使用？

(1) 千分尺的结构

图1-10所示为测量外径用千分尺的结构。组成千分尺的主要零件有：固定测杆、移动测杆、锁紧钮、套管、外套、棘轮和弓形尺架等。

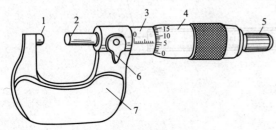

图1-10　千分尺的结构

1—固定测杆；2—移动测杆；3—套管；4—外套；
5—棘轮；6—锁紧钮；7—弓形尺架

千分尺按其测量尺寸大小分，有0～25mm、25～50mm、50～75mm、75～100mm等多种规格。

按千分尺的测量功能或用途分，有外径千分尺、内径千分尺、测深千分尺和测螺纹千分尺等。

(2) 千分尺测量应注意事项

① 测量前应校准，让千分尺的两测杆接触时，外套端边应压在套管的零刻线上，外套圆周上的刻线零位与套管线重合。

② 擦干净千分尺两测杆的端平面和被测件平面。

③ 测量时左手握住弓形尺身隔热板部位，右手拧动棘轮，直至移动测杆端平面接触被测表面发出咯咯声。锁紧移动测杆。

④ 注意测杆的位置，测杆端平面要与被测件全面接触；在测量圆柱表面时，应把固定测杆端接触被测件不动，微微摆动移动测杆端，以找出圆周上被测件的最大值（摆动时，以测杆面与被测件平面间有摩擦阻力感觉为准）。

⑤ 测量后的尺寸读数如图1-11所示，外套端与套管刻线接近尺寸数是6mm，再看外套圆周上有50格等分刻线。由于移动测杆上螺纹距为0.5mm，则固定在测杆"3"上的外套"4"转一周，外套就沿套管移动一格，即是测杆移动 $0.5 \times \dfrac{1}{50} = 0.01\text{mm}$。

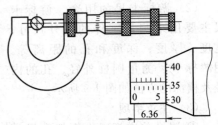

图1-11　千分尺测量值实际读数

图1-11中是外套圆周上的36格处刻线与套管上横直线重合对齐，则此测量尺寸为6.36mm。

⑥ 注意保养千分尺，不能被撞击、挤压，用后擦净放在千分尺工具盒内。

1-12　百分表的结构、规格及用途是什么？如何测量使用？

百分表主要用于检测机械零件各平面间的相互位置和形状误差值大小。百分表的外观如

图 1-12 所示。表盘上每一格刻度值为 0.01mm，整个圆周上有 100 格刻线；还有一种是表盘上每一格刻线值为 0.001mm，这种表为千分表。百分表的测量尺寸范围有 0～3mm、0～5mm 和 0～10mm 三种，常用为 0～3mm。千分表测量尺寸范围为 0～1mm。另外，还有测量孔内径的百分表 [见图 1-12（b）]，称为内径百分表。

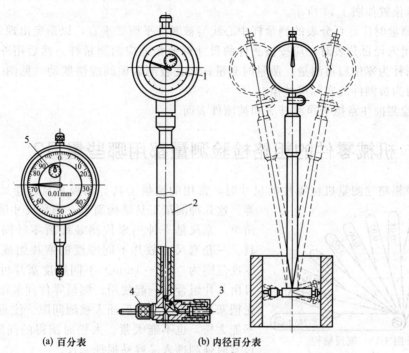

(a) 百分表　　　　　　　(b) 内径百分表

图 1-12　百分表外观和测量工作位置

1—百分表；2—测量杆体；3，4—测量头；5—指针

（1）百分表的结构及工作方法

百分表结构如图 1-13 所示。图中"1"是可以上下移动的测量杆，杆上铣出齿，即为齿条。齿条与齿轮"2"与"3"和"4"与"5"啮合传动，测量杆的上下移动，则通过齿条与齿轮的啮合传动使指针"9"转动。测量杆移动 1mm，指针转动一周。表盘"8"上有等分 100 格刻度线，指针摆动一格，即测量杆移动 0.01mm。为了消除齿轮间的啮合间隙，由弹簧"6"拉紧。弹簧"7"拉动测量杆永远向下与被测面接触。表盘上指针"5"　[见图

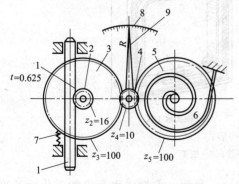

图 1-13　百分表结构

1—测量杆；2，3，4，5—齿轮；6，7—弹簧；
8—表盘；9—指针

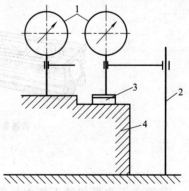

图 1-14　百分表工作位置示意

1—百分表；2—表支架；3—块规；
4—检测件

1-12（a）]每一刻度格为1mm，当指针"9"转一周时，则指针"5"移动一格。测量值应为两指针数值的总和。

（2）百分表测量应注意事项

① 用百分表测量时应与表架结合使用，测量时表与表架应牢固结合，表架座应放平稳定。工作位置如图1-14所示。

② 测量时注意百分表的测量杆中心线与被测件平面要垂直，以避免出现测量误差。

③ 用内径百分表时，应按被测件的尺寸调换相适应的测量杆，然后用外径千分尺校正百分表指针为零位后再测量。测量时测量杆要在被测表面间缓慢摆动（见图1-14），以指针的最小值为被测件的实际尺寸值。

④ 检测前注意擦干净测杆头和被测件表面。

1-13　机械零件的粗略检验测量都用哪些量具？

图 1-15　塞尺结构

简单粗略地测量机械零件的尺寸时，常用的测量工具有钢板直尺、卷尺、卡钳和塞尺等。这几种测量工具结构简单，测量尺寸误差大，用法也简单。塞尺是一种用来检测装配后零件间间隙大小的量具。一套塞尺由数片不同厚度的塞片组成（见图1-15），厚度范围为0.02～1mm。不同厚度塞片可单独使用，也可由几片组合在一起使用。测量零件间装配间隙时，要首先把塞片擦干净，然后插入被测间隙。注意检测插入时应不能太松，也不能太紧。太松时测得的间隙尺寸误差大，过紧时强制插入又容易损坏塞尺。

1-14　怎样使用水平仪？

水平仪是用来检验测量平面的直线度、平面间的平行度和两平面间的相互垂直度所用仪器的一种。常用有普通条形水平仪和框式水平仪两种，其结构形式见图1-16。它主要由金属框架体和水平管组成。

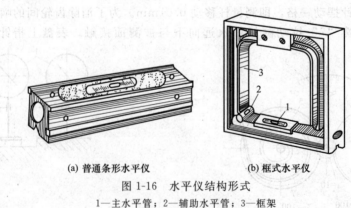

(a) 普通条形水平仪　　　(b) 框式水平仪

图 1-16　水平仪结构形式

1—主水平管；2—辅助水平管；3—框架

普通条形水平仪的工作面长度有200mm和300mm两种。方框式水平仪的工作面长度有150mm×150mm、200mm×200mm、300mm×300mm等多种。读数精度常应用的有0.04mm/1000mm、0.02mm/1000mm和0.01mm/1000mm。

水平仪上的水平管是一个封闭的玻璃管，内装乙醚或乙醇，留有一个小空间，被液体的饱和蒸气充满，形成一个气泡；玻璃管内壁磨成一定曲率半径圆弧，玻璃管外壁刻有刻度线，间距为2mm。处于水平位置的水平仪，其气泡在水平管刻度线的中间位置；如果水平仪倾斜一个角度，则气泡也向倾斜侧移动。假如用读数为0.02mm/1000mm的水平仪，放置在1000mm长的平尺上测量，气泡偏移一格，则水平尺两端的高度差为0.02mm。气泡位置如图1-17所示。

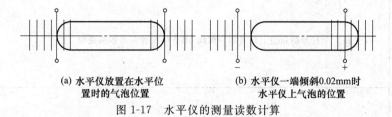

(a) 水平仪放置在水平位　　　　　(b) 水平仪一端倾斜0.02mm时
置时的气泡位置　　　　　　　　水平仪上气泡的位置

图1-17　水平仪的测量读数计算

如果用200mm×200mm、读数精度为0.02mm/1000mm的水平仪测量，水平仪上气泡偏移4格，则被测面在200mm长度上高度差为 $4 \times \dfrac{0.02}{1000} \times 200 = 0.016\text{mm}$。

1-15　机械零件图中表面粗糙度特征及加工方法有哪些?

机械零件表面粗糙度特征及加工方法见表1-6。

表1-6　机械零件表面粗糙度特征及加工方法

表面粗糙度 $R_a/\mu m$	表面形状特征	加工方法
50	明显可见刀痕	粗车、镗、钻、刨
25	微见刀痕	粗车、刨、立铣、平铣、钻
12.5	可见加工痕迹	车、镗、刨、钻、平铣、立铣、锉、粗铰、磨、铣齿
6.3	微见加工痕迹	车、镗、刨、铣、刮1～2点/cm²、拉、磨、锉、液压、铣齿
3.2	看不见的加工痕迹	车、镗、刨、铣、铰、拉、磨、滚压、刮1～2点/cm²、铣齿
1.6	可辨加工痕迹的方法	车、镗、拉、磨、立、铣、铰、刮3～10点/cm²、磨、滚压
0.8	微辨加工痕迹的方向	铰、磨、刮3～10点/cm²、镗、拉、滚压
0.4	不可辨加工痕迹的方向	布轮磨、磨、研磨、超级加工
0.2	暗光泽面	超级加工
0.1	亮光泽面	超级加工
0.05	镜状光泽面	
0.025	雾状镜面	
0.012	镜面	

1-16　机械零件表面粗糙度符号表示什么内容?

不同表面粗糙度标注方法及加工方式见表1-7。

表1-7　表面粗糙度的符号及意义

表面粗糙度符号及意义	
符号	意义及说明
√	基本符号，表示表面可用任何方法获得；当不加注表面粗糙度参数值或有关说明(如表面处理、局部热处理状况等)时，仅适用于简化代号标注

表面粗糙度符号及意义	
符号	意义及说明
(基本符号加短划)	基本符号加一短划,表示表面是用去除材料的方法获得,如车、铣、钻、磨、剪、切、抛光、腐蚀、电火花加工、气割等
(基本符号加小圆)	基本符号加一小圆,表示表面是用不去除材料的方法获得,如铸、锻、冲压变形、热轧、冷轧、粉末冶金等;或者是用于保持原供应状况的表面(包括保持上道工序的状况)
(三个符号加横线)	在上述三个符号的长边上均可加一横线,用于标注有关参数和说明
(三个符号加小圆)	在上述三个符号上均可加一小圆,表示所有表面具有相同的表面粗糙度要求

表面粗糙度高度参数的标注	
Ra	
代号	意义
3.2	用任何方法获得的表面粗糙度,*Ra* 的上限值为 3.2μm
3.2	用去除材料方法获得的表面粗糙度,*Ra* 的上限值为 3.2μm
3.2	用不去除材料方法获得的表面粗糙度,*Ra* 的上限值为 3.2μm
3.2 / 1.6	用去除材料方法获得的表面粗糙度,*Ra* 的上限值为 3.2μm,*Ra* 的下限值为 1.6μm
3.2max	用任何方法获得的表面粗糙度,*Ra* 的最大值为 3.2μm
3.2max	用去除材料方法获得的表面粗糙度,*Ra* 的最大值为 3.2μm
3.2max	用不去除材料方法获得的表面粗糙度,*Ra* 的最大值为 3.2μm
3.2max / 1.6min	用去除材料方法获得的表面粗糙度,*Ra* 的最大值为 3.2μm,*Ra* 的最小值为 1.6μm
Rz、*Ry*	
代号	意义
*Ry*3.2	用任何方法获得的表面粗糙度,*Ry* 的上限值为 3.2μm
*Rz*200	用不去除材料方法获得的表面粗糙度,*Rz* 的上限值为 200μm
*Rz*3.2 / *Rz*1.6	用去除材料方法获得的表面粗糙度,*Rz* 的上限值为 3.2μm,下限值为 1.6μm
3.2 / *Ry*12.5	用去除材料方法获得的表面粗糙度,*Ra* 的上限值为 3.2μm,*Ry* 的上限值为 12.5μm
*Ry*3.2max	用任何方法获得的表面粗糙度,*Ry* 的最大值为 3.2μm
*Rz*200max	用不去除材料方法获得的表面粗糙度,*Rz* 的最大值为 200μm
*Rz*3.2max / *Rz*1.6min	用去除材料方法获得的表面粗糙度,*Rz* 的最大值为 3.2μm,最小值为 1.6μm

续表

表面粗糙度高度参数的标注	
Rz、Ry	
代号	意义
3.2max / Ry12.5max	用去除材料方法获得的表面粗糙度，Ra 的最大值为 3.2μm，Ry 的最大值为 12.5μm
表面粗糙度数值及其有关规定在符号中注写的位置	a_1、a_2—粗糙度高度参数代号及其数值(μm)；b—加工要求、镀覆、涂覆、表面处理或其他说明等；c—取样长度(mm)或波纹度(μm)；d—加工纹理方向符号；f—粗糙度间距参数值(mm)或轮廓支承长度率。

1-17 工件加工方法不同时可能达到哪些表面粗糙度?

机械零件不同加工方法可能达到的表面粗糙度见表 1-8。

表 1-8 机械零件不同加工方法可能达到的表面粗糙度

加工方法		表面粗糙度 Ra/μm													
		0.012	0.025	0.05	0.10	0.20	0.40	0.80	1.60	3.20	6.30	12.5	25	50	100
砂型、壳型铸造												■	■	■	■
金属型铸造											■	■	■	■	
离心铸造										■	■	■	■		
精密铸造								■	■	■	■	■			
熔模铸造							■	■	■	■	■				
压力铸造							■	■	■	■					
热轧												■	■	■	
模锻										■	■	■	■		
冷轧								■	■	■	■				
挤压								■	■	■	■				
冷拉								■	■	■	■				
刮削						■	■	■	■						
刨削	粗										■	■	■		
	精							■	■	■	■				
插削								■	■	■	■	■			
钻孔									■	■	■	■			
扩孔	粗										■	■	■		
	精								■	■	■				
金刚镗孔				■	■	■	■	■							
镗孔	粗									■	■	■	■		
	半精							■	■	■	■				
	精						■	■	■	■					
铰孔	粗									■	■	■	■		
	半精							■	■	■					
	精					■	■	■	■						
拉削	半精						■	■	■						
	精				■	■	■								
滚铣	粗									■	■	■	■		
	半精							■	■	■	■				
	精						■	■	■	■					
端面铣	粗									■	■	■	■		
	半精							■	■	■	■				
	精						■	■	■	■					
金刚车				■	■	■	■	■	■						

续表

加工方法		表面粗糙度 $Ra/\mu m$													
		0.012	0.025	0.05	0.10	0.20	0.40	0.80	1.60	3.20	6.30	12.5	25	50	100
车外圆	粗														
	半精														
	精														
车端面	粗														
	半精														
	精														
磨外圆	粗														
	半精														
	精														
磨平面	粗														
	半精														
	精														
珩磨	平面														
	圆柱														
研磨	粗														
	半精														
	精														
抛光	一般														
	精														
滚压抛光															
超精加工															
化学磨															
电解磨															
电火花加工															

1-18 塑料机械维修和装配常用哪些辅助工具?

塑料机械维修、装配用辅助工具比较多,常用工具有:活扳手及各种扳手、轴或孔用弹性挡圈装拆用钳子、铜锤、钩形扳手、螺杆式拉卸工具、平板、平行平尺和直角尺等。另外,还有钢丝钳、各种螺钉旋具类等。其外形结构见图 1-18 和图 1-19。

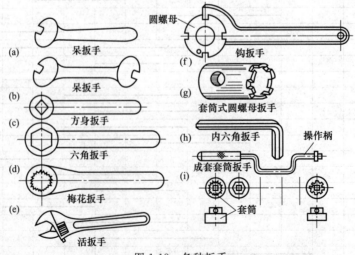

(a) 呆扳手
(b) 呆扳手
(c) 方身扳手
(d) 六角扳手
梅花扳手
(e) 活扳手
(f) 圆螺母　钩扳手
(g) 套筒式圆螺母扳手
(h) 内六角扳手
(i) 成套套筒扳手　操作柄　套筒

图 1-18　各种扳手

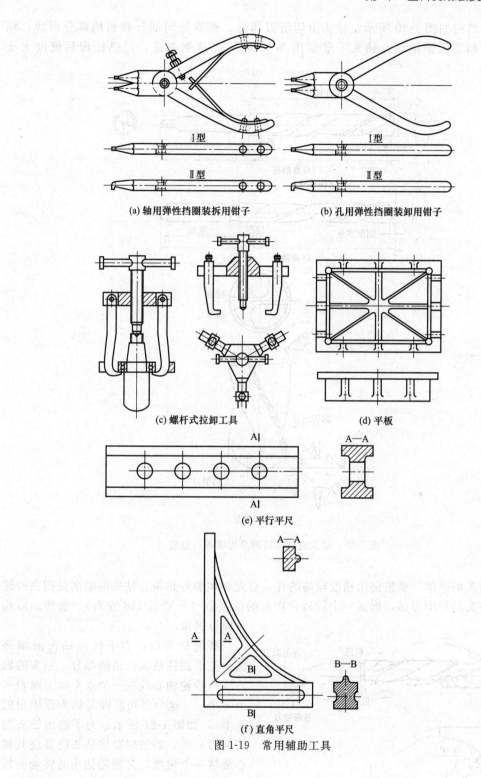

(a) 轴用弹性挡圈装拆用钳子　　　(b) 孔用弹性挡圈装卸用钳子

I型

II型

(c) 螺杆式拉卸工具　　　(d) 平板

(e) 平行平尺

(f) 直角平尺

图 1-19　常用辅助工具

1-19　如何进行钻孔工作？

钻孔工作主要是利用钻床，用钻头切削钻孔。钻头是金属切削加工中比较常用的一种刃具，其结构如图 1-20 所示。钻头由切削刃部分、螺旋导向部分和钻柄部分组成；钻柄有圆柱形和莫氏锥柄形。钻头一般多用 W18Cr4V 高速钢制造，经热处理后硬度大于 HRC 62。

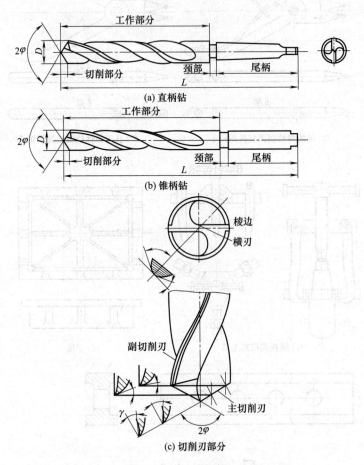

图 1-20　钻头的外形结构及刃部各角位置

（1）钻头的磨削　要想钻出精度较高的孔，首先必须磨好钻头。钻头的磨削是指在砂轮机上磨削钻头的切削刃部，形成一个较适合切削的顶锥角（一般为 118°左右）、前角、后角及横刃斜角。

磨削钻头时，右手握住钻头前端部位，左手握住钻头的钻柄部分，钻头的轴心线与砂轮轴心线在一个水平面上倾斜一个夹角 φ（这个夹角值即是钻头顶锥角的一半），如图 1-21 所示。为了磨出钻头的切削刃后角，磨削时要使钻头既要绕其轴心旋转一个角度，又要随钻头的转动而慢慢地上下摆动钻头尾部；同时还要给钻头与砂轮的磨削接触施加些压力。磨削两条切削刃时，要注意保持锥顶角两夹边切削刃的对称性。

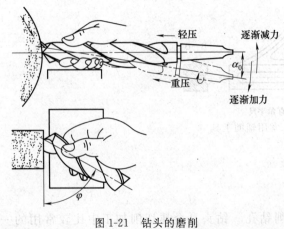

图 1-21　钻头的磨削

（2）钻孔应注意事项

① 钻孔时操作者要扎紧衣袖，要戴好安全帽，操作时不许戴手套。

② 被钻孔零件要先划好孔的位置线，打好孔的中心冲眼。

③ 零件放在钻床工作台上要垫好垫板，找好水平并夹牢。

④ 夹牢钻头。

⑤ 校正零件钻孔中心与钻头中心的同轴度。钻头应垂直于被钻孔的平面。

⑥ 先试车点动，钻头转动，开车正常，无异常声响后，可以开始钻孔工作。钻头要慢慢接触被钻孔零件，检查钻头钻孔位置是否准确，适当校正后再钻削，然后再检查，直至钻孔位置正确，再正常进刀钻孔。

⑦ 注意钻削工作中不允许用手清除铁屑；开车时不许调整钻头转速。调速工作应在停车后进行。

⑧ 快要钻通孔时，要慢速手动进刀，以免损坏钻头。

⑨ 如果用手电钻钻孔，要尽量用安全电压（36V）电源。注意检查手电钻的绝缘性是否良好、金属电钻外壳是否接地可靠。必要时要戴绝缘手套和脚踏绝缘板。

1-20 怎样分析查找钻孔质量问题？

（1）孔直径变大

① 顶锥角的两切削刃不对称。

② 钻头没夹牢，转动时摆动或钻头弯曲。

③ 主轴工作时有摆动。

（2）孔的内表面粗糙

① 切削进刀量过大。

② 切削时冷却液供给不足。

③ 切削刃角度磨削得不合理。

（3）孔中心位移

① 钻孔零件没有夹牢。

② 初钻时找正误差大。

③ 划线有误。

（4）孔中心线歪斜

① 钻床工作台不水平或被钻孔零件没有找正、平面不与钻头轴线垂直。

② 被钻孔的零件材料硬度不均匀。

（5）钻孔时钻头折断

① 钻削进刀量过大。

② 钻削过程中没有及时排除铁屑。

③ 钻头的切削刃部不锋利或钻头磨削的各部角度不合理。

（6）钻头刃部很快损坏或磨损

① 钻头的热处理工艺不当。

② 钻孔时切削冷却液供给不足。

③ 钻头切削刃部位的角度磨削得不合理。

④ 被钻孔的零件内有砂眼。

⑤ 钻头的切削转速过快。

1-21 怎样攻内螺纹？

攻内螺纹也叫攻丝。攻丝是在原钻好的孔内切削成型螺纹。攻丝方法可用手攻也可用钻床攻丝，维修时一般多用手工攻丝。攻丝螺纹有普通三角螺纹、圆柱管螺纹、圆锥管螺纹和英制螺纹等。

攻丝所用刀具是丝锥，其结构如图 1-22 所示。丝锥的各部按功能可分为切削部分、定径部分和装夹用柄部。丝锥每一种规格都由 2～3 支组成。应用较多的一般是由 2 支组成，可称其为头锥和二锥。

（1）攻丝用孔直径的选择

攻丝用孔的直径尺寸，按下列公式计算。

$$d = D - p \tag{1-1}$$
$$d = D - 1.05p \tag{1-2}$$

式中　d——攻丝前钻孔直径，mm；

　　　D——螺纹公称直径，mm；

　　　p——螺距，mm。

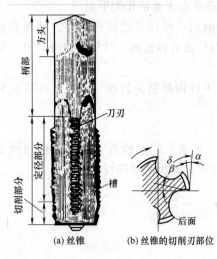

图 1-22　丝锥的结构及各部位名称

式（1-1）适应于螺距 $p < 1mm$、攻丝材料塑性较大、中等扩张量的钻孔。式（1-2）适用于螺距 $p > 1mm$、攻丝材料塑性较小、扩张量较小的钻孔。

普通螺纹攻丝前的钻头直径数值见表 1-9。英制螺纹攻丝前的钻头直径数值见表 1-10。管螺纹攻丝前的钻头直径数值见表 1-11。

表 1-9　普通螺纹加工底孔钻头直径　　　　　　　　单位：mm

螺纹公称直径	螺距	钻头直径	
		钢	铸铁
	0.5	2.5	2.5
3	0.35	2.7	2.6
	0.7	3.3	3.3
4	0.5	3.5	3.5
	0.8	4.2	4.1
5	0.5	4.5	4.5
	1	5	4.9
6	0.75	5.2	5.2
	1.25	6.7	6.6
8	1	7	6.9
	1.5	8.5	8.4
10	1.25	8.7	8.6
	1.75	10.2	10.1
12	1.5	10.5	10.4
	2	14	13.8
16	1.5	14.5	14.4
	2.5	15.5	15.3
18	2	16	15.8
	2.5	17.5	17.3
20	2	18	17.8

表 1-10　英制螺纹加工底孔钻头直径　　　　　　　　单位：mm

螺纹公称直径/in	每英寸牙数	钻头直径	
		钢	铸铁
1/4	20	5.2	5.1
3/8	16	8.1	8
1/2	12	10.7	10.6
5/8	11	13.8	13.6
3/4	10	16.8	16.6
1	8	22.5	22.3

注：1in＝25.4mm。

表 1-11　管螺纹加工底孔钻头直径　　　　　　　　单位：mm

螺纹公称直径/in		每英寸牙数	钻头直径
1/8	G1/8	28	8.8
	Z1/8	27	8.6
	ZG1/8	28	8.4
1/4	G1/4	19	11.7
	Z1/4	18	11.1
	ZG1/8	19	11.2
3/8	G3/8	19	15.2
	Z3/8	18	14.5
	ZG3/8	19	14.7
1/2	G1/2	14	18.9
	Z1/2	14	18
	ZG1/2	14	18.3
3/4	G3/4	14	24.3
	Z3/4	14	23.2
	ZG3/4	14	23.6
1	G1	11	30.5
	Z1	11.5	29.2
	ZG1	11	29.7

注：1. 1in＝25.4mm。
2. G—圆柱管螺纹（牙型角55°）；ZG—55°圆锥管螺纹（牙型角55°）；Z—60°圆锥管螺纹（牙型角60°）。

（2）手工操作攻丝应注意事项

① 检测孔直径是否与攻螺纹的要求直径相符。

② 孔径的内表面粗糙度 Ra 应不大于 $1.25\mu m$。

③ 孔口径部位应倒角，倒角部位直径应略大于丝锥的外径。

④ 攻丝零件要夹紧，同时孔径平面要找水平。

⑤ 攻丝时的操作可按图 1-23 所示进行。一手压住铰杠中部，以校正丝锥与孔中心线的重合，同时还要对丝锥施加一些压力；也可用双手握住铰杠两端，慢慢旋转铰杠，同时施加些压力。当丝锥攻入 2～3 圈时，可检查校正丝锥与孔径中心线是否垂直，然后继续攻丝。

⑥ 攻丝时用力要均匀平稳并要经常倒转丝锥，以排除攻丝切屑。在攻削中如感到很费力，应找出原因并排除后再继续攻丝，切不可强行操作，以避免折断

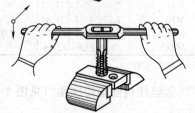

图 1-23　开始攻螺纹时的操作方法

丝锥。

⑦ 手工攻丝钢材制件时要适当注入机油润滑。

1-22 怎样套丝?

外螺纹采用手工操作切削成型螺纹的方法称为套丝。套丝的切削刃具叫板牙。板牙的外形结构如图 1-24 所示。

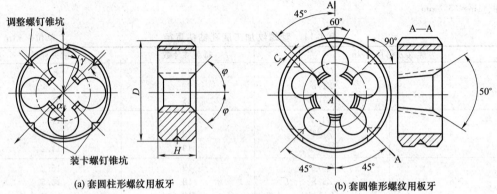

图 1-24 板牙的外形结构

套丝应注意事项如下。

① 套丝用坯料直径计算

$$d = D - 0.13p \tag{1-3}$$

式中　d——坯料直径，mm；

　　　D——螺纹公称直径，mm；

　　　p——螺距，mm。

套丝用坯料直径数值见表 1-12。

表 1-12　套丝用坯料直径

粗牙普通螺纹				英寸制螺纹			圆柱管螺纹		
螺纹公称直径 /mm	螺距 /mm	螺杆直径 /mm		螺纹直径 /in	螺杆直径 /mm		螺纹直径 /in	管子外径 /mm	
		最小	最大		最小	最大		最小	最大
M6	1	5.8	5.9	1/4	5.9	6	1/8	9.4	9.5
M8	1.25	7.8	7.9	5/6	7.4	7.6	1/4	12.7	13
M10	1.5	9.75	9.85	3/8	9	9.2	3/8	16.2	16.5
M12	1.75	11.75	11.9	1/2	12	12.2	1/2	20.5	20.8
M14	2	13.7	13.85	—	—	—	5/8	22.5	22.8
M16	2	15.7	15.85	5/8	15.2	15.4	3/4	26	26.3
M18	2.5	15.7	17.85	—	—	—	7/8	29.8	30.1
M20	2.5	19.7	19.85	3/4	18.3	18.5	1	32.8	33.1
M22	2.5	21.7	21.85	7/8	21.4	21.6	1⅛	37.4	37.7
M24	3	23.65	23.8	1	24.5	24.6	1¼	41.4	41.7

注：1in=25.4mm。

② 套丝坯料前端要倒角（见图 1-25）。锥度的小端直径应略小于螺纹内径（板牙的最小直径）。

③ 套丝的操作程序和方法与攻丝操作相同。可参照攻丝注意事项中内容。

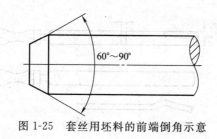

图 1-25　套丝用坯料的前端倒角示意

1-23　怎样分析查找攻丝和套丝的质量问题？

（1）螺纹形不规则

① 内螺纹坯的孔径过小或外螺纹用坯料的直径尺寸过大。

② 螺纹的切削刃具（丝锥、板牙）磨损严重。

③ 螺纹切削操作过程中没有及时倒转排除铁屑。

④ 切削刃具（丝锥、板牙）工作切螺纹时与坯料不同轴。

⑤ 螺纹切削过程中润滑冷却机油不足。

（2）螺纹表面粗糙

① 切削刃具（丝锥或板牙）的切削部位严重磨损，刃部不锋利。

② 刃具的切削前角、后角偏小，后角面与坯料有摩擦现象。

③ 内螺纹用坯料的孔径过小，外螺纹用坯料的直径过大。

④ 螺纹切削加工过程中润滑油不足。

（3）切削螺纹刃具（板牙或丝锥）损坏

① 螺纹切削过程中没有及时倒转排除铁屑。

② 内螺纹坯料孔径过小，外螺纹坯料直径过大，强制切削。

③ 切削螺纹刃具（板牙或丝锥）与坯料不同心，切削过程中刃具歪斜。

④ 切削力过猛，切削速度过快。

⑤ 切削刃具热处理工艺不当。

1-24　怎样刮研？

刮研时用手工操作刮刀，把经过车、铣、刨等机械加工过的表面刮削，以提高零件的尺寸精度和降低表面粗糙度。刮削量一般在 0.01～0.03mm 厚度范围。刮研时主要使用的工具有刮刀、标准平尺和显示剂。

刮刀按刮削零件面的不同可分为刮削平面用刮刀 ［见图 1-26（a）］和刮削圆弧面用刮刀［见图 1-26（b）］。

刮刀刃部一般用优质碳素工具钢 T_8、T_{10}、T_{12} 和轴承钢 GCr15 制造，刮刀体用 45 钢制造。刃部经热处理后硬度为 HRC58～62。刃部粗磨时用砂轮机磨削，精磨时用油石磨削。

塑料成型设备维修时，刮研工作不多，要求刮研精度也不高。常用到刮研工作的零件，有成型模具的维修、压延机辊筒用轴瓦的修配和注塑机中注射座滑动导轨等。

（1）压延机轴瓦的刮研

① 用压力机把新更换轴瓦与轴承座压配合装配。

② 钻出各进出润滑油用孔。

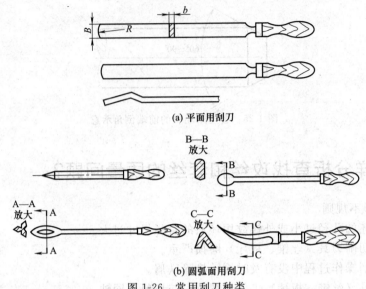

(a) 平面用刮刀

(b) 圆弧面用刮刀

图 1-26　常用刮刀种类

③ 修磨去掉辊筒上与轴瓦配合轴颈部位毛刺，擦拭干净。

④ 把轴瓦内表面擦拭干净，清除毛刺，表面粗刮一遍，去掉刀痕。

⑤ 轴瓦表面涂一薄层用机油调和好的红丹粉，然后将轴瓦和辊筒轴颈配合，慢慢左右转动轴瓦研点。

⑥ 卸下轴瓦，用三角刮刀刮削黑亮点处。然后再按上述方法研点。反复几次，黑亮点处逐渐增多，直至轴瓦表面的黑亮点分布均匀。

用刮刀刮削时，一般都是右手握刀柄，左手用四指横握刀体，拇指抵住刀身（见图 1-27）。刮削时，两手配合，既要让刮刀做半圆转动，又要沿着曲面方向，让刮刀刃做前推或后拉的刮削动作。注意刮刀在圆弧面上的刮削运动，既要有螺旋运动，又要有螺旋交叉运动，以避免刮刀痕的方向一致，形成规则的高低点。

（2）注塑机中注射座滑动导轨的维修刮研

① 用油石或组锉修整去掉导轨面上的划痕、撞击痕及毛刺。

② 导轨面擦拭干净，涂一薄层用机油调和好的红丹粉。

③ 用桥形平尺（结构见图 1-28），平面擦干净，在导轨面上左右滑动研点。

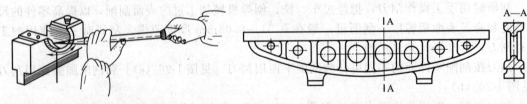

图 1-27　刮削圆弧面的操作示意　　　　　　图 1-28　桥形平尺形状

④ 用平面刮刀刮削研点后出现的黑亮点。按上述方法反复几次，研点后的黑亮点逐渐增多，直至分布均匀。

如果注塑机是一台存放多年的旧设备，注射座滑动导轨面需要维修，应首先检测导轨平面的水平度，看是否有严重变形现象；如果与拉杆的水平误差较大，这时应先铣或刨削加工导轨平面，然后再按上述平面的刮削方法进行刮研工作。

1-25 什么是研磨?

零件的研磨,是一种用研具的标准平面,加上研磨剂,在被研磨的零件表面上摩擦滑动,使被研磨的零件几何形状尺寸精度提高和得到表面有较小的粗糙度。

研磨用工具和材料,主要是研具和研磨剂。研磨剂中的磨料种类及用途见表1-13。磨料的粒度见表1-14。研磨粉的规格及应用见表1-15。被研磨零件表面的研磨余量见表1-16~表1-18。

表 1-13 常用磨料的种类及用途

系别	名称	代号	颜色	硬度及强度	用途	
					工件材料	应用范围
金刚石	人造金刚石	JR	灰色至黄白色	最硬	硬质合金 光学玻璃	粗、精研磨
	天然金刚石	JT				
碳化物	黑碳化硅	C	黑色半透明	比刚玉硬,性脆而锋利	铸铁黄铜	粗、精研磨
	绿碳化硅	GC	绿色半透明	较黑色碳化硅硬而脆	硬质合金	
	碳化硼	BC	灰黑色	比碳化硅硬而脆	硬质合金硬铬	
刚玉	棕刚玉	A	棕褐色	比碳化硅稍软,韧性高,能承受较大压力	淬火钢及铸铁	粗、精研磨
	白刚玉	WA	白色	硬度比棕刚玉高,而韧性稍低,切削性能好		
	单晶刚玉	SA	透明无色	多棱,硬度高,强度高		

表 1-14 磨料的粒度

粒度号	颗粒基本尺寸/μm	粒度号	颗粒基本尺寸/μm
150#	106~75	W14	14~10
180#	90~63	W10	10~7
220#	75~63	W7	7~5
240#	75~53	W5	5~3.5
W63	63~50	W3.5	3.5~2.5
W50	50~40	W2.5	2.5~1.5
W40	40~28	W1.5	1.5~1.0
W28	28~20	W1	1.0~0.5
W20	20~14	W0.5	≤0.5

表 1-15 研磨粉的规格及应用

研磨粉号数	用途	可达到的表面粗糙度 $Ra/\mu m$
150#~240#	用于初研磨	
W63~W20	粗研磨加工	0.2~0.1
W14~W7	半精研磨加工	0.1~0.05
W5 以下	精研磨加工	0.05 以下

表 1-16 外圆的研磨余量 单位:mm

直径	余量	直径	余量
≤10	0.005~0.008	51~80	0.008~0.012
11~18	0.006~0.008	80~120	0.010~0.014
19~30	0.007~0.010	121~180	0.014~0.016
31~50	0.008~0.010	181~260	0.016~0.020

表 1-17　内孔的研磨余量　　　　　　　　　　　　　　单位：mm

孔径	铸铁	钢
25~125	0.020~0.100	0.010~0.040
150~275	0.080~0.160	0.020~0.050
300~500	0.120~0.200	0.040~0.060

表 1-18　平面的研磨余量　　　　　　　　　　　　　　单位：mm

平面长度	平面宽度		
	25 以下	26~75	75~150
≤25	0.005~0.007	0.007~0.010	0.010~0.014
26~75	0.007~0.010	0.010~0.016	0.016~0.020
76~150	0.010~0.014	0.014~0.020	0.020~0.024
151~260	0.014~0.018	0.020~0.024	0.020~0.030

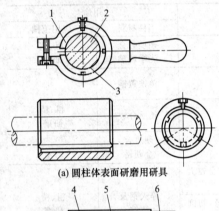

(a) 圆柱体表面研磨用研具

(b) 圆柱体内孔研磨用研具

图 1-29　圆柱形表面研磨用研具结构
1—研磨体；2,5—研套；3—被研磨轴；
4—锥度轴；6—调节螺母

（1）圆柱形表面的研磨

塑料制品厂中圆柱形表面维修时需要研磨的零件有压延机用辊筒、压光辊及各种导辊，挤出机用机筒和螺杆及各种成型制品用圆柱形、圆锥形模具零件等。

① 研磨用研具　圆柱形表面研磨用研具结构如图1-29所示。其中图1-29（a）为研磨外圆柱体表面用研具；图1-29（b）为研磨圆柱体内孔用研具。两种研磨具的直径均可调。研磨前先把研磨具直径尺寸调至与被研磨零件配合间隙在 0.025~0.05mm 范围内。使零件与研磨具间既能做相互旋转运动，又能让研磨具沿被研磨零件做轴向运动。

研磨具一般采用铸铁或球墨铸铁制作。注意应保证研磨具工作面的硬度中等，一般取 HB 110~190，研磨具的工作面应无砂眼和气孔。

② 研磨方法　圆柱形表面的研磨，一般都是手动和机动配合工作。研磨料可按被研磨零件的制作材料和表面硬度，参照表1-13选择。然后用机油或汽油调和成稀糊状，在研磨具工作面上涂一薄层。被研磨零件夹在车床上，转速在 100r/min 左右，用手握住研磨具，既做轴向移动，又做径向旋转（约20°）摆动，并使零件正、反转交换旋转。

（2）平板表面的研磨

塑料制品成型设备中的平板零件研磨工作不多，主要是成型模具中的模唇、垫板和片等零件，在维修时有时采用研磨方法修光，以去掉这些零件表面上的划痕和磨损毛刺。

研磨平面用工具主要是用比较精确的研磨平板和用机油或煤油调和均匀的刚玉磨料或金刚石研磨膏。

研磨时先把平板和零件清洗干净，把研磨件放在标准平板上，两零件间涂一薄层研磨膏，然后在平板上按"8"字形运动，同时用手适当给被研磨件加一些压力，过一段时间再调转一下被研磨件的运动方向，以使研磨零件的平面各部研磨均匀。

1-26　什么是基孔制配合？什么是基轴制配合？

基孔制是在机械零件切削加工中，把孔的极限尺寸固定，来改变与其配合轴的极限尺寸，以达到所需要的配合，则孔为基准孔。

基轴制是指在机械零件切削加工中，把轴的极限尺寸固定，来改变与其配合孔的极限尺寸，以达到所需要的配合。则轴为基准轴。

由于机械切削轴的公差比变更孔的公差方便许多，而且使用的刀具和量具也较少，所以基孔制配合应用广泛。如各种传动零件齿轮、带轮、凸轮、联轴器、滚动轴承与轴的配合，都采用基孔制。基轴制配合应用较少，如滚动轴承外套与轴承座的配合，采用的是基轴制。

1-27　装配零件有几种配合？各有什么特点？

零件间的装配配合种类分三大类，即间隙配合、过渡配合和过盈配合。

（1）间隙配合　两零件装配后有一定的间隙，相互间可有相互运动，即为间隙配合；如轴在轴承中转动配合、齿轮在轴上转动配合等。

（2）过渡配合　两零件装配后有的要有些间隙，有的要有些过盈，但过盈和间隙量较小、配合后的两零件同轴度要求较高时，即为过渡配合；如滚动轴承与轴的配合，传动齿轮与轴用键连接的配合等。

（3）过盈配合　两零件装配后有一定过盈量、装配后两零件不能有相对运动、不再拆卸的配合，也叫静配合；如电动机转子与轴的配合，车轮箍与轮体的配合等。

1-28　机械零件的表面形状及表面位置公差代号有哪些？怎样标注？

机械零件表面几何特征（形状）符号见表 1-19 和表 1-20。

表 1-19　几何特征符号

分类	特征	符号	分类	特征	符号
形状公差	直线度	—	方向公差	平行度	//
	平面度	▱		垂直度	⊥
	圆度	○		倾斜度	∠
	圆柱度	⌀	位置公差	同轴度（同心度）	◎
	线轮廓度	⌒		对称度	≐
	面轮廓度	⌓		位置度	⊕
			跳动	圆跳动	↗
				全跳动	⌰

表 1-20　附加符号

项目	符号	项目	符号
被测要素		基准要素	A
基准目标	⌀2/A1	理论正确尺寸	50
延伸公差带	P	最大实体要求	M
最小实体要求	L	自由状态条件（非刚性零件）	F
全周（轮廓）	○	包容要求	E
公共公差带	CZ	小径	LD
大径	MD	中径、节径	PD
线素	LE	不凸起	NC
任意横截面	ACS		

标注方法见图 1-30 和图 1-31 所示，由细线画成。

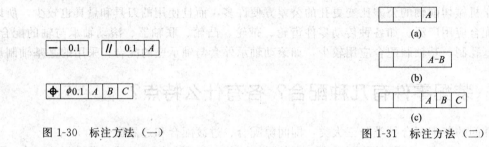

图 1-30　标注方法（一）　　　　　　　　　　　　图 1-31　标注方法（二）

（1）图 1-30 的图例表示　第一格——几何特征符号；第二格——公差值及（或）有关附加符号；第三格及以后各格——基准符号及（或）有关附加符号。

（2）图 1-31 的图例表示　图 1-31（a）——单一基准要素 A；图 1-31（b）——由 A 和 B 两个要素组成的公共基准；图 1-31（c）——由两个以上的基准建立基准体系时，按基准的优先次序自左而右地填写。

（3）对于公差框格中所注几何公差的附加要求，可在框格上方或下方用附加文字说明。属于被测要素数量的说明，应写在框格的上方，如图 1-32（a）所示；属于解释性的说明，应写在框格的下方，如图 1-32（b）。

（4）如果需要就某个要素给出几种几何特征的公差，可将一个公差框格放在另一个的下面，如图 1-33 所示。

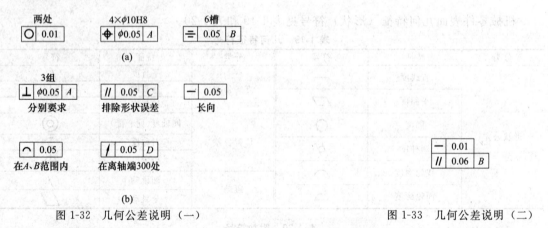

图 1-32　几何公差说明（一）　　　　　　　　　　图 1-33　几何公差说明（二）

1-29　常用润滑油有哪些性能与应用特点？

常用润滑油的性能与用途见表 1-21。

表 1-21　常用润滑油的性能与用途

名称	黏度等级	运动黏度/mm²·s⁻¹		黏度指数	闪点/℃（开口）	凝固点/℃	主要用途
		40℃	100℃				
L-AN 全损耗系统用油（GB 443—1989）	5	4.14~5.06			80	−10	用于一般中小型及重型机床、电动机，农业机械无特殊要求的轴承、齿轮，离心泵，蒸汽机的传动部分等；其中以 32、46、68 黏度等级应用为最多
	7	6.12~7.48			110		
	10	9.00~11.00			130		
	15	13.5~16.50			150		
	22	19.8~24.2			150	−15	
	32	28.2~35.2			150		
	46	41.4~50.6			160	−10	
	68	61.2~74.8			160		
	100	90.0~110			180		
	150	135~165			180	0	

名称		黏度等级	运动黏度/mm² · s⁻¹		黏度指数	闪点/℃（开口）	凝固点/℃	主要用途
			40℃	100℃				
空气压缩机油（GB 12691—1990）	L-DAA	32	28.8～35.2			175	−9/倾点	用于轻负荷或中负荷的空气压缩机（往复式或回转滴油式）的润滑
		46	41.6～50.6			185		
		68	61.2～74.8			195		
		100	90.0～110			205		
		150	135～165			215	−3/倾点	
	L-DAB	32	28.8～35.2			175	−9/倾点	用于中负荷或重负荷的空气压缩机的润滑
		46	41.6～50.6			185		
		68	61.2～74.8			195		
		100	90.0～110			205		
		150	135～165			215	−3/倾点	
轴承油[SH/T 0017—1990（1998）]	L-FC	2	1.98～2.42				−18	主要用于锭子和油膜轴承（静压轴承），其中高黏度油可用于轧钢机等的静压滑动轴承
		3	2.88～3.52					
		5	4.14～5.06					
		7	6.12～7.48			115		
		10	9.00～11.0					
		15	13.5～16.5			140		
		22	19.8～24.2				−12	
		32	28.8～35.2			160		
	L-FC	46	41.4～50.6				−12	L-FC油主要用于锭子和油膜轴承（静压轴承），其中高黏度油可用于轧钢厂轧机等静压滑动轴承
		68	61.2～74.8			180		
		100	90.0～110				−6	
轴承油[SH/T 0017—1990（1998）]	L-FD	2	1.98～2.42			70（闭口）	−12	L-FD油主要用于精密机床主轴轴承，也可用于仪表轴承和其他精密机械润滑
		3	2.88～3.52			80（闭口）		
		5	4.14～5.06			90（闭口）		
		7	6.12～7.48			115		
		10	9.00～11.0					
		15	13.5～16.50			140		
		22	19.8～24.2					
工业闭式齿轮油（GB 5903—1995）	L-CKB	100	90～110		90	180	−8	在轻负荷下运转的齿轮
		150	135～165					
		220	198～242			200		
		320	288～352					
	L-CKC	68	61.2～74.8		90	180	−8	保持在正常或中等恒温和重负荷下运转的齿轮
		100	90～110					
		150	135～165					
		220	198～242			200		
		320	288～352					
		460	414～506					
		680	612～748				−5	
	L-CKD	100	90～110		90	180	−8	在高的恒定油温和重负荷下运转的齿轮
		150	135～165					
		220	198～242					
		320	288～352			200		
		460	414～506					
		680	612～748				−5	

名称	黏度等级	运动黏度/mm²·s⁻¹		黏度指数	闪点/℃(开口)	凝固点/℃	主要用途
		40℃	100℃				
导轨油 (SH/T 0361—1998)	32	28.8~35.2			170		各种精密机床导轨及冲击振动(或负荷)润滑摩擦点，特别适用于工作台导轨，在低速运动时能减少其"爬行"滑动现象
	68	61.2~74.8		≥70	190	-10	
	100	90~110			190		
	150	135~165			190	-5	
普通开式齿轮油 [SH/T 0363—1992 (1998)]	68	(最大无卡咬负荷 P_B 不小于 686N)	60~75				适用于开式、半闭式齿轮箱和低速重负荷齿轮装置及链传动的润滑
	100		90~110		200		
	150		135~165				
	220		200~245				
	320		290~350		210		

名称	黏度等级	运动黏度 /mm²·s⁻¹		黏度指数≥	闪点(开口)/℃≥	倾点/℃≤	凝固点/℃≤	主要用途
		40℃	100℃					
蜗轮蜗杆油 [SH/T 0094— 1991(1998)]	L-CKE	220	198~242						复合型蜗轮蜗杆油，主要用于铜-钢配对的圆柱形和双包络等类型的承受轻负荷、传动中平稳无冲击的蜗杆副，包括该设备的齿轮及滑动轴承、气缸、离合器等部件的润滑及在潮湿环境下工作的其他机械设备的润滑，在使用过程中应防止局部过热和油温在 100℃ 以上时长期工作
		320	288~352					
		460	414~506		90	-6		
		680	612~748					
		1000	900~1100					
	L-CKE/P	220	198~242					极压型蜗轮蜗杆油，主要用于铜-钢配对的圆柱形承受重负荷，传动中有振动和冲击的蜗轮蜗杆副，包括该设备的齿轮和直齿圆柱齿轮等部件的润滑及其他机械设备的润滑
		320	288~352					
		460	414~506					
		680	612~748					
		1000	900~1100					
矿物油型 液压油 (GB 1118.1— 1994)	L-HM	15	13.5~16.5		95	140	-18		主要适用于钢-钢摩擦副的液压油泵
		22	19.8~24.2		95	140	-15		
		32	28.8~35.2		95	160	-15		
		46	41.4~50.6		95	180	-9		
		68	61.2~74.8		95	180	-9		
	L-HG	32	28.8~35.2			160			主要适用于各种机床液压和导轨合用的润滑系统或机床导轨润滑系统及机床液压系统
		68	61.2~74.8		95	180	-6		
	L-HL	15	13.5~16.5		95	140	-12		主要适用于机床和其他设备的低压齿轮泵，也可用于使用其他抗氧防锈型润滑油的机械设备(如齿轮和轴承等)
		22	19.8~24.2		95	140	-9		
		32	28.8~35.2		95	160	-6		
		46	41.4~50.6		95	180	-6		
		68	61.2~74.8		95	180	-6		
		100	90~100		90	180	-6		
蒸汽气缸油 (GB 447— 1994)		680	748	20~30		240	18		主要适用于蒸汽机气缸及蒸汽接触的滑动部件的润滑，也适用于其他高温、低转速机械部位的润滑
		1000	1100	34~40		260	20		
		1500 (矿油型)	1650	40~50		280	22		
		1500 (合成型)	1650	60~72	110	320	—		

续表

名称	黏度等级	运动黏度 /mm²·s⁻¹		黏度指数 ≥	闪点(开口)/℃ ≥	倾点/℃ ≤	凝固点/℃ ≤	主要用途
		40℃	100℃					
汽油机油 (GB 11121— 2006)	SE、SF		5.6～＜9.3			−40		适用于在各种操作条件下使用的汽车四冲程汽油发动机,如轿车、轻型卡车、货车和发动机的润滑
		0W-20	5.6～＜9.3			−40		
		0W-30	9.3～＜12.5					
		5W-20	5.6～＜9.3					
		5W-30	9.3～＜12.5			−35		
		5W-40	12.5～＜16.3					
		5W-50	16.3～＜21.9					
		10W-30	9.3～＜12.5					
		10W-40	12.5～＜16.3			−30		
		10W-50	16.3～＜21.9					
		15W-30	9.3～＜12.5					
		15W-40	12.5～＜16.3			−23		
		15W-50	16.3～＜21.9					
		20W-40	12.5～＜16.3			−18		
		20W-50	16.3～＜21.9					
		30	9.3～＜12.5	75		−15		
		40	12.5～＜16.3	80		−10		
		50	16.3～＜21.9	80		−5		
	SG、SH、GF-1、SJ、GF-2、SL、GF-3	0W-20	5.6～＜9.3			−40		
		0W-30	9.3～＜12.5					
		5W-20	5.6～＜9.3					
		5W-30	9.3～＜12.5			−35		
		5W-40	12.5～＜16.3					
		5W-50	16.3～＜21.9					
		10W-30	9.3～＜12.5					
		10W-40	12.5～＜16.3			−30		
		10W-50	16.3～＜21.9					
		15W-30	9.3～＜12.5					
		15W-40	12.5～＜16.3			−25		
		15W-50	16.3～＜21.9					
		20W-40	12.5～＜16.3			−20		
		20W-50	16.3～＜21.9					
		30	9.3～＜12.5	75		−15		
		40	12.5～＜16.3	80		−10		
		50	16.3～＜21.9	80		−5		
二冲程汽油发动机油 (GB/T 20420— 2006)	EGB		6.5		70 (闭口)	−20		适用于具有曲轴箱扫气系统的二冲程点燃式汽油发动机并用于运输、休闲和其他用途的相关机具,如摩托车、雪橇和链锯等的润滑
	EGC							
	EGD							
	CC、CD	0W-20	5.6～＜9.3					适用于以柴油为燃料的四冲程柴油发动机,如载货汽车、客车和货车柴油发动机及农业用、工业用和建设用柴油发动机的润滑
		0W-30	9.3～＜12.5					
		0W-40	12.5～＜16.3					
		5W-20	5.6～＜9.3					
		5W-30	9.3～＜12.5					
		5W-40	12.5～＜16.3					
		5W-50	16.3～＜21.9					
		10W-30	9.3～＜12.5					

塑料机械维修指导手册

 续表

名称		黏度等级	运动黏度 /mm²·s⁻¹		黏度指数 ≥	闪点(开口)/℃ ≥	倾点 /℃ ≥	凝固点/℃ ≤	主要用途
			40℃	100℃					
二冲程汽油发动机油(GB/T 20420—2006)	CC、CD	10W-40		12.5~<16.3					适用于以柴油为燃料的四冲程柴油发动机,如载货汽车、客车和货车柴油发动机及农业用、工业用和建设用柴油发动机的润滑
		10W-50		16.3~<21.9					
		15W-30		9.3~<12.5					
		15W-40		12.5~<16.3					
		15W-50		16.3~<21.9					
		20W-40		12.5~<16.3					
		20W-50		16.3~<21.9					
		20W-60		21.9~<26.1					
	CF、CF-4、CH-4、CI-4	5W-30		9.3~<12.5					
		5W-40		12.5~<16.3					
		5W-50		16.3~<21.9					
		10W-30		9.3~<12.5					
		10W-40		12.5~<16.3					
		10W-50		16.3~<21.9					
		15W-30		9.3~<12.5					
		15W-40		12.5~<16.3					
		15W-50		16.3~<21.9					
		20W-40		12.5~<16.3					
		20W-50		16.3~<21.9					
		20W-60		21.9~<26.1					
		30		9.3~<12.5					
		40		12.5~<16.3					
		50		16.3~<21.9					
		60		21.9~<26.1					
10号仪表油[SH/T 0138—1994(2005)]			9~11			130(一等品),125(合格品),闭口	−52(一等品)−50(合格品)		适用于控制测量仪表(包括低温下操作)的润滑
车轴油[SH/T 0139—1995(2005)]			31~36(通用)		95	165		−40	适用于铁路车辆和蒸汽机车滑动轴承的润滑
冷冻机油(GB/T 16630—1996)	L-DRA/A	15	13.5~16.5		—	150	−35		主要适用于以氨、CFCs(氟氯烃类,如R12)和HCFCs(含氢氟氯烃类,如R22)为制冷剂的制冷
		22	19.8~24.2			150	−35		
		32	28.8~35.2			160	−30		
		46	41.4~50.6			160	−30		
		68	61.2~74.8			170	−25		
	L-DRA/B	15	13.5~16.5		报告	150	−35		压缩机,不适用于HFCs(如R134a)为制冷剂的制冷压缩机
		22	19.8~24.2			150	−35		
		32	28.8~35.2			160	−30		
		46	41.4~50.6			160	−30		
		68	61.2~74.8			170	−25		

1-30 润滑脂性质中的滴点温度和锥入度是什么?

润滑脂的滴点温度是指润滑脂从不流动态转变为流动态时的温度。检测时在滴点计中按规定条件加热润滑脂，当润滑脂滴出第一滴液体或流出油柱 25mm 时的温度即为滴点温度。

锥入度是指 150g 的标准圆锥体沉入 25℃润滑脂中，经过 5s 后所达到的深度。单位是 1/10mm。锥入度是表示润滑脂的软硬程度的一项指标。

1-31 怎样选择使用润滑脂？

① 选择润滑脂时注意，机械传动轴承部位的最高工作温度要低于选用的润滑脂的滴点温度 20～30℃，以保证润滑脂在机械传动达到最高温度时，其性能不变，使轴承部位有良好润滑。

② 重载荷传动的轴承润滑应选用锥入度小的润滑脂。因为锥入度小的润滑脂其稠度及塑性强度高，抗挤压能力强，这种润滑脂能保证重载荷传动轴承有较好的润滑能力。高速轻负荷传动轴承的润滑，应选用锥入度大些的润滑脂，以减小此种传动中轴承部位的摩擦阻力。

润滑脂的选择可参照表 1-22。

表 1-22 润滑脂的性能与应用

名称	牌号（或代号）	滴点/℃ ≥	工作锥入度 /0.1mm	应 用
钙基润滑脂（GB/T 491—2008）	1 号	80	310～340	适用于冶金、纺织等机械设备和拖拉机等农用机械的润滑与防护，使用温度范围为 −10～60℃
	2 号	85	265～295	
	3 号	90	220～250	
	4 号	95	175～205	
石墨钙基润滑脂（SH/T 0369—1992）		80		适用于压延机的人字齿轮，汽车弹簧，起重机齿轮转盘，矿山机械，绞车和钢丝绳等高负荷、低转速的粗糙机械的润滑
全成钙基润滑脂（SH/T 0372—1992）	ZG-2H	80	265～310	适用于工业、农业、交通运输等机械设备的润滑，使用温度小于 60℃
	ZG-3H	90	220～265	
钠基润滑脂（GB 492—1989）	2 号	140	265～295	适用于 −10～110℃温度范围内一般中等负荷机械设备的润滑；不适用于与水相接触的润滑部位
	3 号	140	220～250	
	4 号	150	175～205	用于工作温度不超过 130℃，重负荷机械的润滑，注意此润滑脂耐水性差
通用锂基润滑脂（GB/T 7324—2010）	1 号	170	310～340	适用于工作温度在 −20～120℃范围的各种机械设备的滚动轴承和滑动轴承及其他摩擦部位的润滑
	2 号	175	265～295	
	3 号	180	220～250	
极压锂基润滑脂（GB/T 7323—2008）	0 号	170	355～385	适用于工作温度在 −20～120℃范围的高负荷机械设备轴承及齿轮的润滑，也可用于集中润滑系统
	1 号	175	310～340	
	2 号	175	265～295	
二硫化钼复合钙基润滑脂	1 号	180	310～340	适用于高温（150～200℃）、潮湿条件下，冶金、矿山、化工等重负荷设备摩擦部位的润滑
	2 号	200	265～295	
	3 号	220	220～250	
	4 号	240	175～205	
膨润土润滑脂[SH/T 0536—1993(2003)]	1 号	310～340	270	适合用在高温、高湿、高压条件下工作的机械传动中，如汽车底盘、万向节、水泵等，工作允许温度为 0～160℃
	2 号	265～295	270	
	3 号	220～250	270	
汽车通用锂基润滑脂 GB/T 5671—1995		265～295	180	适用于工作温度在 −30～120℃范围的汽车轮毂轴承、底盘，水泵和发电机等摩擦部位的润滑
精密机床主轴润滑脂[SH/T 0382—1992(2003)]	2 号	180	265～295	适用于精密机床和磨床的高速磨头主轴的长期润滑
	3 号	180	220～250	

续表

名称	牌号 (或代号)	滴点/℃ ≥	工作锥入度 /0.1mm	应　用
压延机用润滑脂 〔SH/T 0113—1992(2003)〕	1号	80	310～355	适用于在集中输送润滑剂的压延机轴上使用
	2号	85	250～295	
食品机械润滑脂 (GB 15179—1994)		135	265～295	用于与食品接触的加工、包装、运输设备的润滑,最高使用温度为100℃
铁路制动缸润滑脂 (SH 0377—1992)		100	280～320	使用温度为−50～80℃,适用于铁路机车车辆制动缸的润滑
铁道润滑脂 〔SH/T 0373—1992(2003)〕	ZN42-9	100	20～35 (25℃)	用于机车大轴的摩擦部分及其高速、高压摩擦界面的润滑
	ZN42-8	180	35～45 (25℃)	
3号仪表润滑脂 (SH 0385—1992)		60	230～265	用于各种仪器仪表的润滑,使用温度为−60～55℃
7407号齿轮润滑脂 (SH/T 0469—1994)		160	75～90 (1/4锥入度/ 0.1mm)	用于线速度小于4.5mm/s的中、重负荷齿轮链轮和联轴节等部位的润滑,最高使用温度为120℃(注:本润滑脂不能与其他油脂混用)
7903号耐油密封润滑脂 (SH/T 0011—1990)		250	55～70 (1/4锥入度/ 0.1mm, 不工作)	使用温度−10～150℃,用于机床、变速箱、管路、阀门及飞机燃油过滤器等与燃料油、润滑油、天然气、水或乙醇等介质接触的装配贴合面、轴封、螺纹接头、阀芯等部位的静密封面和低速下滑动转动的动密封面的密封和润滑
7017-1号高低温润滑脂 〔SH 0431—1992(1998)〕		300	65～80 (1/4锥入度/ 0.1mm)	用于低温及高温下工作的滚动和滚柱轴承的润滑,使用温度范围为−60～250℃
特221号润滑脂 〔SH 0459—1992(1998)〕		200	64～84 (1/4锥入度/ 0.1mm)	用于与腐蚀介质接触的摩擦组合件的润滑和密封,也可用于滚动轴承的润滑,使用温度范围−60～150℃
钢丝绳表面脂 〔SH/T 0387—1992(2005)〕		58		用于钢丝绳的封存,也具有润滑作用

1-32　为什么要校正机械零件的静平衡？静不平衡产生原因及校正方法是什么？

塑料机械中的辊筒类（导辊、橡胶辊、压花辊、印花辊、冷却辊和压延辊）零件,一般都有静平衡要求,目的是为了保证转动的辊筒工作时运转平稳、转动灵活,避免因辊筒的偏重现象影响制品的质量。

(1) 静不平衡产生原因　制造辊筒的毛坯一般多用无缝钢管焊接组合成型。由于焊接组合前各零件加工工艺方法的不合理或者是由于钢管的壁厚不均匀,使机械加工后的辊筒会产生程度不同的静不平衡现象。严重的偏重现象将使零件工作时旋转运动不平稳,结果使随着辊筒同步运行的制品质量由于辊筒的旋转不平稳而产生一定的变化,干扰制品质量的稳定性。所以,才对这类零件的制造质量提出静平衡要求。

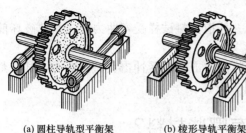

(a) 圆柱导轨型平衡架　　(b) 棱形导轨平衡架
图 1-34　平衡校正架

（2）静平衡校正方法

① 把静平衡用平衡架（见图 1-34）调整找水平。

② 把需校正静平衡的零件连同其支撑轴架在平衡架上，此时零件可在平衡架上自由滚动。如果零件有偏重现象存在，则自由滚动的零件总会由于有偏重部位，使零件始终静止在偏重侧的最低位置（见图 1-35）。

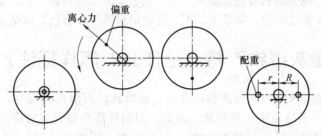

(a) 静平衡零件的自然状态　　(b) 不平衡零件状态　　(c) 校正静平衡后零件状态
图 1-35　静平衡调整原理

校正零件的静不平衡现象方法有两种：一种方法是在偏重零件的一侧去掉一部分质量，如采用钻、铲或磨削方法来减轻偏重侧质量；另一种方法是在零件偏重侧的对称侧增加一些质量，如采用补焊或用螺钉固定一些重物，以达到两侧的平衡。在校正调整零件的静平衡时，对于零件偏重侧的质量减轻或零件偏轻侧的加重，都要逐渐地通过试重一点点地进行，不可能一次通过减轻或加重而达到调整静平衡的目的。

（3）静平衡调整应注意事项

① 检查清理平衡架刀刃面应无油污，无毛刺、光滑平整；表面粗糙度 Ra 应不大于 $0.4\mu m$，硬度为 HRC 50～60。

② 调整平衡校正架处于水平状态，刀刃面的水平度和不平行度允差为 0.02mm/m。

③ 用于装夹测重件的滚轴表面要经磨削加工，外圆精度不低于 h6 级；外圆径向跳动不大于 0.002～0.005mm；轴表面应进行热处理，硬度为 HRC 50～60。

④ 检测轴在校正架的刀刃面上转动应灵活，多次试验转动，停留位置为任意点。

⑤ 测静平衡配重可用油腻或油泥黏土，逐渐加重，直至转轴滚动在任意位置停止，为静平衡校正工作合格。

1-33　金属材料常用力学性能名词、代号是什么？

金属材料应用时常用力学性能有屈服强度、抗拉强度、抗压强度、抗弯强度和冲击韧性值等。

屈服强度代号为 $\sigma_{0.2}$，单位为 MPa（N/mm^2）。是指材料试样在拉伸过程中，永久变形为原长的"规定数值"时的应力。一般"规定数值"为拉伸试样原长的 0.2%，故以 $\sigma_{0.2}$ 表示。

抗拉强度代号为 σ_b，单位为 MPa（N/mm^2）。是指材料试样受拉伸时，在被拉断前所能承受的最大应力。

抗压强度代号为 σ_{bc}，单位为 MPa（N/mm^2）。是指材料试样受压力时，在被压坏前所能承受的最大应力。

抗弯强度代号为 σ_{bb}，单位为 MPa（N/mm²）。是指材料试样受弯曲力时，在被破坏前所能承受的最大应力。

冲击韧性值代号为 α_k，单位为 J/m²。是指材料的冲击试样受冲击负荷折断时，试样刻槽处单位横截面上所消耗的冲击功。

1-34　金属材料有几种类型？各有哪些材料？

金属材料分为黑色金属和有色金属两大类。黑色金属是指铸铁和钢，铸铁中有灰铸铁和球墨铸铁；钢中包括碳素结构钢、碳素工具钢、合金钢和铸钢。有色金属是指铜、铝及其合金。

1-35　什么是灰铸铁？特点是什么？怎样标注？

灰铸铁是指含碳量大于 2.0% 的铁碳合金，碳以片状石墨形式存在，断口呈灰暗色。灰铸铁的强度比较低，不易焊接，但铸造、减振、切削性能良好，有较高的抗压强度，而且价格低廉。其标注代号为 HT，后边数字表示力学性能。例如，HT200 表示此种灰铸铁的抗拉强度为 200MPa。灰铸铁性能参数及应用举例见表 1-23。

表 1-23　灰铸铁性能参数及应用举例（摘自 GB/T 9439—2010）

牌号	铸件壁厚/mm		抗拉强度 σ_b/MPa	硬度 HBS	应用举例
	大于	至			
HT100 (HT10-26)	2.5	10	130	110～166	盖、外罩、油盘、手轮、手把、支架等
	10	20	100	93～140	
	20	30	90	87～131	
	30	50	80	82～122	
HT150 (HT15-33)	2.5	10	175	137～205	端盖、汽轮泵体、轴承座、阀壳、管子及管路附件、手轮、一般机床底座，床身及其他复杂零件、滑座、工作台等
	10	20	145	119～179	
	20	30	130	110～166	
	30	50	120	141～157	
HT200 (HT20-40)	2.5	10	220	157～236	气缸、齿轮、底架、机体、飞轮、齿条、衬筒，一般机床铸有导轨的床身及中等压力(8MPa以下)液压缸、液压泵和阀的壳体等
	10	20	195	148～222	
	20	30	170	134～200	
	30	50	160	128～192	
HT250 (HT25-47)	4.0	10	270	175～262	阀壳、油缸、气缸、联轴器、机体、齿轮、齿轮箱外壳、飞轮、衬筒、凸轮、轴承座等
	10	20	240	164～246	
	20	30	220	157～236	
	30	50	200	150～225	
HT300 (HT30-54)	10	20	290	182～272	齿轮、凸轮、车床卡盘、剪床及压力机的机身、导板、六角自动车床及其他重载荷机床铸有导轨的床身、高压液压缸、液压泵和滑阀的壳体等
	20	30	250	168～251	
	30	50	230	161～241	
HT350 (HT35-61)	10	20	340	199～299	
	20	30	290	182～272	
	30	50	260	171～257	

注：括号中的牌号为与旧标准 GB 976—67 相近的牌号。

1-36　什么是球墨铸铁？特点是什么？怎样标注？

在铸铁液体中加入球化剂（镁或镁合金），使铸铁中条状石墨变为球状，即为球墨铸铁。

球状石墨能减低条状石墨对金属基体的割断性，提高了铸铁的强度和韧性，又由于其价格低廉，所以在某些机械部位可用来代替铸钢或钢锻件，如曲轴、齿轮等。其减振性和耐磨性要好于铸钢。

球墨铸铁的标注代号为 QT，后边数字表示力学性能。例如 QT400-18，表示此球墨铸铁的抗拉强度为 400MPa，伸长率为 18%。球墨铸铁的性能参数及用途见表 1-24。

表 1-24 球墨铸铁性能参数及用途（摘自 GB/T 1348—2009）

牌号	参考壁厚/mm	抗拉强度 σ_b/MPa	屈服强度 $\sigma_{0.2}$/MPa	伸长率 δ/%	冲击韧度（室温23℃）α_k/(J/cm²)	供参考 布氏硬度 HBS	用 途
				最小值			
QT400-18		400	250	18	14	130～180	①制造轧辊,不仅在冶金工业上应用,造纸、玻璃、橡胶、面粉等工业也在不断地改用球墨铸铁 ②制造轴类零件,如柴油机曲轴（一般采用 QT600-3）、凸轮轴及水泵轴等 ③制造齿轮（一般采用 QT400-18）,合适的铸件壁厚为 10～75mm ④制造活塞环、摩擦片、汽车后桥等零件 ⑤制造中压阀门、低压阀门、轴承座、千斤顶底座、球磨机及各种机床零件和医疗器材等零件
QT400-15		400	250	15	—	130～180	
QT450 10		450	310	10	—	160～210	
QT500-7		500	320	7	—	170～230	
QT600-3		600	370	3	—	190～270	
QT700-2		700	420	2	—	225～305	
QT800-2		800	480	2	—	245～335	
QT400-18A	＞30～60	390	250	18	14	130～180	
	＞60～200	370	240	12	12		
QT400-15A	＞30～60	390	250	15	—	30～180	
	＞60～200	370	240	12	—		
QT500-7A	＞30～60	450	300	7	—	170～240	
	＞60～200	420	290	5	—		
QT600-3A	＞30～60	600	360	3	—	180～270	
	＞60～200	550	340	1	—		
QT700-2A	＞30～60	700	400	2	—	220～320	
	＞60～200	650	380	1	—		

注：牌号后面无字母 A，表示该牌号系由单铸试块测定的力学性能；牌号后面具有字母 A，表示该牌号系由附铸试块测定的力学性能，这些牌号适用于质量大于 2000kg 及壁厚为 30～200mm 的球铁件。

1-37 什么是铸钢？其特点是什么？怎样进行标注？

铸钢是指含碳量在 2% 以下的铁合金，用于铸造成型机械零件，具有一定的强度和塑性。采用铸钢成型机械零件制造时其成本也比较低。

铸钢的标注代号为 ZG，后边数字表示钢的力学性能。例如 ZG200-400 表示此铸钢材料的屈服强度为 200MPa，抗拉强度为 400MPa。铸钢的性能参数及应用，举例见表 1-25。

表 1-25 一般铸造碳钢性能参数及应用举例（摘自 GB/T 11352—2009）

牌号	抗拉强度 σ_b/MPa	屈服强度 σ_s,$\sigma_{0.2}$ /MPa	伸长率 δ/%	根据合同选择 收缩率 ψ/%	根据合同选择 冲击功 A_k/J	根据合同选择 冲击韧性值 α_k/(J/cm²)	硬度 正火回火 HBS	硬度 表面淬火 HRC	应用举例
				最小值					
ZG 200-400 (ZG 15)	400	200	25	40	30	6.0			机座、机架、变速箱体
ZG 230-450 (ZG 25)	450	230	22	32	25	4.5	≥131		铸造平坦的零件,如机座、箱体、管路附件（工作温度在450℃以下）,焊接性良好
ZG 270-500 (ZG 35)	500	270	18	25	22	3.5	≥143	40～45	铸造机架、飞轮、联轴器、横梁等,焊接性尚可

续表

牌号	抗拉强度 σ_b/MPa	屈服强度 $\sigma_s,\sigma_{0.2}$/MPa	伸长率 δ/%	根据合同选择			硬度		应用举例
				收缩率 ψ/%	冲击功 A_k/J	冲击韧性值 α_k/(J/cm²)	正火 回火 HBS	表面 淬火 HRC	
				最小值					
ZG 310-570 (ZG 45)	570	310	15	21	15	3	≥153	40～50	铸造大型齿轮汽缸、联轴器和重负荷机架等
ZG 340-640 (ZG 55)	640	340	10	18	10	2	169～229	45～55	较重要的联轴器、大型齿轮

注：1. 表中 A_k—冲击功（V形）；α_k—冲击韧性值（U形）。

2. 各牌号铸钢性能，适用于厚度为 100mm 以下铸件，当厚度超过 100mm 时，仅表中规定的 $\sigma_{0.2}$ 屈服强度可供设计参考。

3. 表中力学性能的试验环境温度为（20±10）℃。

4. 硬度值仅供参考，括号中的牌号为 GB 979—1967 中牌号。

1-38 碳素结构钢分几种？各有什么特点？怎样标注？

碳素结构钢分普通碳素结构钢和优质碳素结构钢。

普通碳素结构钢对含碳量、性能范围及磷、硫等残余元素含量限制较宽，多用于热轧型钢状态供应，直接使用。

普通碳素结构钢的标注代号 Q，后边数为屈服点值、质量等级符号（A、B、C、D）及脱氧方法符号（F—沸腾钢；b—半镇静钢；Z—镇静钢；TZ—特殊镇静钢）。例如 Q235-A·F，表示普通碳素结构钢的屈服点为 235MPa 的 A 级沸腾钢。普通碳素结构的牌号（标准 GB/T 700—2006）有：Q195、Q215、Q235、Q275 四种。

优质碳素结构钢的硫、磷等杂质的含量比普通碳素结构钢少，对其力学性能和化学成分有较高的限制要求。按其含锰量的不同，又可分为普通含锰量和较高含锰量（含锰量为 0.7%～1.2%）。优质碳素结构钢与普通碳素钢一样，多用于热轧成型材，直接使用。常用优质碳素结构钢性能参数及应用举例见表 1-26。

优质碳素结构钢的标注用钢中平均含碳量的万分数表示，例如 45 钢，其平均含碳量为 0.45%。含锰量较高的优质碳素结构钢，在含碳量数字后加注符号"Mn"，例如"50Mn"，其平均含碳量为 0.5%，含锰量为 0.7%～1.00%。

优质碳素结构钢的质量高于普通碳素结构钢，其价格也高于普通碳素结构钢（一般要高 30%～50%）。

表 1-26 常用优质碳素结构钢性能参数及应用举例（摘自 GB 699—1999）

牌号	推荐热处理温度/℃			试件毛坯尺寸/mm	力学性能						钢材交货状态硬度 HBS		应用举例
	正火	淬火	回火		抗拉强度 σ_b/MPa	屈服点 σ_s/MPa	伸长率 δ_5/%	收缩率 ψ/%	冲击吸收功 A_k/J	冲击韧度 α_k/(J/cm²)	不大于		
											未热处理	退火钢	
					不小于								
08F	930			25	295	175	35	60			131		用于需塑性好的零件，如管子、垫片、垫圈；心部强度要求不高的渗碳和碳氮共渗零件，如套筒、短轴、挡块、支架、靠模、离合器盘
10	930			25	335	205	31	55			137		用于制造拉杆、卡头、钢管垫片、垫圈、铆钉；这种钢无回火脆性，焊接性好，用来制造焊接零件

续表

牌号	推荐热处理温度/℃			试件毛坯尺寸/mm	力学性能						钢材交货状态硬度 HBS 不大于		应用举例
	正火	淬火	回火		抗拉强度 σ_b/MPa	屈服点 σ_s/MPa	伸长率 δ_5/%	收缩率 ψ/%	冲击吸收功 A_k/J	冲击韧度 α_k/(J/cm²)	未热处理	退火钢	
					不小于								
15	920			25	375	225	27	55			143		用于受力不大、韧性要求较高的零件、渗碳零件、紧固件、冲模锻件及不需要热处理的低载荷零件,如螺栓、螺钉、拉条、法兰盘及化工容器、蒸汽锅炉
20	910			25	410	245	25	55			156		用于不经受很大应力而要求很大韧性的机械零件,如杠杆、轴套、螺钉、起重钩等;也用于制造压力<6MPa、温度<450℃,在非腐蚀介质中使用的零件,如管子、导管等;还可用于表面硬度高而心部强度要求不大的渗碳与碳氮共渗零件
25	900	870	600	25	450	275	23	50	71	88.3	170		用于制造焊接设备,以及经锻造、热冲压和机械加工的不承受高应力的零件,如轴、辊子、连接器、垫圈、螺栓、螺钉及螺母
35	870	850	600	25	530	315	20	45	55	68.7	197		用于制造曲轴、转轴、轴销、杠杆、连杆、横梁、链轮、圆盘、套筒钩环、垫圈、螺钉、螺母;这种钢多在正火和调质状态下使用,一般不作为焊接
40	860	840	600	25	570	335	19	45	47	58.8	217	187	用于制造辊子、轴、曲柄销、活塞杆、圆盘
45	850	840	600	25	600	355	16	40	39	49	229	197	用于制造齿轮、齿条、链轮、轴、键、销、蒸汽透平机的叶轮、压缩机及泵的零件、轧辊等,可代替渗碳钢作为齿轮、轴、活塞销等,但要经高频或火焰表面淬火
50	830	830	600	25	630	375	14	40	31	39.2	241	207	用于制造齿轮、拉杆、轧辊、轴、圆盘
55	820	820	200	25	645	380	13	35			255	217	用于制造齿轮、连杆、轮圈、轮缘、扁弹簧及轧辊等
60	810			25	675	400	12	35			255	229	用于制造轧辊、轴、轮箍、弹簧圈、弹簧、弹簧垫圈、离合器、凸轮、钢绳等
20Mn	910			25	450	275	24	50			197		用于制造凸轮轴、齿轮、联轴器、铰链、拖杆等
30Mn	880	860	600	25	540	315	20	45	63	78.5	217	187	用于制造螺栓、螺母、螺钉、杠杆及刹车踏板等
40Mn	860	840	600	25	590	355	17	45	47	58.8	229	207	用于制造承受疲劳负荷的零件,如轴、万向联轴器、曲轴、连杆及在高应力下工作的螺栓、螺母等

牌号	推荐热处理温度/℃			试件毛坯尺寸/mm	力学性能						钢材交货状态硬度 HBS 不大于		应用举例
	正火 A	淬火	回火		抗拉强度 σ_b/MPa	屈服点 σ_s/MPa	伸长率 δ_5/%	收缩率 ψ/%	冲击吸收功 A_k/J	冲击韧度 α_k/(J/cm²)	未热处理	退火钢	
					不小于								
50Mn	830	830	600	25	645	390	13	40	31	39.2	255	217	用于制造耐磨性要求很高、在高载荷作用下的热处理零件,如齿轮、齿轮轴、摩擦盘、凸轮和截面在 80mm 以下的心轴等
60Mn	810			25	695	410	11	35			269	229	适于制造弹簧、弹簧垫圈、弹簧环和片以及冷拔钢丝(直径≤7mm)和发条

1-39 什么是碳素工具钢? 有何特点? 怎样标注?

含碳量较高的钢(含碳量在 0.7%~1.3%)为碳素工具钢。碳素工具钢有较高的硬度,而且耐磨,同时还具有一定的韧性。这种钢在使用前一般都要经淬火处理,以提高其工作时的硬度。为了保证其具备有一定的韧性,还应按工作条件要求进行不同温度的低温回火。碳素工具钢主要用来制造刀具、量具和模具。

碳素工具钢的标注代号为 T,后边的数值是含碳量的千分数。高级优质碳素工具钢在牌号后注 A。例如 T10A,表示此碳素工具钢平均含碳量为 1.0%,是高级优质碳素工具钢。碳素工具钢的性能参数与应用见表 1-27。

表 1-27 碳素工具钢的性能参数与应用 (摘自 GB/T 1298—2008)

牌号	硬度			特性及用途
	退火后 HBS≤	淬火温度/℃ (冷却剂)	淬火后 HRC≥	
T7 T7A		800~820(水)		具有较好的塑性和强度,能承受振动和冲击载荷,硬度适中时具有较大韧性,适于作为锻模、凿子、锤、小尺寸风动工具、钳工工具和木工工具等
T8 T8A	187	780~800(水)		淬火加热时容易过热,变形也大,塑性及强度也比较低,不宜制造承受较大冲击的工具,但热处理后有较高的硬度及耐磨性;多用来制造切削刃口在工作时不变热的工具,或制造能承受振动和需有足够韧性且具有较高硬度的工具,如各种木工工具、风动工具、钳工装配工具、简单模具、冲头、钻、凿、斧、锯等;T8Mn 和 T8MnA 有较高的淬透性,能获得较深的淬硬层,可用于制造断面较大的木工工具
T8Mn				
T9 T9A	192		62	用来制造有韧性而又有硬度的各种工具,如冲模、冲头、木工工具及农机中的切割零件
T10 T10A	197			韧性较小,有较高的耐磨性,适于制造不受突然或剧烈振动的工具,如车刀、刨刀、拉丝模、钻头、丝锥等,以及制造切削刃口在工作时不变热的工具,如木工工具、锯、钻等或小型冲模、长板、钳工刮刀、锉刀等
T11 T11A	207	760~780(水)		具有较好的综合力学性能,如硬度、耐磨性及韧性等,适于制造在工作时切削刃口不变热的工具,如丝锥、锉刀、刮刀、尺寸不大且截面无急剧变化的冷冲模及木工工具等
T12 T12A				韧性不高,具有较高的耐磨性和硬度,适于制作不受冲击载荷、切削速度不高、切削刃口不变热的工具,如车刀、铣刀、刨刀、钻头、铰刀、丝锥、板牙、刮刀、量规、锉刀及断面尺寸小的切削边模、冲孔模等
T13 T13A	217			韧性低,硬度高,适于制作不受振动且需特别高硬度的工具,如切硬金属的工具、刮刀、拉丝工具、刻锉刀纹的工具、钻头、雕刻工具和锉刀等

注:一般以退火状态交货。

1-40 合金钢分几种？各有什么特点？怎样标注？

合金钢可分为普通低合金钢、合金结构钢、合金工具钢和各种具备不同性能的特殊合金钢。

（1）普通低合金钢和合金结构钢 这两种合金钢的不同之处在于：普通低合金钢是普通碳素钢中加入少量合金元素（总量少于 3%），其力学性能较碳素钢高，焊接性、耐腐蚀性和耐磨性均比碳素钢好，但经济指标与碳素钢接近；合金结构钢是在钢中加入一定量的合金元素，使其力学性能和耐磨性得以提高，也提高了钢的淬透性，保证金属有较好的力学性能。

对于普通低合金钢和合金结构钢的标注，开始两位数字为钢中平均含碳量的万分数，其后化学符号表示钢中所含各主要合金元素，再后为表示合金元素含量的数字。合金含量小于 1.5% 时只标注元素符号，不标出含量；合金含量大于 1.5% 时，如 1.5% 则应标成 2，2.5% 则应标成 3，3.5% 则应标成 4……对于高质量钢，钢号后要加注"A"。例如 40SiMn2，是表示此种合金钢的主要化学成分：C 为 0.37%～0.44%，Si 为 0.60%～1.00%，Mn 为 1.40%～1.8%。常用合金结构钢的性能参数及应用见表 1-28。

表 1-28 常用合金结构钢性能参数及应用（摘自 GB/T 3077—1999）

牌号	热处理				截面尺寸（试样直径）/mm	力学性能					硬度		特性及应用举例
	淬火		回火			抗拉强度 σ_b /MPa	屈服点 σ_s /MPa	伸长率 δ_5 /%	收缩率 ψ /%	冲击吸收能量 KU_2/J	钢材退火或高温回火供应状态的布氏硬度		
	温度 /℃	冷却剂	温度 /℃	冷却剂							压痕直径 /mm	HBS	
						≥					≥	≤	
20Mn2	850 880	水、油 水、油	200 440	水、空气 水、空气	15	785	590	10	40	47	4.4	187	截面小时与 20Cr 相当,用于制作渗碳小齿轮、小轴、钢套、链板等,渗碳淬火后硬度为 HRC 56～62
35Mn2	840	水	500	水	25	835	686	12	45	35	4.2	207	对于截面较小的零件可代替 40Cr,可制作直径≤15mm 的重要用途的冷镦螺栓及小轴等,表面淬火至 HRC 40～50
45Mn2	840	油	550	水、油	25	885	735	10	45	47	4.1	217	用于制造在较高应力与磨损条件下的零件,在直径≤60mm 时,与 40Cr 相当;可制作万向联轴器、齿轮轴、蜗杆、曲轴、连杆、花键轴和摩擦盘等,表面淬火至 HRC 45～55
35SiMn	900	水	570	水、油	25	885	735	15	45	47	4.0	229	除了要求低温（低于 -20℃）及冲击韧度很高的情况外,可全面代替 40Cr 作为调质钢,也可部分代替 40CrNi;可制作中小型轴类、齿轮等零件以及在 430℃ 以下工作的重要紧固件,表面淬火至 HRC 45～55

牌号	热处理				截面尺寸(试样直径)/mm	力学性能					硬度		特性及应用举例
	淬火		回火			抗拉强度 σ_b/MPa	屈服点 σ_s/MPa	伸长率 δ_5/%	收缩率 ψ/%	冲击吸收能量 KU_2/J	钢材退火或高温回火供应状态的布氏硬度		
	温度/℃	冷却剂	温度/℃	冷却剂							压痕直径/mm	HBS	
						$\geqslant$					$\geqslant$	$\leqslant$	
42SiMn	880	水	590	水	25	885	735	15	40	47	4.0	229	与35SiMn钢相同;可代替40Cr、34CrMo钢制作大齿圈;适于作为表面淬火件,表面淬火至HRC 45~55
20MnV	880	水、油	200	水、空气	15	785	588	10	40	47	4.4	187	相当于20CrNi的渗碳钢,渗碳淬火至HRC 56~62
40MnB	850	油	500	水、油	25	980	785	10	45	47	4.2	207	可代替40Cr制作重要调质件,如齿轮、轴、连杆、螺栓等
37SiMn-2MoV	870	水、油	650	水、空气	25	980	834	12	50	63	3.7	269	可代替34CrNiMo等制作高强度重载齿轴、曲轴、齿轮、蜗杆等零件,表面淬火至HRC 50~55
20CrMnTi	第一次880;第二次870	油	200	水、空气	15	1079	850	10	45	55	4.1	217	强度、韧性均高,是铬镍钢的代用品,用于制造承受高速、中等或重载荷以及冲击磨损等的重要零件,如渗碳齿轮、凸轮等,渗碳淬火至HRC 56~62
20CrMnMo	850	油	200	水、空气	15	1180	885	10	45	55	4.1	217	用于制造要求表面硬度高、耐磨,心部有较高强度、韧性的零件,如传动齿轮和曲轴等,渗碳淬火至HRC 56~62
38CrMoAl	940	水、油	640	水、油	30	980	835	14	50	71	4.0	229	用于制造要求高耐磨性、高疲劳强度和相当高的强度且热处理变形最小的零件,如镗杆、主轴、蜗杆、齿轮、套筒、套环等,渗氮后表面硬度为HV 1100
20Cr	第一次880;第二次800	水、油	200	水、空气	15	835	540	10	40	47	4.5	179	用于制造要求心部强度较高、承受磨损、尺寸较大的渗碳件,如齿轮、齿轮轴、蜗杆、凸轮、活塞销等;也用于速度较快承受中等冲击的调质零件,渗碳淬火至HRC 56~62
40Cr	850	油	520	水、油	25	980	785	11	45	47	4.2	207	用于制造承受交变载荷、中等速度、中等载荷、强烈磨损而无很大冲击的重要零件,如重要的齿轮、轴、曲轴、连杆、螺栓、螺母等,并用于直径大于400mm、要求低温冲击韧性的轴与齿轮等,表面淬火至HRC 48~55

续表

牌号	热处理				截面尺寸(试样直径)/mm	力学性能					硬度		特性及应用举例
	淬火		回火			抗拉强度 σ_b /MPa	屈服点 σ_s /MPa	伸长率 δ_5 /%	收缩率 ψ /%	冲击吸收能量 KU_2 /J	钢材退火或高温回火供应状态的布氏硬度		
	温度/℃	冷却剂	温度/℃	冷却剂							压痕直径/mm ≥	HBS ≤	
						≥							
20CrNi	850	水、油	460	水、油	25	785	590	10	50	63	4.3	197	用于制造承受较高载荷的渗碳零件,如齿轮、轴、花键轴、活塞销等
40CrNi	820	油	500	水、油	25	980	785	10	45	55	3.9	241	用于制造要求强度高、韧性高的零件,如齿轮、轴、链条、连杆等
40CrNiMoA	850	油	600	水、油	25	980	835	12	55	78	3.7	269	用于制造特大截面的重要调质件,如机床主轴、传动轴、转子轴等

(2) 合金工具钢　含有多种合金元素的中、高碳钢为合金工具钢。合金工具钢的强度、硬度和耐磨性较高,红硬性、淬透性好,而且热处理后变形小。

对合金工具钢的标注,开始数字表示钢中平均含碳量的千分数,当平均含碳量等于或大于1.00%时,则开始数字可以省去。例如 9SiCr,其主要化学成分:平均含碳量为 0.90%,含 Si 为 1.2%～1.6%,含 Cr 为 0.95%～1.25%。部分常用合金工具钢性能参数及应用见表1-29。

表 1-29　部分常用合金工具钢性能参数及应用 (摘自 GB/T 1299—2000)

钢号	退火后HBS	淬火温度(油冷)/℃	淬火后HRC≥	特性及用途
9SiCr	241～197	820～860	62	淬透性良好,耐磨性好,具有回火稳定性,但加工性差;适于制作形状复杂变形小的刃具、丝锥、板牙、钻头、铰刀、冷冲模等
Cr2	229～179	830～860	62	淬透性好,耐磨性和硬度高,变形小,但高温塑性差;适于制作大尺寸的冷冲模、低速切削量小且加工材料不硬的刃具,如车刀、插刀、铰刀、量具、样板、量规、偏心轮、冷轧辊、钻套和拉丝模等
CrWMn	255～207	800～830	62	具有较高淬透性、高硬度和耐磨性,韧性好,变形小;适于制作高精度模具或工作时不变热的工具,如冲模、板牙、拉刀、铣刀、丝锥、量规、样板等
Cr12MoV	255～207	950～1000	58	具有较高淬透性、硬度、耐磨性和塑性,变形小,但高温塑性差;适于制作各种铸、锻模具

(3) 特殊合金钢　碳钢中加入某些合金元素,使合金钢具有耐高温、耐腐蚀和耐酸等特殊性能的合金钢,如不易腐蚀的不锈钢有 1Cr13、2Cr13、3Cr13、4Cr13、0Cr18Ni9、1Cr18Ni9、1Cr18Ni9Ti、2Cr18Ni9 等;耐热钢有 4Cr10Si2Mo、1Cr18Ni9Ti 和 4Cr14Ni14W2Mo 等。

1-41　塑料机械零件维修制造常用材料有哪些?

塑料机械零件维修制造常用材料见表1-30。常用金属材料牌号国内外对照见表1-31。应注意选用切削性能良好、热处理变形小、有足够的心部强度 (韧性好) 和耐腐蚀性好、耐磨性好的材料。一般选择规律是:机架、轴承座、带轮和联轴器类零件,多用铸铁或铸钢制造；一般传动载荷不大的机架也可用热轧 Q235-A 碳素结构钢焊接；一般通用零件（如轴、齿轮、链轮、键、套等）都用优质碳素结构钢制造。另外，一些特殊零件按其用途和工作条件需要，可选用合金结构钢、弹簧钢、碳素工具钢、合金工具钢及不锈钢等材料。

表 1-30　塑料机械零件维修制造常用材料

材料名称	牌号	应用零件
灰铸铁	HT150	工作台、支架、手轮、轴承座、端盖
灰铸铁	HT200	箱体、带轮、汽缸
灰铸铁	HT250	联轴器、机架、机座、油缸、气缸、低速大型齿轮
铸造碳钢	ZG230-450	箱体、机架、机座
铸造碳钢	ZG310-570	气缸、大型齿轮
合金铸钢	ZG50Mn2	重负荷大型齿轮
碳素结构钢	Q215-A	各种型钢，可用来焊接组合机架
优质碳素结构钢	15、20	法兰、螺栓、螺钉、导柱、导套
优质碳素结构钢	40、45、50	齿轮、轴、链轮、活塞杆、蜗杆、模具、键
优质碳素结构钢	40Mn	万向联轴器、型腔、型芯
优质碳素结构钢	50Mn	重负荷齿轮、齿轮轴、型腔、型芯
优质碳素结构钢	60Mn	弹簧、弹簧垫圈
碳素工具钢	T8A、T10A	注射模具零件
合金结构钢	1Cr13、3Cr13	分流板
合金结构钢	12CrM	凸凹模芯
合金结构钢	20Cr、20CrMnMo	齿轮、齿轮轴
合金结构钢	40Cr	凸凹模芯、齿轮、轴
合金结构钢	5CrMnMo	耐高温、变形小、形状复杂的模具零件
合金结构钢	5CrNiMo	可制作形状复杂的模具，耐高温，变形小
合金结构钢	3CrW8V	性能与 5CrNiMo 相似
合金结构钢	38CrMoAlA	蜗杆、螺杆、机筒
锡青铜	ZCuSn10P1	轴瓦、蜗轮、衬套
锡青铜	ZCuSn10Pb5	蜗轮、轴瓦、衬套

注：1. 铸造、焊接成型毛坯件应进行退火处理，以消除毛坯件的内应力，减少变形。
2. 为改善零件的机械性能，对于不需表面处理的零件，粗加工后可进行调质处理。
3. 为提高零件的工作表面硬度，应进行表面淬火处理，然后要进行低温回火，以消除内应力，降低脆性。
4. 需提高表面硬度的低碳钢（含碳量小于 0.30%）应在渗碳后再进行热处理，硬度可达 HRC55～65。

表 1-31　常用金属材料牌号国内外对照（仅供参考）

中国 GB	德国		法国	国际标准化组织 ISO	日本 JIS	俄罗斯 ГОСТ	英国	美国	
	DIN	W-Nr	NF				BS	ASTM/AISI	UNS
Q215A	USt34-2	1.0028	A34	HR1	SS330 (SS34)	СТ2КП. ПС. СП-2	040A12	A283M	GrC
Q235A	S235JR	1.0037	S235JR	Fe360A	SS440 (SS41)	СТ3КП. ПС. СП-2	S235JR	A570Gr. A	Gr58
Q235B	S235JRG1	1.0036	S235JRG1	Fe360D	SS41	СТ3КП. ПС. СП-3	S235JRG1	A570Gr. D	
20	C22E CK22	1.1151	C22E XC18		S20C	20	C22E 070M20	1020	G10200
45	C45E CK45	1.1191	C45E XC48	C45E4	S45C	45	C45E 080M46	1045	G10450
60	C60E CK60	1.1221	C60E XC60	C60E4	S58C	60	C60E 070M60	1060	G10600
60Mn	60Mn3	1.0642	—	SL、SM	S58C SWRH62B	60Г	080A62	1062	—
35SiMn	37MnSi5	1.5122	38MS5	—	—	35СГ	En46	—	—

续表

中国 GB	德国		法国 NF	国际标准化组织 ISO	日本 JIS	俄罗斯 ГОСТ	英国 BS	美国	
	DIN	W-Nr						ASTM/AISI	UNS
20Cr	20Cr4	1.7027	18C3	20Cr4	SCr420	20X	527A20	5120	G51200
40Cr	41Cr4	1.7035	42C4	41Cr4	SCr440	40X	530A40	5140	G51400
12CrMoV	13CrMo	1.7335	12CD4	—	—	12XMΦ	Cr27	4119	
20CrMo	20CrMo5	1.7264	18CD4	18CrMo4	SCM420	20XM	CDS12	4118	G41180
35CrMoV	34CrMo4	1.7720	35CD4	34CrMo4	SCM43	34XMΦ	CDS13	4135	G41350
38CrMoAl	41CrAlMo7	1.8509	40CAD 6.12	41Cr AlMo74		38X-ZMIOA	905M39		
40CrMnMo	42CrMo4	1.7225	—	42CrMo4	SCM440	40XTM	708A42	4142	G41420
40CrNi	40CrNi6	1.5711	—	—	SNC236	40XH	640M40	3140	G31400
40CrNiMoA	36CrNiMo4	1.6511	40NCD3	—	SNCM439	40XHM-ФА	816M40	4340	G43400
65	CK67	1.1231	XC65	TypeDC	SUP2	65	060A67	1065	G10650
GCr15	100Cr6	1.3505	100C6	—	SUJ2	ШX15	535A99	E52100	G52986
12Cr13	X10Cr13	1.4006	Z12C13	3	SUS410	12×13	410S21	410	S41000
20Cr13	X20Cr13	1.4021	Z20C13	4	SUS420J1	12×13	420S37	420	S42000
T8	C80W2	1.1625	C80E	TC480	SK6	Y8	—	W1A18	T72301
T10	C105W2	1.1645	C150E2C	—	SK3、SK4	Y10	BW/B	W1-A9½	T72301
HT250	GG25	0.6025	FGL250	250	FC25	СЦ24	Grade260	No35、No40	F12801
HT350	GG35	0.6035	FGL350	350	FC35	СЦ35	Grade350	No50	F13501
KmTB Cr9Ni5	G-X300CrNi Si9-5-2	0.9630	FBCr9Ni5				Grade2D Grade2E	10Ni-HiCr	F45003
QSn6.5-0.1	CuSn⅝	1.020	CuSu6P	—	C5191	BrОГ6.5-0.15	—		
ZQSnD- 5-5-5	GB-Cu Sn5ZnPb	2.1097	CuPb5 Sn5Zn5		BC6	Br05Ts5S5	LG2		C83600
ZCuSn10 Pb1	GB-CuSn 10/2	1.051	CuPb5 Sn5Zn5			Br010F1	PB1、PB4		
ZCuAl10 Fe3	GB-CuAl 10Fe	2.0941	U-A9Fe3Y200 U-A9Fe3Y300		A1BC1		AB1		C95200
AlSi10Mg	C-AlSi10Mg	3.2381	A-S9U3-Y4		C4AS	AL4	LM9	—	360.2
ZG230-450	GS-45	1.0446	CE30	230-450	SC450	2511	A1	450-240	J03101
ZG310-570	GS-60	1.0558	CE320	—	SCC5	45J1		80-40	J05002
ZG35SiMn	GS-37MnSi5	1.5122	—		SCSSiMn2	35ГСЛ			
ZG35Cr1Mo	GS-34CrMo4	1.7220	G35CrMo4		SCCrMo3	35XMЛ			J13048

注：KmTBCr9Ni5 为抗磨铸铁。

1-42 金属材料热处理方法有几种? 各有哪些特点?

金属材料热处理方法有退火、淬火及回火、渗碳、氮化等。

(1) 退火处理　退火处理按工艺温度条件的不同，可分为完全退火、低温退火和正火处理。

① 完全退火　是把钢材加热到 A_{c3}（此时铁素体开始溶解到奥氏体中，指铁碳合金平衡图中 A_{c3}，即临界温度）以上 $20\sim30℃$，保温一段时间后，随炉温缓冷到 $400\sim500℃$，然后在空气中冷却。

完全退火适用于含碳量小于 0.83% 的铸造、锻造和焊接件。目的是为了通过相变发生重结晶，使晶粒细化，减少或消除组织的不均匀性，适当降低硬度，改善切削加工性，提高材料的韧性和塑性，消除内应力。

② 低温退火　是一种消除内应力的退火方法。对钢材进行低温退火时，先以缓慢速率加热升温至 500～600℃，然后经充分保温后缓慢降温冷却。

低温退火（消除内应力退火）主要适用于铸件和焊接件，是为了消除零件铸造和焊接过程中产生的内应力，以防止零件在使用工作中变形。采用这种退火方法，钢材的结晶组织不发生变化。

③ 正火　是退火处理中的一种变态，它与完全退火不同之处在于零件的冷却是在静止的空气中，而不是随炉缓慢降温冷却。正火处理后的晶粒比完全退火更细，增加了材料的强度和韧性，减少内应力，改善低碳钢的切削性能。

正火处理主要适合那些无需调质和淬火处理的一般零件和不能进行淬火和调质处理的大型结构零件。正火时钢的加热温度为 753～900℃。

(2) 淬火及回火处理　淬火可分整体淬火和表面淬火。淬火后的钢一般都要进行回火。回火是为了消除或降低淬火钢的残余应力，以使淬火后的钢内组织趋于稳定。钢材淬火后为了得到不同的硬度，回火温度可采用几种温度段。

① 淬火后低温回火　目的是为了降低钢中残余应力和脆性，而保持钢淬火后的高硬度和耐磨性，硬度在 HRC 58～64 范围内。适合于各种工具、渗碳零件和滚动轴承。回火温度为 150～250℃。

② 淬火后中温回火　目的是为了保持钢材有一定的韧性，在此基础上提高其弹性和屈服极限。适合于各种弹簧、锻模及耐冲击工具等。回火温度为 350～500℃，淬火后回火得到的钢材硬度为 HRC 35～45。

③ 淬火后高温回火　这种回火温度处理通常称之为调质处理。回火温度为 500～650℃，材料的硬度为 HRC 25～35。

调质处理广泛用于齿轮与轴的机械加工工艺中，以使零件在塑性、韧性和强度方面有较好的综合性能。

表面淬火是使零件表面有较高的硬度和耐磨性，而零件的内部（心部）有足够的塑性和韧性。如承受动载荷及摩擦条件下工作的齿轮、凸轮轴、曲轴颈等，均应进行表面淬火处理。

表面淬火用钢材的含碳量应大于 35%，如 45、40Cr、40Mn2 等钢材。表面淬火的方法可分为表面火焰淬火和表面高频淬火。

a. 表面火焰淬火　是用高温的氧乙炔火焰，把零件表面加热到 A_{c3} 线以上温度，然后用水喷射到高温零件表面，则得到较高的零件表面硬度。这种方法主要用于大型齿轮、轴和辊的表面处理。

b. 表面高频淬火　是利用高频感应电流使淬火零件表面迅速加热，然后立即喷水冷却。高频加热零件表面温度为 $A_{c3}+(100～150)℃$，原零件原始组织要求细致均匀；同时应预先经正火或调质处理，淬火后的回火应采用低温回火或自回火。

高频淬火用于提高零件的表面硬度，目前应用较多。因为这种处理方法不易使零件氧化和脱碳，变形小，零件表面可获得较好的力学性能，同时也容易实现较精确的电控和自动化操作，生产率又很高。

(3) 渗碳处理　对于含碳量低于 0.32% 的钢材，可采用渗碳处理；渗碳温度一般为 900～930℃，这样可使低碳钢或低碳合金钢的表面含碳量增高到 0.8%～1.2%。然后再经过热处理，这样零件的内部（心部）即可得到较好的塑性和韧性，而表面层有较高的硬度和耐磨性，如要求有较高工作强度及重负荷工作的齿轮和凸轮及活塞销等零件。渗碳处理后的渗碳层深度可达 0.4～6mm。常用渗碳方法的深度一般为 0.5～2mm。渗碳后零件的热处理硬度一般为 HRC 56～65。

（4）氮化　氮化是一种气体氮化法，即是向钢表面层渗氮的过程，把氨气加热时分解的活性氮原子渗入钢中，渗氮温度一般在 500～600℃ 范围内，需要 20～50h，渗氮深度仅有 0.3～0.5mm，氮化后再进行热处理。渗氮的目的主要是为了提高金属表面的硬度和耐磨性，提高疲劳强度，提高抗腐蚀能力。

1-43　怎样标注和测定布氏硬度和洛氏硬度？

布氏硬度用符号 HB 表示。在布氏硬度试验机上，把被测试的材料加压［一般为 3000kgf（1kgf＝9.80665N），用淬火后的钢球，直径为 10mm］，材料表面出现压凹后，用放大镜在两个方向测压痕直径，求出平均值，然后查表即得到布氏硬度值，单位为 kgf/mm²（1kgf/mm²＝9.80665MPa）。布氏硬度不宜用来测试薄的或很硬的材料，一般多用于材料的正火、退火或调质处理后的硬度标注。

洛氏硬度的测试方法有 A、B、C 三种。常用值为 C 种。所以，洛氏硬度的标注符号为 HRC。测定方法是用 120°金刚石圆锥作为压头，在 150kgf 载荷下，压入试件表面，然后根据压痕的深度来计算硬度值。洛氏硬度没有单位，数值越大，材料硬度越大。洛氏硬度多用来标注钢材淬火后的硬度值。

布氏硬度和洛氏硬度值的换算关系见表 1-32。

表 1-32　各种硬度值间的换算

洛氏硬度 HRC	肖氏硬度 HS	维氏硬度 HV	布氏硬度 HBW	洛氏硬度 HRC	肖氏硬度 HS	维氏硬度 HV	布氏硬度 HBW	洛氏硬度 HRC	肖氏硬度 HS	维氏硬度 HV	布氏硬度 HBW
70		1037	—	52	69.1	543	—	34	46.6	320	314
69		997	—	51	67.7	525	501	33	45.6	312	306
68	96.6	959	—	50	66.3	509	488	32	44.5	304	298
67	94.6	923	—	49	65	493	474	31	43.5	296	291
66	92.6	889	—	48	63.7	478	461	30	42.5	289	283
65	90.5	856	—	47	62.3	463	449	29	41.6	281	276
64	88.4	825	—	46	61	449	436	28	40.6	274	269
63	86.5	795	—	45	59.7	436	424	27	39.7	268	263
62	84.8	766	—	44	58.4	423	413	26	38.8	261	257
61	83.1	739	—	43	57.1	411	401	25	37.9	255	251
60	81.4	713	—	42	55.9	399	391	24	37	249	245
59	79.7	688	—	41	54.7	388	380	23	36.3	243	240
58	78.1	664	—	40	53.5	377	370	22	35.5	237	234
57	76.5	642	—	39	52.3	367	360	21	34.7	231	229
56	74.9	620	—	38	51.1	357	350	20	34	226	225
55	73.5	599	—	37	50	347	341	19	33.2	221	220
54	71.9	579	—	36	48.8	338	332	18	32.6	216	216
53	70.5	561	—	35	47.8	329	323	17	31.9	211	211

1-44　塑料制品用设备进厂应怎样开箱验收？

设备进厂开箱验收是验证订购设备合同执行情况的一项重要程序，也是财务交付设备购买用款前必办的购物入库手续。设备经有关人员签字验收后，财务才能办理付款转账手续。设备开箱验收，很可能会出现设备零件因运输吊运时发生损坏现象或零件数量与装箱单数量不符情况。所以，设备进厂第一次开箱验收时，要请供应、运输、设备管理人员和购买设备签约者参加，共同验收。发现问题及时与供货单位联系交涉。设备开箱验收顺序如下。

① 开箱前检查设备包装箱是否有破损，如有包装箱破损或设备外露损坏时，要与有关人员共同检查交涉，必要时可拍照留证。

② 清除箱体上的尘土、泥沙及污物。

③ 首先打开箱体上盖，查看是否有零件损坏锈蚀现象；核实设备名称、规格型号与订购合同是否相符。没有问题时再拆箱体侧板。找出装箱单、设备说明书和设备出厂合格证。

④ 按装箱单和设备说明书清点设备及附属零部件，同时要清点登记。

⑤ 清洗设备及附属零部件，检查是否有损坏和掉漆、锈蚀部位。检查后，设备主要零部件要涂油保护。

⑥ 一切验收合格后，有关人员签字备案。

1-45　设备基础怎样施工？

设备基础质量是保证设备正常工作运转的一项重要条件，设备基础除了要能承受设备本身重量和生产用原料重外，还要承受设备运转工作时的动负荷作用。所以，塑料制品用设备基础一定要按设备说明书中要求施工；基础的深度要按当地的土质情况决定（对于四辊压延机，基础深度应不低于 1500mm）。混凝土中的砂子和碎石一定要清洗干净后，再按比例与水泥混合均匀。水泥标号应酌情选用，一般多用 300 号或 400 号。设备基础的施工顺序如下。

① 按设备说明书中图纸要求挖出基础坑的长、宽、深尺寸，同时要挖出上下水、压缩空气、供热源（蒸汽或载热油）的输送管线沟和送电用管线沟。

② 按设备地脚螺栓尺寸距离固定地脚螺栓孔用木模。地脚孔用木模应该是成梯形或是上小下大的圆锥形。

③ 第一次浇灌时留出地脚孔；基础水泥平面要粗略找平，然后盖上草袋，24h 后，一天浇一次水养生。在水泥基础养生期内，室内环境温度应在 5℃ 以上。

④ 水泥基础养生 7d 后，拆除地脚螺栓孔用木模板。吊运设备基础板（或整台设备）按地脚孔位置放平，找正设备中心线与整套设备生产线基础中心线重合，设备底平面摆好后调整垫板，粗略找一下水平和高度。

⑤ 地脚孔内放好设备紧固用螺栓，螺栓穿过设备连接孔，拧好螺母。注意留出螺纹调整量长度。

⑥ 选用比浇灌地脚用水泥标号高一等级的水泥浇灌地脚孔，固定螺栓，养生期应超过 10d。

⑦ 用一对斜铁（斜度 1/20～1/10）和一块平钢板为一组（或用调节垫板），平板在下，一对斜铁的斜向相反组合在平板上，垫在地脚螺栓孔两侧，然后就可对机座中心线进行找正并调整其水平度和高度。

1-46　怎样选择使用地脚螺栓？

地脚螺栓是固定设备与设备基础牢固连接用螺栓。塑料机械中的设备与基础的固定，一般多用图 1-36 所示的地脚螺栓。图中（a）型应用较多；如设备工作动力不大，驱动电动机和传动工作零部件在同一机座上，则可采用图中（b）型锚固式地脚螺栓。

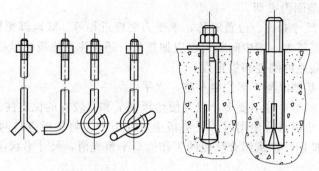

(a) 常用地脚螺栓　　　　(b) 锚固式地脚螺栓

图 1-36　地脚螺栓结构示意

图中（a）型地脚螺栓一般随进厂设备由机器制造厂家提供。如果需自己备用时，地脚螺栓直径选择要比设备机座孔直径小 4～10mm（地脚螺栓直径小时取小值，直径大时取大值）；螺栓长度 $L=15d+S+(5\sim10)$mm。式中，L 为地脚螺栓长度，mm；d 为地脚螺栓直径，mm；S 为设备垫铁高度，mm。

图中 1-36（b）型锚固式螺栓也可叫做膨胀螺栓，应用比较方便。安装时首先在混凝土基础平面上钻孔，孔直径应以锚固式螺栓的最大直径部位为准，能使螺栓插入孔中即可。设备调整好水平和高度，然后拧螺母，带动螺栓杆上升。由于螺栓杆下端有一段是圆锥形，则使膨胀螺栓外钢套外胀，与地脚基础混凝土内孔楔牢，固定设备。

1-47　紧固地脚螺栓时应注意哪些事项?

① 只有在地脚螺栓孔基础混凝土养生后才能紧地脚螺栓。

② 地脚螺栓拧紧时，应首先检查地脚螺栓两侧是否有垫铁且垫铁是否垫平楔紧。

③ 注意拧螺母时，要从机器底座中间开始；拧完一边再拧对称另一边螺母，直至全部对称拧紧。注意扳手的拧紧力要一致，全部拧紧后，再调整校正一下设备的水平，然后再从头开始，第二次拧紧加固。

④ 螺栓拧紧后，螺栓杆的螺纹部分应比螺母高出 2～5 个螺纹距。

⑤ 当锚固式地脚螺栓紧固后，基础孔内要灌入以环氧树脂为主要材料的胶黏剂。注意浇灌前螺栓孔要用压缩空气把孔内灰尘杂物吹除干净。

1-48　设备底座用垫板有几种? 使用时应注意哪些事项?

设备安装时底座用垫板的种类比较多。按垫板制作用材料可分为用铸铁制作的铸铁垫板和用钢材制作的钢板垫铁；按垫板的形状可分为平垫板、斜面垫板、中间开口垫板和调节垫板等。塑料机械用垫板，多采用平板与斜垫板组合式垫板和调节垫板。调节垫板结构见图 1-37。

使用垫板时应注意以下事项。

① 每根地脚螺栓两侧应有一组垫板，注意垫板距地脚螺栓距离既要接近相等又不能间隔太远，以能方便地脚螺栓孔浇灌为准。

② 垫板要露出机器底座边缘 30mm 左右；垫板的高

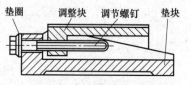

图 1-37　调节垫板结构

度应在 20～80mm 范围内可调。

③ 垫板布置要尺寸对称、位置对称，承受力要接近相等。除地脚螺栓两侧必须布置外，如果两地脚螺栓距离较大，则中间部位也应加垫板。还应注意垫板应尽量加在设备有加强筋部位，以加强设备底座的刚性和稳定性。

④ 放置垫板的基础混凝土部位要平整、水平。

⑤ 组合式垫板的组合件不要多，以方便垫板调节和有较好的稳定性。

⑥ 平垫板与斜垫板组合使用时，平垫板应放在下面。斜垫板应是两块，斜板的斜度相同，斜向相反贴合使用。注意组合垫板的工作面要平整光滑，尺寸形状接近相同，以方便调节高度。

⑦ 垫板的工作高度调整接近相等，各垫板的承载力均匀一致。

⑧ 调节后的垫板、地脚螺栓紧固后，如果设备工作振动较大，可把各组合垫板点焊加固。

2-1　塑料主、辅料配混常用哪些设备？

塑料制品成型用主、辅料配混常用设备有：清除料中杂质用的筛料机，为液体助剂过滤用的过滤装置，原料去湿用的干燥机，细化助剂颗粒用的研磨机和主、辅料配混用的混合机和为生产设备供料用的上料机等设备。

2-2　塑料主、辅料配混与预塑化是什么意思？

塑料制品成型生产中的主、辅料配混与预塑化（有的制品需预塑化造粒），是塑料制品生产成型前的原料准备过程。图 2-1 所示是聚氯乙烯制品压延成型制品前应进行的原料准备

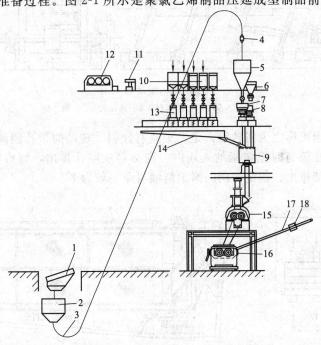

图 2-1　聚氯乙烯制品压延成型制品前应进行的原料准备过程图
1—振动筛；2—树脂储罐；3—风压输送树脂管路；4—旋风分离器；5—树脂储罐；6—填充剂储罐；7,8—自动计量；9—高速混合机；10—增塑剂罐；11—搅拌机；12—研磨机；13—助剂自动计量；14—助剂导槽；15—密炼机；16—开炼机；17—输送带；18—金属检测仪

过程（分原料配混与预塑化两部分）中较典型的生产工艺路线图。

2-3 原料配混分哪几道工序?

原料配混生产工艺顺序是：应先把粉状的主、辅料过筛，液体状助剂过滤。清除原料中的杂物、颜料或一些固态稳定剂配混成浆料后研磨细化颗粒，然后主、辅料按配方要求的量分别过秤，加入混合机中，搅拌混合均匀，即为压延制品生产中的原料配混，为原料预塑化工序提供原料。

2-4 常用树脂筛选设备有几种类型? 怎样工作?

常用树脂筛选设备有振动筛、平动筛和滚动筛等，其结构和工作特点如下。

（1）振动筛 振动筛结构比较简单（见图2-2），分两种振动方式：一种是把筛网装在用弹簧杆定位的框架上，工作时电动机通过V带传动使筛框上的偏心轮转动，则偏心轮带动筛框振动，把筛网上的树脂过筛；另一种是借助电磁振动器的电磁振动，带动筛框振动，完成树脂过筛工作。

（2）平动筛 平动筛结构也很简单，最大的特点是没有振动筛工作时的噪声。平动筛是由两组筛框组成，边框四周用钢丝绳悬挂着，工作时两筛框间的偏心轴由转动的偏心轮带动，使筛框作惯性平面圆周运动，使原料从筛网间通过，清除原料中的杂物。平动筛结构工作示意图如图2-3所示。

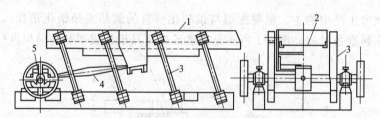

图 2-2 振动筛
1—外壳；2—筛；3—弹簧杆；4—连接杆；5—偏心轮

（3）滚动筛 也可称之为回转筛，是一个略有倾斜、转动的带孔圆筒（结构见图2-4）。筒面上装有筛网，在筛料时把树脂加入筒内，则细料从网孔排出，颗粒大的料则沿滚筒前移，在转筒的另一端排出。固定筛网的圆滚筒倾斜角一般为2°～9°。

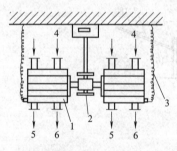

图 2-3 平动筛结构工作示意图
1—筛框；2—传动装置；3—钢丝绳；4—入料口；5—PVC树脂出口；6—杂物出口

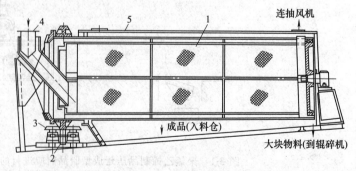

图 2-4 圆筒形回转筛
1—带孔的圆筒；2—支撑轮；3—止推轮；4—加料漏斗；5—外壳

2-5　筛过的树脂怎样输送到生产车间?

从图 2-1 中可知,原料的筛选车间与原料筛选后储罐的距离比较远,而且还有一定的高度。这段距离原料的输送一般多采用风压通过管路输送或用脉冲气力输送。

(1) 风力输送　用风力通过管路输送 PVC 树脂是目前压延机生产线中采用较多的一种输送料方式,其工作示意图如图 2-5 所示。用风力输送树脂所用设备主要有高压风机、加料器、旋风分离器和树脂储罐。通过管路把这些装置连接成一个封闭式的原料输送线。风力输送 PVC 树脂时的工作条件没有特殊要求,工作中应注意的事项如下。

① 输送树脂应采用高压风机,输送料风压一般控制在 0.5MPa 左右。管路直径为 50mm 左右。

② 要注意整个管路系统的密闭性能。

③ 加料器的结构合理与否会影响加料输送效率,降低气流阻力,甚至有时会出现加料反冲现象。加料器结构 (图 2-6) 尺寸确定如下。

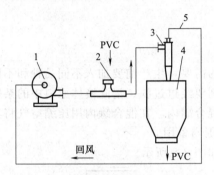

图 2-5　风力输送 PVC 树脂用设备
1—高压风机;2—加料器;3—旋风分离器;
4—储罐;5—管路

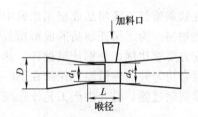

图 2-6　加料器结构示意图

• 喷射口 (图示方向 D 端) 端锥度约为 20°左右;扩散口端 (d_2 端) 锥度约为 7°左右。

• 入料口部位的喉腔处长度应比管直径略小些。

• 喷射口与扩散口组合后应在同一个水平中心线上。

(2) 脉冲气力输送　脉冲气力输送树脂是利用信号控制气流,有规律地把进入输送管路内的树脂分割成间距相等的料栓段,使输送管路中形成树脂栓与气流相间隔的气固流动体系。推动料栓的动力为料栓前后的静压差。

脉冲气力输送树脂用设备如图 2-7 所示。主要设备有脉冲气流发生装置、发送罐、高位料储罐和连接这几个设备和装置用的管路,

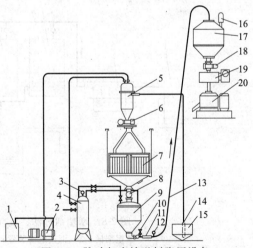

图 2-7　脉冲气力输送树脂用设备
1—真空泵;2—气水分离器;3—压力表;4—储气罐;
5—负压储料罐;6—加料器;7—平动筛;8—导阀;
9—发送罐;10—电动阀;11—玻璃观察器;
12—压力表;13—输料管;14—吸料管;15—料槽;
16—排气布袋过滤器;17—储料罐;18—加料器;
19—计量秤;20—混合机

具体如下。

① 脉冲气流发生装置　脉冲气流发生装置是由空气压缩机、储气罐、脉冲信号发生器和电磁阀等主要零部件组成。其作用是按规定的时间电磁阀完成启闭动作，进行脉冲式送气，则把进入管路内的 PVC 树脂切割成长度相等的料栓。气流速度为 $1\sim9m/s$，脉冲频率在 $20\sim40Hz$。

② 发送罐　是用通入罐内的压缩空气 [压力为 $(1.5\sim2.0)\times10^4Pa$] 把树脂推送至管路内。在发生罐下面的输送料管路旁接脉冲喷射气流 [喷射气流压力为 $(2\sim2.5)\times10^4Pa$]。由于喷射气流压力比压缩空气压力大而产生压力差，使输送料管路内的分割料栓前后形成压力差。输送料量的多少，在脉冲频率不变时，可通过发送罐的脉冲压力来控制。

③ 输送料管路应注意接头处平滑过渡，拐弯处要选取较大的曲率半径，以避免发生料堵塞管路的现象。出现堵塞情况时应及时通入压缩空气，吹通料堵塞栓。

④ 通过发送罐采用脉冲气力输送料至高位储罐内，是采用低速、低压力管路输送。由于气力小，不会发生粉尘飞扬现象，为防止进入储罐内的树脂逸出，在排气口处可装一个大约为 $1m^3$ 的布袋即可。

2-6　液体助剂怎样过滤?

在软质聚氯乙烯制品成型用原料中，按其性能的需要，生产前要加入不同品种和不同比例的增塑剂。为了保证制品的成型质量，这些增塑剂要经过过滤、清除液体原料中的杂质后再按配方要求比例，分别计量过秤，然后才能加入混合罐内。在混合罐内用压缩空气将其搅拌、混合均匀并加热恒温，保持在 $70\sim80\text{℃}$ 温度范围内备用。

增塑剂过滤、混合生产工艺流程用设备示意图如图 2-8 所示。

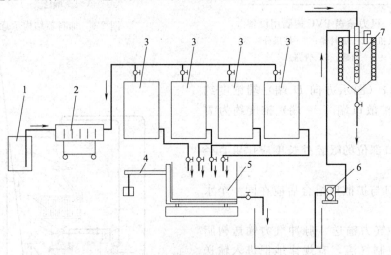

图 2-8　增塑剂过滤、混合生产工艺流程用设备示意图
1—增塑剂桶; 2—框式过滤装置; 3—多品种增塑剂储罐; 4—计量秤;
5—混合槽; 6—齿轮泵; 7—高位增塑剂混合储罐

2-7　哪些材料需要干燥处理? 料斗式干燥机怎样工作?

如果生产制品用原料是聚碳酸酯、聚酰胺和 ABS 类易吸湿性料，则生产前必须进行干

表 2-1　塑料的热风干燥条件

原料名称	热风干燥		干燥料斗温度/℃
	温度/℃	时间/h	
聚酰胺	90～105	12～20	85～95
ABS	80～90	2～4	75～85
聚碳酸酯	120～130	6～8	115～120
聚砜	120～140	4～6	120～125
聚乙烯	70～80	1～2	65～75
聚丙烯	80～100	1～1.5	80～90
聚苯乙烯	70～80	2～4	65～75
聚甲醛	75～85	3～5	70～80

表 2-2　热塑性塑料的吸水率及允许含水量

塑料名称	吸水率/%	允许含水量/%	塑料名称	吸水率/%	允许含水量/%
ABS	0.2～0.45	0.1	PA66	1.5	0.2
PE	<0.01	0.5	PMMA	0.3～0.4	0.05
PP	<0.03	0.5	PC	0.24	0.02
PS	0.03～0.10	0.1	PSU	0.22	0.1
POM	0.02～0.35	0.1	PPO	0.07～0.2	0.05
PA6	1.3～1.9	0.2	PS	0.02～0.08	0.1

表 2-3　料斗式干燥机基本参数

容量/L	装料量/kg ≥	干燥能力/(kg/h) ≥	电热功率/kW ≤	风机		
				风量/(m³/min)	风压/Pa ≥	电机功率/kW ≤
16	10	4	1.5	1.6	—	—
40	25	10	2.7	2.2	370	0.06
80	50	20	3.9	3.5	630	0.18
125	75	30	4.8	4	—	0.25
160	100	40	5.4	4	—	0.25
250	150	60	9	10	1200	0.55
315	200	80	12.6	10	1200	0.55
400	250	100	15	10	1200	0.55
500	300	120	18	15	1200	0.75
800	500	200	24	20	1200	1.10

燥去湿处理。原料进行干燥处理的方法很多，可采用热风干燥和气流干燥等方法。不同原料干燥温度和时间见表 2-1。对于不易吸湿的聚乙烯、聚丙烯、聚氯乙烯、聚苯乙烯类原料，如果较严密的包装袋没有破损，一般不用进行干燥处理。如果因原料运输或保管不当，含水量超过表 2-2 中的允许值时，为了保证挤出制品质量，也要进行干燥处理。

国产塑料干燥机中的料斗式干燥机在标准 JB/T 6494—1992 中规定的规格参数见表 2-3。

料斗式塑料干燥机结构见图 2-9。其工作方式是：当开动风机后，风机把经过电阻加热的空气由料斗下部送入干燥室，热风由下往上吹，热风在原料中通过时，把原料中的水分加热蒸发带走，潮湿的热气流由干燥室顶部排出。这种热风连续进出，把原料中水分一点点蒸发带走，达到干燥原料目的。

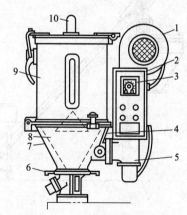

图 2-9　料斗式塑料干燥机结构
1—风机；2—电控箱；3—温度控制器；
4—热电偶；5—电热器；6—放料闸板；
7—集尘器；8—网状分离器；
9—干燥室；10—排气管

2-8　常用上料装置有几种类型？各有哪些工作特点？

塑料成型设备料斗中供料方式有多种，小型设备一般多为人工上料；大型设备或多台设备并列同时生产时，可采用弹簧法上料、真空法上料和压缩空气管道法输送上料等方式。

（1）弹簧上料装置　弹簧上料装置结构见图 2-10。它是把一根螺旋弹簧装在橡胶管内，弹簧由电动机驱动，在橡胶管内高速旋转。

当设备上料斗需要上料时，启动电动机带动弹簧旋转，（原料被弹簧螺旋带动上升）。橡胶管上端对准料斗处开有一排料口，上升至排料口处的原料被弹簧旋转的离心力抛出料口，进入料斗。此种上料装置结构简单，操作和维修都很方便，适合于粒料和粉料的输送。弹簧上料装置技术参数见表 2-4。

表 2-4　弹簧上料装置技术参数

额定输送能力/(kg/h)	100	300	700
料斗承重/kg	—	120	150
弹簧直径/mm	30	36	59
最大输送能力/(kg/h)	200	600	1000
送料管长度/m	3	3～5	3～5
储料箱承重/kg	—	150	200
电机功率/kW	0.55	0.75	2.2

（2）真空法上料装置　主要由风机、吸气管、储料仓、吸料管、过滤网、电控箱等零部件组成，如图 2-11 所示。

当料斗需要上料时，风机 2 启动，通过吸气管 4 和过滤网 3，使中间储料仓内形成负压；与此同时，与中间储料仓及原料储箱相连接的吸料管 8 把原料储箱中的原料吸入中间储

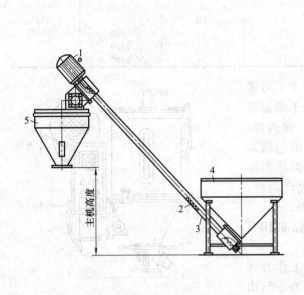

图 2-10　弹簧上料装置结构

1—电动机；2—上料弹簧；3—输料管；
4—原料箱；5—料斗

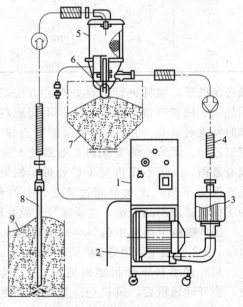

图 2-11　真实法上料装置结构示意图

1—电控箱；2—风机；3—过滤网；4—吸气管；
5—中间储料仓；6—排料活门；7—料斗；
8—吸料管；9—原料储箱

料仓内。当吸入一定量时，上料继电器动作，风机停止工作，吸料工作停止，这时排料活门打开，为挤出机料斗供料。

（3）压缩空气管道输送上料 采用压缩空气管道输送上料的方式，多应用于几台挤出机并列、同时生产供料。在这样比较大规模生产的挤出制品车间内，输送料系统由一根总送料管道，再分出数个支管道，分别给各个挤出机料斗送料。这种依靠压缩空气，采用风管输送料的方式，占地小、用人少，环境也比较清洁，可用其输送粒料和粉状料。

2-9 研磨机由哪些主要零件组成？怎样工作？

研磨机是一种用来细化颜料、粉状稳定剂和其他一些助剂的设备。

常用的研磨机主要是由三根转动的辊筒组成的，所以人们一般习惯称其为三辊研磨机，结构如图 2-12 所示。研磨机主要由三根辊筒、齿轮减速器、V 带、铜质挡料板、辊筒调距装置和刮料刀等主要零部件组成。

三辊研磨机的工作原理是：高速旋转的三根辊筒由电动机驱动，通过 V 带传动，由齿

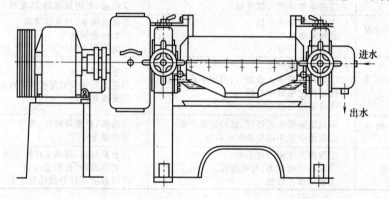

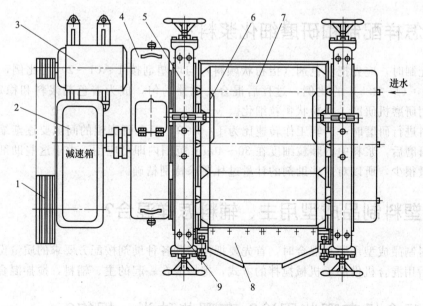

图 2-12 三辊研磨机结构

1—V 带；2—齿轮减速器；3—电动机；4—齿轮罩；5—机架；
6—铜挡料板；7—辊筒；8—刮料刀片；9—辊筒调距装置

轮减速器和一组传动齿轮带动。当将要被研细的浆料在三辊面间的间隙通过时，手工调整三辊的辊面间隙。按照浆料的运行顺序，三根辊筒工作面的间隙由大变小，则浆料通过研磨机辊面间隙时，直径较大的物料颗粒被压碎细化，达到物料颗粒被细化的目的。对于将要加入到树脂中的色浆料，通过研磨机的研磨细化后，可提高和改善颜料的扩散，使其与树脂混合得更加均匀。

三根辊筒是研磨机设备中的主要零件，辊筒工作面的加工精度和工作面表面粗糙度对被研磨细化的物料质量有直接影响。要求辊筒用冷硬铸铁或铸钢铸造成形；精加工后的辊筒工作面表面粗糙度 Ra 应不大于 $0.2\mu m$，工作面硬度也应较高。

三根辊筒的工作转速不同，从进料辊开始，一根比一根快，速比是 $1:3:9$；中间辊位置固定，前后辊可用手工调节前后移动，来改变三根辊筒工作面间的距离大小。

研磨机工作故障产生原因及排除方法见表2-5。

表 2-5　研磨机工作故障产生原因与排除方法

故障现象	产生原因	排除方法
辊筒突然停止转动	①辊面间隙过小，料中有异物 ②辊筒轴承损坏 ③传动带轮或齿轮脱键	①把辊筒间的间隙调大，清除异物 ②更换新轴承 ③检修，查出故障部位，配键
辊筒轴承部位温度高	①轴承润滑油不足 ②轴承磨损严重 ③工作负荷过大	①清洗轴承，加足润滑油 ②更换新轴承 ③适当调大辊距，或注意加料量的均匀性
辊筒工作面间隙不能调小	①轴承磨损严重 ②辊筒直径多次修磨后，两辊中心距已小于传动齿轮啮合中心距 ③传动齿轮出现啮合干涉	①更换新轴承 ②更换新辊筒或配换传动齿轮 ③更换新齿轮
辊筒面间距不平行	①调距装置中的螺杆、螺母磨损严重 ②调距装置中的安全垫片损坏	①检修，更换新螺杆、螺母 ②换安全垫片
辊筒面易磨损	①辊筒工作面硬度不够 ②原料中杂质多，有硬砂粒 ③硬物落在辊面	①更换新辊，提高工作面硬度 ②更换原料、投料前过筛 ③设备上不许存放任何工具

2-10　怎样配制和研磨细化浆料？

浆料配制时，应先把着色剂（指粉状颜料）与增塑剂按 $1:(1\sim2)$ 的比例，稳定剂与增塑剂按 $1:(1\sim2.5)$ 的比例，过秤后混合，搅拌均匀，成为着色剂浆料和稳定剂浆料，然后分别用研磨机研磨，把粉状颗粒细化。

对浆料进行研磨时，三辊工作转速比为 $1:3:9$，三个研磨辊的间隙要逐渐缩小，反复经过几次研磨后，浆料中的颗粒细度在 $30\sim40\mu m$ 范围内即可应用。由于这些助剂在原料配方中的用量很少，所以对这些助剂的计量过秤要求特别精确。

2-11　塑料制品成型用主、辅料怎样混合？

当塑料制品成型用原料混合时，首先要把树脂和各种助剂按配方要求的质量份准确过秤计量，然后用混合机借助于机械搅拌的方式，把掺混在一起的主、辅料，搅拌混合均匀。

2-12　混合机有哪些用途？有哪些种类、规格？

混合机是原料的配混设备。把聚氯乙烯树脂、增塑剂、稳定剂和填充料等各种原料，按压延成型制品的工艺配方要求比例，经计量后分别加入混合机中。在一定的温度条件下，通过混合机中搅拌桨的转动，使物料得到翻转、推压和搅动，把混合机中的各种原料相互换位，使成分混合分布（密度和浓度）得比较均匀，得到以聚氯乙烯树脂为主且具有特定性能的混合料。

混合机除了用PVC料的混合、着色外，还可用于PP、PE粒料的干燥、着色和聚苯乙烯（PS）、ABS、聚碳酸酯（PC）等料挤出前的干燥处理等。

混合机的种类按传动方式可分为螺带式混合机、Z形混合机和高速混合机，按外形结构又可分为立式和卧式，按混料温度又可分为热混合机和冷却混合机。

混合机的规格按锅体的容积划分，种类较多，最小容积为3L，最大容积可达2000～3000L。混合机型号标注说明如下。

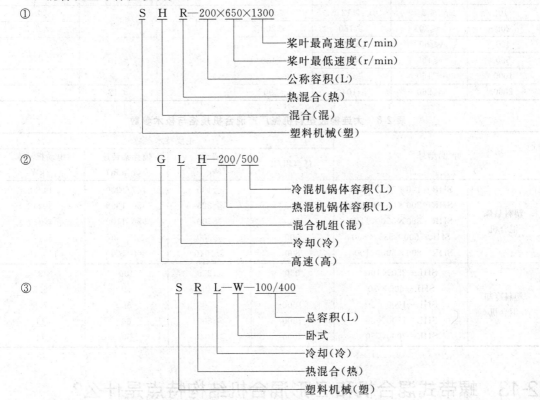

国内JB/T 7669—2004标准规定的混合机基本参数见表2-6和表2-7。国内部分混合机生产厂的产品性能参数见表2-8。

表2-6 部分热机混合机基本参数（摘自JB/T 7669—2004）

总容积 (±4%)/L	一次投料量 /kg	产量 /(kg/h)	搅拌桨转速 /(r/min)	混合时间 /min	主电动机功率 /kW	加热功率 /kW	油加热功率 /kW	蒸汽压力 /MPa
3	≤1.2	≥8.5	≤3000	≤8	≤1.1	≤0.75	≤3	
200	≤65	≥325	≤500		≤22	≤9		0.3～0.4
			≤475/950					
			≤650/1300		≤30/42	—		—
300	≤100	≥500	≤500	≤10	≤37	12	≤18	0.3～0.4
			≤475/950		≤40/55			
			≤550/1100		≤47/67			
500	≤160	≥800	≤500		≤55	16		0.3～0.4
			≤350/700		≤47/67			
			≤400/800		≤83/110	—		—

续表

总容积 (±4%)/L	一次投料量 /kg	产量 /(kg/h)	搅拌桨转速 /(r/min)	混合时间 /min	主电动机功率/kW	加热功率 /kW	油加热功率 /kW	蒸汽压力 /MPa
800	≤260	≥1040	≤450	≤12	≤110	≤22	≤36	0.3~0.4
			≤350/700		≤110/160	—		
1000	≤325	≥1300	≤400		≤132	≤28		0.3~0.4
			≤300/600		≤132/164	—		

表 2-7　部分冷混合机基本参数（摘自 JB/T 7669—1995）

总容积 (±4%)/L	一次投料量/kg	产量/(kg/h)	搅拌桨转速 /(r/min)	排料温度/℃	批混合时间 /min	主电动机功率 /kW
10	≤2	≥12	≤300	≤60	≤8	≤0.75
200	≤30	≥180	≤200			≤7.5
400	≤60	≥325			≤10	≤11
500	≤100	≥500	≤130			
1000	≤160	≥800				≤18.5
2000	≤260	≥1040	≤90		≤12	30

表 2-8　大连橡胶塑料机械厂产混合机规格与技术参数

产品型号	主要技术参数			
	总容积/L	产量 /(kg/h)	搅拌桨转速 /(r/min)	电动机功率 /kW
塑料热炼 混合机 SHR—100×740×1470	100	≥130	747/1300	14/22
SHR—200×650×1470	200	≥325	350/1300	30/42
SHR—300×550×1100	300	≥500	550/1100	47/67
SHR—500×535×800	500	≥800	535/800	55/72
SHR—800×500×1000	800	≥1040	500/1000	110/160
塑料冷却 混合机 SHL—350×100	350	≥275	100	3
SHL—500×70	500	≥400	70	5.5
SHL—1000×50	1000	≥500	50	7.5
SHL—1500×60	1500	≥800	60	11
SHL—2000×50	2000	≥1040	50	11

2-13　螺带式混合机和 Z 形混合机结构特点是什么？

螺带式混合机结构如图 2-13 所示。Z 形混合机结构如图 2-14 所示。这两种混合机的结构形式基本相似：一种是由于搅拌桨的形状像螺旋带而得名；另一种是由于搅拌桨的形状为 Z 形而得名。通常人们也都称这两种混合机为捏合机。

这两种混合机主要由电动机、传动 V 带、齿轮减速器、混合室和搅拌桨等主要零件组成。

混合机的搅拌室内壁是由不锈钢板焊接组合成夹套式圆弧形结构，夹套内可通蒸汽为混合料加热升温，也可通冷却水为混合料降温。搅拌桨由不锈钢板制造或用铸钢铸造成 Z 形，然后表面镀硬铬层，以防止粘料和提高其工作面的耐磨性。这两种混合机工作时，搅拌桨的转速一般在 15~50r/min 范围内。

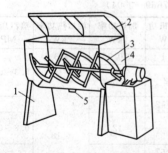

图 2-13　螺带式混合机结构示意图

1—机架；2—上盖；3—搅拌桨；

4—混合室；5—卸料装置

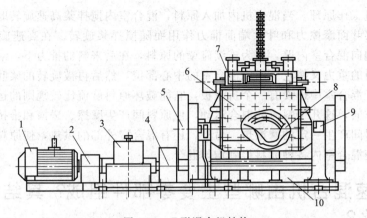

图 2-14　Z形混合机结构

1—电动机；2,4—联轴器；3—减带齿轮器；5—传动齿轮；6—混合室；
7—上盖；8—搅拌桨；9—轴承座；10—机座

2-14　高速混合机和冷混合机的结构特点及工作方式是什么?

（1）高速混合机　高速混合机不同于前两种混合机的地方就是搅拌桨的工作转速比较高。所以，人们通常都称其为高搅机。

高速混合机结构如图 2-15 所示。这种混合机的结构和其他类型的混合机结构基本相同，也是由混合室、搅拌桨和传动装置等主要零部件组成。

高速混合机的规格也是按混合室的容积大小来表示的，以升为单位，用 L 表示。高速混合机常用参数见表 2-6。

（2）冷混合机　冷混合机按其生产工艺顺序排列是在高速混合机之后的，作用是把高速混合机混合后的高温料降温，以防止原料结块、热降解及排除原料中残余的水蒸气和各种挥发性气体，这样既可保证制品的透明度，又为下道生产工序挤出混炼原料做好准备。

冷混合机结构如图 2-16 所示（图示结构是高速混合机与冷混合机为一体式结构，图中的下部为冷混合机）。与高速混合机结构不同之处是：搅拌桨为 Z 形，混合室和搅拌桨内均可通水冷却，搅拌桨转速比高速混合机的搅拌桨转速慢。

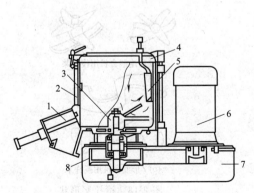

图 2-15　高速混合机结构

1—排料装置；2—混合室；3—搅拌桨；4—盖；
5—折流板；6—电动机；7—机座；8—V带轮

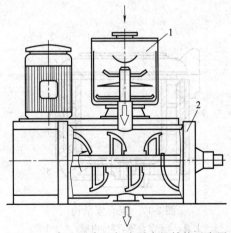

图 2-16　高速混合机与冷混合机结构示意图

1—高速混合机；2—冷混合机

（3）混合机工作原理　当混合机内加入原料，混合室内搅拌桨高速旋转时，搅拌桨附近的原料由于受桨叶面摩擦力和叶片端面推力作用而随搅拌桨旋转。在高速旋转离心力作用下，这些料被抛向混合室内壁，成为连续碰壁的原料，在后来料的推力下，沿内壁上升到一定高度时，原料的重力又使它落回原混合室的中心部位，然后再被旋转的桨叶抛出，重复原来的运动。由于混合室中还设有一个折流板，它能破坏原料旋流比较规则的运动方式，搅乱了物料的运动方向，这几个料流的混合运动，使原料间产生摩擦、碰撞和推挤，这些交叉的动作变化使原料间产生一定的摩擦热。另外，还有混合室外部的供热，使原料升温，这些条件的综合作用使混合室内各种原料得到均匀混合。

2-15　高速混合机由哪些主要零部件组成？其结构特点是什么？

高速混合机主要由混合室、搅拌桨、传动装置及排料装置等部件构成。

（1）混合室　混合室是高速混合机中用于原料混合的容器，形状像一个圆筒，如图2-17所示。混合室分为内、外层和夹套，内层用 1Cr18Ni9Ti 合金钢板制造，外层和夹套用普通碳素钢板焊接而成。夹套内可通蒸汽或冷却水，也可用电阻加热，以实现原料混合时的加热或冷却。外层为防止热量扩散，内装玻璃丝或石棉保温层。高速混合机可用水蒸气加热升温，水蒸气的压力为 0.2～0.5MPa。

混合室上盖由铝合金板制造。盖上有加料口，由盖板密封。上盖可沿混合室侧支点平移。折流板吊挂在上盖一侧，由钢板焊接而成，表面镀硬铬，空腔内装有热电偶，测量混合料温度。

（2）搅拌桨　搅拌桨在混合室内，也称为叶轮。它由电动机通过 V 带驱动旋转。搅拌桨的结构形状有多种，图 2-18 所示为比较常见的形状。搅拌桨多用不锈钢板制造。图 2-18 (b) 所示为 Z 形混合机用搅拌桨。这种搅拌桨一般用铸钢铸造成型，表面应有利于翻转原料，粗糙度 Ra 应不大于 $0.4\mu m$。

（3）传动装置　搅拌桨上的转动轴由混合室底部的 V 带轮通过普通异步电动机驱动旋转，转速为 500r/min 左右。混合室和传动装置都固定在机座上。

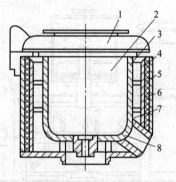

图 2-17　混合室结构

1—上盖；2—混合室；3—内壁；4—外套；
5—保温层；6—夹套层；7—通水蒸
气或水的空腔；8—排料口

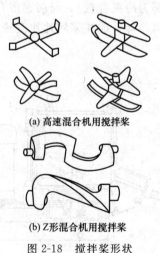

(a) 高速混合机用搅拌桨

(b) Z形混合机用搅拌桨

图 2-18　搅拌桨形状

图 2-19 所示为搅拌桨的传动装置。搅拌桨固定在主轴上，由深沟球轴承和推力球轴承来承受叶轮轴的工作径向力和轴向力。压盖内有密封圈，可防止原料泄漏。

（4）排料装置　排料装置设在混合室底部侧面，主要功能是把混合室内混合均匀的原料排出机外，供下道工序使用。排料装置结构如图 2-20 所示。工作时由气缸活塞轴推动排料门的开启或关闭，通气管通入压缩空气是为了清除残料。

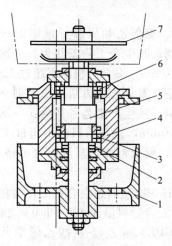

图 2-19　搅拌桨的传动装置
1—V 带转；2—推力球轴承；3,6—深沟球轴承；
4—轴承座；5—搅拌轴；7—搅拌桨

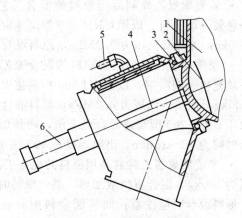

图 2-20　排料装置结构
1—混合室；2—排料门；3—密封圈；
4—活塞杆；5—通气管；6—气缸

2-16　混合机怎样进行生产操作?

（1）开车前的准备工作

① 清扫设备四周环境，混合机上不许存放任何工具；设备上应无油污。

② 检查、校准各种生产用原料的计量装置，以保证各种原料按工艺配方计量的准确性。

③ 检查各转动轴承部位，补充加足润滑油。

④ 检查各部位紧固螺母、螺钉有无松动，安全罩是否牢固。

⑤ 转动 V 带，各传动零件运转应轻松，无阻滞卡紧现象。

⑥ V 带安装的松紧应适当，过紧时带轮轴承要发热，会加快 V 带磨损；过松时 V 带工作容易打滑。

⑦ 检查搅拌桨安装是否紧固，有无螺母松动现象；桨叶的外缘距混合室壁的间距应均匀；转动应平稳，无异常响声；刮料器与混合室底部应无摩擦现象。

⑧ 开送汽阀门，混合室加热升温，检查输汽管路及阀门是否工作正常，有无漏气、漏水现象；工作压力是否符合工艺要求。

⑨ 接通压缩空气阀门，检查阀门和管路有无漏气现象，空气压力是否符合要求；试验排料阀的开、关工作是否动作灵活，能否准确工作，关闭时料口封闭是否严密可靠。

⑩ 检查混合室内是否清洁，应无任何异物；准备按混合室容积的 50%～70% 加料。

（2）生产操作及注意事项

① 确保混合室内无任何异物，清除混合机上一切工具后准备开车。

② 点车试运转，无异常声响，正式启动电动机工作。

③ 查看电流表，主电动机功率应不超过额定值的 15％，如出现电流过大或轴承部位发热流出润滑油现象时，应停车检查，排除故障后再正式生产。

④ 混合机正常开车后，空运转一段时间，检查加热混合室的温度是否符合工艺要求；稳定输送蒸汽压力，恒定温度。

⑤ 一切正常后向混合室内加料。用不同型号混合机混合不同聚氯乙烯制品时的原料混合工艺条件如下。

• 软质聚氯乙烯制品用原料的混合工艺加料顺序是：聚氯乙烯树脂→增塑剂→稳定剂→色浆→填充料。以用 GRH-500 型高速混合机工作为例，其生产工艺条件为：一次加料量 160kg，加热蒸汽压力 0.2MPa，原料混合时间不超过 10min，混合后料温不超过 120℃。

• 硬质聚氯乙烯制品用原料的混合工艺的加料顺序是：聚氯乙烯树脂→稳定剂→色浆料→填充料→润滑剂。以 GRH-500 型高速混合机工作为例，其生产工艺条件为：一次加料量 200kg，加热蒸汽压力 0.2MPa，原料混合时间不超过 10min，混合后料温不超过 100℃。如果用 GRH-200 型高速混合机工作，则其加料量为 90kg，混合室加热蒸汽压力可略小些，混合时间为 10～15min，出料温度在 90℃左右。

• 半硬质聚氯乙烯制品用原料的混合工艺是：以 GRH-500 型高速混合机工作为例，加料量为 150kg，混合室稍微加热，混合原料时间为 6min，混合后料温在 100～110℃之间。

原料混合时应注意：如果混合料中有氯化聚乙烯（CPE）或乙烯-乙酸乙烯酯共聚物（EVA）和高抗冲甲基丙烯酸酯-丁二烯-苯乙烯共聚物（MBS）时，混合料温不宜超过 110℃，混合搅拌时间也不宜过长，以避免混合料中的 CPE 等增韧剂发黏结成团块；如果混合料中有钛白粉，钛白粉一定要在结束混合料前 1～2min 内放入混合，以避免降低钛白粉的白色；对多组分原料的混合，不允许同时一次性地把各种原料全部倒入混合室内，这样会影响增塑剂的使用效果，影响制品质量。

2-17 混合机怎样进行维护保养与维修？

混合机平时工作和维护保养应注意下列事项。

① 一定要认真执行设备操作规程，这是对设备最好的维护保养。

② 注意设备启动正常后再加料混合，加料应按要求顺序缓慢加入。

③ 备齐密封圈、联轴器用橡胶圈、V 带和滚动轴承，这些件的工作部位容易出故障，必要时应及时更换。

④ 定期（一般一季度）检查各紧固件是否有松动现象；检查 V 带安装的松紧程度；设备各部位要清扫除污、除尘。

混合机维修一般可一年内进行一次。利用节假日时间，主要有下列工作内容。

① 检查修整搅拌桨，刮料器与混合室内壁间隙应符合表 2-9 的要求。

② 拆卸各滚动轴承，清洗检查；对严重磨损件应进行更换。更换润滑脂和密封圈。

③ 检查主传动轴是否有弯曲或磨损现象。

④ 检查清洗气缸，更换密封圈和导向套易损件，检查活塞杆是否有弯曲变形和磨损现象。

⑤ 主要零件检查后应做好记录，必要时测绘，准备零件配件，提出下次维修更换的计划时间。

表 2-9 刮料器与混合室内壁间隙

容积/L	≤35	100～500	800～1500	2000～4000
间隙/mm	0.2～1.5	0.4～3.0	0.6～4.0	0.8～6.0

2-18 开炼机用途和结构特点有哪些?

开炼机是开放式炼塑机的简称,在塑料制品厂,人们又都习惯称之为两辊机。开炼机是塑料制品生产厂应用比较早的一种混炼塑料设备。在压延机生产线上,开炼机设置在压延机之前,混合机之后,作用是把混合均匀的原料进行混炼、塑化,为压延机压延成型塑料制品提供混合炼塑较均匀的熔融料。在生产电缆料时,开炼机能直接把按配方混合好的粉状料炼塑成熔融料,再压塑成片状带,用切粒机切成粒状。在地板革生产线上,可直接为布基革提供混炼塑化均匀的底层涂料。也可把回收的废旧塑料薄膜(片)在开炼机上重新炼塑回制。

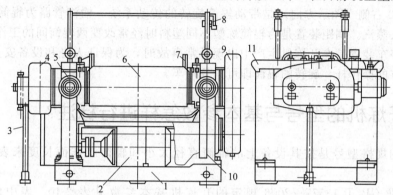

图 2-21 开炼机结构

1—机座;2—电动机;3—输汽管;4—速比齿轮;5—调距装置;6—辊筒;
7—挡料板;8—紧急停车装置;9—齿轮罩;10—机架;11—横梁

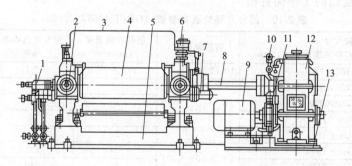

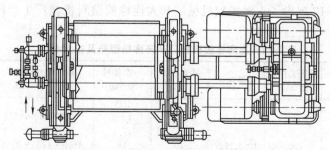

图 2-22 双电动机传动开炼机结构组成

1—输汽管路;2—机架;3,11—紧急停车装置;4—辊筒;5—机座;
6—润滑油杯;7—调距装置;8—万向联轴器;9—驱动电动机;
10—减速器润滑装置;12—齿轮减速器;13—传动齿轮减速器底座

开炼机结构简单，制造比较容易，操作也容易掌握，维修拆卸方便，所以在塑料制品企业广泛应用。不足之处是工人操作体力消耗很大，在较高温度环境中需要手工翻动混炼料，而手工翻转混炼塑料片的次数多少对原料混炼的质量影响较大。

开炼机结构如图 2-21 所示，组成设备的主要零部件有：两根炼塑辊筒、辊筒轴承、传动装置、调距装置、机架、紧急停车装置和为辊筒加热用的输汽管路。图 2-22 所示为一种新型结构开炼机，两辊分别由两台电动机单独驱动，两套传动机构由万向联轴器直接带动辊筒工作。这种传动结构取消了两辊速度差用传动齿轮，结构比前种开炼机简单，传动噪声也小些，但设备的造价比较高。

从图 2-22 中可以看到两根辊筒的两端由轴承支撑，平行排列，固定在机架的水平轴承框内。图 2-22 右侧（图示方向）是带动辊筒旋转的传动系统。输汽管路为辊筒的加热升温向辊筒内输入蒸汽。调距装置是为辊筒炼塑不同塑料时经常改变两辊筒间的工作面间隙而设置的。紧急停车装置是在开炼机生产中出现异常事故时，为保证人身和设备安全而设置的，拉动设备上方的操作杆，旋转的辊筒即可紧急停车。

2-19　开炼机的型号与基本参数怎样进行标注？

开炼机的规格型号是按其设备上的辊筒直径大小和辊筒工作面长度来表示的，单位为 mm。

国家标准 GB/T 13577—2006 规定的开炼机基本参数见表 2-10。表中的 160mm×320mm 规格开炼机是实验室中应用设备，其他规格为生产车间所采用。在标注开炼机的规格型号时，规格数字前加"SK"。如 SK550 开炼机型号中，S 代表塑料，K 表示开炼机，550 表示开炼机辊筒的工作面直径。

表 2-10　部分开炼机基本参数（GB/T 13577—2006）

辊筒尺寸 （前辊直径×后辊直径×辊面宽度）/mm	前后辊速比	前辊面线速度 /(m/min)	主电动机功率 /kW	一次投料量 /kg
160×160×320	1：(1.20～1.35)	8	7.5	2～4
250×250×620		13	32	10～15
360×360×900	1：(1.10～1.30)	15	37	15～20
400×400×1000		17	55	18～25
450×450×1200		22	75	25～35
550×550×1500	1：(1.05～1.30)	24	132	50～60
660×660×2130		28	280	75～95

表 2-11 和表 2-12 列出了上海橡胶机械厂和大连橡胶塑料机械厂生产的开炼机主要技术参数。

表 2-11　上海橡胶机械厂产开炼机型号及技术参数

型号	辊筒直径 /mm	辊筒工作长度/mm	辊筒速比	最大辊距 /mm	一次加料量/kg	外形尺寸（长×宽×高)/mm	总功率 /kW
SK-160^A_B	160	320	1：1.35	4.5	1～2	1120×920×1295	5.5 9.7
SK-400A	400	1000	1：1.2727	10	18	4600×1950×2340	40.25
SK-400B	400	1000	1：1.2727	10	18	4350×1830×1880	66.65
SK-450B	450	1200	1：1.20	10	25～50	4550×1830×1743	55
SK-550	550	1500	1：1.20	15	56	6200×2150×2050	111.5

表 2-12　大连橡胶塑料机械厂产开炼机型号及技术参数

型号	辊筒工作直径 /mm	辊筒工作长度/mm	前辊线速度 /(m/min)	前后辊速比	一次加料量/kg	外形尺寸(长×宽×高)/mm	总功率 /kW
SK-400	400	1000	18.46	1∶1.27	18	4300×1280×1910	45
SK-450	450	1200	24	1∶1.27	30~50	5300×2150×1860	55
SK-550E	550	1500	27.5	1∶1.28	35	5240×2400×2050	75
SK-550E₁	550	1500	27.5	1∶1.28	35	5560×2400×2045	75
SK-550F	550	1500	36	1∶1.167	35	5740×2400×2050	110
SK-550F₁	550	1500	38.15	1∶1.95	35	5780×2473×2130	75
SK-660	660	2130	28.4	1∶1.24	85~100	7505×3290×2620	155
SK-660A₁	660	2130	32	1∶1.22	85~100	6410×2550×2670	110
SK-660A₂	660	2130	39	1.22∶1	85~100	6700×2680×2210	110
SK-660A₃	660	2130	32	1∶1.22	85~100	6375×2560×2099	110
SK-660W	660	2130	8~32	1∶1.22	85~100	6720×2550×2670	132
SK-660W₁	660	2130	8~32	1∶1.22	85~100	8790×2550×2670	132
SK-600A₄	660	2130	39	1.22∶1	85~100	6470×2550×2030	110

2-20　开炼机怎样工作?

开炼机用于对塑料的混合炼塑,主要是采用载有一定热量、能够相对旋转运动的两根辊筒。工作时原料在两根辊筒的工作面上,由于两根辊筒旋转的速度不同,工作面温度也略有高低差别,则辊面上的原料受到辊筒热传导和摩擦作用,渐渐地也随着温度升高而变软,并粘在辊面上随辊筒转动。当这些原料进入两辊筒的工作面间缝隙时,由于辊面间的间隙很小,再加上两辊面的旋转速度不同,使这部分料受到强烈的挤压、剪切和捏合作用,这种原料间的复杂运动,使原料本身产生一定的摩擦热。另外,还有辊筒表面的传导热量,这些内在因素和外界条件的综合作用,使辊筒上的原料软化,混合塑化,呈熔融状态。再加上操作者把原料在辊筒间不断地翻动,使得到均匀混合、塑化。这时即可提供给下道工序或用来切片造粒。

2-21　开炼机由哪些主要零部件组成? 其结构特点是什么?

开炼机主要由辊筒、辊筒轴承、机架、辊筒调距装置、传动装置和安全防护装置等组成。

(1) 辊筒　开炼机上的辊筒采用冷硬铸铁铸造成空心腔形圆柱体,空腔内可通入蒸汽,也可采用电阻来加热,为辊筒转动混炼原料提供热量。

辊筒的结构形式及工作制造条件要求与压延机用辊筒完全相同,具体可参照本书问题5-12 压延机辊筒相关内容。开炼机用辊筒工作面粗糙度 R_a 应不大于 $0.63\mu m$,辊颈部位表面粗糙度 R_a 应不大于 $0.32\mu m$。

(2) 辊筒轴承　辊筒轴承体安装在机架轴承框内,支撑辊筒旋转。两根辊筒的支撑轴承,一组(后辊)固定不动,另一组(前辊)轴承体可在轴承框内带动辊筒水平方向前后移动,以使两旋转辊筒间得到不同的工作距离间隙。

开炼机辊筒用轴承多采用滑动轴衬,也可采用自动调心式滚动轴承。滑动轴承结构如图2-23 所示。

轴承体多用铸铁铸造成型,轴衬采用锡青铜合金铸造成型。目前,人们开始采用尼龙制作轴衬，这种材料密度小、耐磨性好，有一定的储油能力和自润性，是一种较好的减磨材料。

为了保证开炼机辊筒在重负荷、高温条件下长期正常工作运转，要注意辊筒轴颈与轴衬配合间隙的选择。具体配合间隙值应参照表 2-13 选用。辊筒工作面与轴承座端面的配合间隙应按 GB/T 13577—2006 规定，详见表 2-14。

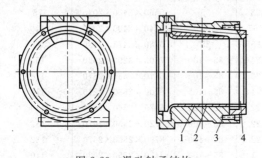

图 2-23　滑动轴承结构

1—轴衬；2—轴承体；3—螺钉；4—密封圈

表 2-13　辊筒轴颈与轴衬配合间隙

单位：mm

辊筒直径	辊筒轴颈	铜合金轴衬间隙	尼龙轴衬间隙
160	85	0.24～0.45	0.3～0.5
360	230	0.37～0.60	0.6～0.8
450	300	0.45～0.65	0.8～1.0
550	360	0.50～0.70	1.1～1.3
660	420	0.60～0.80	1.3～1.5

表 2-14　辊筒工作面与轴承座端面间隙

单位：mm

辊筒工作面长度		320	620	800	900	1000	1200	1500	1530	1830	2000	2130	2200	2540
轴向间隙	橡胶	1.0～1.5	1.0～2.0	2.0～4.0			2.5～4.5				3.0～5.0			
	塑料	1.5～2.0	1.5～2.5	3.0～5.0			3.5～5.5		4.0～6.0		5.0～7.0			

（3）机架　机架是开炼机设备中用来固定辊筒、辊筒轴承、传动装置和调距装置的框架。由于辊筒工作时要产生较大的横向压力载荷和传动冲击力，所以要求机架各零件要有足够的工作强度和刚度。机架的两侧墙板互相平行，分别用螺钉将其垂直固定在机座上。机架上有一横梁用螺钉固定，用来限制轴承体的工作位置。开炼机机架外形结构如图 2-24 所示。

开炼机组成机架体的墙板、机座和横梁，都由铸铁铸造成型，各零件的连接平面经刨削或铣削后，表面粗糙度 Ra 应不大于 $2.5\mu m$，辊筒与轴衬滑动接触平面粗糙度 Ra 应不大于 $1.25\mu m$。

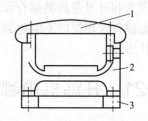

图 2-24　开炼机机架外形结构

1—横梁；2—机架墙板；3—机座

（4）辊筒调距装置　辊筒调距装置是调整两辊筒工作面间距离的机构。辊筒调距装置结构如图 2-25 所示。它由蜗杆、蜗轮传动，再通过螺杆在螺母中转动，由于螺杆的另一端与辊筒轴承体通过压盖固定连接，则螺杆移动带动辊筒与辊筒轴承体水平移动，使两辊筒工作面间的距离得到调整。蜗杆的转动可由电动机驱动，也可在螺杆端装一个手轮，由手工转动调整辊距。

（5）传动装置　开炼机中辊筒的转动是由一组啮合齿轮带动，它是通过齿轮减速器，再由电动机驱动而得到动力，其传动形式如图 2-26 所示。目前生产的开炼机传动，辊筒的旋转是通过万向联轴器与齿轮减速器联动。两辊筒的转速，前辊比后辊略慢些，两辊转速比在 1.2～1.5 之间。

（6）安全防护装置　为了保护辊筒的安全，避免其工作时因承载超负荷而损坏，在辊筒调距装置中装有安全垫片（见图 2-25 中"2"）。辊筒受到异常超负荷时，产生的巨大横向反压力作用在安全垫片上，安全垫片被挤压剪断，则辊筒后移，辊筒间距离增大，两辊间横压力急剧下降，使辊筒得到保护。

开炼机上方的紧急停车拉杆是在生产中有异常事故时应用的。操作工拉动紧急拉杆，使其触动限位开关，及时切断驱动辊筒转动电动机电源。与此同时，联轴器外圆部位电磁线圈通电，电磁铁芯动作，使闸瓦抱住联轴器，实现紧急停车。

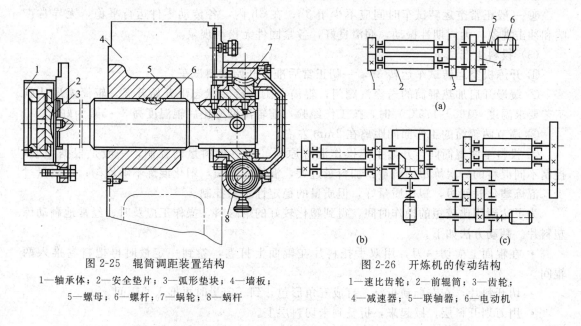

图 2-25 辊筒调距装置结构
1—轴承体；2—安全垫片；3—弧形垫块；4—墙板；
5—螺母；6—螺杆；7—蜗轮；8—蜗杆

图 2-26 开炼机的传动结构
1—速比齿轮；2—前辊筒；3—齿轮；
4—减速器；5—联轴器；6—电动机

2-22 开炼机怎样进行生产操作？

这里介绍的开炼机生产操作，是按设备进厂后的第一次验收试生产或开车时的程序要求，正常生产时有些工序可酌情省略。

（1）验收试车前的准备

① 清洗设备、清除设备上各种异物；设备上不许存放工具；清扫设备工作环境。

② 检查各部位紧固螺钉、螺母是否紧牢，安全罩是否紧固。

③ 检查各润滑部位及减速器内润滑油量，油位应在油标的上、下线之间，如润滑油（脂）不清洁时应清洗输送管路，更换新润滑油（脂）。

④ 检测电控线路连接是否牢固、接线是否正确。

⑤ 用手扳动联轴器，试验检查传动零件的工作，应转动灵活、无阻滞现象。

⑥ 开通送蒸汽阀门，检查输蒸汽管路有无渗漏现象，查看蒸汽压力表是否达到生产工艺要求压力。

（2）空运转试车验收

① 检查辊筒间及设备机架上有无异物，清除设备上的工具。

② 启动齿轮减速器内润滑液压泵。

③ 启动辊筒转动用电动机；辊筒转动一切正常后，开始正式开车。

④ 查看电流表，空运转时主电动机功率应不大于额定值的15%。

⑤ 检查各传动零件工作运转情况，听传动运转声音是否正常，检查各轴承部位的温度变化。

⑥ 一切正常时要空运转1h。

⑦ 在距设备1m远、距地面1.5m高的位置，检测开炼机工作噪声应不大于85dB。

⑧ 试验紧急停车装置。当拉动紧急停车拉杆后，紧急自动停车，辊筒继续旋转量应不

超过辊筒圆周的 1/4；传动装置应能在启动控制下进行反转。

⑨ 空运转 1h 后，各轴承部位温度不超过室温 30℃。

⑩ 一般正常空运转试车时间应不少于 3h；在 3h 内，各传动零件运行平稳，无异常声响和冲击现象；无周期性振动，润滑良好，各紧固件无松动现象。

（3）投料生产试车

① 开炼机空运转试车运转 3h，一切正常后准备开始投料试车。

② 缓慢开启加热辊筒的送蒸汽阀门，辊筒在工作旋转状态下开始升温，辊筒温度达到工艺要求温度（165～175℃）时，按工作经验，前辊温度应比后辊温度高 3～5℃ 为好。

③ 调节两辊筒的工作面间距离在 2mm 左右。

④ 投料至两辊筒间，开始手工操作混炼原料。注意投料量的控制，一般是根据经验，控制不同混料的一次炼塑加料量：加料量过大，混炼时间长，塑化混炼不够均匀；加料量过少，混炼塑化时间短，塑化质量好，但质量的稳定性不易控制。

为了达到用比较短的操作时间，得到塑化较好的熔融料，操作工应及时、经常地翻动炼塑料片。翻动方法如下。

• 在辊面上横切一刀，用双手托料片在辊面上打卷，卷到一定量时再把料卷推入两辊间。

• 切开料片，左右翻动折叠，打成三角形包，到一定量时再推入两辊间。

• 用刀划开料层，掀起来，折叠到未切料层上。

⑤ 投料生产后要经常观察主电动机的电流变化，应不大于额定值（允许瞬间超载）。

⑥ 检查轴承部位温度应不超过 100℃，减速器轴承温度应不超过 45℃。

（4）停车工作顺序

① 原料输入和输出传送带停车。

② 关闭辊筒加热用送蒸汽管路，停止辊筒加热。

③ 适当调大两辊筒工作面间距离。

④ 清除辊筒上和料盘中残料。

⑤ 辊筒降温至 60℃ 时开炼机停车。减速器润滑油泵停止工作。

⑥ 关闭冷却水管路。

⑦ 切断输入总电源。

（5）开炼机生产操作中注意事项

① 开炼机正常生产的开车前，应先启动润滑油泵，工作 2～3min 后再启动辊筒工作电动机。辊筒开始运转后，要空车旋转 3～5min。此时，操作工应检查机器运转声音有无异常。

② 仔细检查和清除设备上一切工具，机架上不许存放任何物品。

③ 不许辊筒在静止状态送蒸汽加热升温，开车后要首先检查一下辊筒轴颈的润滑状况。一切正常后再缓慢启动送蒸汽阀。辊筒要慢慢加热升温，一般控制升温速率在 2℃/min 左右。

④ 调整辊筒工作面间距时，要两端同时进行，调整后的辊距间隙要均匀。同时，要经常校正，使实际辊距与辊距显示刻度盘值相符。如果出现较大误差，说明调距安全片出现问题，要及时检查、更换。

⑤ 开始生产投料时要先少量投料，检查投料后的主电动机电流变化是否正常，检查安全片与轴承座有无间隙。待料包满辊筒，当一切运转工作正常后，再正式投入一次生产全部用料。

⑥ 如发现有异物随料投入辊筒上，不允许用手去取，应立即拉动紧急停车拉杆，操作手柄转至"反向"位置，启动开车，取出异物。无特殊情况，不允许随意拉动紧急停车拉杆，避免紧急制动摩擦片加快磨损。

⑦ 注意辊筒反向转动时间不宜过长。

⑧ 在正常生产中，要经常注意检查辊筒轴承的温度变化。此处发热升温不允许超过100℃。出现问题后不允许紧急停车，应先排净辊筒上料，空车运转，在轴承处加注润滑油降温，然后再进行检修处理。

⑨ 辊筒轴承用润滑油为二硫化钼油脂，加入20%过热气缸油，调匀后运动黏度降为260cSt时再加入油泵内。万向联轴器处的润滑采用二硫化钼润滑脂。

2-23　开炼机怎样进行维护保养？

（1）认真按设备操作程序和操作注意事项要求进行操作，就是对开炼机设备最好的维护保养。

（2）正确选用润滑油（脂），经常检查并及时加足润滑油（脂），保证设备在良好的润滑条件下工作。

（3）每季度要对设备进行一次维护保养，主要工作内容如下。

① 清洗设备油污，清扫电控箱内灰尘。

② 检查安全罩是否牢固，各紧固螺母有无松动。

③ 补充调距装置、齿轮减速器用润滑油（脂），必要时清洗润滑油管路。

④ 检查各部位传动零件、刹车装置和联轴器胶圈等零件的工作状态和磨损情况，做好记录。

（4）每年对设备进行一次维修，维修内容如下。

① 检查辊筒、轴衬磨损情况，必要时修磨辊筒轴颈，更换轴衬。

② 清洗、检查各轴承，对磨损严重的轴承进行更换；清洗轴承座，更换润滑脂，更换密封圈。

③ 检查各部位齿轮和传动零件磨损情况，磨损较严重件要进行测绘，制造备件，提出下次维修更换计划。

④ 检查安全垫片，必要时更换；校准辊筒实际间距与调距显示尺寸相符。

⑤ 维修挡料板与辊筒接触弧面。

⑥ 更换联轴器中弹性橡胶圈。

⑦ 清洗润滑油管路，换润滑油。

2-24　开炼机生产中出现故障怎样排除？

（1）两辊筒突然停止旋转。故障原因与排除方法如下。

① 辊筒工作超载，两辊筒工作面间距过小，应适当放大辊筒间距。

② 辊筒工作面温度偏低，应清除辊面上原料，继续给辊筒送蒸汽加热升温。

③ 辊筒工作面上加料量过大，应减少辊面上料量。

④ 轴颈部位润滑油不足，造成轴瓦抱轴；应停车检修轴承衬、疏通输油管路。

（2）辊筒轴颈部位高热、温度超过100℃。故障原因与排除方法如下。

① 辊筒工作温度过低，加料量又很大，使辊筒工作横压力长时间超载，造成轴承衬润滑油膜破坏，轴承衬得不到良好润滑。应减少辊面上原料量，把辊筒温度适当提高。

② 轴颈的润滑油供应量小或油泵输油压力不足，也可能是由于输油管堵塞。应停车检修润滑油供应系统。

③ 轴承的冷却水供应不足，水流量过小，应疏通冷却水管路，加大冷却水的供应量。

④ 轴承衬工作面磨损严重，使与轴颈的滑动配合面粗糙。应检修更换轴承衬。

（3）辊筒间距不能调小。故障原因与排除方法如下。

① 辊筒工作面直径过小，速比齿轮啮合发生干涉。可把齿轮的齿顶高缩小或更换大直径辊筒。

② 轴承衬磨损严重。应更换轴承衬。

（4）调节两辊筒间距不准确。故障原因与排除方法如下。

① 调辊筒距装置中的安全片磨损严重或损坏。应更换安全垫片。

② 调距用螺母或丝杆磨损严重。应检修更换新螺母和丝杆。

2-25 辊筒和辊筒轴承损坏怎样维修？

（1）辊筒的损坏与修复

① 辊筒损坏的主要原因如下。

• 辊筒长期工作，原料的腐蚀作用使辊面出现麻坑或料中有硬砂粒、金属铁屑类杂质，使辊面出现凹坑和划伤痕。

• 辊筒轴颈硬度低或润滑条件差，使轴颈磨损严重。

• 辊筒内腔水垢层过厚使辊筒升温慢。

② 辊筒损坏后的维修措施如下。

• 磨削辊筒工作面和轴颈滑动配合表面，粗糙度 R_a 应不大于 $0.32\mu m$。如果轴颈部位磨削量较大，可加钢套，与辊筒轴颈过盈配合，以提高滑动配合部位表面硬度和降低粗糙度；如果辊筒工作面磨削量过大，要注意辊筒轴端速比齿轮的啮合状况，不要产生齿轮啮合干涉现象（如果轴端采用万向联轴器传动，就不会出现此问题）。

• 辊筒内腔可用 30％稀硫酸（或盐酸）溶液灌入空腔内浸泡清洗，即可清除水垢。

（2）辊筒轴承的损坏与修复

① 轴承损坏的主要原因如下。

• 辊筒调距间隙不均匀，使轴承衬工作面受力不均，加快轴承衬磨损。

• 润滑油输入压力不足或润滑油输入轴承衬处流量小，润滑油在轴衬工作面上难以形成润滑油膜，造成轴衬面局部干摩擦。

• 辊筒温度低或加料量大，使辊筒长期处于高负荷工作，较大的辊筒横向反压力作用在轴衬面上，破坏了润滑油膜，造成滑动配合面润滑不良，加快了轴衬的磨损。

② 轴承损坏后的维修措施如下。

• 由于轴衬工作时总是一侧承受摩擦力而磨损，维修时可更换磨损严重的半侧轴衬。

• 如果轴衬为整体形，维修时可调换轴衬的工作承力位置，让没有磨损的另一半轴衬受力工作。

• 轴衬制造材料改用尼龙，这种材料有自润性，耐磨性好，可延长轴衬工作寿命。

2-26 开炼机检修应注意哪些事项？

（1）开炼机检修应注意事项

① 拆卸传动齿轮前，注意一组齿轮的对应啮合齿要打上标记，装配时还按原啮合齿位置安装，以避免齿轮啮合传动噪声加大。

② 辊筒工作面磨削时，以能满足工作要求为准，尽量不要过多缩小工作面直径尺寸，以避免辊筒端的齿轮传动产生啮合干涉现象。

③ 一对啮合直齿轮，如果啮合齿面磨损较严重，可把这一对齿轮都翻转 180°后装配，让这对齿轮的另一渐开线齿面啮合传动，这样可减小这对齿轮的啮合传动噪声。

（2）维修后的装配顺序　开炼机维修拆卸时一般是按拆排气罩、挡料板、输送蒸汽旋转接头、传动齿轮、辊筒调距装置、机架上横梁、辊筒和辊筒轴承的顺序进行。两侧墙板与机座不拆卸，只在原地做一下清洗去污工作即可。

① 维修后装配前应做下列工作。

• 检测校准机座的水平，应在 ±0.02mm/m 范围内。

• 检测校准两侧墙板的平行度、轴承座平面的对应高度及水平度和两墙板与机座平面的垂直度，它们之间的相互位置偏差应符合 7 级精度（按 GB/T 1184—1996 规定）。

• 检测辊筒轴颈和轴承衬的实际尺寸，应达到表 2-13 所列间隙要求；然后涂色检测两零件的滑配合接触情况，用刮刀修研，以使配合着力点均匀分布。最后按压延机辊筒轴承要求开润滑油沟。

② 吊运辊筒安装在两墙板的轴承框内。固定后辊筒，试验前辊筒在框内平面上前后滑动情况，应灵活，无阻滞现象。检测两辊筒工作面水平度，应在 0.02mm/m 范围内。

③ 吊运横梁与墙板配合，用螺钉紧固。

④ 装配辊筒调距装置。用手摇动蜗杆上的手轮检验，应转动轻松、辊筒移动灵活。

⑤ 装配后辊筒上大齿轮，然后装减速器输出轴上的小齿轮。以大齿轮为基准，调整校准小齿轮与大齿轮正确啮合（涂色检查，两齿轮啮合齿面接触沿齿高为 60%，沿齿宽为70%），然后紧固减速器机座螺母。

⑥ 装配减速器输入轴与电动机轴上联轴器，以对轮端面间隙均匀、外圆同轴为准，然后紧固电动机机座螺母。

⑦ 装配两辊筒另一侧轴端速比传动齿轮：先装后辊筒轴上齿轮，再以后辊齿轮为基准安装前辊筒轴上齿轮。校正安装方法同⑤。

⑧ 安装辊筒轴端进蒸汽旋转接头。

⑨ 安装紧急停车拉杆和限位开关及联轴器上的电磁铁抱闸，并调整试验其工作的准确性。

⑩ 安装挡料板。

⑪ 安装排烟罩。

2-27　密炼机有什么工作特点？

密炼机与开炼机的功能相同，也是塑料的混炼塑化设备。密炼机是在开炼机的基础上改进变化的结果。密炼机是一种封闭式混炼设备，它克服了开炼机那种粉尘飞扬、混炼塑化时间长、需要工人手工操作、劳动强度大的缺点。由于密炼机是采用一种比较特殊结构的混炼转子，被混炼的原料是处在一个密闭、具有一定的温度环境中。所以，用密炼机混炼塑化塑料，与用开炼机相比较，有混炼塑化时间短、工作效率高、多种原料混合均匀、塑化质量好等优点。在压延机生产线上，密炼机用在混合机的下一道生产工序中，直接把高速混合后的热混合料投入密炼机的密炼室内，进行混炼塑化。

2-28 密炼机有几种类型与规格？其结构特点有哪些？

密炼机的结构类型，可按混炼室结构形式的不同进行分类，也可按转子的工作转速高与低的不同进行分类。一般最常用的分类方式是第一种，可分为椭圆形、三棱形和圆筒形等密炼机。

不管哪种类型的密炼机，它们的结构形式基本相同。常见的密炼机结构如图 2-27 所示。密炼机的主要结构组成零部件有转子、密炼室、密封装置、进料和压料装置、卸料装置、传动系统及液压、气压、润滑和电控系统。

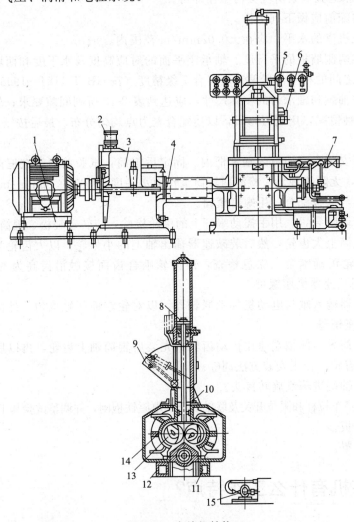

图 2-27　密炼机结构

1—电动机；2—密封润滑系统；3—减速器；4—联轴器；5—操作盘；
6—加料操作系统；7—加热输蒸汽管路；8—气缸；9—进料装置；
10—上顶栓；11—底座；12—下顶栓；13—转子；14—密炼室；15—齿轮泵

由密炼机的结构图中可以看到：两根相对旋转运动的转子装在密炼室内，上部由气动活塞杆控制，有能开闭的翻板门和能上下滑动对物料施加一定压力的上顶栓。底部由液压系统控制，能对下顶栓进行开关和锁紧。密炼室壁腔和上下顶栓腔均可通入蒸汽或冷却水，进行加热和冷却。按工艺条件要求由温度控制装置对其自动控温。转子的两端与安装在密炼室两侧的轴承座转动配合。端面加密封装置，防止粉状料泄漏。混合机排出的混合料直接由上部的加料斗进入密炼室。在密炼室内混炼塑化后，由底部的卸料装置排出。

密炼机的规格是以密炼机中的密炼室总容积（L）和转子的转速（r/min）来表示的。在数字规格前加代号 SM：代号 S 代表塑料，M 代表密炼机。例如 SM50/35 型密炼机：S 代表塑料、M 代表密炼机，总容积为 50L，转子转速为 35r/min。

标准 GB/T 9708—2000 中规定的密炼机基本参数见表 2-15。

表 2-15 密炼机基本参数（GB/T 9708—2000）

规格	总容积/L		填充系数	压砣对物料单位压力/MPa	转子转速/(r/min)	功率/kW	
						二棱	四棱
1	1	0.93	0.55～0.80	0.40～0.60	20～150	11	15
1.5	1.45	1.35	0.55～0.80	0.40～0.60	20～150	30	37
30	30	27	0.55～0.80	0.20～0.45	40	75	100
					80	150	200
50	50	46	0.55～0.80	0.20～0.45	40	132	160
					80	250	315
75	75		0.6		35	110	—
					40	160	—
					70	220	—
80	80	74	0.55～0.80	0.35～0.45	40	220	280
					60	315	400

部分国家密炼机的基本参数及生产厂家见表 2-16～表 2-18。

表 2-16 部分国产密炼机的基本参数

项目		型号			
		MLX-25	SHM-50	SM-50/35×70	SM-50/48
总容积/L		46	75	75	75
工作容积/L		25	50	50	50
转子转速/(r/min)	前转子	30.31	61/31	30.5/60.9	48.2
	后转子	35.16	70/35	35/70	40.7
电动机功率/kW		55	220/110	220/110	160
蒸汽压力/MPa		0.8～1.0	0.4～1.0	0.8～1.0	0.8～1.0
气体压力/MPa		0.6～0.8	0.6～0.8	0.6～0.8	0.6～0.8
卸料形式		滑动	滑动	滑动	滑动
外形尺寸(长×宽×高)/mm		3535×1210×2973	6600×3800×4000	6500×3500×4000	8000×3000×4800
质量/kg		7.5	23	18	17

表 2-17 大连橡胶塑料机械厂产密炼机型号及技术参数

型号		密炼室总容积/L	工作容积/L	后转子转速/(r/min)	转子速比	蒸汽耗量/(m³/h)	总功率/kW
X(S)M-50/40		50	30	40	1∶1.72	200	95
X(S)M-80/40		80	60	40	1∶1.15	300	210
X(S)M-110/40		110	82.5	40	1∶1.15	720	240
X(S)M-110/6～60		110	82.5	6～60	1∶1.15	720	450
SM-75/40E		75	50	40	1∶1.15	300	155
SM-75/35/70E		75	50	35/70	1∶1.15	300	110/220
塑料加压式捏炼机	SN-55/30	125	55	30/24.5	140	0.5～0.8	77.2
	SN-75/30	175	75	30/24.5	140	0.4～0.8	114
	SN-110/30	250	110	30/24.5	140	0.4～0.8	189

表 2-18　上海橡胶塑料机械厂产密炼机型号及技术参数

型号		密炼室总容积/L	密炼室工作容积/L	转子速比	生产效率/(min/次)	总功率/kW
	X(S)-50/42	50	30	1:1.19	10	82.5
	X(S)-80/42	77~86	50~55	1:1.16	6	217.5
型号		密炼室总容积/L	密炼室工作容积/L	密炼室翻转角度/(°)	转子速比	生产效率/(min/次)	总功率/kW
塑料加压式捏炼机	X(S)N-75/30	75	50	140	1:1.16	10	93
	X(S)N-55/32	55	3.5	110~140	1:21	10	56.5

2-29　密炼机怎样炼塑材料?

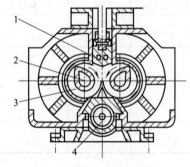

图 2-28　密炼室的剖面视图

1—上顶栓;2—转子;
3—密炼室;4—下顶栓

密炼机工作时,混合机把混合均匀的粉状料从密炼机的上部进料门进入密炼室,两根相对旋转的转子,由于其截面为椭圆形,外表面与密炼室内壁间隙在不断变化,使原料在上、下顶栓形成的两混炼室内被来回推动翻转(转子运动方式见图 2-28),受到强烈的挤压和剪切作用。原料间将产生剧烈的摩擦等复杂运动。两根螺旋角和转向不同的转子,使其周围的原料既有轴向流动,又有随其转动的圆周运动。

原料在密闭又有一定温度的混炼室内,同时承受多种力与无规则运动的料流交叉作用,使原料进一步均匀混合,很快达到熔融塑化状态。

2-30　密炼机由哪些主要零部件组成? 其结构特点有哪些?

密炼机主要组成零部件有转子、密炼室、密封装置、转子轴的轴向调整装置、加料装置、卸料装置,传动装置和润滑系统等。

(1)转子　转子是密炼机中用来混炼塑化原料的搅拌桨。原料混炼塑化的速率与质量和转子的结构形式有关,它是密炼机中的重要零件。转子一般用 ZG35 或 ZG45 钢铸造成空腔形,空腔内用于通蒸汽加热或通冷却水降温。由于转子工作转动时要承受较大的扭矩力及与原料间的剧烈摩擦,所以要求转子要有足够的工作强度和刚度,表面应耐磨且有较好的导热性。为了提高表面的耐磨性和硬度,常在其工作表面上堆焊耐磨合金层,工作表面硬度≥55HRC,侧棱面硬度≥40HRC。粗糙度 Ra 应不大于 $1.25\mu m$。

转子两端与密炼室两侧的轴承座采用滑动配合,相互转动的配合表面粗糙度 Ra 应不大于 $0.63\mu m$。

转子的工作部分多为椭圆形结构,如图 2-29 所示,其轴线的垂直剖视图如图中右侧形状。转子有两条轴向螺旋棱:一个螺旋角为 30°,棱长是转子工作面长度的 1/2~2/3;另一螺旋角为 45°,棱长是转子工作面长度的 1/3 左右。

(2)密炼室　密炼室工作时如同一个密闭的容器,用来包容原料和支撑转子转动,限制原料在其固定的空腔内被强制混炼塑化。密炼室是密炼机中的一个重要焊接组合件,它可用钢板焊接

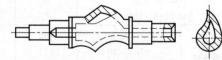

图 2-29　密炼机转子结构

组合，也可用铸钢铸造成型。密炼室的组合结构，可从转子轴心线分开，分成上、下两个组成部分；也可用前、后、左、右四块侧壁板组合，然后用螺钉连接固定。图 2-30 所示为由轴心线分开的上、下件组合成的密炼室结构。

密炼室内设有加隔板的夹套空腔，用来通加热蒸汽或冷却水。为了保证原料混炼塑化质量，设备工作前要对空腔进行正常工作压力的 1.5 倍水压试验，5min 内应不出现渗漏现象。

密炼室内表面工作腔组成包括卸料阀和压砣的表面。为了增加这些与原料接触面的硬度和耐磨性，应对它们进行硬化处理，硬度应不低于 40HRC，为了便于清理残料，内表面的粗糙度 R_a 应不大于 $1.25\mu m$。

（3）密封装置　转子的轴端设置密封装置是为了阻止密炼室内原料的泄漏。密炼机转子轴端的密封装置结构形式多样，用得比较多的有外压端面密封和迷宫式密封装置。

图 2-31 所示为外压端面密封装置结构，主要零件是固定在转子轴上的转动环"1"和固定在挡圈上的固定环"2"。两零件的摩擦面间有石墨环和青铜环。固定环对转动环端面压力由调节螺钉通过弹簧传递，这个压力应大于密炼室原料挤出压力。

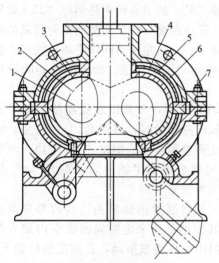

图 2-30　密炼室结构
1—转子；2—密炼室；3—内壁；4—空腔；
5—外腔板；6—机体；7—螺钉

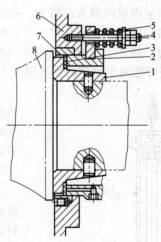

图 2-31　外压端面密封装置结构
1—转动环；2—固定环；3—石墨垫；
4—螺钉；5—弹簧；6—挡圈；
7—青铜环；8—转子

为了减少转动环与固定环的端面磨损，表面应进行硬化处理，硬度应大于 50HRC。为了延长石墨环和青铜环的工作寿命，两端面摩擦部位的粗糙度 R_a 应不大于 $0.63\mu m$。转动工作中，润滑油泵要经常把润滑油压入两摩擦环中间，以减少两零件接触面的磨损。

图 2-32 是迷宫式密封装置，它主要由动、静两个迷宫式密封环组成。静密封环由两个半环组成，用螺钉固定在挡圈上，它的内孔为螺纹孔，螺纹的旋向与转子轴的转向相反，作用是能使被挤出的原料随着转子的转动，沿着内螺纹的旋向返回密炼室。另一件动密封环同样也是由两个半环组成，并用螺钉固定在转子轴上。两组密封环以一定的间隙配合，中间加润滑脂。

（4）转子轴的轴向调整装置　转子轴的轴向调整装置是用来调整转子轴的轴向位移，然后固定限制转子轴的轴向窜动，另外还可承受轴向力，以保证转子与混炼室内壁间的正确工作间隙。这个调整装置一般设置在转子轴的非传动端，以方便调整和维修拆卸。转子轴的轴向调整装置结构如图 2-33 所示。

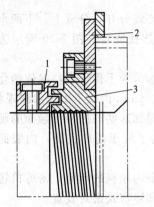

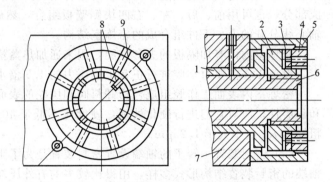

图 2-32　迷宫式密封环结构
1—转动密封环；2—挡圈；3—静密封环

图 2-33　转子轴的轴向调整装置结构
1—铜套；2—旋转调整钢环；3—铜垫；4—静止调整钢环；5—套筒；
6—转子轴；7—密炼室壁；8—旋转钢环键；9—静止钢环键

转子轴的调整工作方法如下：卸下旋转钢环键"8"，转动旋转调整钢环"2"（如果转子与混炼室内壁间隙为左侧大、右侧小）向左移动，移动距离与转子调整间隙要移动的距离相等。然后取下静止钢环键"9"，转动静止调整钢环"4"，向左移动同样距离，则转子轴向向左移动，使转子与混炼室内壁两侧的左大右小间隙得到调整纠正。如果调整的间隙符合要求，即可把两个钢环的固定键安上，开始工作。

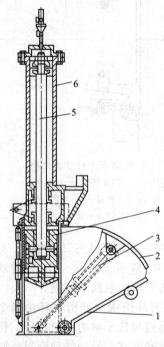

图 2-34　密炼机加料装置的结构
1—进料斗；2—翻板门；3,6—气缸；
4—上顶栓；5—活塞杆

当转子工作有轴向窜动，与其用螺纹连接、键固定的旋转调整钢环随转子轴向左移动时，有铜套"1"阻止；向右移动时，有固定在静止调整钢环上的铜垫"3"阻挡，限制了转子轴的轴向窜动，同时也承担了轴向力。铜套"1"与套筒"5"用螺钉固定在混炼室壁上。

（5）加料装置　加料装置由加料和压料两部分组成，安装在混炼室上部。其作用是用来定时向密炼室内加入混合原料。进料时，翻板门由气缸活塞推动，在固定的转轴上开闭，完成加料动作。压料部分由气缸活塞和上顶栓组成。当混合原料在密炼室内开始被混炼时，上顶栓由气缸活塞推动下移，配合转子的搅拌动作，对原料施加一定的压力，以加快对原料的混炼塑化，缩短混炼塑化时间。

密炼机加料装置的结构如图 2-34 所示，它主要由进料斗、翻板门、上顶栓和气缸等零部件组成。上顶栓可用钢板焊接或用铸铁铸造成型，内有空腔可通蒸汽加热或通水冷却。为了提高工作面的耐磨性和方便清理残料，上顶栓的工作面粗糙度 Ra 应不大于 $1.25\mu m$，表面热处理硬度≥40HRC。

（6）卸料装置　卸料装置在混炼室底部，由下顶栓和控制下顶栓开闭的气缸组成。其作用是：下顶栓在气缸推动下，能沿着固定的导轨移动（或摆动），定时打开或关闭卸料口，把密炼机混炼塑化好的原料排出。

图 2-35 所示为一种摆动式卸料装置的结构，其工作原理是：当转动轴"1"在油缸连杆带动下转动时，与其固定连接的下顶栓"2"即可摆动，完成卸料口的开关动作。当转动轴"4"在液压缸连杆带动下转动时，与其固定连接的锁紧支杆"3"即可完成下顶栓的锁紧和

松开工作。

下顶栓可用钢板焊接组合或用铸钢铸造成型，内有空腔，可通入蒸汽加热。与原料接触的工作面应耐磨和便于残料清理，所以，表面应热处理，硬度≥40HRC，粗糙度 Ra 应不大于 $1.25\mu m$。

（7）传动装置　密炼机中的传动系统一般都用一台电动机驱动。如果转子只有一种转速，则用异步电动机；如果转子有两种转速，则用双速电动机驱动。

转子旋转减速的方式，多数是先由齿轮减速器减速，再通过一组齿轮的减速传动，带动转子旋转，如图 2-36（a）所示；也有的传动是经齿轮减速器减速后，经万向联轴器带动转子旋转，如图 2-36（b）所示。

（8）润滑系统　密炼机设备中的润滑部位，有减速器中齿轮和轴承、转子轴承、转子轴端密封装置和上、下顶栓等部位的滑动配合处。

减速器内齿轮和轴承的润滑，用齿轮泵通过输油管送至各润滑部位。

转子轴承、轴承端的密封和轴向调节装置的润滑，多用饱和气缸油，经液压泵自动润滑。密封装置是采用真空滴油式注油器润滑。

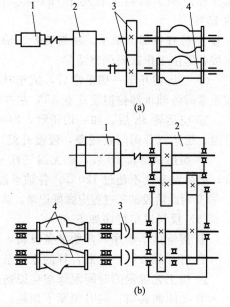

(a)

(b)

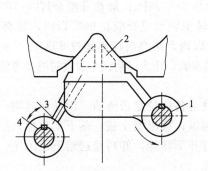

图 2-35　摆动式卸料装置结构
1,4—转动轴；2—下顶栓；3—锁紧支杆

图 2-36　密炼机的传动方式
1—电动机；2—齿轮减速器；3——对齿轮或万向联轴器；4—转子

2-31　密炼机怎样试车操作？

（1）试车前的准备工作程序如下。

① 做好操作台上的工作环境卫生，擦洗设备。设备四周不许存放任何与生产无关的物品。

② 检查各紧固螺母是否紧牢，安全罩是否牢固。

③ 检查清理上、下顶栓及混炼室内和翻板的各滑动部位，不许有异物和残料。

④ 清洗各润滑油杯、油管路和减速器内部，各部位加足润滑油。

⑤ 检查各电器线路连接是否牢固、正确，无问题时合闸送电。

⑥ 启动液压系统液压泵，核实液压泵旋向是否正确；调整液压系统工作压力至要求值，检查管路是否有泄漏处；一切正常后，试验下顶栓的开闭动作，检查是否运行到位；适当调整，直至能准确、灵活地完成开闭动作。

⑦ 开启送压缩空阀门，检查管路有无漏气现象，调整压缩空气的压力至要求值。试验上顶栓的上下滑动、气缸控制是否能正确工作，运行是否平稳。试验翻板门工作、气缸推动是否灵活，开关动作是否到位。上顶栓下落至最低位置后，转动转子，检查各方位的间隙是否均匀，如误差较大应进行调整。

⑧ 检查试验主电动机与各润滑油泵电动机的联锁工作是否正确；在油泵电动机没启动时，转子旋转用主电动机应不能启动。

（2）空运转试车程序如下。

① 启动润滑油用各油泵电动机。

② 启动液压油系统液压泵电动机，打开压缩空气送气阀门。

③ 启动主电动机，转子旋转。仔细检查各传动零部件运行是否正常，转动工作应平稳无异常声响。机器工作运转噪声应不超过 85dB。主电动机功率消耗应不超过额定值的 15%。

④ 检查各部位轴承、密封装置、轴向调整装置和减速器内齿轮的润滑情况。供应油量应按各部位工作需要调整适量。

⑤ 空运转开车一切正常后，试车时间应不少于 8h；检查各部位轴承温度变化情况，比较正常时各轴承部位温度应在 45℃ 左右。

⑥ 空运转 8h 后，如一切正常，即可送蒸汽至混炼室空腔、转子和下顶栓各空腔内加热升温；送蒸汽开阀门要缓慢，慢慢升温，蒸汽压力为 0.8~1MPa；加热升温至170~180℃。

⑦ 加热试运转 1h 后，如无漏气且一切正常时，转子轴承温升应在 90℃ 以内，如有些异常，最高温升应不超过 120℃；各轴承温度应在 45℃ 以内，最高时应不超过 65℃。

⑧ 对此阶段试车过程应做好记录，认真填写各实测参数，作为以后试车验收时的参考依据。

（3）投料试车程序如下。

① 接空试车程序，开始准备投料，再一次检查设备各部位是否清洁、无任何异物。

② 打开翻板门，加混合好的原料至要求量，关翻板；拔出安全锁，落下上顶栓。

③ 按工艺规定的时间混炼塑化原料，时间到后打开下顶栓，卸料输送给下道工序。

④ 关闭卸料口，同时锁紧下顶栓；准备下次混炼。

（4）投料试车停止程序如下。

① 检查确认混炼室内无残料后，关闭蒸汽阀门。

② 排放回蒸汽，缓慢开通冷却水，各部位降温。

③ 混炼室温度降至 60℃ 左右时，停主电动机，停润滑油输送用油泵电动机。

④ 关闭进料翻板门，升起上顶栓，插上安全销，打开下顶栓；清除各管路中的积水，切断总电源；各滑动导轨面涂一层润滑油。

2-32　生产操作密炼机应注意哪些事项？

① 经常检查各部位润滑情况，接班后首先要把各气缸活塞杆和万向联轴器润滑部位加注一次润滑油。

② 注意转子轴端密封处，允许有少量糊状料挤出，此种属正常现象；如果挤出料量较大，

密封装置应拆下清洗，然后磨光各接触密封摩擦平面。安装时应注意各螺钉的紧固力要均匀。

③ 发现翻板门、上顶栓滑动有阻滞现象时，首先要提起上顶栓，插上安全销，然后再清除各处污物或残料，排除故障。

④ 遇有异常事故或突然停电时，要立即切断电源开关，提升上顶栓，插入安全销，然后转动电动机部位联轴器，让转子反方向转动，排除混炼室中原料。否则，故障排除后电动机将无法启动。

⑤ 如果更换不同颜色原料，混炼室应该先用废料清理，直至无原料颜色干扰。

⑥ 如果停产时间较长，除了混炼室及各部位做好清理工作外，还应涂好防锈油。用压缩空气吹净各管路中积水，各阀门、开关都应在关闭位置。切断总电源。

2-33 密炼机工作故障怎样排除？

（1）混炼室内转子工作出现异常声响　转子轴的轴向调距装置中的铜垫磨损严重，使转子工作时轴向窜动量增大，转子端面与混炼室壁发生摩擦，从而出现异常声响。

排除方法是拆卸调距装置，根据铜垫的磨损程度来决定是否更换。如果磨损不严重，可修磨铜垫或旋转钢环的接触摩擦平面，然后重新装配。装配后调整钢环与铜垫间的工作间隙。

（2）转子轴密封处漏料　正常工作中有少量油脂糊状物挤出。如果挤出料量较大，可通过适当均匀用力紧各弹簧压紧螺钉来控制漏料。如此办法不能控制漏料，则可能是石墨垫或铜环磨损较严重（如密封端面不光滑，间隙大）。

排除方法是拆卸密封装置，更换石墨垫和铜环，磨光固定环端面。装配时注意均匀用力紧弹簧螺钉。如果固定环端面硬度低于40HRC，则应先在端面上重新堆焊一层硬质合金，经磨光后再装配。

（3）转子轴的轴承漏油　主要是转子轴与轴承衬的滑动摩擦表面磨损，变得粗糙，造成轴承漏油。

如果轴滑动面磨损，可用金属喷镀方法修补，然后再磨光至原直径尺寸。轴衬磨损严重时要更换新轴衬。

（4）上顶栓上下滑动出现阻滞现象时，故障排除方法如下。

① 气缸密封环磨损漏气，应更换密封环。

② 压缩空气的压力不足，应检查输送管路是否有漏气部位，如无漏气现象应调节增加压缩空气的压力。

③ 控制阀有故障，动作不到位或阀芯磨损严重，应拆卸清洗维修。

④ 上、下移动滑道部位有油污异物，应清除干净并加注润滑油。

（5）进料翻板门动作不灵活时，故障排除方法如下。

① 气缸密封环磨损，漏气，应拆卸清洗或更换密封环。

② 压缩空气压力不足，应检查输送管路有无漏气现象，修理漏气部位，调至工作所需压力。

③ 检查翻板门动作部位是否有异物或残料，应及时清除干净。

④ 压缩空气控制阀发生故障，可能阀芯有异物或磨损严重，应拆卸清洗维修。

2-34 密炼机怎样维护和检修？

对密炼机的维护保养，也应是以平时生产工作的维护保养为主。操作者要认真按设备操作规程要求进行操作，交接班时注意检查设备的运转传动平稳性、工作噪声、润滑油的输送及按时加注情况、各轴承部位的温度变化，做到及时发现故障因素，随时排除解决。按常规，密炼机也是根据生产计划安排，一年内检修一次。其主要工作内容如下。

① 拆卸、分解减速器上盖及转子轴承、密封调距装置、气缸密封和传动轴承、联轴器的组成零部件，并进行清洗。

② 检查清扫各电控箱，检修更换接触不好或失灵的电器元件；检查电动机轴承磨损情况，必要时更换，同时清洗并加注润滑脂。

③ 检查联轴器销钉磨损情况，更换弹性胶圈。

④ 检查各传动齿轮和万向联轴器中铜瓦的磨损情况，出现磨损现象时要对其进行测绘，准备配件，并做出下次维修更换计划。

⑤ 对转子轴颈、轴承衬、密封环、合金圈、衬圈、旋转接头等滑动摩擦件进行修光去毛刺，磨损严重件应更换，然后加注润滑油，调整相互配合间隙。

⑥ 更换气缸活塞密封圈，检修清洗各气动用元件。对操作动作不到位和出现动作阻滞现象的阀门要进行检修，必要时应更换。

2-35　混炼型挤出机用途及结构特点有哪些？

压延机生产线上的挤出机，一般多用在混合机之后，代替密炼机为下道工序开炼机提供半塑化料；另一种是用在开炼机之后，压延机之前，为压延机提供塑化均匀并经筛网过滤的塑化料。通常，人们都称这种挤出机为喂料型或混炼型挤出机。

混炼型挤出机的结构与直接挤出成型塑料制品用挤出机结构相同，如图 2-37 所示。塑化系统中的主要零件螺杆在机筒内旋转，也是由直流电动机经齿轮减速器减速后驱动。不同于成型制品用挤出机之处在于仅螺杆的长径比和压缩比较小。

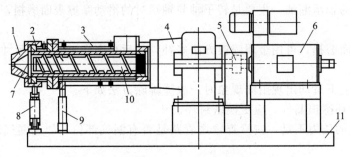

图 2-37　混炼型挤出机结构

1—机头；2—锁紧套；3—机筒；4—减速器；5—联轴器；6—电动机；

7—过滤装置；8—液压缸；9—支座；10—螺杆；11—底座

（1）大连冰山橡塑股份有限公司产喂料挤出机的结构特点如下。

① 螺杆和机筒用合金钢制造，表面经渗碳处理后硬度高、耐腐蚀能力强。

② 出料口机头为双机头形式，由液压缸推动两机头，快速交替换网后保证连续生产。由液压缸松开和锁紧机头，动作快、工作可靠。

③ 机筒和机头可采用油循环加热，机筒也可用蒸汽加热；工艺温度可调，控制平稳。

④ 螺杆旋转由直流电通过齿轮减速后带动，转速在 $6\sim60r/min$ 范围内可调。

⑤ 加料部位设有加料辊筒，异向转动，使加料口塑化料能顺利进入螺槽。

为了改进和提高对原料的混炼塑化质量，现在有些压延机生产线上采用行星螺杆式挤出机，其结构如图 2-38 所示。

由这种行星螺杆式挤出机加入压延机生产线，组成的生产工序顺序为：高速混合机→冷混机→行星螺杆式挤出机→开炼机→压延机。

国产行星螺杆式挤出机基本参数见表2-19。

（2）行星螺杆式挤出机结构及工作原理　行星螺杆式挤出机在挤出机中螺杆的螺旋中段（即塑化段）或是整个螺杆（只有进料部分加料段不是行星螺杆）采用行星螺杆式结构。工作时以中心螺杆为主动螺杆，其外圆有多根小直径螺杆与其啮合转动。这些小直径螺杆既能自转又能围绕中心螺杆公转，这是由于小螺杆的外围还有内带螺旋齿的外套与其啮合的缘故。这个外套也是机筒，与前后机筒用螺栓连接固定。螺杆的螺纹截面为渐开线齿形，螺旋为多头螺纹。图2-38中的中心螺杆、行星小直径螺杆和内有螺纹齿的外套机筒这三种零件组合，成为行星螺杆的混炼塑化机构，它们的螺距、螺纹深和垂直截面的齿形啮合角都相等，距外套螺旋齿的分度圆距离也相等。各个行星螺杆间的中心距相等，而且大于行星螺杆直径，以避免啮合传动时出现干涉现象。这些数据是保证这组行星螺杆正常啮合转动必须具备的工作参数。

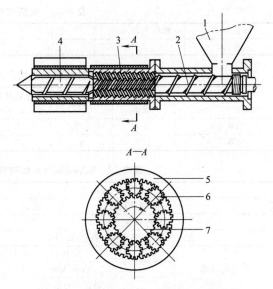

图2-38　行星螺杆式挤出机的挤塑部分结构

1—加料斗；2—加料段；3—行星螺杆段（混炼塑化段）；
4—均化段；5—机筒；6—行星螺杆；7—中心螺杆

表2-19　国产行星螺杆式挤出机的基本参数

型号		SJ140	SJ170	SJ190	SJ240	SJ250
驱动功率/kW		90	160	180	200	220
主螺杆转速/(r/min)		3～60	3～60	3～60	3～60	3～60
导热油流量/L		400	400	600	600	600
强制喂料功率/kW		6	6	8	8	10
强制喂料转速/(r/min)		2.5～50	2.5～50	2.5～50	2.5～50	2.5～50
产量/(kg/h)	PVC 透明片	500	900	1100	1400	1800
	PVC 有色硬片	700	1100	1300	1700	2000
	PVC 软片	880	1200	1500	2100	2400

行星螺杆混炼塑化原料的方式为：被加料段螺纹推到行星段的原料，在其后部螺杆进料的连续强力推动下向螺杆前方机头挤出处移动，从中心螺杆和机筒间的内螺纹齿间和与其啮合的行星小直径螺杆齿间通过。由于行星螺杆中各螺杆不断转动，使原料在相互啮合转动的螺纹齿间隙中受到强烈的挤压、辗伸和剪切等多种力作用，使原料在此段不断地被翻动、混合，最后成熔融状态，被均匀塑化，逐渐被推向螺杆前段，从机头挤出。

这种挤出机的特点是：原料塑化质量好、工作效率高，既节省了塑化时间，又减少了能源消耗。可直接用于粉料树脂的挤出塑化，也可用于聚氯乙烯片材生产时预塑化供料，还可用于软聚氯乙烯薄膜生产时预塑化供料。

2-36　混炼型挤出机型号及技术参数有哪些?

国内部分混炼及喂料型挤出机型号和主要技术参数见表2-20～表2-22。

表 2-20 混炼式挤出机主要参数

规格型号	螺杆直径/mm	长径比	螺杆转速/(r/min)	电动机功率/kW	产量/(kg/h)
JW250	250	10	12~36	33.3~100	900~2200

表 2-21 常州橡胶塑料机械厂产过滤型挤出机主要技术参数

参数 型号	螺杆直径 /mm	螺杆长径比	螺杆最高转 速/(r/min)	功率/kW	产量 /(kg/h)	外形尺寸(长× 宽×高)/mm	质量/t
SJW-200	200	5.5	75	75	800~1200	3500×1200×1500	5
SJW-250	250	6	75	75	1100~1600	400×1500×1700	6

表 2-22 SJW-250×6 型塑料喂料挤出机主要技术参数

螺杆直径/mm		250
螺杆长径比		6:1
螺杆转速/(r/min)		5.2~52
最高产量(采用 SPVC 料)/(kg/h)		1500
驱动电动机	型号	Z4-250-11
	功率/kW	110
	转速/(r/min)	100~1000
加热方式(机筒、螺杆、机头、加料部位)		蒸汽或油(0.4~0.8MPa)
冷却方式(机筒、螺杆、机头、加料部位)		水冷(0.3~0.4MPa)
机头结构形式		双机头
机头加热功率/kW		2
机头口模规格尺寸(直径×厚度)/mm		100×12
机头液压、油缸直径/mm		80
机头液压、最大压力/MPa		14

注：此型号喂料挤出机为大连橡胶塑料机械厂生产，大连冰山橡塑股份公司也生产同一型号挤出机，不同之处只是机头为油加热。

2-37 混炼型挤出机怎样进行生产操作？

（1）挤出机生产操作顺序（以新设备验收检查试车为例）

① 开车前准备工作如下。

• 清理挤出机工作环境，擦洗设备，应做到干净无油污。

• 认真熟记挤出机操作规程，熟记设备各部位开关、按钮的作用与功能。

• 检查设备各螺母是否松动。

• 检查各安全罩是否牢固。

• 检查调整 V 带安装松紧度。

• 扳动 V 带，使螺杆转动。各零件传动应工作轻松，螺杆转动应无阻滞现象

• 检查设备和控制箱的接地保护是否牢固。

• 检测螺杆和机筒的实际配合尺寸，装配后两者间隙应符合 JB/T 8061—1996 的规定。

• 清点专用工具和附属配件，做好记录。

② 空运转试车检查验收顺序如下。

• 控制箱电路合闸供电。

• 启动润滑油泵，齿轮箱中各运转零件润滑 3min；为各手动加油部位加足润滑油(脂)。

• 检查料斗和机筒内应无任何异物，再扳动 V 带，转动应灵活平滑，无阻滞现象。

• 低速点动螺杆驱动电动机，检查螺杆转动方向是否正确（如果螺杆的螺旋为右旋，

面向机筒孔查看，螺杆的转动方向应该是顺时针才正确）。

- 低速启动螺杆驱动电动机，螺杆转动。观察电压表、电流表指针摆动是否正常。
- 检查试验紧急停车按钮，应能正确可靠工作。
- 检查润滑油及通水管路是否通畅，不应有渗漏现象。
- 一切正常，空运转时间不应超过 3min，立即停车。
- 退出螺杆，检测螺杆传动轴的最高、最低转速应与说明书一致。

③ 机筒加热升温和空运转试车检查验收工作顺序如下。

- 机筒各段加热升温，按原料塑化工艺要求温度调整控温仪表。
- 用水银温度计实测机筒各段温度，校正仪表显示温度与水银温度计实测温度误差。
- 检查试验加热装置中线路断线报警装置是否能正确工作。
- 机筒加热至工艺要求温度时，加热恒温 1h，记录升温时间。
- 重新紧固机筒与机筒座连接螺钉。
- 低速启动驱动螺杆电动机，查看电压、电流表摆动是否正常；查看螺杆转动是否平稳；听传动零件工作运转声音有无异常。一切正常后立即停车。注意螺杆的空运转时间不应超过 3min。

如果空运转试车检查出挤出机的实际工作参数与挤出机说明书（或合同要求）上的内容不符，应立即与生产厂家联系，以使发现的问题及时解决。

④ 投料试车检查验收工作顺序如下。

- 检查混合料质量，准备投入挤出机用料温度是否符合工艺要求。
- 安装机头（螺栓应涂一层二硫化钼或硅油，以方便下次拆卸）。注意：用于为压延机供料时，机头内应加过滤网。
- 机头加热升温至工艺要求温度。
- 启动润滑液压泵，各部传动零件润滑 3min 后低速启动螺杆旋转。然后观察驱动电动机的电流、电压是否正常，螺杆转动是否平稳。一切正常后开始投料。
- 初向挤出机内投料时量要少而均匀，同时要注意观察电流表指针摆动状况及螺杆运转是否出现异常。
- 机头出料时，应先清除污料，检查塑化料是否符合工艺要求。
- 适当调整工艺温度和螺杆转速，使其为下道工序开炼机（或压延机）的供料量与用料量相匹配。
- 检查试验挤出机工作负荷超载、温度控制失灵和料中有金属异物时的报警装置是否能及时准确地工作报警。
- 设备正常生产中应经常查看各部位轴承是否过热、润滑是否良好、有无异常声响等。发现故障应停车，检修排除。

⑤ 停止投料试车工作顺序如下。

- 把螺杆工作转速降至最低。
- 停止机筒和机头加热，开冷却水阀为机筒降温。
- 机筒温度降至 140℃时停止机筒供料；机头出料口不出料时停止螺杆转动。
- 关闭冷却水及各控制系统。
- 拆卸机头及各辅件，立即清理机头件各部位残料。
- 退出螺杆，清除螺杆和机筒内残料。
- 检查螺杆和机筒工作时是否出现磨损、划伤、沟痕等现象。出现严重质量问题要及时与生产厂联系，以便及时处理。

• 如果试车后挤出机暂时不生产，要把清理干净的机头、机筒表面涂防锈油，并封好进出料口。清理后的螺杆要涂油包好，垂直吊挂在干燥通风处。

（2）挤出机生产操作注意事项　挤出机生产过程中应严格按操作规程操作，并应注意以下事项。

① 每次挤出机开车前要检查机筒内、料斗上下及内部有无异物，检查各部位紧固螺栓有无松动，安全罩是否牢固，各按钮开关位置是否正确，然后在各润滑部位加足润滑油，做好设备的清洁卫生工作。

② 准备开车时，通知设备周围的工作人员。

③ 低速启动驱动螺杆转动用电动机，检查主电动机工作电流表指针摆动是否正常。如出现设备工作运转有异常声响或螺杆运转不平稳现象，应立即停车，找有关人员维修解决。

④ 螺杆空运转试车不许超过 3min，一切正常后安装模具。安装模具采用连接螺栓，使用前应涂一层二硫化钼或硅油，以方便拆卸。

⑤ 在投料生产初期，螺杆使用最低工作转速，上料要少而均匀，随时检查驱动螺杆转动用电动机的工作电流表指针摆动变化有无异常。

⑥ 挤出机投入正常生产工作后，操作者要经常检查轴承部位的温度变化。检查电动机及各轴承部位温度时，应用手指背轻轻接触检查部位。设备运转工作中不许用手触碰任何转动零件。

⑦ 拆卸、安装螺杆和模具时，不许用重锤直接敲击零件，必要时应垫硬木再敲击拆卸或安装。

⑧ 清理螺杆、机筒和模具上的残料时，必须用竹或铜质刀、刷清理，不许用钢质刀具刮残料或用火烧烤零件。

⑨ 处理挤出机故障时，挤出机不许开车运行。挤出机螺杆转动、调整模具时，操作者不许面对挤出料筒口，以防止意外事故发生。

⑩ 挤出机生产工作时操作者不许离岗，如必须离开时，应使挤出机停止运转。

⑪ 停车后拆卸螺杆，残料清理干净后要涂一层防锈油。如果暂时不使用，应包扎好并垂直吊挂在干燥通风处。

⑫ 较长时间停产不用的挤出机和成型模具，应涂好防锈油，封好各出入孔口，以防止异物进入。

2-38　混炼型挤出机怎样进行维护保养？

挤出机投产后，由于长时间承受动力载荷作用，再加上接触腐蚀性气体及熔料的侵蚀，一些传动零件和螺杆、机筒的工作性能、生产效率都会逐渐地发生变化，略有下降。平时工作中强调对设备要注意维护保养，目的就是为了延长设备的工作寿命，使其工作性能和生产效率能在较长时间内保持正常状态，以保证企业的经济效益稳定增长。

挤出机的维护保养，分为日常保养和定期保养。挤出机日常维护保养的工作内容，就是挤出机生产操作中的工作程序规定和操作注意事项，要求操作工一定要认真执行。

挤出机定期维护保养，可按挤出机的负荷及工作时间酌情安排，一般可每半年或一年进行一次。维护保养时由维修钳工和设备操作工配合工作，工作内容如下。

① 清扫、擦洗挤出机上各部位油污及电控箱中的灰尘。

② 拆开齿轮传动减速器、轴承压盖，检查各传动件的工作磨损情况，观察润滑油的质量变化并及时补充油量。如果油中含有较多的杂物，应进行过滤或更换。

③ 对磨损齿轮应进行测绘，轴承要记录规格。工作后要提出备件制造或购买计划，准备安排时间维修更换。

④ 检查 V 带磨损情况，调整 V 带安装中心距（保持 V 带传动工作松紧要适当）。如果 V 带磨损较严重，应进行更换。

⑤ 检查机筒和螺杆的磨损情况。机筒内表面和螺杆螺纹外圆有轻度的划伤和摩擦痕，可用细油石或细砂布修磨，达到平整光滑为止，记录机筒、螺杆工作面（机筒内圆和螺杆外圆直径）的实测尺寸。

⑥ 检测、校正机筒的加热实际温度（用水银温度计测量）与仪表显示温度误差值，以保证挤出机操作工艺温度的正确控制。

⑦ 调整、试验各安全报警装置，以保证其工作的可靠性和准确性。

⑧ 检查、试验各种输液管路（水、气和润滑油）是否通畅，对渗漏和阻塞部位进行修理疏通。

⑨ 检查、试验各送电线路连接是否牢固，电控箱和设备的安全接地保护是否牢固。

⑩ 检查、试验加热装置、冷却风机和安全罩的工作位置是否正确，进行必要的调节修正，以保证它们能正确、有效地工作。

2-39 原料配混后怎样进行成型粒料？

经混合机搅拌混合均匀的掺混料，需要经过混炼塑化后切成粒状料。混合料的生产造粒，根据混合料中掺混料的不同，可采用以下两种工艺流程方式。

① 高速混合机混合均匀料→冷混料降温至 45℃ 以下→挤出机（单螺杆或双螺杆挤出机）把混合料混炼塑化→挤出切粒。

② 高速混合机混合均匀料→密炼机混炼塑化→开炼机混炼塑化→第二台开炼机把原料塑化均匀切片→引出片冷却→收卷；然后用切粒机切成粒状料。

造粒生产工艺流程的选择应用举例如下：如聚丙烯树脂与碳酸钙或滑石粉的掺混料造粒应选用第①工艺流程；聚丙烯树脂与乙丙橡胶（添加量为 10%～15%）共混的掺混料，生产造粒就应选择第②工艺流程。

2-40 配混料造粒生产采用哪些设备？

从 2-39 问题中的原料成型生产粒料工艺流程可以看到，配混料造粒生产用设备有挤出造粒机、密炼机、开炼机和切粒机等主要设备。

2-41 塑料挤出切粒机机组结构组成及切粒方法有几种？

塑料挤出切粒机机组中的挤出机结构和普通常用的挤出机结构完全相同。挤出切粒机中特殊的部位，只是在普通挤出机前多了一套挤出的塑料条切粒装置和粒料的冷却、干燥处理装置。风冷热切造粒生产用挤出造粒机机组结构如图 2-39 所示。

风冷热切挤出造粒机的工作方法是：把按生产粒料用原料配方中各种料先经计量配混，加入高速混合机中搅拌混合均匀后，投入挤出造粒机的机筒内，经塑化熔融成黏流态，从机筒前的多孔板挤出呈条状，然后被旋转的刀片切成长度均匀一致的粒料，由风压管路输出，经冷却、过筛后装袋。

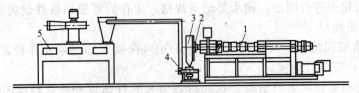

图 2-39　风冷热切挤出造粒机机组结构
1—挤出机；2—切粒前成型条状料模具；3—切粒装置；
4—粒料风送系统；5—粒料冷却过筛装置

2-42　挤出造粒机中的切粒装置结构分几种？各有什么特点？

挤出造粒机中的切粒装置结构如图 2-40 所示，它是挤出切粒设备辅机中主要装置。切粒辅机按其工作方式和作用的不同，可分为热切与冷切两部分，而热切又可分为干切、水环切和水下切等结构方式，它们具体工作方法与应用特点如下。

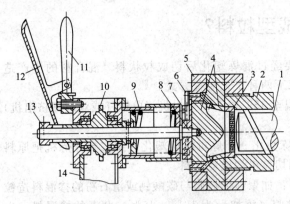

图 2-40　挤出成型条状料模具及切粒装置结构
1—螺杆；2—机筒；3—多孔板；4—分流锥；5—条状料成型模板；6—切刀片；7—刀架；8—传动轴；9—弹簧；10—传动链轮；11—手柄；12—离合器；13—轴套；14—机架

① 干切。干切粒生产方法是指挤出机挤出条状料后立即被旋转的刀片切成长度均匀的粒状，然后由风机通过管道把粒料送至冷却、过筛装置。这种切粒方式适合于聚氯乙烯料的混炼切粒。

② 水环切。水环切粒生产方法是指挤出机挤出条状料后立即被旋转的刀片切粒，并抛向附在切粒罩内壁高速旋转的水环，然后水流把粒料带到水分离器脱水，干燥后再送至料降温装置处冷却降温，即为成品。此生产方法适合于聚烯烃料的混炼切粒。

③ 水下切。水下切粒生产方法是指挤出机挤出的条状料立即进入水中冷却降温，然后切成粒料，再由循环水把粒料送至离心干燥机中脱水、干燥。此种切粒方式比较适合双螺杆挤出机混炼原料切粒，用于较大批量生产。

④ 冷切。冷切粒是指经挤出机混炼塑化后的料，从机筒前的成型模具中成型片状料，先落入水槽中冷却降温后卷取，然后再采用专用切粒机切粒。这种挤出切粒生产方式，适合于聚乙烯、聚丙烯、ABS、聚对苯二甲酸乙二醇酯的原料混炼切粒。

国内部分塑料挤出造粒机机组生产厂及产品主要技术参数见表 2-23 和表 2-24。

表 2-23　兰泰（甘肃省兰州市）塑料机械有限公司挤出造粒辅机主要技术参数

型号	成品粒规格 /mm	切条根数	牵引速度 /(m/min)	生产能力 /(kg/h)	适应塑料	电动机功率 /kW
TQ-600A(拉条切粒机)	3×3 可调	50	6～60	600	热塑性	7.5
TQ-400A/B(拉条切粒机)	3×3 可调	40	3.6～36	400	热塑性	5.5
XQ-300(拉条切粒机)	3×3 可调	30	3.6～36	300	热塑性	4

续表

型号	成品粒规格/mm	切条根数	牵引速度/(m/min)	生产能力/(kg/h)	适应塑料	电动机功率/kW
XQ-150（拉条切粒机）	3×3 可调	15	3.6～36	150	热塑性	2.2
FLQ-100（风冷模面热切粒）	3×3 可调	40	15	100	PVC、PE、ABS、TPR	0.75
FLQ-200（风冷模面热切粒）	3×3 可调	60	15	200	PVC、PE、ABS、TPR	0.75
SHQ-300（水环热切粒）	3×3 可调		25	300	高流动速率塑料	0.75
SNQ-500（水环热切粒）	3×3 可调	40	40	500	高流动速率塑料	1.5

表 2-24　青岛精达塑料机械有限公司塑料挤出造粒辅机主要技术参数

型号	切粒规格/mm	切刀转速/(r/min)	生产能力/(kg/h)	冷却方式	总功率/kW
SJL-F200			200	风冷	7.35
SJLZ-60/125-250	3.2×3.5	40～200	250	风冷	55
SJLZ-90-100	3.2×3.5	40～200	100	风冷	49.5
SJLZ-6513-60	3×3	40～200	60	风冷	47.37
SJZL-120-190	3×3	40～200	180	风冷	106.75

2-43　切料机怎样工作？

切粒机是一种能够把一定宽度和厚度的片材切成粒料的专用设备，主要用在电缆料和配混料的切粒工序中，厚片用切粒机的结构示意如图 2-41 所示。

切粒机开始切粒工作时，已经切成固定宽度的厚片，从切粒机的两圆辊刀间的间隙进入（图示方向的左侧进入两圆辊刀间），先被圆辊刀切成纵向连续不断的条形，然后由压辊夹紧条状料，牵引送入高速旋转刀处，切成有固定长度的粒料。切好的粒料落入筛斗内，把未切断的长条和连体粒筛除。

塑料切粒机基本参数见表 2-25。

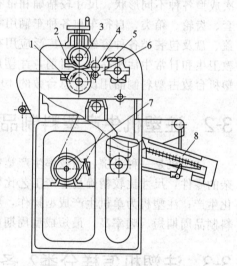

图 2-41　厚片用切粒机的结构示意
1—下梳板；2—上梳板；3—切条用圆辊刀；4—压辊；5—旋转切刀；6—固定底刀；7—电动机；8—筛斗

表 2-25　塑料切粒机（SCQ-200B）基本参数

项目	指标	项目	指标
切粒片最大宽度/mm	200	圆盘刀转速/(r/min)	50
切片厚度/mm	1～3	主电动机功率/kW	15
切条宽度/mm	4	刀片材料	9SiCrW18Cr4V
切条速率/(m/min)	18	外表尺寸（长×宽×高）/mm	690×910×1685
粒料尺寸/mm	4×4	质量/kg	1270
切刀转速/(r/min)	1137		

第3章 注塑机的使用与维修

3-1 注塑机有哪些用途?

注塑机是成型塑料制品用的一种设备,注塑机成型塑料制品时采用的是注射兼模塑的成型方法,故又可称为注射成型机。

注塑机可注塑成型热塑性塑料和热固性塑料。应用较多的还是成型热塑性塑料,可以一次成型各种不同形状、尺寸较精确和带有金属嵌件的塑料制品,如注塑成型管件、阀类、轴套、齿轮、箱类、自行车和各种车辆用零件、凸轮、装饰用品和日常生活中应用的盆、碗、盖、盘及包装类各种容器等,广泛应用在国防工业、交通运输业、机电产品、建筑材料、科教卫生和日常生活用品中。目前,注塑成型塑料制品产量接近塑料制品总产量的30%。注塑机台数占塑料制品用设备总台数的40%左右。

3-2 注塑机生产塑料制品有何特点?

注塑机是一种经济、高效率生产塑料制品的设备,能在较短时间内一次成型外形比较复杂的零件,尺寸比较精确且生产工艺比较简单;对成型各种塑料的适应性强,容易形成自动化生产;注塑机为单机生产成型操作,更换原料及成型模具方便,产品更新快;生产成型塑料制品周期短、频率高,最短成型周期可达 2s 以下。

3-3 注塑机怎样分类?各有什么特点?

(1) 按原料的塑化和注射方式分类 有柱塞式、柱塞-柱塞式、螺杆-柱塞式和往复螺杆式注塑机。

① 柱塞式注塑机 是用柱塞依次把落入机筒中的原料推向机筒前端的塑化空腔内,空腔内原料依靠机筒外围加热器提供热量,塑化成熔融状态,然后通过柱塞的快速前移把熔料注射到模具空腔内,冷却成型。图 3-1 所示为柱塞式注塑机的结构。

② 柱塞-柱塞式注塑机 为了提高原料在机筒内的塑化质量,先把原料在第一个机筒内塑化(即先预塑化),然后经由单向阀注入第二个机筒内,再经柱塞把熔融料推入模具腔内冷却成型。柱塞-柱塞式注塑机结构见图 3-2。

③ 螺杆-柱塞式注塑机 这种注塑机的结构形式和工作方法与柱塞-柱塞式注塑机相同,不同之处只是把第一机筒内的柱塞改为螺杆,先由螺杆把原料塑化,然后经柱塞把熔融料推

入成型模具内冷却成型。螺杆预塑化原料质量要好于柱塞式塑化原料质量。螺杆-柱塞式注塑机结构见图3-3。

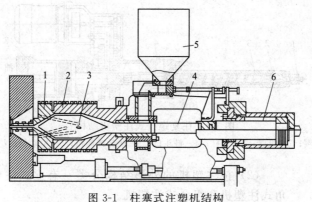

图 3-1 柱塞式注塑机结构

1—喷嘴；2—机筒；3—分流梭；4—柱塞；5—料斗；6—液压油缸

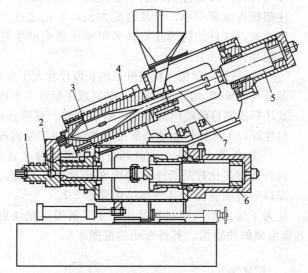

图 3-2 柱塞-柱塞式注塑机结构

1—喷嘴；2—单向阀；3—分流梭；4—机筒；5,6—油缸；7—柱塞

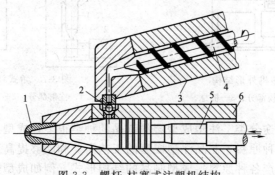

图 3-3 螺杆-柱塞式注塑机结构

1—喷嘴；2—单向阀；3—机筒；4—螺杆；5—柱塞；6—机筒

④ 往复螺杆式注塑机 是目前应用最多的一种注塑机，它由一根螺杆和机筒组成，完

成原料的塑化注射工作，其结构如图 3-4 所示。

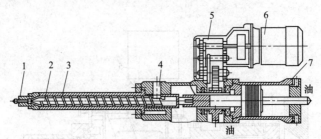

图 3-4　往复螺杆式注塑机结构

1—喷嘴；2—机筒；3—螺杆；4—料斗口；5—齿轮减速箱；6—电动机；7—油缸

（2）**按注塑机的外形结构分类**　有立式注塑机、卧式注塑机、角式注塑机和组合式注塑机。

① **立式注塑机**　设备的高度尺寸大于设备的长宽尺寸，注射部分与合模部分装置轴线上下垂直成一直线排列，结构见图 3-5。这种注塑机占地面积小，模具装配方便，不足之处是加料困难，工作稳定性差。这种结构的注塑机多用于注塑成型注射量小于 $60cm^3$ 的塑料制品。

② **卧式注塑机**　机身外形的长度尺寸大于高和宽尺寸，它的注射部分与合模部分装置轴线在一条直线上呈水平排列，结构见图 3-6。卧式注塑机是目前应用最多的一种注塑机，其特点是：机身低，工作平稳性好，生产操作和维修都比较方便，也容易实现自动化操作。

③ **角式注塑机**　注射部分与合模部分装置轴线互相垂直排列。这种注塑机比较适合于注塑成型非对称形侧浇口或中心不允许留有浇口痕迹的制品，其外形结构见图 3-7。

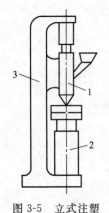

图 3-5　立式注塑机外形结构

1—注射部分；2—合模部分；3—机身

④ **组合式注塑机**　是为了满足不同塑料制品生产工艺需要，把注射部分与合模部分的位置进行多种组合排列而组成的注塑机，其外形结构见图 3-8。

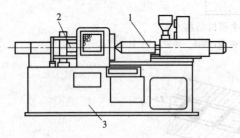

图 3-6　卧式注塑机外形结构

1—注射部分；2—合模部分；3—机身

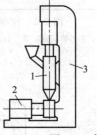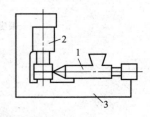

图 3-7　角式注塑机外形结构

1—注射部分；2—合模部分；3—机身

（3）**按注塑机的用途分类**　注塑成型塑料制品的种类很多，成型制品需要的原料品种规格有多种。为了满足各种原料、制品注塑成型的工艺需要和能够提高注塑机的适应性，而把注塑机设计成能适应生产各种原料、成型制品的结构形式，例如成型热塑性塑料注塑机、热固性塑料注塑机、发泡型注塑机、排气型注塑机、多色注塑机、精密注塑机、鞋用注塑机和螺纹制品注塑机等。这些注塑机中以热塑性塑料注塑机（普通型）应用为最多，热固性塑料注塑机、低发泡注塑机和排气式注塑机应用也较普遍。

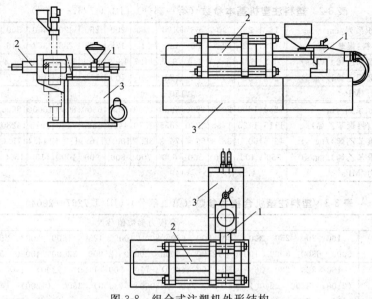

图 3-8 组合式注塑机外形结构

1—注射部分；2—合模部分；3—机身

3-4 注塑机的规格型号怎样标注？

注塑机机型的标注有下列几种。

(1) 国际常用注塑机机型标注方法 合模力-当量注射容积。

(2) 国内机械行业注塑机机型标注方法（JB/T 7267—2004） SZ 合模力-当量注射容积。

(3) 国家标准（GB/T 12783—2000） 橡胶塑料机械产品型号编制标注方法 SZ 合模力（t）、当量注射容量（cm³）。

(4) 一些主要注塑机生产厂家标注方法 生产厂代号-合模力。

(5) 欧洲塑料橡胶机械制造者委员会建议标准标注方法（1983）合模力-当量注射容积。

我国国家标准（GB/T 12783—2000）规定的塑料注塑机型号编制标注方法见表 3-1。塑料注塑机基本参数（JB/T 7267—2004）介绍见表 3-2。JB/T 7267—2004 标准中规定的合模力值见表 3-3。合模装置中 JB/T 7267—2004 标准规定的一些设备尺寸数值见表 3-4。国产注塑机型号及主要技术参数见表 3-5。

表 3-1 我国国家标准（GB/T 12783—2000）规定的塑料注塑机型号和名称

型 号	名 称
S Z —250/A □ □ □→□ △/△□□	注塑机

模数和色数。用数字表示，单模单色的普通机无此项

设计序号。用英文字母A、B、C···表示。原设计无此项

主参数。分子代表一次最大注射量(g或cm³);分母表示合模力(kN)

型别代号。用汉语拼音字头表示

品种代号

注塑机

塑料

—	螺杆式省去
Z	柱塞式

表 3-2 塑料注塑机基本参数（第一部分）（JB/T 7267—2004）

理论注射容积系列/cm³	16	25	40	63	100	160	200	250	320	400	500	630	800	1000
实际注射质量（物料：聚苯乙烯）/g	14	22	36	56	89	143	179	223	286	357	446	562	714	890
塑化能力（物料：聚苯乙烯）/(g/s)	2.2	3.3	5.0	6.9	9.7	11.7	13.9	16.1	18.9	22.2	26.4	29.2	33.3	37.5
注射速率（物料：聚苯乙烯）/(g/s)	20	30	40	55	75	90	100	110	120	140	170	210	250	300
注射压力/MPa	≥150								≥140					
理论注射容积系列/cm³	1250	1600	2000	2500	3200	4000	5000	6300	8000	10000	16000	25000	32000	40000
实际注射质量（物料：聚苯乙烯）/g	1115	1425	1785	2230	2855	3570	4460	5620	7140	8925	14280	22310	28559	35700
塑化能力（物料：聚苯乙烯）/(g/s)	42.5	50.0	58.3	66.7	76.3	88.9	100.0	116.7	133.3	144.4	175.0	222.0	261.1	305.6
注射速率（物料：聚苯乙烯）/(g/s)	350	400	450	500	600	700	800	900	1000	1100	1500	2200	2713	3300
注射压力/MPa	≥140								≥130					

表 3-3 塑料注塑机合模力参数（第二部分）（JB/T 7267—2004）

系　列	合模力参数值/kN
第 1 系列	160　200　250　320　400　500　630　800　1000　1250　1600　2000　2500　3200　4000 5000　6300　8000　10000　12500　16000　20000　25000　32000　40000　50000
第 2 系列	180　220　280　360　450　560　(600)　710　900　1100　(1200)　1400　(1500)　1800 (2100)　2200　(2400)　(2700)　2800　(3000)　(3500)　3600　(4200)　(4300)　4500 5600　(5700)　(6500)　7100　(7500)　9000　11000　14000　18000　22000　28000　36000 45000

表 3-4 塑料注塑机合模装置中的参数（第三部分）（JB/T 7267—2004）

拉杆有效间距/mm	模具定位孔直径/mm		注射喷嘴球半径/mm
	基本尺寸	极限偏差	
200～223	80	＋0.054 0	10
224～279	100		
280～449	125	＋0.063 0	15
450～709	160		20
710～899	200	＋0.072 0	25
900～1399	250		30
1400～2239	315	＋0.081 0	35
≥2240			

表 3-5 国产注塑机型号及主要技术性能参数

型　号	XS-Z30	XS-Z60	SZA-YY60	XS-ZY125	XS-ZY125(A)	XS-ZY250	XS-ZY250(A)	XS-ZY350 (G54-S200-400)
理论注射量（最大）/cm³	30	60	62	125	192	250	450	200～400
螺杆（柱塞）直径/mm	(28)	(38)	35	42	42	50	50	55
注射压力/MPa	119.0	122.0	138.5	119.0	150.0	130.0	130.0	109.0
注射行程/mm	130	170	80	115	160	160	160	160
注射时间/s	0.7		0.85	1.6	1.8	2	1.7	
螺杆转速/(r/min)			25～160	29,43,56, 69,83,101	10～140	25,31,39, 58,32,89	13～304	16,28,48
注射方式	柱塞式	柱塞式	螺杆式	螺杆式	螺杆式	螺杆式	螺杆式	螺杆式
锁模力/kN	250	500	440	900	900	1800	1650	2540
最大成型面积/cm²	90	130	160	320	360	500		645
模板行程/mm	160	180	270	300	300	500	350	260
模具高度								
最大/mm	180	200	250	300	300	350	400	406
最小/mm	60	70	150	200	200	200	200	165
模板尺寸/mm	250×280	330×440				598×520		532×634

续表

型 号	XS-Z30	XS-Z60	SZA-YY60	XS-ZY125	XS-ZY125(A)	XS-ZY250	XS-ZY250(A)	XS-ZY350 (G54-S200-400)
拉杆间距/mm	235	190×300	330×300	260×290	360×360	295×373	370×370	290×368
合模方式	肘杆	肘杆	液压	肘杆	肘杆	液压	肘杆	肘杆
液压泵流量/(L/min)	50	70、12	48	100、12		180、12	129、74、26	170、12
液压泵压力/MPa	6.5	6.5	14.0	6.5		6.5	7.0、14.0	6.5
电动机功率/kW	5.5	11	15	11		18.5	30	18.5
螺杆驱动功率/kW			(40)	4		5.5	9	5.5
螺杆转矩/N·m								
加热功率/kW		2.7		5	6	9.83		10
外形尺寸/m	2.34× 0.80×1.46	3.61× 0.85×1.55	3.30× 0.83×1.6	3.34× 0.75×1.55		4.70× 1.00×1.82	5.00× 1.30×1.90	4.70× 1.4×1.80
电源电压/V	380	380	380	380	380	380	380	380
电源频率/Hz	50	50	50	50	50	50	50	50
机器质量/t	0.9	2	3	3.5		4.5	6	7
理论注射量(最大)/cm³	500	538	1000	2000	2000	3000	4000	32000
螺杆(柱塞)直径/mm	65	65	85	100	110	120	130	250
注射压力/MPa	104.0	135.0	121.0	121.0	90.0	90.0、115.0	127.5	130.0
注射行程/mm	200	190	260		280	340	380	
注射时间/s	2.7	2.7	3		4	3.8	约4	约10
螺杆转速/(r/min)	20、25、32、38、42、50、63、80	19～152	21、27、35、40、45、50、65、83	21、27、35、40、45、50、65、83	0～47	20～100	0～60	0～45
注射方式	螺杆式	螺杆式	螺杆式	螺杆式	螺杆式	螺杆式	螺杆式	螺杆式
锁模力/kN	3500	2000	4500	5500	6000	6300	10000	35000
最大成型面积/cm²	1000	1000	1800	2000	2600	2520	3800	14000
模板行程/mm	500	560	700	700	750	1120	1100	3000
模具高度								
最大/mm	450		700	700	800	960、680	1000	2000
最小/mm	300	240(440)	300	300	500	400	250	1000
模板尺寸/mm	700×850			1180×1180		1350×1250		2650×2460
拉杆间距/mm	540×440	540×440	650×550	650×550	760×770	900×800	1050×950	2260×2000
合模方式	肘杆	液压	特殊液压	特殊液压	肘杆	液压	特殊液压	特殊液压
液压泵流量/(L/min)	200、25	148、26	200、18、1.8	200、25	17.5×2、14.2	194×2.0、48、63		
液压泵压力/MPa	6.5	14.0	14.0	14.0、15.0	14.0	14.0、21.0		
电动机功率/kW	22	30	40、5.5、5.5	40、7.5	40、40	45、55	142	3×155、30、0.75
螺杆驱动功率/kW	7.5	11	13	15	23.5	37	40	170
螺杆转矩/N·m								
加热功率/kW	14	17	16.5	18、25	21	40	45.2	
外形尺寸/m	6.50× 1.30×2.00	6.0× 1.5×2.0	7.67× 1.74×2.38	7.4× 1.7×2.4	10.908× 1.9×3.43	11× 2.9×3.2	14× 2.4×2.85	20× 3.24×3.85
电源电压/V	380	380	380	380	380	380	380	380
电源频率/Hz	50	50	50	50	50	50	50	50
机器质量/t	12	9	20	25	37	50	65	240

3-5 什么是注塑机的理论注射量？怎样计算？

理论注射量是指注塑机中的螺杆（柱塞）在一次最大行程中注射装置所能推出的最大塑

化熔料量（cm³）。理论注射量是注塑机的主要性能参数。从这个参数中可以知道注塑机的加工能力，从而可确定一次注射成型塑料制品的最大质量。

国家标准 GB/T 12783—2000 中规定，理论注射量的大小用物料熔融状态时质量（g）或容积（cm³）表示。目前，国内和世界各国采用容积（cm³）标注方式较多，因为物料容积与物料熔融状态的密度无关，此种标注方法适应于任何塑料的计量。

理论注射量（容积）计算公式为

$$Q_L = \frac{\pi}{4} D^2 S$$

式中　Q_L——理论注射量，cm³；

　　　D——螺杆（柱塞）直径，cm；

　　　S——螺杆（柱塞）的最大行程，cm。

由于螺杆（柱塞）外径与机筒内径之间有一个相互运动的装配间隙，当螺杆（柱塞）推动熔料前移时，受喷嘴口直径缩小和物料与机筒内壁摩擦等阻力影响，会有一部分料从间隙中回流。另外，熔料冷却时会有一定收缩量需要补充。所以，注塑机的实际注射量要小于理论注射量，计算时需要用系数 K 值修正，K 值的大小与螺杆（柱塞）的结构及参数、外径和间隙、注射力的大小、熔料流速、背压大小、模具结构、制品形状和塑料的性质等因素有关。当螺杆头部有止逆阀时，取 K 值为 0.9；如只考虑熔料的回流时，取 K 值为 0.97。按照 JB/T 7267—2004 标准，K 值通常取 0.85。

实际注射量（容积）

$$Q_s = K Q_L = K \frac{\pi}{4} D^2 S$$

如果知道塑料制品的密度，在选择注塑机时，则可将熔融状态下塑料的容积换算为质量。即

$$Q_s = K Q_L \rho_r$$

式中　Q_s——注塑机实际注射量，g；

　　　ρ_r——塑料熔融状态下的密度，g/cm³。

塑料在不同温度条件下的密度见表 3-6。

表 3-6　几种常见塑料在不同温度下的密度

塑料名称	室温下密度/(g/cm³)	熔融温度/℃	熔融态时密度/(g/cm³)
聚苯乙烯	1.05	180～280	0.98～0.93
低密度聚乙烯	0.92	160～260	0.78～0.73
高密度聚乙烯	0.954	260～300	0.73～0.71
聚甲醛	1.42	200～210	1.17～1.16
PA6、PA10	1.08	260～290	1.01～1.008
聚丙烯	0.915	250～270	0.75～0.72

3-6　注射压力的作用是什么？如何正确选择？

熔融料注射时螺杆对其施加的推力称之为注射压力。施加这个注射压力是为了克服熔融料流经喷嘴、浇道和模具空腔时的阻力。

注射压力计算公式为

$$p_{注} = \frac{\frac{\pi}{4} D_0^2 p_0}{\frac{\pi}{4} D^2} = \left(\frac{D_0}{D}\right)^2 p_0$$

式中 p_0——油压，MPa；

  D_0——注射油缸内径，cm；

  D——螺杆（柱塞）外径，cm。

注射塑料制品时，注射压力的选择要从原料黏度、制品形状、熔融料温度及制品尺寸精度等多方面条件考虑。注射压力过大，制品容易产生毛边，制品内应力大，而且脱模困难。注射压力偏低时，熔融料不能充满模具空腔，制品外形尺寸误差大。所以，选择较合理的注射压力是保证注塑制品外形尺寸精度的重要条件之一。实际应用时熔料的注射压力要大于制品成型时所需压力的20％以上。

表3-7列出了注射压力与制品尺寸精度和用料黏度的关系，供选择注射压力时参考。

表 3-7 注射压力与制品尺寸精度和用料黏度的关系

注射压力/MPa	制品尺寸精度和用料黏度
70～100	制品尺寸精度一般,物料黏度低
100～140	有一定的精度要求,物料黏度中等以上
140～170	精度要求较高,物料黏度高
230～250	制品外形较复杂,精度要求较高

3-7 什么是熔融料的注射速率？怎样选择熔融料注射速率？

熔融料的注射速率就是螺杆（柱塞）单位时间所移动的距离。选择正确的熔融料注射速率是为了尽量缩短熔融料充模、冷却固化时间，保证注塑成型制品质量，提高生产效率。

注射速率计算公式为

$$v = S/t$$

式中 S——螺杆（柱塞）行程，mm；

  t——注射时间，s。

注射速率偏慢时，注塑制品成型时间会增加，熔融料受降温影响充模就会有些困难，制品容易出现冷合料缝痕。注射速率过快时，熔料易产生较高的摩擦热，使原料降解变色；模腔内空气被急剧压缩而升温，在料流汇合处会有降解现象而出现焦黄。

注射速率的快速选择与塑料的性能、制品形状及模具温度有关，由注塑机的注射量而决定的注射时间可参照表3-8中推荐值选择。

表 3-8 注射量与注射时间

注射量/g	125	250	500	1000	2000	4000	6000	10000
注射时间/s	1.0	1.25	1.5	1.75	2.25	3.0	3.75	5.0

3-8 什么是注塑机的合模力（锁模力）？注塑制品时怎样计算选择合模力？

合模力是指注塑机的合模机构对模具合模后所能施加的最大夹紧力。合模力的作用是在注射熔融料进入成型模具时使模具不被熔融料胀开。

合模力与注塑机的理论注射量一样，是注塑机的一个主要性能参数，从这个参数中可知道注塑机的规格大小。在注塑机的标准规格型号（GB/T 12783—2000）标注中，分子数值是注塑机的理论注射量（g 或 cm³），分母数值就是合模力（kN）。

塑料注射成型制品所需合模力（即不被熔融料胀开的锁模力）的计算公式为

$$F \geqslant 10KpA$$

式中　F——合模力，kN；

　　　　K——安全系数，一般取 $K=1\sim1.2$；

　　　　p——模腔压力，MPa；

　　　　A——制品在分型面上的投影面积，cm^2。

　　模腔压力大小与注射压力、熔融料的黏度、原料塑化温度、制品形状、模具结构和冷却温度等条件有关，所以很难准确计算。这里取模具腔的平均压力（即模具腔内总作用力与制品投影面积的比值，是个实验数据）来计算注塑机的合模力：

$$F \geqslant 10Kp_{平均}A$$

不同塑料注射时的模腔平均压力见表 3-9。

表 3-9　不同塑料注塑时的模腔平均压力

塑　料　名　称	平均压力/MPa	塑　料　名　称	平均压力/MPa
LDPE	10～15	AS	30
MDPE	20	ABS	30
HDPE	35	有机玻璃 PMMA	30
PP	15	乙酸纤维树脂类塑料（CA）	35
PS	15～20		

塑料注塑制品成型条件与模腔平均压力见表 3-10。

表 3-10　塑料注塑制品成型条件与模腔平均压力

成型条件	模腔平均压力/MPa	制　品　结　构
易于成型制品	25	PE、PP、PS 成型壁厚均匀的日用品、容器等
普通制品	30	薄壁容器类原料为 PE、PP、PS
物料黏度高 制品精度高	35	ABS、聚甲醛（POM）等精度高的工业用零件
物料黏度特高 制品精度高	40	高精度机械零件

　　合模力 F、注射压力 $p_{注}$、模腔平均压力 $p_{平均}$ 及制品投影面积 A 的分布如图 3-9 所示。

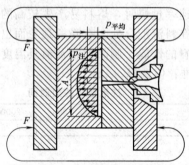

图 3-9　合模力 F、注射压力 $p_{注}$、模腔平均压力 $p_{平均}$ 及制品投影面积 A

3-9　选择合模机构参数时应注意什么？

　　① 模板的结构尺寸　模板是注塑机合模机构中的一个主要零件，其外形如图 3-10 所示。模板又分为固定模板和移动模板，作用是固定注塑制品成型模具，所以在设计模具时，其外形尺寸要与模板的尺寸适应。模板上有固定模具用螺纹孔、拉杆孔和模具定位孔。

　　② 模板行程　模板移动行程距离大小由制品用模具厚度尺寸决定，以开模后能取出制品为准，例如图 3-11 中的 S 值，即是模板的行程。为了缩短一次制品的循环时间，提高生

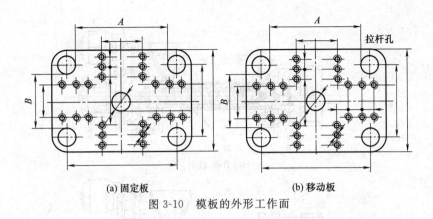

(a) 固定板   (b) 移动板

图 3-10 模板的外形工作面

产效率，要求模板的行程应尽量小些，一般以开模后的行程大于模具厚度的 2 倍略多一些。

③ 制品用模具厚度 模具的厚度值确定既要考虑注塑制品件的高度，也要注意模板的最大移动距离。从图 3-11 中可以看出，如果固定模的厚度小于 δ_{min} 值时，模具装配时要加垫，否则会损坏注射工作零件；如果固定模具厚度尺寸大于 δ_{max} 值，这台注塑机就无法工作。在液压机械式合模机中，一定要注意控制阴模厚度最小值与最大值，模具的厚度尺寸最大与最小值之差值就是合模机构模具装置调整的最大尺寸。

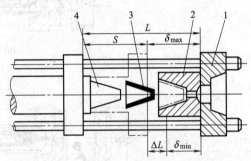

图 3-11 注塑机模板行程与制品位置关系
1—固定模板；2—固定模具；3—制品；4—移动模板

④ 模板间最大移动距离 即动模板移动与固定模板间的最大距离，也是模板的最大开距（见图 3-11 中 L 值）。在液压机械式合模机构中，模板间最大移动距离 L 等于动模板行程 S 与固定模具最大厚度 δ_{max} 之和，即 $L=S+\delta_{max}$。

⑤ 模板移动速度 模板移动速度是变化的。合模时速度由快到慢，开模时速度由慢到快，然后再慢。快速时移动速度为 $20\sim50\mathrm{m/min}$，慢速时移动速度为 $0.3\sim3\mathrm{m/min}$。要求快速是为了缩短制品成型生产周期，提高生产效率；慢速开模是为了防止制品损坏，合模时的慢速是为了保护模具平稳闭合，避免损坏模具。

3-10 注塑机成型制品生产过程有哪些？

注塑制品用原料按一次成型用料量，由料斗加入机筒，被转动的螺杆推动前移，与此同时，原料受到机筒外部的加热。由于原料在机筒内既要受热升温，又由于螺纹间容积的逐渐缩小而受挤压，再加上转动螺杆的螺纹使翻动前移的原料间及原料与机筒、螺纹面的摩擦等多种条件作用，使原料在被推动前移的同时逐渐被塑化成熔融状态。被推到螺杆前端的熔融料由于受喷嘴的阻力而产生反螺杆螺纹压力，随着前移料的增加，这个反压力也逐渐增加，当这个反压力大于油缸活塞对螺杆的推力时螺杆开始后退，开始第二次加料计量。螺杆后退距离由一次成型制品注射用料量决定，由生产前调整好的行程开关控制。后退螺杆碰到行程开关时，螺杆停止转动和后退，完成一次预塑化原料程序。

合模部分工作：注射座前移，喷嘴和模具衬套端圆弧口紧密接触；注射油缸活塞推动螺杆迅速前移，按注射熔料需要的注射压力和速度把熔融态原料注入模具空腔内。为防止注满

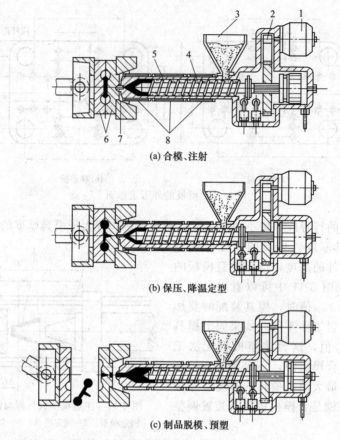

(a) 合模、注射

(b) 保压、降温定型

(c) 制品脱模、预塑

图 3-12　螺杆式注塑机成型制品生产过程

1—电动机；2—齿轮减速箱；3—料斗；4—螺杆；5—机筒；6—模具；7—喷嘴；8—加热装置

模腔内熔料回流和能够及时补充熔料冷却固化的收缩量，注射完成后的喷嘴仍然保持有一定压力紧靠在衬套口上，称其为保压。直至模腔内制品开始固化为止，注射座后退，开始第二次制品用料的塑化，模具打开，取出制品，完成注塑机注射成型制品的全过程。

塑料制品注塑成型工艺过程如图 3-12 所示。

3-11　注塑机成型注塑制品应具备哪些条件？

① 按注塑制品成型质量需要，保证一次供料量的准确性。

② 按原料的塑化条件，有比较稳定的供热升温装置。

③ 按塑料制品用原料的性质，选用适合其塑化的螺杆结构。

④ 为了保证原料的塑化质量，螺杆工作应有一定的背压。

⑤ 根据不同原料塑化熔融态时需要，注射熔融料进入成型模具要有一定的注射压力和流动速率。

⑥ 合模力一定要大于注入成型模具空腔内熔融料的胀模力。

⑦ 按熔融料的性能调整模具温度，较合理控制熔融料在模具中的降温固化成型速率。

⑧ 模具内熔融料流道应光滑通畅，有一定的脱模斜度。按制品的形状变化不同，必要

时要有制品顶出脱模装置。

3-12　热固性塑料注塑机的应用及结构特点是什么？

　　热固性塑料注塑机主要用于塑化注射酚醛树脂、脲醛树脂和聚氨酯等热固性塑料成型，这种注塑机与热塑性塑料成型用注塑机结构没多大区别，是在热塑性塑料注塑机的结构基础上改进形成的。但是，为了适应热固性塑料成型的工艺要求，也有不同于热塑性塑料注塑机之处。热固性塑料注塑机结构特点如下。

　　① 热固性塑料成型用塑化部分的机筒结构由两段机筒组成，这是为了适合热固性塑料成型工艺需要而改进的。为了保证机筒前段（出料口端）温度控制的精确和加热温度的平稳性，采用导热油或水加热，此段温度单独控制；两段机筒结构也方便筒内残料的清理。

　　② 螺杆的结构是：螺纹深度为渐变形，螺杆头部为锥形，长径比 $L/D=12\sim16$，压缩比 $\varepsilon=1.05\sim1.15$。

　　③ 喷嘴结构为直通型，孔径在 $4\sim8\mathrm{mm}$ 之间，这主要为了方便黏度较高的热固性原料熔融态料的射出。

　　④ 螺杆外径与机筒内径的配合间隙要小，一般要求控制在 $0.1\sim0.2\mathrm{mm}$ 之间，以防止热固性塑料熔体固化。

　　⑤ 原料加热成型温度控制要求比较精确、稳定，需用温度控制仪控制模具温度。模具与固定装夹模具的模板间应用隔热层。

　　⑥ 成型模具结构中要设有排气通道或合模动作中有排气功能。

　　热固性塑料用注塑机的主要技术参数见表 3-11。热固性塑料成型用注塑机的塑化部位结构见图 3-13。

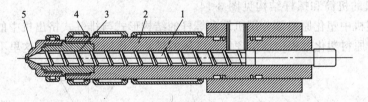

图 3-13　热固性塑料成型用注塑机的塑化部位结构

1—螺杆；2—第一段机筒；3—第二段机筒；4—加热介质空腔；5—喷嘴

表 3-11　热固性塑料用注塑机的主要技术参数

名　　称	600H-200	900H-270	1300H-380	1800H-680	2300H-800	2800H-1325
合模力/kN	600	900	1300	1800	2300	2800
移模行程/mm	240	300	350	400	425	425
加热板厚度/mm	60	60	60	75	75	75
模具厚度(有加热板)/mm	20/280	20/280	20/280	0/250	100/500	100/500
移模调节行程/mm	260	260	260	260	400	400
模具厚度(无加热板)/mm	140/400	140/400	140/400	140/400	250/650	250/650
模板尺寸/mm	460×460	510×510	565×565	640×640	730×750	800×850
加热板尺寸/mm	460×460	510×510	565×565	640×640	730×750	800×850
固定模板厚度/mm	100	110	135	160	190	190
拉杆内间距/mm	300×300	310×310	360×360	400×400	460×460	515×515
拉杆直径/mm	50	65	65	80	90	100

续表

名　　称	600H-200	900H-270	1300H-380	1800H-680	2300H-800	2800H-1325
顶出力/kN	46	70	70	70	70	70
顶出行程/mm	60	80	80	80	140	140
螺杆直径/mm	30,35,40	35,40,45	38,45,52	45,52,60	50,60,70	70,75,80
注射压力/MPa	200,148,112	180,138,109	207,148,110	194,145,109	203,141,104	176,153,135
理论注射容积/cm³	98,135,176	153,200,254	180,255,340	349,490,670	395,565,770	750,857,980
公称注射质量/g	106,146,184	165,215,275	195,275,365	376,490,670	425,610,830	810,925,1058
机筒加热功率/kW	1.2	1.2	1.4	1.5	2.2	2.2
模板加热功率/kW	2×3	2×3	2×4.5	2×5.75	2×7.5	2×9.5
电动机功率/kW	11	15	15	15	30	30
机器尺寸/mm	4900×1200×1800	5100×1300×1900	5200×1300×2000	6250×1350×2000	7000×1400×2100	7650×1850×2370
机器净重/kg	2600	3200	4200	6000	8200	9500
机器中心高/mm	1300	1370	1382	1456	1505	1470

3-13　排气式注塑机的应用及结构特点是什么？

　　排气式注塑机的特殊功能就是在注塑机塑化制品用原料时能够把原料中的水分、低聚物和低沸点的添加剂等挥发性气体排出到机筒外，以避免这些气体含在熔融料中，使注塑成型制品性能降低，表面出现缺陷，影响制品的质量和外形尺寸精度。

　　排气式注塑机注射成型制品时，原料生产前可不用干燥处理，这对节省能源、降低制品生产成本有利。

　　排气式注塑机之所以在原料塑化时能够排气，主要是由于其特殊结构的机筒和螺杆形成的。这种注塑机的机筒和螺杆结构见图3-14。

　　排气式注塑机中塑化原料部分用机筒和螺杆的结构形式与排气式挤出机中的机筒和螺杆结构基本相同，对原料塑化过程中产生挥发性气体的排除工作原理也相似，这里不再重复介绍。

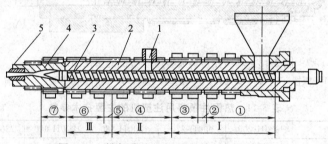

图3-14　排气式注塑机的机筒与螺杆结构

1—排气口；2—机筒；3—螺杆；4—前机筒；5—喷嘴

①—加料段；②—塑化段；③—均化段；④—排气段；

⑤—第二塑化段；⑥—第二均化段；⑦—螺杆头部

3-14　精密注塑机的应用及结构特点是什么？

　　精密注塑机是用来注射成型结构及各部尺寸精度要求较高的制品的设备，是一种专用化机械，再配合有相应的精度成型模具，生产出的塑料制品精度可达到小于0.05mm的公差范围，而且还能保证批量生产塑料制品的重复精度；这些塑料制品可用于仪表和机械制造中的设备零件。

精密注塑机与普通注塑机的注射成型塑料制品时的工作原理相同，但各种性能参数却不相同。精密注塑机主要技术参数见表 3-12。

表 3-12 精密注塑机主要技术参数

项 目	IS-10EP	IS-25EP	IS-50EP
螺杆直径/mm	18	22	25
理论注射容量/cm³	18	33	55
注射量/g	16	27	45
注射压力/MPa	257	268	252
注射速率/cm³·s⁻¹	35	190	240
塑化能力/kg·h⁻¹	16	17	20
螺杆转速/r·min⁻¹	380	380	380
锁模力/kN	100	250	510
开模力/kN	15	25	36
拉杆间距/mm	205×205	260×260	310×310
模板尺寸/mm	295×295	380×380	480×480
调模距离/mm	150	280	370
模板行程/mm	330	430	530
最小模厚/mm	180	150	160
合模速度/m·min⁻¹	25(21)		
高		7~31(30.5)	7~37(36)
低		2.5	2.5
开模速度/m·min⁻¹			
高		7~31(30.5)	7~30.5(30)
低		3(2.5)	3(2.5)
脱模力/kN	6	17	22
脱模行程/mm	40	50	60
油量/L	50	110	135
泵用功率/kW	5.5	7.5	11
加热功率/kW	3.2(2.7)	4.7(3.9)	5.8(4.8)
机台尺寸/m	1.05×0.9×1.75	3.1×1.2×2.0	3.5×1.3×2.1
机台质量/t	1.0	2.2	2.8

精密注塑机的结构特点如下。

① 为了保证能够注射成型较高精度的塑料制品，注塑机中的主要零部件要求有较高的工作强度和刚度；注射熔料成型的压力高，相应合模系统中的机械零件（如拉杆、曲肘杆和模板等）及液压系统的零部件也要提高其工作强度和刚性。

② 精密的成型模具工作要配合模低压保护调整装置和锁模力调整装置。

③ 螺杆工作时转速可调，旋转扭矩力要大，结构形式要有较强的对原料塑化能力，注射工作效率高。

④ 由于精密注塑机多用于注射碳纤维增强复合材料或玻璃纤维增强复合材料，所以要求机筒和螺杆要提高耐磨性能。具体措施：机筒内壁可加一层耐磨合金衬套，螺杆的工作面喷涂耐磨合金。

3-15 普通型螺杆式注塑机结构主要有几部分组成？

前面已经介绍，注塑机的结构组成有多种形式，但是，不管它属于哪种形式，要想让它独立完成塑料制品成型工作，就应该具备原料塑化、熔融料的注射、模具的开闭、制品的冷却降温固化和制品件的取出等功能动作。图 3-15 所示为普通型螺杆式注塑机的侧视结构，它主要由塑化装置、注射装置、合模装置、加热冷却系统、液压系统、加料装置、电控系

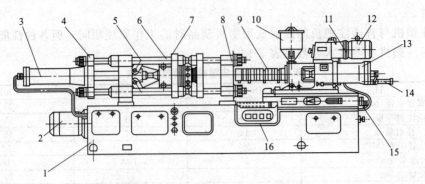

图 3-15 普通型螺杆式注塑机的侧视结构

1—机身；2—油泵电动机；3—合模油缸；4—固定板；5—合模肘杆；6—拉杆；
7—移动模板；8—固定模板；9—机筒；10—料斗；11—减速箱；12—电动机；
13—注射油缸；14—计量装置；15—注射座移动油缸；16—操作台

统、润滑系统、安全保护和监控测试等部分组成。

塑化装置由螺杆、机筒、螺杆头部和喷嘴等主要零部件组成。驱动螺杆旋转的传动装置可用电动机通过减速箱齿轮带动螺杆旋转，也可用液压马达直接驱动螺杆旋转。注射装置由注射座、螺杆移动注射油缸和注射座移动油缸等主要零部件组成。合模装置由合模装置、模距调整装置和制品顶出装置组成。

加热、冷却系统用于机筒、喷嘴和成型模具的加热和冷却。

液压系统包括油泵、液压马达、各种控制阀、蓄能器、冷却器及液压油和冷却水管路等。电气控制系统包括机筒温度控制、模具温度控制、各部位动作程序控制、液压系统中电动机和阀的控制、故障检测报警控制、安全保护监控控制等。

3-16 螺杆结构及其应用特点有哪些?

螺杆是往复螺杆式注塑机中塑化装置上的主要零件，对螺杆的结构形式和几何形状的选择设计合理与否，将会直接影响塑料制品的注射成型质量。

注射机用螺杆，从外观看与挤出机用螺杆外形很相似，也是一根圆柱形、细而长的、带有螺纹槽的螺纹杆。螺纹型也有等距不等深的渐变型螺杆和塑化段（长 $3D \sim 4D$）螺纹深度突然由深变浅的突变型螺杆。

注射机的螺杆结构组成零件见图 3-16。螺杆外形结构见图 3-17。

注射机螺杆与挤出机螺杆不同之处有以下几点。

a. 螺杆的螺纹部分长度 L 与螺杆直径 D 之比和压缩比都略小些。

b. 螺杆的计量段螺纹槽略深些。

c. 螺杆的加料段较长，塑化段相应的短些。

d. 螺杆的头部结构特殊（有单向阀），多数为尖头圆锥形。

在注塑聚氯乙烯类非结晶型塑料时，一般多用渐变型螺杆；在注塑聚酰胺、聚烯烃类结晶型塑料时，多用突变型螺杆。

图 3-18 为通常用得最多的注射机用螺杆的各部位几何形状及尺寸代号。

a. 螺杆的直径和行程关系 螺杆的直径和注射往复行程距离大小，是决定注塑塑料制品的形状和质量保证的关键。从保证注射料量、塑化能力和注射压力等条件考虑，螺杆直径与注射行程距离有一定的比例关系，一般比值取 $3 \sim 5$。如果这个比值过大，说明螺杆行程大，则螺杆的工作部分长度就会缩小，这要影响物料的塑化质量；如果这个比例值小，螺杆行程小，为了保证注射量，就要加大螺杆直径，这样注射功率消耗增加，也难以保证加料量的准确。

b. 螺距 S、螺棱宽 e 和径向间隙　注射机用螺杆，一般是全螺纹长的螺距相等，螺距与螺杆直径相等。这样螺杆的螺旋升角为 $17.8°$，螺棱宽 $e=0.1D$。

螺杆与机筒的装配间隙，即螺杆外径与机筒内径间距离，称为径向间隙。如果这个值较大，则原料的塑化质量和塑化能力下降，注射时熔料的回流量增加，影响注射料量的准确性。如果径向间隙要求小些，这要给螺杆和机筒的机械加工带来较大难度。通常这个间隙值取 $0.002D\sim0.005D$（D 为螺杆直径）。

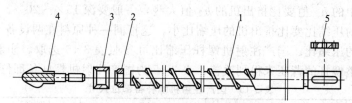

图 3-16　注射机用螺杆结构组成零件

1—螺杆体；2—止逆环；3—垫圈；4—锥形螺杆头；5—键

在维修中，重新修复的螺杆与机筒装配间隙可参照表 3-13。

c. 螺杆的长径比及分段　螺杆的长径比是螺杆的螺纹部分长与螺杆直径之比值，即 L/D，一般常用值为 $21\sim25$。比值大，对塑料的混炼塑化质量好，温度也比较均匀。为了提高塑化能力，螺杆转速也可提高些。但是长径比值过大，给螺杆和机筒的机械加工带来很大困难。

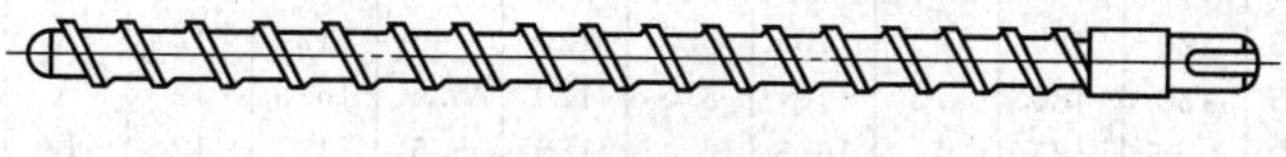

(a) 渐变型螺杆(挤出机用)

(b) 突变型螺杆(注射机用)

图 3-17　注射机用螺杆与挤出机螺杆外形结构比较

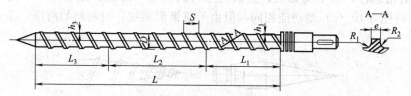

图 3-18　螺杆的各部位几何形状及尺寸代号

L—螺纹长；L_1—加料段长；L_2—塑化段长；L_3—计量段长；S—螺距；

D—螺杆直径；h_1—加料段螺纹深；h_3—计量段螺纹深；e—螺棱宽；

R_1,R_2—螺棱根部圆角半径

表 3-13　螺杆与机筒的装配间隙　　　　　　　　　　　　　　　单位：mm

螺杆直径	30~50	55~80	100~115	130~170	200~250	280~350
最大径向间隙	0.30	0.40	0.45	0.55	0.65	0.80
最小径向间隙	0.18	0.25	0.30	0.35	0.40	0.50

　　螺杆的分段，指注射机用螺杆的加料段、塑化段和计量段长度占螺纹总长的百分比，可参照表 3-14 选取。

表 3-14　螺杆的各段长度　　　　　　　　单位：%

螺杆类型	加料段	塑化段	计量段
渐变型螺杆	30～50	50	20～35
突变型螺杆	65～70	(3～4)D	20～25
通用型螺杆	45～50	20～30	20～30

　　d. 螺槽深和压缩比　螺杆的螺槽深是指计量段的螺纹槽深 h_3 值，它对注射机的生产能力和功率消耗影响很大。对螺槽深 h_3 值的选择，要考虑被塑化原料的比热容、导热性、热稳定性、黏度及塑化时压力等因素影响。一般取 $0.04D～0.07D$，小直径取大值。相同原料塑化，在注射机中的 h_3 值要比挤出机的 h_3 值大些，一般要深 15%～20%。

　　注射机螺杆的压缩比要比挤出机的压缩比小，这指同一种原料在两设备上（即注射机和挤出机）塑化时的压缩比。国产注射机螺杆压缩比可参照表 3-15 选取。注射机物料的塑化质量还可通过调整螺杆的背压来得到改善。表 3-15 为国产注射机螺杆各部位尺寸参数。

表 3-15　国产注射机螺杆各部位尺寸　　　　　　单位：mm

螺杆直径 D	螺纹长 L	L/D	L_1	L_2	L_3	h_3	h_1	h_1/h_3	S	R_1	R_2	e	螺杆类型	注射机型号
42	717	17	480	40	197	2.7	7.5	2.8	40	2	7	4	A	XS-ZY125
42	745	17.5	220	400	125	3	7.5	2.5	40	3	7	4	B	XS-ZY125
50	770	15.5	458	50	262	3	8	2.6	50	3	6	5	A	XS-ZY250
50	803	16	233	350	220	3.3	8	2.4	50	3	6	5	B	XS-ZY250
65	1056	16.5	746	70	240	3	9.5	3.2	65	3	11	7	A	XS-ZY500
65	1056	16.5	330	560	249	3.5	8	2.3	65	3	11	7	B	XS-ZY500
85	1280	15	850	100	330	4.5	14	3.1	80	6	12	8	A	XS-ZY1000
85	1310	15.5	450	600	260	5.5	13.5	2.5	80	6	12	8	B	XS-ZY1000
110	1875	17	1405	110	360	5	14	2.8	110	4	12	11	A	SZY-2000
120	1875	15.5	1395	120	360	4	15	3.7	120	4	12	12	A	SZY-2000
130	1925	15	1315	130	480	5.5	19	3.5	120	5.5	16.5	12	A	XS-ZY4000
130	2020	15.5	1550	1065	405	7	16.5	2.4	180	5.5	14.5	12	B	XS-ZY4000

　　注：1. 代号尺寸参照图 3-18。
　　　　2. 螺杆类型 A 为突变，B 为渐变。

　　e. 螺杆的头部结构形式　注射机用螺杆的头部，一般都是尖形，这主要是为了减小熔融料注射阻力，防止在螺杆前面熔融料滞留，特别是对熔体黏度较高的塑料注射会有较好的效果。尖形锥角的角度为 15°～30°。常用尖角形有两种，见图 3-19。图 3-19（a）型用于聚氯乙烯的注射用螺杆，对于高黏度、热敏性原料的注射，可消除原料滞留，避免分解。图 3-19（b）型与图 3-19（a）型功能相同，但由于有锥形螺纹，对物料的清洗、净化效果会更好些。

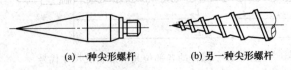

(a) 一种尖形螺杆　　　　(b) 另一种尖形螺杆
图 3-19　螺杆的尖形头部结构形式

　　螺杆的头部装有单向阀（止逆阀），这种结构一般多用在中、低黏度塑料的成型注射。有了止逆阀这一结构，注射时能防止或减少熔融料的回流，从而提高注射工作效率。止逆阀种类比较多，比较常见的有环形止逆阀和球形止逆阀。

　　环形止逆阀结构见图 3-20，它由螺杆头主体、环座和止逆环组成。这种止逆环的工作方式是：塑化成熔融状态的原料，被螺杆推动继续前进时，经止逆环与螺杆头之间间隙进入螺杆头前部。当注射工作开始时，由于螺杆头部原料受压力的增加，则把止逆环推向后退与环座紧密接触贴合，阻止熔融料的回流。止逆环阻止熔融料回流效果的好坏，由止逆环与机筒的工作间隙决定；这个间隙不能过小，过小的间隙阻止回流效果好，但会造成与机筒内壁的摩擦；间隙过大，料的回流量增加；影响注射量的准确性。比较合理的工作间隙一般为0.01～0.02mm，止逆环宽度为止逆环直径的2/3。

球形止逆阀结构见图 3-21，它由密封钢球、球座和球头组成。球形止逆阀的工作方式是：被螺杆推动塑化好的熔融料，在前进移动时推开钢球，经钢球与球座间的间隙流入螺杆前部。注射开始时，螺杆头部熔融料压力增加，钢球被熔融的压力推回原位球座上，封住了熔融料的回流口，阻止了料的回流。

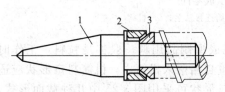

图 3-20　环形止逆阀结构

1—螺杆头主体；2—止逆环；3—止逆环座

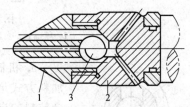

图 3-21　球形止逆阀结构

1—球阀体；2—钢球；3—钢球座

f. 注塑硬聚氯乙烯用螺杆　图 3-22 是制品的原料用未增塑的硬聚氯乙烯（UPVC）成型时的注射螺杆结构示意图。为防止物料分解，物料在塑化中应无死角和不受高的剪切作用，让物料缓慢塑化，所以取螺杆的压缩比要小，一般在 2 左右；螺纹槽深一些，一般为 $0.05D\sim0.08D$；塑化段取长一些，多数不用止逆环。

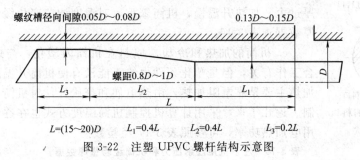

图 3-22　注塑 UPVC 螺杆结构示意图

3-17　机筒的应用与结构特点是什么？

机筒也称料筒。它和螺杆一样，是塑化注射装置中的重要零件。机筒在螺杆的外围包容螺杆，螺杆在机筒内转动工作，由两者的配合工作及在其他辅助工艺条件的协助下，完成对塑料的混炼塑化。机筒的外形及与螺杆的相互配合位置见图 3-23。

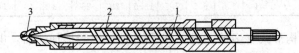

图 3-23　机筒的外形及与螺杆的相互配合位置

1—螺杆；2—机筒；3—喷嘴

机筒的工作环境和螺杆一样，它们都是在高温、高压、有腐蚀性和承受较大摩擦力的环境中工作。所以，机筒的结构一般是整体式，材料一般用合金钢如 38CrMoAl 渗氮钢。为了节省贵重的合金钢材，还可用碳素钢制作机筒体，然后机筒内孔浇铸高硬度耐磨合金，经加工后应用。内孔表面粗糙度值 Ra 不大于 $1.6\mu m$，硬度≥940HV。注射机的机筒结构组成见图 3-24。

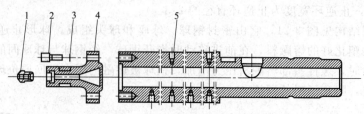

图 3-24　注射机机筒结构组成零件

1—喷嘴；2—螺钉；3—弹簧垫圈；4—机筒连接法兰；5—机筒

(a) 没有偏斜角的进料口

(b) 45°偏斜角的进料口

(c) 5°偏斜角的进料口

图 3-25　机筒加料口的断面形状

　　a. 机筒的加料口　注射机成型制品用料一般都是粒料，工作时加料方式是靠料斗中的粒料自重自由落入机筒内，机筒料口形状应适合粒料的自重落入。机筒加料口形状可采用图 3-25 中几种截面形式。图 3-25 (b)、(c) 的形状是根据螺杆的转动方向，开成有一定偏斜角形，以方便粒料随螺杆转动顺利落入；图 3-25 (a) 是没有偏斜角的进料口。

　　b. 机筒壁厚　机筒的壁厚设计尺寸选择，首先要从机筒的工作强度考虑。另外，是从工艺温度控制需要选择：机筒壁厚过小，机筒加热升温快，机筒节省材料、体轻，但是工艺温度稳定性差；机筒壁厚过大，加热升温慢，机筒笨重，对温度调节变化缓慢。一般经验壁厚数据查表 3-16。

　　c. 机筒的加热和冷却　原料在机筒内塑化，与螺杆和机筒的配合工作有关，但是塑化条件也绝不能没有使机筒升温的热源。机筒的加热主要是靠电阻加热，由热电偶和毫伏计，对机筒各段温度进行控制。近几年来，采用计算机控制机筒温度方式也在逐渐应用。机筒的用电加热功率，可参照表 3-17 经验数据。

表 3-16　注射机用注射压力和机筒经验壁厚数据

螺杆直径 D/mm	34	42	50	65	85	110	130	150
注射压力/MPa	120	120	130	100	120	90	100	85
壁厚 δ/mm	25	29	35	48	48	75	75	60

表 3-17　注射机用机筒加热功率和螺杆驱动功率的经验数据

螺杆直径 D/mm	30	35	42	50	55	65	80	100	115	130	150	160	185	200	225	250
加热功率/kW	2.5	4	5.5	8.5	10	12	18	28	38	42	55	68	86	100	145	165
螺杆驱动功率/kW	2.2	3	4	5.5	6.5	7.5	13.5	20	25	38	43	50	65	70	80	105

　　电阻加热器的结构形式有多种。图 3-26 是一种铸铝套形加热器，电阻丝放在金属管内，然后用氧化镁类绝缘材料填充管内，再把金属管铸入铝合金套内。

　　机筒的冷却只用在机筒进料口处，最简便的方法是用夹套，通冷却水降温，目的是为了防止此段温升过高，粒料容易产生"架桥"现象，影响粒料的自由落入供料。

　　常用塑料注射成型时，原料预塑化机筒温度和喷嘴温度参考见表 3-18。

表 3-18 原料预塑化机筒温度和喷嘴温度

塑料名称	机筒温度/℃			喷嘴温度/℃
	加料段	塑化段	计量段	
聚乙烯(PE)	160～170	180～190	200～220	220～240
高密度聚乙烯(HDPE)	200～220	220～240	240～280	240～280
聚丙烯(PP)	150～210	170～230	190～250	240～250
聚苯乙烯(PS)	150～180	180～230	210～240	220～240
ABS	150～180	180～230	210～240	220～240
聚氯乙烯(PVC)	125～150	140～170	160～180	150～180
苯乙烯-丙烯腈共聚物(SAN)	150～180	180～230	210～240	220～240
增强聚氯乙烯(RPVC)	140～160	160～180	180～200	180～200
聚甲基丙烯酸甲酯(PMMA)	150～180	170～200	190～220	200～220
聚甲醛(POM)	150～180	180～205	195～215	190～215
聚碳酸酯(PC)	220～230	240～250	260～270	260～270
聚酰胺 6(PA6)	220	220	230	230
聚酰胺 66(PA66)	220	240	250	240
聚氨酯(PUR)	170～200	180～210	205～240	205～240
聚三氟氯乙烯(PCTFE)	250～280	270～300	290～330	340～370
醋酸-丁酸纤维素(CAB)	130～140	150～175	160～190	165～200
醋酸纤维素(CA)	130～140	150～160	165～175	165～180
丙酸纤维素(CP)	160～190	180～210	190～220	190～220
聚苯醚(PPO)	260～280	300～310	320～340	320～340
聚砜(PSU)	250～270	270～290	290～320	300～340

3-18 喷嘴的结构种类及应用特点有哪些?

喷嘴在机筒的前端,用螺纹连接固定在机筒上,注射时喷嘴与模具浇口套紧密接触,完成塑化熔融料进入模具型腔的输送工作。熔融料被螺杆或柱塞以高压、高速通过喷嘴注入模具型腔时,由于喷嘴直径的缩小,使物料通过时受到挤压摩擦而使料温升高。当熔融料在模具中固化成型收缩时,还需要有一些熔融料补充,这两项都与喷嘴的结构有关。所以在选取喷嘴结构时,一定要注意考虑物料流经喷嘴时的压力损失、熔融料的温度变化、射程距离的大小及注射后熔融料是否流延等因素影响。

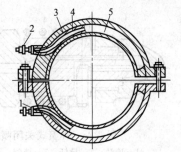

图 3-26 铸铝套形加热器
1—钢管;2—接线柱;3—电阻丝;
4—氧化镁粉;5—铸铝

为了适应多种塑料性能在注射条件下顺利成型,喷嘴相应也设计成多种结构形式。最常用的结构类型有直通式、关闭式和专用式喷嘴。

a. 直通式喷嘴 直通式喷嘴也可叫开式喷嘴。这种喷嘴是一种常用结构。图 3-27 中是 3 种不同形式的直通式喷嘴。

这种结构形式的喷嘴结构简单,机加工制造方便容易,工作时压力损失小,熔融料成型固化收缩时补缩量大,流经过的料不易滞留分解。一般常用的几种塑料都可用此种喷嘴,但对于硬聚氯乙烯不宜用直径较小的喷嘴。图 3-27 中 (a) 型喷嘴由于其体形短,不能用加热装置。当喷嘴与模具浇口套接触时有降温现象,容易使喷嘴前部料冷硬,常会有阻塞喷嘴情况发生。

对于图 3-27 中 (b) 型喷嘴,它的主体部分已经加长,所以有加热装置,克服了图中 (a) 型喷嘴的不足,喷嘴前部不会有冷硬现象产生,对制品收缩时的补缩功能也好于图中 (a) 喷嘴,比较适合于高黏度、壁厚较大尺寸的注射工作。

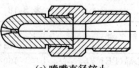

(a) 喷嘴体较短   (b) 喷嘴体较长   (c) 喷嘴直径较小

图 3-27　直通式喷嘴

图 3-27 中 (c) 型喷嘴的直径比图 3-27 (a)、(b) 型喷嘴直径小，喷嘴部位储料也较多，再加上体外有加热器，所以不易发生冷硬料现象。这种直径小的喷嘴射程远，注射后的流延现象也比较小，主要用于低黏度料、成型形状较复杂、壁较薄的注塑制品。

上述 3 种结构形式的喷嘴，工作时不足之处是当注射工作完成、机座退回时，熔融料有流延现象，容易在浇道中留下冷料，影响下次注射工作正常进行。

b. 关闭式喷嘴　关闭式喷嘴的产生，主要是为了消除直通式喷嘴的熔融料流延现象。图 3-28 是一种弹簧式关闭喷嘴。

弹簧式关闭喷嘴工作时，是靠弹簧的压力推动挡圈及导杆带动顶针关闭喷嘴口。注射工作开始时，由于螺杆或柱塞的推动作用，熔融料承受压力高于弹簧对顶针的压力，则熔融料把顶针推开，从喷嘴口射入成型模具中。当注射工作完成，螺杆或柱塞又退回时，前部喷嘴口部位的压力减小，则弹簧力又把顶针推到喷嘴口位置，封闭料流，阻止了注射工作完成后熔融料的流延。这种依靠弹簧的压力能自动关闭的喷嘴，工作灵巧方便，准确可靠，但结构比较复杂，熔融料的注射压力损失较大，对熔融料固化成型时收缩量的补充量较小。要注意弹簧的材料选择和热处理方式，避免在高温环境下工作的弹簧受压缩而弹力降低。

把弹簧的压力控制改变成由液压缸控制、推动顶针的关闭开启工作，这又是一种喷嘴结构，见图 3-29。

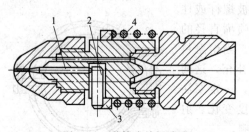

图 3-28　弹簧式关闭喷嘴

1—顶针；2—导杆；3—挡圈；4—弹簧

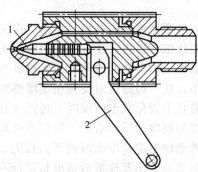

图 3-29　液压缸控制式喷嘴结构

1—顶针；2—控制杆

从图 3-29 中可以看出，液压缸控制式喷嘴的结构与弹簧式关闭喷嘴结构基本相同。不同之处是弹簧推动顶针，改变为液压缸代替弹簧对顶针的开启和关闭。这种喷嘴顶针在注射开始时，由液压缸控制自动开启，减小了压力损失，控制灵活，方便可靠。但是，其结构中增加了控制液压缸、液压管线和电控电路，比较复杂。

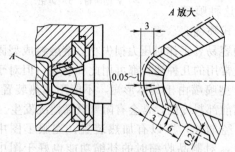

图 3-30　专用无流道式喷嘴（单位：mm）

c. 专用式喷嘴　专用式喷嘴是指喷嘴的结构形式，是专为注塑某一种用料而设计，针对这种料的熔体性能来设计喷嘴的结构。图 3-30 的喷嘴只适合对聚乙烯和聚丙烯料的注射，其结构简单，压力损失小，喷嘴与模具型腔很近，熔融料经喷嘴流道很短，几乎没有料道把。这对于稳定性好、物料熔融温度范围较宽的聚乙烯、聚丙烯注塑薄壁形制品较有利。

  d. 对喷嘴的结构及工作条件要求 喷嘴口直径应比模具衬套口直径略小，一般小 0.5～1mm 即可。

3-19 合模装置作用及其工作要求条件有哪些？

  注射机的合模部分，是注塑工作中的合模注射、保压降温成型和预塑化制品脱模 3 个工作程序中的重要一环。合模成型工作的好坏，同样是影响塑料制品质量好坏的主要工序。在这一环节的工作程序中，一组模具闭合的牢固可靠性，模具开启、闭合的灵活性和成品制件取出的方便安全性，都是生产中应注意和要求设备准确保证的必备工作条件。所以，在对注射机合模部分设计时，应注意下面几个条件要求。

  ① 要有超出制件的熔融料注入模具腔中，产生胀力的模具结合力以保证成型模具在承受熔融料的胀力时不开缝。

  ② 根据注射机注射量的大小，设计决定本台注射机的模板面积、模板行程和模板间的最小、最大距离，以适应制件的成型需要。

  ③ 为了缩短一次注射制件的循环时间，合模速度应尽量加快。但要注意模板移动速度的变换：闭模时应先快后慢，开模时应先慢后快，然后再慢慢停止，以避免模具间有冲击性碰撞。

  ④ 制件的脱模顶出力要平稳，较大型制件要有多点顶出，各顶出点要推力均匀，保证制件顺利脱模。

  ⑤ 合模装置的开启、闭合应有安全保护装置，以保证操作工的安全。

3-20 合模装置常用结构形式有几种？各有什么特点？

  合模装置的结构形式有多种类型，但归纳一下，基本可分为液压式和液压-曲肘式两大类。液压式中又可分为全液压式和液压-机械式两种。

  （1）液压式合模装置 液压式合模装置结构基本组成见图 3-31。

  合模液压缸也叫锁模液压缸，它的主要功能是用液压缸中的油压推动、锁紧模板。前后模板由拉杆支撑，经螺母紧固，保证移动模板在拉杆上前后移动工作。

  液压式合模装置是用液体的压力来实现模具工作时的紧密结合。它的工作特点是：模具的锁模结合力是由液体的压力来保证，液体压力如果撤出，合模的锁紧力也就消失。这种用液压力合模方式的优点如下。

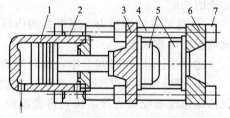

图 3-31 液压式合模装置结构基本组成
1—合模液压缸；2—后固定模板；
3—移动模板；4—拉杆；5—模具；
6—前固定模板；7—紧固螺母

  ① 模板移动行程开距大，制件的成型高度尺寸范围较大。

  ② 模具锁模力的大小调节较方便，可用调节液压油压力的方式得到解决。

  ③ 模具用模板的行程距离调节也很方便简单，可以生产多种制品。

液压合模装置的不足之处是其工作时液压的稳定性欠佳，有时制品会有飞边现象出现。

（2）液压-曲肘式合模装置　液压-曲肘式合模装置的结构形式有多种，这里仅用 XS-ZY500 型注塑机用合模装置结构为例说明如下。

双曲肘撑板式合模装置（见图 3-32）的模具可靠性好，工作锁紧是利用连杆和楔块的增力及自锁作用。由于它不需要固定铰链装置，而使模板行程加大。

图 3-32（a）中上半部分是：液压缸的左侧进入高压油，活塞右移，推动双曲肘连杆带动模板右移，使成型模具合模锁紧。图 3-32（a）中下半部分是：液压缸的右侧进入高压油，而使模板分开后退时各零件位置。

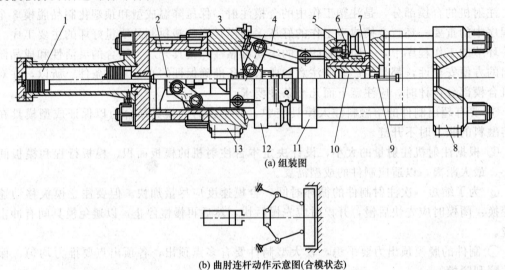

(a) 组装图

(b) 曲肘连杆动作示意图(合模状态)

图 3-32　双曲肘撑板式合模装置结构工作图

1—合模液压缸；2—活塞杆；3—肘支座；4—曲肘连杆；5—楔块；6—调节螺母；7—调节螺钉；8—前固定模板；9—顶出杆；10—顶出液压缸；11—右移动模板；12—左移动模板；13—后固定模板

液压-曲肘式合模装置的工作特点如下。

① 有自锁功能　当液压缸活塞拉动曲肘伸展成直线时，合模锁紧后，即可自锁。此时，液压缸卸载，锁模力不会自行消失。这一点是液压-抱合螺母式和液压-机械式合模装置所不具备的功能。

② 有可靠的锁模力　当模具的内压力高，胀力大于锁模力时，这种机构有一种附加力，模具仍能可靠锁牢。

③ 高压不用长时间工作，及时卸载，以减少功率消耗。

④ 模板移动速度变化，合模时由快速到慢速，锁模力很快达到要求吨位。开模时，模板移动速度变化是先慢后快，再慢慢停止。这种运动速度变化，使模具闭合时不易发生撞击现象。

⑤ 传动机构复杂，运动副多，调整困难，对零件的加工精度要求高。要经常注意观察各支撑点的润滑情况，注意保持良好的润滑条件。

⑥ 对锁模力的调整，应由小到大逐渐增加。注意：液压系统的压力不允许超过额定压力值。

3-21　注射合模部分装置怎样进行调整？

当液压-曲肘式合模装置需要锁紧合模时，曲肘动作要伸展成直线，这一动作功能不能变化，所以，它所推动的模板行程距离是固定不变的。当更换不同厚度的模具时，则模板的行程也必须随之变化，以适应能锁紧新换模具合模要求的距离。对于合模装置中行程的调整，一般都是整体移动模板、连杆和定模板。

调整时，首先测出一组模具结合后的厚度尺寸，然后把曲肘连杆伸展成直线，模具合模，再调整移动固定模板和移动模板间距离。注意：两模板间距离应等于或稍稍小于两模具厚度尺寸。再进行开模，让移动模板后退。装模具时，移动模板前进，两模具接触后再紧固模具。进行开合模动作试验：如在合模时，曲肘连杆伸展成直线，动作轻松，合模油压不高，应在开模后再把动、定模板间距离稍调小些。进行熔融料注射成型试验时，应一直到成型制品无飞边现象发生，即可投入正常生产。

固定模板和移动模板间的距离调整，一般小型注射机用手动调节，大型注射机对模板间距离的调节要用电动或液压驱动调节。常用的调节方法有下面几种。

（1）用拉杆螺母调节模板距离　用螺母调整的方法见图 3-33。首先松动两端螺母，再调节调距螺母（两端内螺纹，一端右旋，另一端左旋），改变拉杆轴向位移，从而改变拉杆两端模板距离。这种调距方法简单，制造容易，调距方便，但 4 点调节距离的均匀相等不好保证。这种结构锁模的拉伸力要作用在螺母的螺纹上，一般多用于小型注射机的模板距离调节。

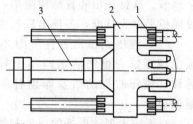

图 3-33　拉杆螺母调节模板距离
1—螺母；2—模板；3—液压缸

（2）变动合模液压缸位置调距　在图 3-34 的结构中，合模液压缸与固定模板是用螺纹方式连接成一体。如果转动调节柄，使液压缸上的螺母转动，则液压缸体由于螺母不动而产生轴向移动，使合模机构沿拉杆移动，改变了模板间距离。

（3）改变两移动模板距离方式调距　图 3-32 中，移动模板有两块，中间由螺纹连接。如果转动调节螺母，则两块移动模板的距离发生变化，同样可达到模板调距的目的。这种调整比较方便但需增加模板和注塑机的长度，较多用于中小型注塑机上。

（4）肘杆长度变化调距　图 3-35 所示结构是通过调节肘杆的长度，实现模具厚度和合模力的调整。调节时可通过旋转带有正反螺纹的螺母，实现调整的目的。这种调模距装置结构简单，制造方便，多用在小型注塑机上。

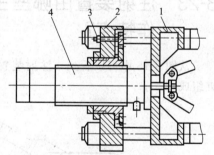

图 3-34　变动合模液压缸位置调距
1—动模板；2—固定模板；
3—调节螺钉；4—液压缸

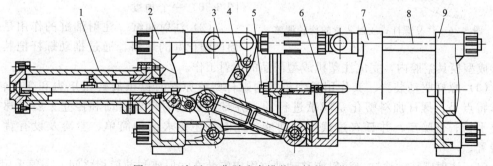

图 3-35　液压-双曲肘式合模装置结构工作图
1—合模液压缸；2，9—固定模板；3—曲肘连杆；4—调距装置；5—顶出杆装置；6—顶出杆；7—移动模板；8—拉杆

3-22 合模部位的顶出装置有什么用途? 常用顶出装置有哪些?

注塑机中合模部位配备顶出装置,是为了注塑成型制品顺利脱模。要求这个装置应具有一定的顶出力,把制品顶出成型模具。一般小型注塑机只设置一个顶出杆,大型注塑机则应视制件的外形结构,设置多个顶出点。要求顶出杆的活动频率和移动速度应与模板的开合速度匹配协调。顶出力要均匀、适当。杆顶出运行距离大小也应能根据模具的厚度尺寸调节。

常用顶出装置可分为机械式和液压式两种。

(1) 机械式顶出装置 在图 3-35 中,顶出杆在机架上固定,开模时顶出杆穿过后退移动模上的中心孔,推动顶出板,把制品顶出模具。顶出杆的长短由模具厚度来决定,由螺纹来调节。这种顶出装置结构简单,但要注意顶出杆的工作位置不能松动,伸出模板的长度应以模板平面为基准,各顶出杆长度相等,避免损坏模具。

(2) 液压式顶出装置 图 3-32 所示的液压式顶出装置是在移动模板的后面装一个顶出液压缸,推动活塞即顶出杆工作,活塞上有能调节顶杆长度的螺栓,开模时模板后移,液压缸推动活塞即顶杆伸出工作,顶出的力量、速度和时间通过液压系统来控制调节。

对于较大型注射机的成型制件,需用多个顶出杆工作,也可与机械顶出杆配合顶出。但应注意:各顶出杆的顶出力要均匀,保证顶出板的平行运动;顶出速度应与模具的开合速度协调;顶出杆的行程可用行程开关限制,伸出模板的顶出杆长度要相等。

3-23 注射装置由哪些主要零部件组成? 各有什么作用及工作特点?

从图 3-15 中可以看到,注射装置由注射座、注射油缸、螺杆驱动装置和注射座移动油缸组成。

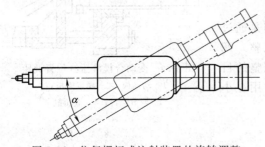

图 3-36 往复螺杆式注射装置的旋转调整

(1) 注射座 注射座是安装固定注塑机塑化部分机筒和螺杆的一个移动体。注射座由油缸驱动,工作时在导轨(或导柱)上往复运动,使喷嘴贴紧模具或移开;同时,为了便于拆换螺杆和清洗料筒,在底座中部设有回转机构,使注射座能绕其转轴旋转(见图 3-36)一个角度。

(2) 注射油缸 注射油缸的作用是把机筒内塑化好的熔料,通过推动螺杆把其快速推入成型模具空腔内,完成注塑机成型制品的注射工作。

(3) 螺杆驱动装置 其作用是为机筒内螺杆塑化原料时提供旋转扭矩力和变换转速。工作特点是:螺杆加料塑化是间歇进行的,并带有负载的频繁启动和停止;要求螺杆传动要平稳、低噪声,并具有过载保护功能;同时,还要求结构简单、紧凑及设有背压调整装置。

(4) 注射座移动油缸 注射座移动油缸固定安装在注射座与前模板之间,一般采用通用型油缸。工作时能带动注射座前进或后退。

3-24 合模部位的拉杆和模板的作用及其工作条件要求有哪些?

（1）拉杆 拉杆在各种类型的注塑机合模装置中都起到重要作用。它的功能是把安在拉杆两端的模板用螺母固定，以保证移动模板在液压油缸推动下，在拉杆轴上前后移动，以承受锁紧模具时的巨大拉伸应力、支撑模板和模具的质量弯曲力作用。根据拉杆的工作条件，选择制造拉杆材料应有足够的强度和刚度，而且要耐磨。按照拉杆的工作性质，把它的形状设计成圆柱形，用优质碳素钢、45 号钢经毛坯锻造、调质处理，机械加工完成。圆柱体表面的粗糙度值 Ra 不大于 $0.65\mu m$。为了提高圆柱工作面的耐磨性，表面应淬火处理，硬度 $\geqslant$ 45HRC 或表面镀硬铬层。为防止拉杆工作时或热处理中有应力集中现象，各不同直径交接处应设计成圆弧形。

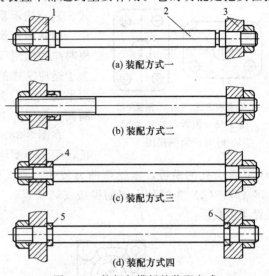

(a) 装配方式一

(b) 装配方式二

(c) 装配方式三

(d) 装配方式四

图 3-37 拉杆与模板的装配方式
1,3—模板；2—拉杆；4—轴套；5,6—套环

拉杆与模板的装配方式见图 3-37。拉杆与模板的配合采用 H7/f7 或 H8/f7 配合制。

图 3-37（a）型装配是利用拉杆轴端面固定模板，这种固定形式结构简单、尺寸精确可靠，在小型注射机上应用较多。

图 3-37（b）型是拉杆的一端采用轴端面固定模板，另一端采用螺纹螺母固定模板方式。采用这种固定方法时，两端模板的平行度即距离精度尺寸的保证比较困难。但是，一端用螺母固定，对模板的调距较方便。

图 3-37（c）型是拉杆一端与模板固定的方式，与图 3-37（a）型相同。另一端采用轴套定位的固定方式。这种装配方法安装方便，精度也容易保证，一般多用在大型注射机上。

图 3-37（d）型是拉杆两端与模板的安装配合，都采用套环定位方式。这种形式安装是方便些，但是安装精度不易保证，制造也增加了一些困难。

为了保证移动模板在拉杆上的前后移动平稳、能长期顺利运行、保证合模后两模具接触面各点的拉力均匀，对拉杆与模板的装配精度提出下列几点要求。

① 装配后的 4 根拉杆位置，中心线要对称、平行、距离相等。

② 两固定模板的内工作平面和移动模板与前固定模板的两工作平面要平行。

③ 移动模板上模具固定后，前固定模板与移动模板上模具的合模面要平行。在 100mm 内不平行度公差不超过 0.03mm。

模板工作面的平行度偏差，参照表 3-19。拉杆的中心线对模板平面的不垂直度公差为 0.03mm/100mm。

表 3-19　模板工作面的平行度偏差　　　　　　　　　　　单位：mm

模板工作面长度	25~60	60~160	160~400	400~1000	1000~2500
极限偏差	0.025	0.040	0.060	0.1000	0.160

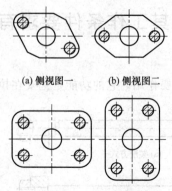

(a) 侧视图一　　(b) 侧视图二

(c) 侧视图三　　(d) 侧视图四

图 3-38　模板与拉杆装配
时的正面侧视图

（2）模板　合模装置中的模板，在拉杆两端由螺母固定的模板为固定模板，还有一块是在拉杆上。模板的 4 个孔分别穿在拉杆轴上，与拉杆轴成滑动配合，能在拉杆轴上前后滑动，叫移动模板。模板的正面侧视图见图 3-39，与拉杆装配时的正面侧视图见图 3-38，它一般有（a）～（d）4 种形式。其结构示意图见图 3-39。

两块固定模板与拉杆用螺母紧固连接，形成一个承受合模时拉力的封闭系统。模板在模具锁紧时，承受弯曲应力。为了适应这样的工作条件需要，通常固定模板设计成工作面为平面，而后面设计成为了提高板的工作强度，有肋支撑的断面，见图 3-39。

在图 3-38（a）、（b）中，与拉杆有两个连接配合孔的模板，用于小型注射机。在图 3-38（c）、（d）中，与拉杆有 4 个连接配合孔的模板，承受弯曲力较大、刚性好，在注塑机中多数采用此种形式模板。图 3-38（c）、（d）为两种不同的模板安装位置。应根据模具形状需要选择，以图 3-38（c）型位置居多数。

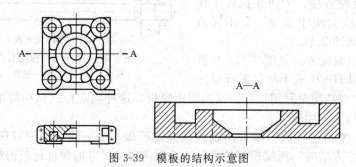

图 3-39　模板的结构示意图

模板的制造材料多数为韧性好、刚性好的 ZG35、ZG45 钢。模板的工作平面经过退火失效热处理后，机械加工，表面粗糙度值 Ra 不大于 $1.25\mu m$。与拉杆配合的 4 个装配孔和工作平面最好在镗床上一次装夹完成加工成型，以保证 4 个孔的中心线与模板工作面的垂直度精度要求、与模板中心线对称的精度要求和模板工作面的平行度精度要求。机加工时，应分粗、精两次加工，以减少机加工后的变形和保证各部位的相互位置的精度要求。模板的工作面平行度公差参照表 3-19 条件控制。

3-25　什么是液压传动？液压传动系统由哪些主要零部件组成？

液压传动是用液体油作为传递运动能量的介质，按工作需要，对传递能量的液体油进行程序控制，完成人们需要的运动或控制运动的力，这种传动为液压传动。液压传动系统的组成如下。

图 3-40（a）是由液压系统经操作控制，完成液压缸中活塞往复运动最基本、最简单的组成机构。它的工作顺序是：电动机驱动液压泵，从油箱中吸油至输送管中，经过节流阀调整油的流量（油量的大小由工作液压缸需要量决定），再经过换向阀，改变液压油的流动方向、图示换向阀位置，使液压油经换向阀进入液压缸的左侧空腔，推动活塞右移。液压缸右侧腔内的液压油，经过换向阀已经开通的回油管，液压油卸压，流回油箱。如果操作手柄在

图 3-40（b）位置，则高压油与液压缸的右侧空腔接通。液压缸左侧腔内的油经换向阀与通向油箱的输油管接通，高压油卸压，则流回油箱。操作手柄的进出移动、变换高压油输入液压缸的方向，推动活塞的左右运动。液压泵输出油的压力由液压缸工作能量需要决定。调整油压，由管路中的溢流阀调节，恒定输油管中的油压。多余的油经溢流阀流回油箱，使输油工作管路在额定压力下安全流通，正常工作。

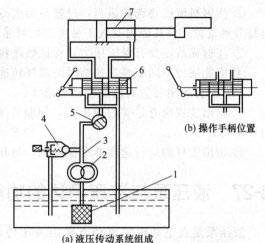

(b) 操作手柄位置

(a) 液压传动系统组成

图 3-40 液压传动系统的组成机构

1—过滤网；2—液压泵；3—输油管；4—溢流阀；
5—节流阀；6—换向阀；7—液压缸

从这个简单的液压油路工作系统中可以看出，带有一定压力能量的液压油，经操作程序控制，完成人们需要的某一机械运动，需具备下列结构组成。

① 要有一定压力的动力油——用液压泵提供，把电动机的机械能转换成具有一定能量的压力油。

② 能力变换的执行机构——由液压缸执行　它的作用是把液压油的压力能量转换为机械能，驱动某一机构工作。

③ 液压油工作控制——由具备各种功能的阀完成　如换向阀改变液压油流动方向，溢流阀控制输油管中的油压，节流阀限制输油管中油的流量等。

④ 完成液压工作的辅助装置比较多，如油箱、冷却降温装置、输送油管、管接头、过滤器、蓄能器、压力表等。

⑤ 能量传递转换介质——采用液压油（多数用矿物油）。

3-26　注塑机对液压传动工作有哪些要求?

（1）合模装置对液压传动要求

① 锁模液压缸的推力必须使锁模机构的锁紧力超过熔融料在 40～130MPa 注射压力下的入模具胀力，以避免制品由于模具被胀开产生飞边。

② 合模液压缸的工作推力，能顺利开闭模具。为提高工作效率，合模液压缸工作速度在合模移动时应先快后慢，开模时应先慢后快再慢停。同时，要以一定的速度完成这项工作。

③ 为了较好地完成注射工作速度要求，一般用双泵并联或多泵分级控制及节流调速等方法来保证开闭模速度的调节。

（2）注射座移动对液压传动要求

① 移动液压缸有足够推力，使注射座迅速前移和后退。

② 移动液压缸的推力，应保证喷嘴与模具口紧密、牢靠贴合。另外，还应满足预塑中的固定加料、前加料和后加料要求，以保证移动液压缸及时动作。

（3）注射工作对液压传动要求

① 注射液压缸应有足够的注射压力，能适应不同塑料及制品形状对注射压力要求的不同变化。对于料黏度较高、制品件壁薄、面积大和形状较复杂的制件，应采用较高的注射压力，反之要低些。

② 注射料流速要选择适当，过慢易形成冷接缝，制品外形不易保证。注射料流速过快，料易分解发黄，模具腔内空气不易排出，制品中易产生气泡。

③ 注射完成，要有保压压力，保证熔融料在模具中充满和料冷却收缩的补充。

④ 应能适应不同塑料在预塑时的螺杆转速及背压的调节。

（4）制件顶出装置对液压传动要求

① 顶出装置应有足够的顶出力，使制件顺利脱模，有多支点顶出装置时，各顶出支点力要均匀。

② 顶出支杆的运行速度要平稳可调，与开闭模动作协调。

3-27　液压泵与液压马达的功能作用有什么不同？

液压泵是在电动机的驱动下输出液压传动所需的有一定压力的液压油（即动力源），通过管路输送给液压缸或液压马达，达到能源动力的转换工作。液压缸是把液压油的压力，通过推动液压缸中活塞作往复直线运动；而液压马达和液压缸中活塞一样，也是只有在液压油的压力作用下才能做功，其做功方式是把液压油的压力转换成有一定转矩的旋转力。

液压泵和液压马达的结构组成基本相似，但动作方式却相反。液压泵是在电动机驱动下，输出有一定压力的液压油；而液压马达是在有一定压力的液压油作用下，输出有一定转矩的旋转力。

3-28　液压泵的结构特点及在注塑机中怎样工作？

（1）叶片液压泵　叶片液压泵的结构组成见图3-41。

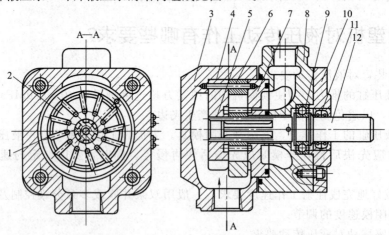

图 3-41　叶片液压泵的结构组成

1—叶片；2—转子；3—泵体；4—配流盘；5—滚针轴承；6—定子；7—配流盘；
8—泵体；9—深沟球轴承；10—端盖板；11—密封胶圈；12—轴

叶片泵中的主要工作零件是定子、配流盘、转子和叶片。这几个主要零件装配在左右泵体内。转子安装在花键轴上，花键轴左端有滚针轴承，右端有深沟滚珠轴承，两轴承分别固定在配流盘上和右泵体上，支撑花键轴带动转子旋转；定子在转子的外围，两侧面有配流盘，用螺钉把定子和配流盘固定，形成一个转子旋转空腔，宽度比转子略大些，以保证转子的高速旋转。转子的外圆周上均匀分布开有一定深度的沟槽，沟槽内装有能够在槽内自由滑动的叶片。

端盖板和轴之间装有密封橡胶圈，以防止液压油的泄漏。

（2）双联叶片液压泵　双联叶片液压泵是在单级双作用式叶片液压泵的基础上改变而成。双联叶片液压泵是在它的泵体内被电动机驱动的同一根传动轴上，装有两套转子与定子配合工作，转子和定子的中心重合。但是，在工作输油时，两套转子与定子却如同两个液压泵，它们有一个共同的吸油口，而输出口却是两个，各自输出不同流量的压力油。

① 双联叶片液压泵结构　双联叶片液压泵结构见图 3-42，它由泵体、配流盘、叶片、转子和定子组成。

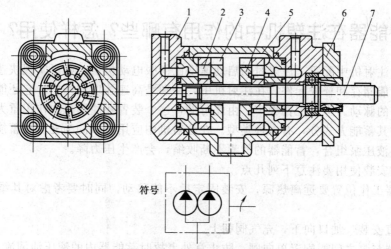

图 3-42　双联叶片液压泵结构

1—泵体；2—配流盘；3—叶片；4—转子；5—定子；6—端盖；7—传动轴

② 双联叶片液压泵的功能作用　转子在电动机驱动下高速旋转时，叶片在转子旋转离心力作用下，叶片端面紧贴在定子的由两个不同圆弧半径经曲线连接组成的光滑内表面上。叶片伸出的长短随着定子圆弧半径大小变化而变化。大半径区容积增大，为吸油区。小半径区容积变小，为压油区。定子的一个圆周内有两个吸油区和两个压油区。端面上的配油盘有窗孔与吸油区和吸油孔连通。另外，还有对称的窗孔与压油区和输出油孔相通，它们之间的配合工作，完成压力油的输出工作。两个液压泵的输出流量，有相同的也有不相同的。输出的液压油可以单独使用，也可以共同工作。输出压力油的额定压力达 7MPa。

在本章介绍的注射机液压传动中，就是应用此种液压泵：在慢速合模和保压时，只用小流量泵供高压油，大流量泵卸载。在高速注射时，则大小两泵同时输出压力油，完成注射工作。这样的工作方式工作效率高，节省电能消耗。

3-29　液压马达有几种类型？各有什么特点？

液压马达在注射机中的应用，主要是把液压泵输送来的液压油的压力（流动能量）转换为一定的转矩和转速，用来驱动螺杆旋转。液压马达的结构形式和液压泵相同，有齿轮式、螺杆式、叶片式和柱塞式等。柱塞式液压马达为低转速液压马达。这种马达中的径向柱塞液压马达排量大、体积大，由于其转速低，可直接与机构连接，简化机构，输出的转矩大。齿轮式、螺杆式和叶片式液压马达为高速液压马达，它的特点是转速高、转动惯量小，便于启动与制动，调节灵敏度较高，但输出的转矩较小。几种不同类型，液压马达的工作参数见表 3-20。

表 3-20　不同类型液压马达的工作参数

类　型	容量/(m³/min)	转矩/N·m	压力范围/MPa	转速/(r/min)
齿轮式	5～300	14～900	15～22	800～4000
叶片式	50～2300	130～6600	14～20	200～1500
内齿轮式	12～800	18～2000	14～18	200～1600
轴向柱塞式	10～2000	40～8000	25～35	2000～6000
径向柱塞式	25～23000	90～85000	25～31.5	80～900
摆动叶片式	60～750	140～1600	14.5～21	600～1000

3-30　蓄能器在注塑机中的作用有哪些？怎样使用？

蓄能器在注射机中配置，注射时的启动速度比伺服电动机快，则可实现快速注射。蓄能器是一种液压能储存和释放元件，在注射机中，特别是高速注射成型中，它还能吸收液压冲击、消除压力的脉动、降低工作噪声。由此可见，这个装置在注塑机中作用重大。

蓄能器按其蓄能方式分，有多种类型。在注射机中应用较多的为充气式蓄能器。在注射生产过程中与液压泵组合，蓄能器的气囊不断收缩，会产生压力降。

蓄能器的安装使用要注意下列几点。

① 蓄能器工作位置要远离热源，安装固定后不能移动，同时要考虑对其维护和检修应较方便。

② 应垂直安装，油口向下，充气阀朝上。

③ 蓄能器与泵之间要配置单向阀，防止意外事故时蓄能器内的液压油倒流，使泵反转。

④ 蓄能器与液压管道间应安截止阀，以便于充气和检修用。

⑤ 如果蓄能器用于吸收液压冲击和降低噪声的作用时，其工作位置应靠近振源。

⑥ 为使蓄能器提供足够的压力，可采用下列方法：蓄能器的压力适当提高；增大液压缸的面积；选用小直径螺杆并提供相同的压力。

3-31　液压缸的用途、种类及结构特点是什么？

液压缸是在液压传动中，把液压油的压力能量转换为机械能的执行机构部件。依靠液压油的流动方向变化，把液压缸中的活塞推动往复运动，使活塞按一定速度和推力完成某一项机械运动。

液压缸按结构形式可分为活塞式、柱塞式和复合式三种类型。

(1) 活塞式液压缸　活塞式液压缸的结构见图 3-43。主要组成零件有缸体、活塞、活塞杆、端板和密封圈等。活塞式液压缸在液压传动中应用较多。这种液压缸工作时，主要是通过向液压缸中活塞两侧交替输送液压油，利用活塞两侧液压油的压力差实现活塞的往复运动。如果要想加快活塞的前进速度，可把液压缸中的回油通过阀的控制，直接输入到进油管中，参加推动活塞工作，实现活塞的快速移动，但活塞的推力减小了许多。

(2) 柱塞式液压缸　柱塞式液压缸结构见图 3-44。主要组成零件有缸体、柱塞、导向套、密封胶圈和端压盖等。

柱塞式液压缸与活塞式液压缸的不同之处是：液压缸中的活塞由轴式柱塞来代替，这种

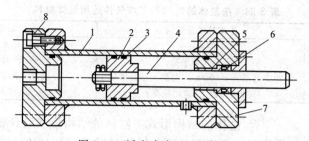

图 3-43　活塞式液压缸的结构

1—缸体；2—活塞；3—密封环；4—活塞杆；5—导向套；6—密封圈；7—压盖；8—端板

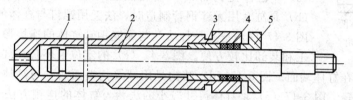

图 3-44　柱塞式液压缸结构

1—缸体；2—柱塞；3—导向套；4—密封胶圈；5—端压盖

液压缸多用在要求机械行程较长的液压传动中，而且只能是从一个方向输入压力油，单方向加压，形成推力推动柱塞移动。柱塞的回程有的是靠柱塞本身自重落下；有的是依靠弹簧的弹力推回原位。

通常应用的柱塞式液压缸体，其内孔不需要机械精加工，只要把柱塞外圆精磨就可以组装工作。

（3）复合式液压缸　图 3-45 所示充液式合模装置中用的液压缸就是一种复合式液压缸。图中移模液压缸是柱塞式液压缸，当液压油从柱塞孔进入液压缸时，使合模装置快速前移；合模接近终止时，当锁模液压缸（活塞式液压缸）进入液压缸后，行程速度变慢，使锁模力达到要求吨位。这种柱塞式和活塞式配合工作的液压缸，称之为复合式液压缸。

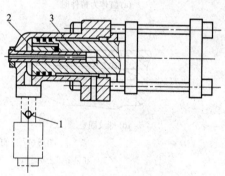

图 3-45　充液式合模装置结构形式

1—充液阀；2—锁模液压缸；3—移模液压缸

这种复合式液压缸的工作特点是：通过两种结构不同的活塞组合应用，使液压传动工作，先是快速合模，低压力工作（柱塞油缸工作）；然后是慢速合模，得到高的锁模压力。

3-32　液压缸中主要零件的结构、功能作用是什么？

（1）缸体

① 液压缸缸体制造材料　缸体是液压缸中的主要零件，结构比较简单（见图 3-44），它的制造用材料选择是由缸体的工作条件（即承受工作压力大小、活塞在缸体内的往复运行速度）和液压缸的整体外形结构尺寸来决定。一般情况下，液压缸体多用 35 号、45 号无缝钢管制造。对缸体维修制造用材料选择可参照表 3-21。

表 3-21 按缸体的结构和工作条件选用缸体材料

液压缸工作压力 p/MPa	工作环境及结构	缸体用材料
<18	小型液压缸	无缝钢管
<10	工作比较平稳	20 号、35 号无缝钢管或铸铁
<20	冲击力小，$v<50\text{mm/s}$ 时的大型缸体	铸钢或用 35 号钢焊接成型
>20	冲击力较大，速度较高	35 号、45 号锻钢或合金钢

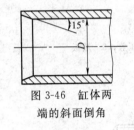

图 3-46 缸体两
端的斜面倒角

② 缸体的结构形式 缸体的结构形状设计要从装配的方便、制造容易方面考虑，例如缸体两端要倒出 15°的斜角面，见图 3-46。缸体两端的端板（端面法兰）与缸体套的连接方式见图 3-47。图 3-47 (a) 中缸体是铸件时，端面法兰与缸体应一次铸造成型。图 3-47 (b) 是缸套用无缝钢管制造时，法兰用螺钉与缸体的固定连接形式。图 3-47 (c) 是又一种法兰与无缝钢管缸体的连接形式，这种形式加工和装卸比较方便。图 3-47 (c) 的定位卡环套在缸体外圆，图 3-47 (b) 定位卡环套在缸体端面。图 3-47 (d) 结构是用螺纹把端面法兰与缸体连接固定，结构比较简单、质量轻。图 3-47 (e) 是缸体尺寸较小的法兰与缸体的连接方法。图 3-47 (f) 是法兰与缸体焊接成型，这就要求法兰与缸体的配合精度应高，不过这种形式结构简单、加工方便，但对油缸的维修和清洗却带来困难。

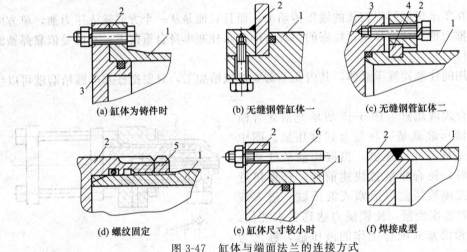

(a) 缸体为铸件时   (b) 无缝钢管缸体一   (c) 无缝钢管缸体二

(d) 螺纹固定   (e) 缸体尺寸较小时   (f) 焊接成型

图 3-47 缸体与端面法兰的连接方式

1—缸体；2—法兰；3—端盖；4—半环；5—锁紧螺母；6—螺栓

③ 缸体的质量精度 缸体毛坯制造，如果是经铸造成型，在机械粗加工前，应进行退火处理，以消除铸造时产生的内应力。如果缸体是由焊接成型，在机械粗加工之后，应进行调质处理，硬度为 250HBW 左右，以改进金属结构性能，从而具有良好加工性。缸体的最后精加工，最好是法兰端面与缸体内孔在一次装夹中完成，以保证端面与中心线的垂直度和法兰孔与缸体内表面圆的同心度。缸体的内表面粗糙度值 Ra 应不大于 $0.25\mu\text{m}$。为了提高缸体内表面耐磨性和抗腐蚀性，可在表面镀一层厚为 0.3mm 左右的硬铬层。缸体内表面与活塞的装配，通常采用 H8/f8 或 H8/f9 配合。

（2）活塞 活塞在液压缸体内，由于受流动方向变换的液压油压力作用，使其在液压缸内能做往复运动。然后，活塞再用这种往复运动带动机械零件做功。

为了能保证活塞长期正常工作，要求活塞的制造材料要有足够的工作强度和良好的润滑性能，并且还应耐磨损、耐腐蚀。一般活塞用铸铁或用球墨铸铁铸造成型毛坯。对于冲击性较大、油压较高的工作环境，最好用球墨铸铁铸造成型。

为了降低活塞外圆与缸体内表面的摩擦损耗，活塞外圆沟槽中可用耐油丁腈橡胶、聚四氟乙烯、尼龙或夹布酚醛塑料等密封材料作为密封环，以延长缸体的工作使用寿命。

（3）活塞杆 活塞杆是用来固定活塞、传递活塞运动能量的一个零件。液压油对活塞的压力作用，通过活塞杆把活塞的往复运动速度和推力传递给其他零件做功，所以，活塞杆也像活塞一样，是液压缸工作中的一个主要零件。

由于活塞杆在一定速度条件下传递动力，这就要求它要有足够的工作强度和刚度，以保证液压缸能顺利正常工作。活塞杆一般都是圆柱形，较大直径活塞杆是空心圆柱形。制造活塞杆最常用材料是 45 号钢，承受较大冲击力；重载荷活塞杆要用 40Cr 合金钢制造；空心活塞杆用 35 号、45 号厚壁空心无缝钢管制造。

活塞杆毛坯要经锻造成型，粗加工后要调质处理，硬度为 $230\sim260$HBW。调质的目的是为了改善机加工性能和提高材料的工作强度。精加工后，活塞杆表面粗糙度值 Ra 应不大于 $0.65\mu m$。为防止活塞杆锈蚀和减少摩擦，工作表面也可镀硬铬。活塞杆与液压缸端盖上导向套的配合，通常采用 H8/f9 配合。同时，端盖部位要有密封装置，以防止液压缸中压力油的泄漏。

注意，活塞杆直径的大小对活塞往复运动的速度比值有一定影响。所以，在设计选择活塞杆直径时，除了从它的工作强度方面考虑外，还应注意直径尺寸对活塞往复速度的影响。

活塞杆与活塞的固定装配形式有多种类型，图 3-48 中介绍了常用几种装配固定方法。图 3-48（a）是用螺纹方式固定活塞杆与活塞的连接，这种连接方式要求活塞内孔和外圆的同心度及与活塞杆固定活塞部位的外圆同心度，要有较高的精度要求。图 3-48（b）是用卡环套固定活塞位置，两零件的同心度装配精度可放宽些，但活塞杆与活塞装配处的轴向尺寸精度要严格控制。

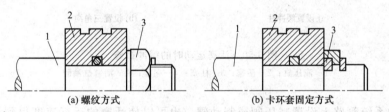

(a) 螺纹方式   (b) 卡环套固定方式

图 3-48 活塞杆与活塞的固定装配形式

1—活塞杆；2—活塞；3—定位紧固件

（4）导向套 活塞带动活塞杆在缸体内往复运动，由于活塞杆是一个细长圆形零件，为了提高其工作强度，在它做往复运动时，在液压缸端盖上设导向套来支撑活塞杆，活塞杆在导向套内滑动。由于导向套要长时间受到活塞杆往复运动的滑动摩擦，所以导向套要用耐磨材料制造，如耐磨铸铁或青铜类合金等，也可用摩擦系数较小的尼龙或聚四氟乙烯材料。

导向套的结构形状尺寸和安装位置见图3-49。

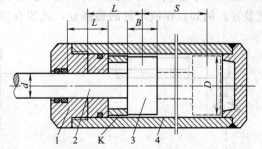

图 3-49 导向套的结构形状尺寸及安装位置

1—导向套；2—活塞杆；3—活塞；4—缸体；

K—隔套

为使导向套有比较长的工作寿命，导向套形状尺寸应该是：$L_1=(0.6\sim1)d$，$B=(0.6\sim1)D$。

另外，还应注意活塞杆运动伸出最大长度时，活塞至导向套两零件间的中点距离，即图3-49中 L 尺寸。这个尺寸过小，会影响液压缸的工作稳定性，对油缸和活塞杆的弯曲强度也会削弱。所以，L 的最小尺寸应：

$$L \geqslant \frac{S}{20} + \frac{D}{2}$$

式中　S——活塞行程，m；

　　　　D——缸体内径，m。

为了保证 L 尺寸，在活塞与导向套间加一个隔套比较安全。用隔套的宽度来调整，以保证 L 尺寸距离。

（5）活塞运动时的缓冲措施　在液压缸体内设置缓冲装置，是为了避免活塞行至终点时，与端盖冲击、碰撞。比较简单的方法见图3-50。图3-50（a）结构是用设置缓冲柱塞方法来减小冲击力：当活塞运行接近终点时，柱塞穿入盖孔内，此时，A腔内油是经过柱塞与孔的间隙流出，从而达到了活塞至终点的减速缓冲作用。图3-50（b）也是同样功能，A腔内油从柱塞与孔之间的三角沟流出，起到了减速缓冲作用。

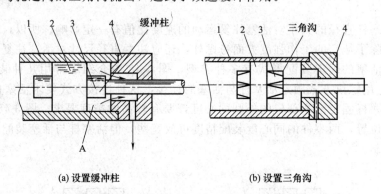

(a) 设置缓冲柱　　　　　　　　　　(b) 设置三角沟

图 3-50　活塞运动时的缓冲措施
1—液压缸；2—活塞；3—柱塞；4—端盖；A—活塞缸油腔

在液压油系统管路上设置减压阀或制动阀，也可以使活塞的运行速度得到控制。图3-51是用单向节流阀控制活塞缓冲措施。

（6）液压缸上的排气装置　注射机长时间停止工作和在吸油管处吸油时，常有空气进入油管。如有空气混入油中，常会影响活塞的正常运行，出现活塞运行速度不平稳，有爬行现象。油中有了空气，也会使油易氧化，损坏液压元件。所以在设计时，液压管路中都设有排气装置。例如，在液压缸的最高处，就装有如图3-52所示的排气阀门。

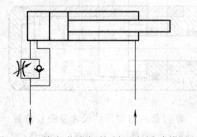

图 3-51　单向节流阀控制活塞缓冲措施

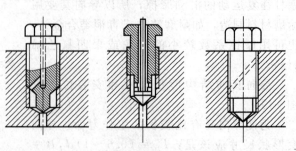

图 3-52　排气阀门结构示意图

在液压工作开始前，打开排气阀门，让活塞往复运行几次，空气即可排出。当见有液压油排出时，即关闭阀门，然后再正常开车生产。

（7）液压缸的密封 为了保证液压系统的正常工作，保证液压缸中活塞运行工作推力达到设计要求，液压系统必须密封。只有较好地密封液压系统的各部位，才能保证设计时预计的额定压力和额定流量。液压系统密封的好坏，直接影响液压系统的工作性能和效率。

在注射机生产中，液压系统的渗漏现象是经常会发生的。为防止液压油的渗漏，把密封件过量地压紧，会加快密封件的磨损，缩短密封件的正常使用时间，同时也增加了与之相对运动零件的工作阻力，加大了功率消耗。由此可见，掌握好对密封件的防渗漏工作压力与液压系统的工作压力之间的关系，需要有一定的维修实践经验。希望在维修时注意下列几点。

① 如果液压系统压力较大时，对密封件的压力也应相应增加。但压密封件变形又不能过量，达到或接近能防止泄漏即可。

② 密封件与运转零件间的相对运动阻力和摩擦力要尽量小。这种力要均匀稳定，以减少零件的磨损，降低功率消耗。

③ 注意选择的密封件和密封部件的零件，要耐磨、耐热和耐腐蚀。同时，密封装置的结构要尽量简单，以降低制造费用和维修方便。

密封的方法包括：非接触式密封，即用两零件间的配合间隙大小来控制液压油的泄漏；接触式密封，即用密封圈来防止液压油的泄漏。

液压系统中液压缸的密封部位有：活塞与缸体间密封、活塞杆与液压缸端盖上导向套间的密封、液压缸与端盖间配合部位密封及活塞与活塞杆间的固定密封等。密封方法多数采用接触式密封，即用密封圈密封。

密封圈的结构形式有多种样式，以O形密封圈、Y形密封圈和V形密封圈为最常见。这里只介绍液压缸中密封最常用的O形密封圈。

O形密封圈的形状见图3-53（a），密封圈在密封槽中的工作状态见图3-53（b）、（c）、（d）。图3-53（b）为密封圈在密封槽中应压紧变形量，即图中δ值。图3-53（c）密封圈形态是压紧后状态。图3-53（d）状态是密封圈在液压系统中工作时受压后的位置。

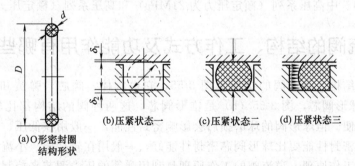

(a)O形密封圈
结构形状 (b)压紧状态一 (c)压紧状态二 (d)压紧状态三

图3-53 O形密封圈结构形状和工作压紧状态

密封件的制造和安装注意事项如下。

① 密封圈的压紧变形量（$\delta_1 + \delta_2$值） 活塞与液压缸间密封和活塞杆与导向套间密封为 $(0.1 \sim 0.2)d$（d为密封胶圈的剖面直径）。

② 如果液压缸工作压力超过10MPa时，在密封圈受压力方向侧面加聚四氟乙烯挡圈，以增加密封圈的工作强度，避免或减小密封圈变形，见图3-54（a）中形态。根据工作受力情况，也可在密封圈两侧加挡圈，见图3-54（b）、（c）。

③ 放置密封圈的沟槽，直径要与密封圈尺寸匹配。槽宽为 $(1.3 \sim 1.5)d$，如有挡圈再

加上挡圈厚（挡圈厚 1.25～2.5mm）。槽内表面粗糙度值 Ra 不大于 $2.5\mu m$。缸体内表面粗糙度值 Ra 不大于 $0.25\mu m$。

　　(a) 未加挡圈时　　　(b) 一侧加挡圈时　　　(c) 两侧加挡圈时
　　　　的状态　　　　　　　的状态　　　　　　　的状态

图 3-54　O 形密封圈在高压下的状态和增强措施

④ 密封圈的工作温度不应超过 -20～90℃ 温度范围，工作压力在 35MPa 以内。

⑤ 密封圈采用耐油丁腈橡胶制造。

3-33　液压传动系统中控制阀的功能作用、种类有哪些？

　　控制阀在液压传动中的功能作用，就是它能够对液压系统中油的压力、流量和流动方向进行调节，使其按照人们需要的循环工作动作，对液压油进行调节控制，以使其能平稳、协调地变换运动。在这些系统中能够调节、控制液压油流动变化的元件，人们把它们统称为控制阀。

　　控制阀的种类很多，按它们的功能作用分，可分为压力控制阀、流量控制阀、方向控制阀。压力控制阀即控制液压系统中油的工作压力阀，例如溢流阀、减压阀等；流量控制阀即控制液压系统中油的流量多少的阀，例如节流阀、调速阀等；方向控制阀即控制液压系统中油的流动方向变换的阀，例如单向阀、换向阀等。

　　为了缩短输油管路，使设备结构紧凑，把几个阀组装在一个阀体内，人们称其为复合阀。例如，把单向阀和减压阀组装在一起，称为单向减压阀。把单向阀、行程滑阀和节流阀组装在一起，称其为单向行程节流阀。

　　各种液压阀在国内已经标准系列化。按阀的工作压力条件分，可分为中低压系列（额定压力为 6.3MPa）、中高压系列（额定压力为 21MPa）和高压系列（额定压力为 32MPa）。

3-34　溢流阀的结构、工作方式及功能作用有哪些？

　　(1) 溢流阀结构　溢流阀的结构见图 3-55，它由阀体、阀芯、弹簧和调压螺钉组成。图 3-55（a）是球形阀芯，图 3-55（b）是锥形阀芯。这两种阀的结构都比较简单，制造容易，维修也很方便。但球形阀的球磨损后会影响密封性能，一般用在低压、小流量油压系统中。锥形阀芯的密封性能要比球形阀芯密封性能好，一般用在较高压、小流量油系统中。

　　(2) 溢流阀工作原理　溢流阀的工作原理是利用弹簧的压力调节来控制液压油的压力大小。从图 3-55 中可以看到，阀芯被弹簧压在压力油流入口，当压力油的压力大于弹簧的压力时，阀芯被压力油顶起，压力油流入，从右侧口流出，回油箱。压力油的压力越大，阀芯被顶起得越高，压力油经此处回油箱的流量越大。如果压力油的压力小于或等于弹簧的压力，则阀芯落下，封住压力油进口。由于液压泵输出油压是固定的，而液压缸工作油压总是小于液压泵输出压，所以在正常情况下，压力油总是要从溢流阀处有一部分油流回油箱，以保持油压系统中，液压缸工作压力的平衡。

　　(3) 溢流阀的功能作用

　　① 防止液压系统中的油压力超出额定负荷，起安全保护作用。见图 3-56（a）。

② 溢流阀与节流阀配合，由节流阀调节液压油的流量大小，可控制活塞的移动速度变化，见图 3-56（b）。

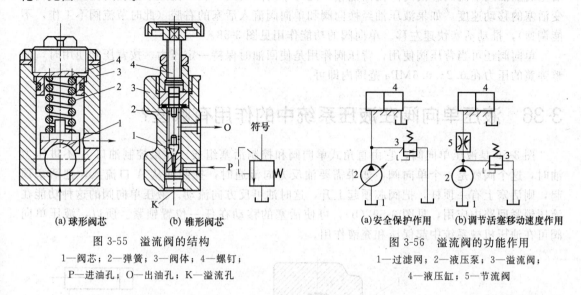

（a）球形阀芯　　　（b）锥形阀芯

图 3-55　溢流阀的结构

1—阀芯；2—弹簧；3—阀体；4—螺钉；
P—进油孔；O—出油孔；K—溢流孔

（a）安全保护作用　　　（b）调节活塞移动速度作用

图 3-56　溢流阀的功能作用

1—过滤网；2—液压泵；3—溢流阀；
4—液压缸；5—节流阀

3-35　单向阀的结构及功能作用有哪些?

单向阀是控制液压油流动方向，只能向一个方向流动。

（1）单向阀的结构　单向阀结构见图 3-57，它由阀芯、弹簧和阀体组成。从液压油在阀体中的进出流动方向分，把单向阀分为两种结构形式：直通式单向阀见图 3-57（a）；直角式单向阀见图 3-57（b）。

（2）单向阀的工作原理　单向阀的安装位置，一定要注意进油和出油的方向，否则油不能从此单向阀通过。单向阀的工作原理是：压力油从单向阀口进入阀体时，如果液压油的压力大于弹簧的压力时，阀芯被液压油顶开，液压油从出口流出，正常流动。如果油从图示方向的出油口进入，阀芯在弹簧压力下，紧顶在阀体的斜面上，则油不能通过。图 3-57（b）单向阀的工作原理与图 3-57（a）型单向阀的工作方式相同，只是液压油在经过单向阀时，拐了个直角弯，故称为直角式单向阀。

直通式单向阀比直角式单向阀的结构简单。压力油通过时，压力损失很小（不超过 $0.1 \sim 0.3 \text{MPa}$）。这种阀制造容易，维修也很方便。但是在工作时有时会产生振动和噪声。在高压、大流量的油管路中，多采用直通式单向阀。

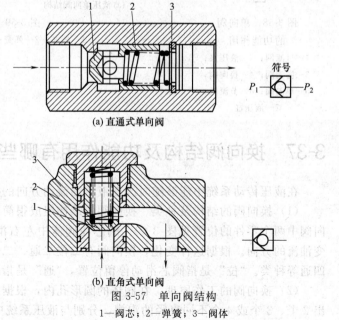

（a）直通式单向阀

（b）直角式单向阀

图 3-57　单向阀结构

1—阀芯；2—弹簧；3—阀体

（3）单向阀的功能作用　在图 3-58 中，当液压油经换向阀流向液压缸中的活塞左腔时，活塞右腔油经节流阀和换向阀流回油箱。此时单向阀关闭，调节流经节流阀的流量，即可改变活塞的移动速度。如果液压油经换向阀和单向阀流入活塞的右腔（此时节流阀不工作，不能调速），推动活塞快速左移。单向阀的功能作用见图 3-58。

单向阀还可当背压阀使用，背压阀作用是使回油时保持一定压力。按背压阀使用时，调整弹簧的压力在 0.2~0.6MPa 范围内即可。

3-36　液压单向阀在液压系统中的作用有哪些？

图 3-59 是液压单向阀，它由直角式单向阀和控制活塞组成。如果控制油口 A 不进压力油时，这个阀就是一个单向阀。如果需要油反方向流通时，控制油从 A 口流入，把活塞顶起，则活塞上有一顶杆，把阀芯顶起上升，这时油可反方向流动。液压单向阀的这种功能在液压锁紧回路中应用，见图 3-59（b），可使活塞的移动在任一位置锁紧。所以，液压单向阀可在油压机械系统中起保压和充液作用。

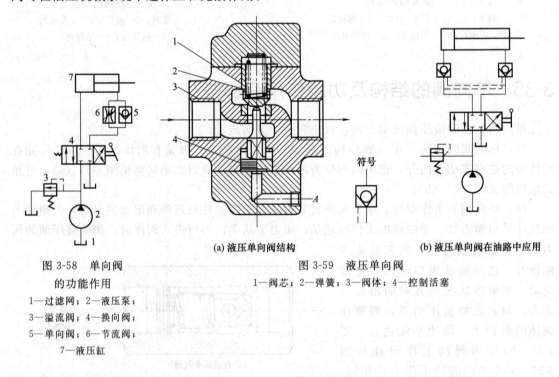

(a) 液压单向阀结构　　　　　　　(b) 液压单向阀在油路中应用

图 3-58　单向阀
的功能作用

1—过滤网；2—液压泵；
3—溢流阀；4—换向阀；
5—单向阀；6—节流阀；
7—液压缸

图 3-59　液压单向阀
1—阀芯；2—弹簧；3—阀体；4—控制活塞

3-37　换向阀结构及功能作用有哪些？

在液压传动系统中能够随时改变液压油流动方向的控制阀，称之为换向阀。

（1）换向阀的结构及种类　换向阀的结构组成很简单，它由阀体和阀芯两零件组成。换向阀中两个零件的位置见图 3-60。阀芯在阀体中左右滑动，可以有几个位置变化，从而改变油流的方向。根据这种变化，换向阀有二位二通、二位三通、二位四通、三位三通和三位四通等种类。"位"是指阀芯滑动停留位置，"通"是指液压油的出入通口。

（2）换向阀的工作原理　在阀体的圆形孔内，根据换向阀的换向后油流的入出需要，开出 2 个、3 个或 4 个不同直径的沟槽，分别与液压系统中的输出和输入管路相通。阀体内的阀芯也是一个圆柱形，在圆柱体上开出几个不同直径的沟槽，与阀体内的几段不同直径的沟槽对应。当阀芯在阀体内左右滑动时，有的直径段成为滑配合，油流不能通过；有的直径段有较大的空腔，油流可以通过。用阀芯滑动的不同位置，达到改变油流方向变化的目的。如图 3-60 (b) 所示，图中阀芯在"Ⅰ"位置，此时是 O 进 A 出、P 被阀芯封住。如果阀芯右移至"Ⅱ"位置时，则 O 进油孔被封住，此阀变成 P 进 A 出。

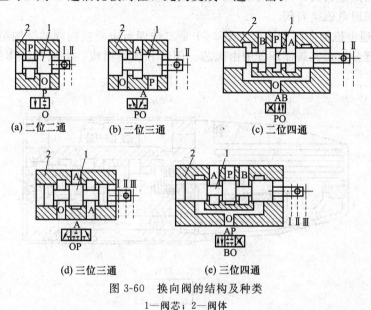

(a) 二位二通　(b) 二位三通　(c) 二位四通

(d) 三位三通　(e) 三位四通

图 3-60　换向阀的结构及种类

1—阀芯；2—阀体

（3）对换向阀的工作要求　根据换向阀的工作原理可以知道，要保证换向阀能长期正常准确工作，换向阀应具备下列几个条件。

① 阀芯左右移动停留位置准确可靠。

② 阀芯与阀体的滑动配合处间隙大小应合理，以避免液压油内部漏油多或阀芯滑动摩擦大。

③ 阀芯左右滑动灵活、动作快。

④ 接通的油流道通畅、阻力小。

⑤ 阀芯滑动平稳、无冲击噪声。

3-38　换向阀有几种类型？各有什么特点？

换向阀按操作换向方法的不同，可分为手动换向阀、机动换向阀、电磁换向阀和电液换向阀。

（1）电磁换向阀　用于推动阀芯左右移动，改变液压油流动方向变化的力，是利用电磁铁的运动推力。而电磁铁的运动又是按行程开关、压力继电器或按钮开关等发出的信号动作。这种用电流操作的方法，很容易实现远距离操作和程序自动化控制。

① 电磁铁用交流电控制　电压是 220V，频率是 50Hz。采用交流电控制电磁铁，工作时电磁铁启动力矩大、换向快、时间短，但工作可靠性差些，当超载或阀芯卡住时，易烧坏。换向工作时，冲击力较大。

② 电磁铁用直流电控制　电压为 24V。这种直流电控制的电磁铁，工作时换向冲击力小、结构体积小、工作比较可靠、使用寿命长、过载时不会烧坏，但这种换向阀启动力矩

小，换向动作慢些，造价高。

在选用电磁铁换向阀时，因为电磁铁的推力大小要影响液压油的流量变化，所以在选择电磁铁时，应注意液压油的流量范围：对中低压系列电磁换向阀，液压油流量应不大于 63L/min；对高压系列电磁换向阀，液压油流量应不大于 30L/min。

如果液压油流量较大，可用液动换向阀和电液换向阀。

（2）二位四通电磁换向阀。

① 二位四通电磁换向阀的结构　图 3-61 是二位四通电磁换向阀的结构组成图，它由阀体和电磁铁两部分组成。阀体部分中由阀芯、阀体和弹簧组成，电磁铁动作部分有电磁铁、推杆和弹簧。

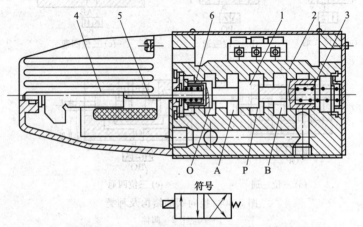

图 3-61　二位四通电磁换向阀的结构组成图
1—阀芯；2—阀体；3—弹簧；4—电磁铁；5—推杆；6—弹簧
O—流出阀；A—输出油口；P—压力油进口；B—回油进口

② 二位四通电磁换向阀的工作原理　电磁铁断电时，阀芯的位置如图 3-61 中状态，弹簧 3 压阀芯在阀体的左侧，此时是压力油从 P 进，由 B 孔流出。回油从 A 进，由 O 孔流出。当电磁铁通电时，电磁铁作用在推杆上的力大于弹簧 3 的压力，把阀芯推向右移，则压力油的流经孔变换：从 P 进，由 A 输出；回油是从 B 进，由 O 流出，完成液压油的输入流出的方向变化。

（3）三位四通电磁换向阀　三位四通电磁换向阀与二位四通电磁换向阀比较，它的阀芯有 3 个停留位置，电磁铁是 2 个：在阀体的左右两端，一边一个，见图 3-62。当左端电磁铁通电时，阀芯被左侧的弹簧推向右侧。当右端电磁铁通电、左端电磁铁断电时，阀芯被右侧的弹簧推向左侧。阀芯的两个不同位置如二位四通阀一样，压力油的进出和回油的进出，变换了方向：当左端电磁铁通电时，压力油从 P 进 B 出，回油从 A 进 O 出；当右端电磁铁通电时，压力油是从 P 进 A 出，回油是 B 进 O 出。如果左右电磁铁都断开时，阀芯在左右弹簧作用下，停在阀体的中间位置，则 4 个出入油口都不通，油的输入和流出停止。

（4）对换向阀的工作精度要求

① 阀芯与阀体的滑动配合精度和间隙要求　当阀芯直径小于 20mm 时，配合间隙为 0.007～0.015mm；阀芯直径大于 20mm 时，配合间隙为 0.015～0.025mm，以防止阀芯左右滑动困难及内部压力油窜流。

② 为了保证压力油作用在阀芯上各点的径向力的平衡，在阀芯圆柱体上开出宽 0.3～ 1mm 的环形槽。

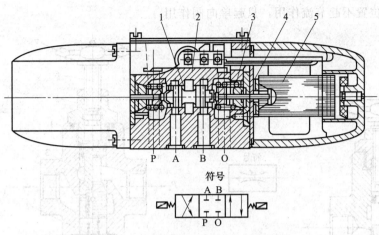

图 3-62　三位四通电磁换向阀结构组成

1—阀芯；2—阀体；3—弹簧；4—推杆；5—电磁铁；

O,B—压力油出口；A,P—压力油进口

③ 阀芯的制造精度要保证不圆度和锥度　当直径小于 20mm 时，应不超过 0.003mm；当直径大于 20mm 时，应不超过 0.005mm。

④ 阀芯和阀体的工作配合表面粗糙度值 Ra 应不大于 0.16μm。

⑤ 阀体内泄漏油要引回油箱，以保证长期正常工作。

3-39　节流阀怎样工作？

节流阀是依靠改变阀体内油的经过流口断面间隙的大小，来达到控制油通过阀的流量。

（1）节流阀的结构　图 3-63 是节流阀的结构，它由阀芯、阀体、阀体盖、螺纹杆和手轮组成。

（2）节流阀的工作原理　压力油从节流阀的左侧孔流入阀内，经过阀芯下端锥面上的三角沟槽节流口和阀体间的环形缝隙时，由于受三角沟槽和阀体间的间隙的限制，使流量受到限制而减少，经过流量控制的压力油，从图示方向右侧孔流出。液压油流量的大小由手轮调节，通过螺纹杆使阀芯上下滑动，变换阀芯与阀体间的缝隙大小得到控制。

3-40　单向节流阀怎样工作？

单向节流阀是指能控制液压系统中油的流向只能朝一个方向流动，同时还能控制液压油的流量大小的阀。这种阀的结构见图 3-64。它由节流阀和单向阀并联在一起，组成复合阀，主要零件有阀芯、阀体、阀体盖、螺纹杆、手轮、弹簧和丝堵组成。

从图 3-64 中可以看到，当压力油从图示方向右侧孔进入阀内时，首先进入阀芯下端进油口 a 中，使阀芯在下端弹簧弹力和小孔中液压油的推力作用下上升，如图示位置，则进入的压力油只能由阀芯锥面处的三角沟槽通过，使流量受到限制，起到节流作用，由左侧孔流出。当调节手轮转动，通过螺纹杆带动阀芯上下移动，得到阀芯与阀体间间隙的变化，使油的流量变化，起到节流作用。如果压力油从图示方向左侧进入阀内，首先进入阀芯上端出油口 b 中，在压力油作用下，阀芯压缩弹簧下滑，打开阀体左右通孔，使压力无阻，左进右出。此时阀芯位置不起节流作用，只起单向阀作用。

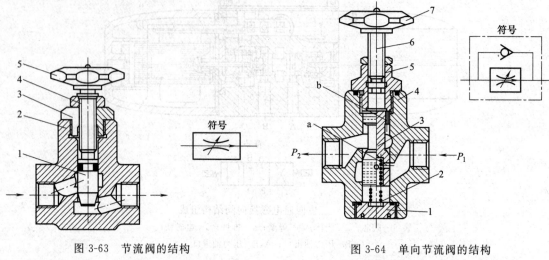

图 3-63　节流阀的结构

1—阀芯；2—阀体；3—阀体盖；4—螺纹杆；5—手轮

图 3-64　单向节流阀的结构

1—丝堵；2—弹簧；3—阀芯；4—阀体；

5—阀体盖；6—螺纹杆；7—手轮；

P_1—进口油压；P_2—出口油压；a—进油口；b—出油口

3-41　油箱结构及使用条件要求有哪些?

油箱的功能主要是用于储备液压系统中的用油。另外，当回油流回油箱后，能分离油中的空气和沉淀油中的杂质。

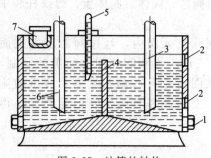

图 3-65　油箱的结构

1—油堵；2—油位显示；3—吸油管；
4—隔板；5—温度计；6—回油管；
7—注油过滤器和通气孔

（1）油箱的结构　注射机的液压系统多用开式油箱，它的结构见图 3-65。油箱由箱体、密封油箱上盖组成。上盖上开有带空气过滤器和注油过滤网的通气孔及温度显示，油箱内有吸油过滤器、回吸油隔板、油位显示和放油孔。

（2）油箱装置的结构要求

① 油箱中有网目为 100～200 目的吸油过滤器，滤油量应是液压泵吸油量的 2 倍。

② 油箱有密封盖，盖上设有带过滤空气和注油过滤器的通气孔。

③ 油箱盖上有油温显示。

④ 油箱侧板上有油位最高和最低显示。

⑤ 油箱的底面应有图中标注的斜板，便于油箱清洗。最低处开有放油丝堵孔。

⑥ 吸、回油在箱体内两侧，斜开口的吸油管口距箱底距离大于管直径的 2 倍，距侧箱板的距离大于管直径的 3 倍。回油管位置也按此距离安装。

⑦ 吸、回油管中间用隔板分开，隔板高度应是油面高度的 3/4，防止回油中的杂质和空气进入吸油管。

⑧ 油箱的结构形状应便于清洗和油过滤器的安装拆卸。

⑨ 箱体各表面要涂耐油防锈涂料。

3-42 油过滤器结构及使用条件要求有哪些?

油过滤器的功能作用是为了清除混在油中的杂质,如液压油工作系统中的金属零件磨损的粉末、锈蚀粉末等,以保证油质和系统元件能正常工作。

油过滤器应具备下列条件。

① 要有较好的滤油效果,清除油中一切杂物,过滤能力应大于液压泵吸油量的 2 倍。

② 过滤网目的选择:齿轮液压泵应用 80~120 目过滤网,叶片液压泵应用 100~150 目过滤网,柱塞液压泵用 150~200 目过滤网。

③ 过滤网的强度好,在液压油中不易损坏。

④ 过滤网用金属丝,在油温变化时有稳定的性能,同时应耐腐蚀。

⑤ 过滤网的清洗和安装应方便。

油过滤器的结构类型有多种,图 3-66 是一种简单常用的网式油过滤器结构。

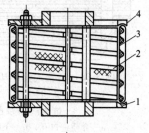
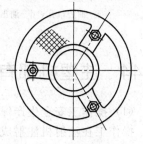

图 3-66 常用的网式油过滤器结构
1—端盖;2—过滤网;
3—网用支架;4—端盖

油过滤器的工作位置见图 3-67。图 3-67(a)是把油过滤器安装在吸油管口中,图 3-67(b)是把油过滤器安装在液压油管路中,图 3-67(c)是把油过滤器安装在回油管路中。

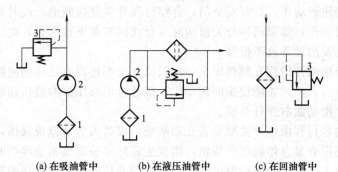

(a) 在吸油管中　　　(b) 在液压油管中　　　(c) 在回油管中

图 3-67 油过滤器的工作位置
1—过滤网;2—液压泵;3—溢流阀

3-43 液压油用冷却器的作用是什么?

液压油长期在管路中以一定流速流动,与管壁摩擦,再加上液压系统中各元件的阻力作用和油缸活塞的反推力压缩作用,使液压油产生热量。这种热量一部分散发到空气中,另一部分使液压油温上升。当油温过高时,油的性质就会改变,影响液压油的正常工作,如油的黏度由于油温过高,就会降低,使油管路泄漏、节流阀的流量控制发生变化、活塞运行不平稳等。油温的升高使各工作金属元件性能变化,阀类不能正常工作,甚至卡住不起作用,从而造成液压油路不能工作。所以,长期工作的液压油必须进行冷却降温。

液压油的冷却方式有蛇形管式冷却器和列管式油冷却器。图 3-68 是应用比较广泛的列

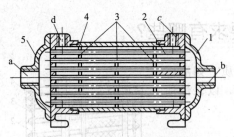

图 3-68　列管式油冷却器的结构
1—端盖；2—冷却管；3—隔板；
4—缸体；5—端板；
a—介质进口孔；b—介质出口孔；
c—油进口孔；d—油出口孔

管式油冷却器的结构。

列管式油冷却器由多排通冷却水管组装在一起，安装在一个圆形缸体内，缸体两端有密封盖，一端进冷却水，通过各冷却水管，然后由另一端的端盖孔流出。带有一定温度的液压油从缸体上端流入缸体内，在冷却水管壁间流过，这时油温与冷却水通过金属管壁进行热的传导交换，使油温降低，然后从缸体另一端上口流出。为了增加热油在缸体内的停留时间，缸体内加几段隔板，把冷却水管路分几段。这样，热油流经的路线加长，也就是与冷却水管的接触热传导时间增加，从而更好地达到降温效果。

3-44　注塑机都有哪些安全保护装置？

（1）操作工安全生产保护装置

操作工在注射机注射成型塑料制品的生产过程中，经常用手在两半开合模间取制件、清理模具内残料及异物，有时还要对模具进行调试工作，所以，在注射装置的合模部位设有安全门。只有安全门关合严，模具才能有合模动作；安全门关合不严或处于打开位置时，合模动作停止。这里能有动作的相互制约，是由于有行程开关的作用，限制合模动作：关闭安全门，压合合模行程开关，此时合模液压缸才能工作，推动注射座前移，喷嘴与模具熔料进口紧密吻合，开始注射动作；打开安全门，合模行程开关复位断电，此时开模限位开关被压合，模具才有开模动作；如果两种开关被同时压合或同时都不被压合，此时，此处设置的安全防护装置工作，发出设备故障报警。

为了确保开合模动作的相互制约安全，在限位开关端还设有液压油油路行程开关。它的作用是：只有安全门关严，才能使换向阀动作，接通合模液压缸的液压油通入油路，使液压缸活塞动作前移，推动曲肘连杆合模。

注意：此处的各行程限位开关要安装在隐蔽处，以防人为碰撞或误压，造成事故。

操作台附近还设有紧急停机红色按钮，供发生意外事故需要紧急停机时使用。

为了防止注射生产中熔融料喷射出伤人，在喷嘴部位安有金属板防护罩，防护罩上安装有带观察窗的活动门罩，活动门罩上装有安全行程开关。当喷嘴防护罩打开时，注射座、注射和预塑化等工作程序全部被强制停止。

（2）模具安全工作保护装置

注塑制品用成型模具是注射机生产用的主要成型部件，它的结构形状比较复杂，制造生产工艺条件要求高，工艺程序也较复杂。所以，一件注塑制品用模具的生产制造价格很高。如果生产中模具损坏或出现故障，不仅会影响注塑制品的质量，有时还会使注射生产工作无法进行，因此，模具也是重点保护对象。为防止模具合模时出现冲击现象，合模动作至两半模具面快要接近时，模板行程速度要放慢；合模时，液压油低压推动活塞移动合模，待两半模具结合面接触碰到微行程开关后，合模液压缸中液压油的油压升高，两半模具面紧密合模；当低压液压油推动活塞进行合模动作时，若两半模具间有异物，则两半模具不能接触，碰不到微行程开关，合模液压缸液压油不能升压，无法高压锁紧模具。此种互相制约的动作装置起到保护模具不被损坏的目的。

（3）液压传动系统安全生产保护装置

① 润滑油供应不足报警装置　用于保证注射机中各相互运动配合部位零件有良好的润滑条件，以减小零件配合面的磨损，延长设备工作寿命，保证生产长时间正常工作。

② 液压油工作油量不足报警装置　及时提示操作工加注补充液压油用油量，防止因液压油不足影响液压传动工作。

③ 液压油的油温过高报警装置　液压油的油温过高，油的黏度降低，使液压传动工作受影响，也容易使系统中的各工作元件损坏。

④ 滤油器堵塞、吸油管中供油不足报警装置　为防止空气混入液压油中，影响液压油正常工作。

（4）电气部分的安全与保护措施

电气部分的安全与保护措施，主要有接地和紧急制动按钮等。设备中的所有部分均要求接地，特别是电阻加热部位，应定期检查，避免出现漏电等危险。紧急停机红色按钮设置在控制面板或固定防护板上。按下紧急停机按钮，注塑机所有动作停止，液压泵电动机和所有与标准通信端口连接的设备也被关闭。

3-45　怎样选择注塑机？

在选择注射机的规格型号之前，首先应查看注射机生产厂家提供的产品说明书中的注射机性能参数值。这些参数说明了该注射机的主要性能特征，根据将要生产的塑料制品的一些技术要求［如制品用原料种类、牌号、制品的质（重）量及外形尺寸等］去查找说明书中与其相接近的参数值，这些参数值所对应的注射机型号就是人们要选购的注射机型号。

规格型号中重点要对照的数据，是制品的质量（或容积）和外形尺寸与参数值的比例关系，即塑料制品的质（重）量与注射机理论注射量（或容积）之间的比例要求、制品长度（高度）尺寸及与成型模具厚度（移动模板上模具厚度）尺寸之和及与注射机移动模板行程距离之间的尺寸要求条件。

（1）按注射制品质量选择注射机理论注射量

制品的质量是指注射成型制品时所需要的熔料量，计算方法顺序如下。

① 计算制品用熔料总质量公式为

$$Q_{PS} = K \times (制品质量 + 浇口系统用料质量)$$

式中　K——系数，为 $1.1 \sim 1.3$。

此计算式是以注塑聚苯乙烯料（PS）制品所需的塑化熔料量。系数 K 值的选择应视制品质量要求决定。当品质要求高时，取系数中的大值，反之可取小值。

② 当注塑制品为其他塑料时，计算其成型用熔料量，方法顺序如下。

计算出该制品成型所需的理论注射熔料量：

$$Q_x = (1.1 \sim 1.3) \times (制品质量 + 浇口系统质量)$$

然后根据此制品的密度换算成用 PS 料时的实际用料量，换算方法为

$$Q_{PS} = 1.05 Q_x / \rho$$

式中　ρ——某种塑料密度（g/cm^3）；1.05 为 PS 料密度。

应用举例：用 PE 料注塑制品，其制件质量为 200g、浇口系统用料为 22g，换算用 PS 料注射成型用料量。

用以上公式先计算出 PE 料成型用料量：

$$Q_x = 1.2 \times (200 + 22)g = 266.4g$$

换算用 PS 料注射成型用料量：

$$Q_{PS}=266.4\times(1.05/0.92)g=304.04g$$

上式中的 $1.05g/cm^3$ 为 PS 料密度，$0.92g/cm^3$ 为 PE 料密度。则按此熔料量即可选择注射机的理论注射用料量（一般要大于此熔料量的 $1.2\sim1.3$ 倍）。

（2）按制品成型用合模力选择注射机

注射机的合模力（也可称锁模力）是指合模装置中，对两片（或多片）模具结合成一制品型腔体的最大夹紧力。当熔料以一定的注射力和流速进入模具型腔时，通过这个合模力作用，使成型模具不至于被熔料的注射力作用而胀开。

注射机的合模力和注射机的注射量一样，是注射机的一个重要性能参数。从这个参数中就可知道注射机规模的大小。在注射机的规格型号标准 GB/T 12783—2000 标注中，分子数值是注射机的理论注射量（g 或 cm^3），分母数值就是合模力（kN）。

注射制品成型用合模力的计算比较复杂，它与熔料的注射压力、熔料的黏度、原料塑化条件、制品形状、模具结构和制品在模具中的冷却定型温度等因素有关。所以，很难计算出一个比较准确的合模力。这里只介绍一个粗略的计算制品注射成型用合模力方法。

合模力＝合模力计算用常数×制品在模板上垂直投影面积

即

$$F=KS$$

式中　F——合模力（锁模力），kN；

　　　S——制品在模板上的垂直投影面积，cm^2；

　　　K——不同原料用常数，kN/cm^2。

不同原料的 K 值见表 3-22。

表 3-22　不同原料的 K 值

原料名称	PE	PP	PS	ABS	PA	其他工程塑料
$K/(kN/cm^2)$	0.32	0.32	0.32	$0.32\sim0.48$	$0.64\sim0.72$	$0.64\sim0.8$

应用举例：注塑 PE 料制品，假如制品在动模板或定模板的垂直方向上投影面积为 $400cm^2$，计算 PE 制品注射成型所需要的合模力为

$$F=KS=(0.32\times400)kN=128kN$$

（3）注射用螺杆直径选择

注射用螺杆直径可根据注射量的定义，由注射量计算公式得出：

$$Q_{PS}=\frac{\pi}{4}D^2S$$

式中　Q_{PS}——聚苯乙烯注射熔料量，cm^3；

　　　D——螺杆直径，cm；

　　　S——螺杆注射行程，cm。

（4）选择注射机其他参数条件

当按照注射制品成型用料量和合模力条件要求选择好注射机规格型号后，还应与该型号注射机的具体结构参数与制品注射时需要的生产工艺条件对比，查看是否符合要求。如果全部适合制品注射成型工艺条件，则此注射机的选择比较合理。

① 注射机类型选择　注射机的类型、结构有多种，如螺杆式注射机、柱塞式注射机。在螺杆式注射机中又分为通用型注射机和专用型注射机（瓶坯专用注射机，PVC 粉料专用注射机，小型、薄壁、精密型注射机，热固型、排气型、多色、高速及发泡等类型注射机）等。注射机类型的选择，应从注塑制品的结构形式、使用原料及制品的成型质量要求条件等因素考虑。

② 成型模具结构尺寸应与选用的注射机相关尺寸匹配，具体要求如下。

· 模具的外形（高或宽）尺寸应小于拉杆间距尺寸，否则模具无法装配和工作。

· 模具的宽或高应在模板的最大尺寸范围内。

· 模具的宽、高和厚度应与注射机要求的尺寸相符。

· 由模具厚度和制品高度的实际尺寸，验证注射机开模行程是否符合制品的脱模尺寸要求（见图3-11）。

③ 由制品成型用原料的不同选择其塑化用螺杆结构　热塑性塑料注射成型塑化原料可采用渐变型、突变型和通用型螺杆结构。其中，突变型螺杆（压缩比为3～3.5）适合塑化结晶型料（PE、PP等）；渐变型螺杆（压缩比为1.4～2.5）适合塑化高黏度非结晶型料（HPVC、PMMA、PC等）；通用型螺杆结构（压缩比为2～3、压缩段长度介于突变型和渐变型螺杆的压缩长度之间）适合于结晶型和非结晶型塑料的塑化；还有些塑料，因其加工性能的特殊，应选用专用螺杆结构，如PET、PA、PC和PVC粉料等塑化时，应选用为其分别特殊设计的专用料螺杆结构。

3-46　注塑机怎样进行安装？

（1）对于中小型注射机的固定安装，一般不用地脚螺栓固定在平整的混凝土地面上，可直接采用避振脚安装。将设备就位后，调整好相互位置，垫好垫板，撤出辊杠，用水平尺校准水平（应以注射座导轨和合模部位拉杆为基准校水平）。然后将设备垫高空位，用水泥封严，水泥台应高出车间地面3～5cm。

（2）对于大型注射机的固定安装，应有地脚螺栓固定，安装顺序如下。

① 按说明书要求，掘基础坑、浇灌水泥，留出紧固螺栓地脚孔。

② 设备就位，粗略找正，放好紧固螺栓，浇灌地脚孔。紧固螺栓螺纹应高出螺母20～25mm。

③ 浇灌水泥养生后，紧固螺栓两侧加斜垫铁，校正设备水平。紧固螺母时应对角线紧固，不要一次紧牢固；初步校好水平后，再紧固一次，使各螺母的拧紧力均匀。

④ 连接水、电和气管路及附属零部件。

⑤ 设备垫高部分用水泥封严，水泥凸台应高出车间地平面3～5cm。

3-47　注塑机怎样进行验收和做好生产准备？

新制造的注塑机，在出厂前一般应对设备进行不少于4h（或3000次）的连续空运转试验；同时，要检测动、定模板间工作平面的平行度，手动、半自动和自动三项动作操作情况，安全防护设施的可靠性、运行的平稳性、液压系统的油温变化及工作噪声测试等工作，把必要的数据填报在设备合格证上。检测的结果数据应符合JB/T 7267—2004标准规定。具体数据见表3-23螺杆与机筒的装配间隙、表3-24动模板与定模板间两平面平行度公差、表3-25模板的上定位孔直径尺寸与喷嘴球半径、表3-26液压系统工作时渗油处的规定、表3-27注射机工作噪声值的规定。

表3-23　螺杆与机筒的装配间隙　　　　　　单位：mm

螺杆直径	15～25	25～50	50～80	80～110	110～150	150～200	200～240	>240
间隙	0.12	0.20	0.30	0.35	0.45	0.50	0.60	0.70

表 3-24　动模板与定模板间两平面平行度公差　　　　　单位：mm

拉杆有限间距	200～250	250～400	400～630	630～1000	1000～1600	1600～2500
合模力为零时	0.25	0.30	0.40	0.50	0.60	0.80
合模力最大时	0.12	0.15	0.20	0.25	0.30	0.40

表 3-25　模板上定位孔直径尺寸与喷嘴球半径　　　　　单位：mm

拉杆有限间距		200～223	224～279	280～449	450～709	710～899	900～1399	1400～2239	≥2240
模具定位孔直径	基本尺寸	80	100	125	160	200	250	315	315
	极限偏差 H8	+0.054	+0.054	+0.063	+0.063	+0.072	+0.072	+0.081	+0.081
喷嘴球半径		10,15,20,25,30,35							
喷嘴与定位孔同轴度		≤0.25			≤0.30			≤0.4	

表 3-26　液压系统工作时渗油处的规定

合模力/kN	160～2400	2500～9000	10000～50000
渗油处数	≤3	≤5	≤7

表 3-27　注射机工作噪声值的规定

合模力/kN	≤4500	5000～14000	≥16000
整机噪声值不超过/dB(A)	83	84	85

（1）螺杆与机筒装配间隙检测　螺杆与机筒装配间隙的检测，是指用塞尺检测螺杆外圆与机筒内孔表面间的实测间隙。正常状态下，螺杆外圆与机筒内孔表面间隙应如图 3-69 所示，$\delta_1 = \delta_3$，$\delta_2 = \delta_4$，两组实测间隙平均值应在表 3-23 所规定的尺寸范围内。过小的间隙则加工难以达到，实际应用中还易出现螺杆与机筒内表面产生摩擦；如果间隙过大，塑化熔料返流量增加，生产效率下降，还易使熔料分解。

（2）喷嘴与模具定位孔间同轴度的调整　调整顺序如下。

① 先把模板和机身的横向、纵向调整至水平。

② 松开连接注射座的前、后导杆支架与机身的紧固螺钉，松开导杆前支架两侧水平调整螺栓上的锁紧螺母。

③ 用游标卡尺（精度为 0.02mm）检测，用水平调整螺栓使 $h_1 = h_3$（见图 3-70），用导杆支架上的上、下调整螺钉使 $h_2 = h_4$。则两零件间同轴度误差应控制在表 3-23 要求范围内。

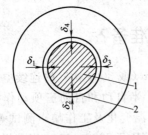

图 3-69　螺杆与机筒装配间隙检测
1—螺杆；2—机筒

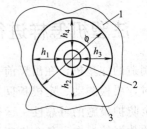

图 3-70　喷嘴与模具定位孔同轴度检测
1—定模板；2—喷嘴；3—模具定位孔

（3）注塑机水平度调整　安装后的注塑机水平度调整（见图 3-71），主要有机身和模板移动拉杆或移动导轨的纵、横向和注射座移动导杆（或导轨）水平度检测调整。调整时，可通过设备机座下的可调垫铁及上、下调整螺母的紧固来保证。

塑料制品厂作为设备的使用单位，检测目的不仅是为了核实一下进厂设备合格数据的准确性，更主要的是为了今后对设备维修时有比较正确可靠的考核数据。

（4）电源连接电路检查　注射机用电为三相交流、电压为380V，频率为50Hz。设备工作时，要求输入电压变化范围为额定电压的±10%；频率为额定频率的±1Hz。如果超出此供电要求范围，应等供电正常后再开车工作。电加热部分为交流电200～220V，液压电源为直流24V。

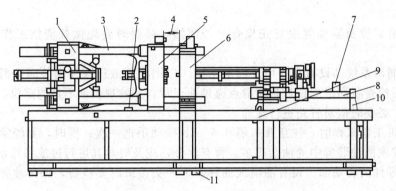

图 3-71　注塑机水平度调整示意图
1—可调模板；2—水平仪横放检测；3—拉杆；4—模具最小厚度值；
5—动模板；6—定模板；7—方框式水平仪；8—注射座移动导杆；
9—调节螺母；10—上、下调节螺母；11—可调垫铁

设备安装时，要做好接地和安装漏电保护器。接地导线断面积应符合表3-28要求，一端接到设备的接地柱上，另一端与铜板焊接，深埋到潮湿土地中；接地电阻应不低于10Ω。如果电路中某一导线与设备中的金属件接触或电气设备绝缘性较差，则电流便会对地短路，设备会带有一定的电压。此时，漏电保护器会立刻自动断电，避免操作工受伤害。

表 3-28　接地导线断面积

电动机功率/kW	<15	15～37	>37
导线断面积/mm²	14	22	38

（5）加注液压油　加注液压油前，应检查油箱内是否清洁。如果油箱内有污物或原有油杂质多，应把污油从箱的下部排出干净，再用新液压油清洗；把新油从过滤器的注油口加入，加油至油标的高位线。开车运转几分钟后，根据液压油减少量，再注入液压油至油标正中水平位置。液压油的黏度指数在90以上，温度为40℃时运动黏度在32mm²/s以上。注意：新注射机用液压油，开机500～800h后应更换液压油，以后每4000h左右更换油一次；新旧液压油不能掺混使用。

（6）冷却水连接　注塑机用冷却水，主要是冷却液压油、模具和机筒的进料口部分；要求供水压力在0.2～0.6MPa范围。机筒和模具两组冷却水的出入口连接，均在注射机机台背面的连接板上。液压油冷却用的冷却器，单独由供水管路与冷却器的进口连接。在这里应注意：液压油的进出口位置与冷却水的进出口位置相反，即进入冷却器内液压油的流向与进入冷却器内冷却水的流向相反，不能接错，避免影响冷却水的降温冷却效果。

冷却器用的冷却水应清洁，避免因水中杂质过多，影响循环冷却水的降温效果或堵塞管路，必要时应把冷却水过滤使用。

连接后的管路应进行压力试验，发现有水渗漏处应修堵，避免工作时由于管路中冷却水渗漏，影响液压油工作质量或污染工作环境。

（7）清洗设备 注射机安装后，各管路、线路接通，即可清洗设备的各部分。清洗时用柴油或煤油，把设备各机械零部件表面的污垢清洗干净，特别是拉杆、活塞杆、导杆和模板的工作面，清理干净后还要涂层润滑油。

（8）加注润滑油 注塑机中的各相互转动或滑动零件间（如拉杆、导杆、滑动座平面、曲肋连杆中的转动件、调模和注射部件中的螺纹及螺杆转动时的传动零件等）的工作面都应润滑。

① 各润滑部位及输油管要首先检查是否清洁，必要时要先做好清洁工作后再加注润滑油。

② 一般润滑系统都设有手动中央润滑系统。先把手动液压泵油箱装满润滑油，然后拉动把手数次后检查各润滑部位，各润滑点应供油正常。如发现供油不足的部位，应检查输油管是否堵塞，必要时应对管路进行疏通。

③ 注塑机正常工作时，注意要每隔 0.5～2h 拉动手把一次；同时，要经常检查回油是否清洁。如发现回油装置中的油杂质多、含有水分，应及时对其进行过滤和除水。

④ 有些零件的转动部位设有油嘴或油杯，生产交接班时要检查，保证油杯内有充足的润滑油（脂）。

⑤ 拉杆和导杆要保持清洁，并有油膜在杆的表面附着。

⑥ 注塑机工作 4000h 左右后，应该更换液压马达附近的轴承部位润滑脂。

⑦ 调模用的螺纹部位应抹润滑脂。

3-48 新进厂的注塑机开车前还应做哪些检查?

注塑机开车前检查时,应按下列顺序。

① 设备上电气装置的额定电压是否与车间电源电压值相同。

② 检查各按钮、操作手柄、手轮和电气电路有无损坏，是否有手动、半自动和自动操作控制；各开关手柄都应在"断"的位置。

③ 安全门左右滑动是否灵活，与限位开关接触如何，是否准确可靠。

④ 冷却水管路是否通畅，有无渗漏现象。

⑤ 查看油箱内液压油面是否在液面指标高度内。

⑥ 润滑系统管路是否通畅，同时将润滑油注入各润滑点。

⑦ 检测模板上定位孔尺寸是否与说明书相符合，同时应与表 3-25 规定相同。

⑧ 电气装置和设备应有接地装置，并标有保护接地符号。

⑨ 电气装置绝缘应能承受 1500V、50Hz 交流正弦波，经 1min 试验而无击穿或闪络现象。

⑩ 电气装置中不接地部分的绝缘电阻不得低于 $1M\Omega$。

⑪ 检测电加热系统是否安全可靠，与机筒接触应严密。

3-49 怎样做空运转试车检查?

注塑机空运转试车顺序如下。

① 清除设备四周一切杂物，检查各紧固螺母是否拧紧，安全罩是否牢固可靠。

② 启动电源开关，当控制板上电源指示灯亮时，表示电源已接通。把操作方式调至"点动"或"手动"位置。

③ 点动液压泵开关，检查液压泵旋转方向是否正确，如逆时针旋转应立即停机。关闭总电源后，把电源三相中的任意两相交换即可。

④ 重新启动液压泵，同时打开冷却水管路，对液压油进行冷却。此时注意观察其工作是否有噪声、异味，液压系统管路是否有渗漏现象。有异常现象时要立即停机，故障排除后再进行下一步工作。

⑤ 液压泵运转正常后，对液压系统压力进行调试。设备出厂时，一般已将液压系统压力调至 140MPa 左右，可根据拟试车制品条件适当修改，直至压力表压力稳定。

⑥ 关闭安全门，手动操作合模、开模试验几次。检查安全门工作是否可靠，指示灯是否能及时亮熄。检查液压系统的各控制阀是否动作敏捷、正确工作。当系统油压为额定值的 25％时，各运动部件不应有爬行、卡死和明显的冲击现象产生。在完成开、关模动作和注射、螺杆后退动作后，应再一次检查油箱的油位，如果油位液面低于油位计中线，应停止电动机的工作，加注液压油至油位计中线以上。

⑦ 检测动模板与定模板的两工作面平行度，应符合表 3-24 规定。

⑧ 转换开关，将操作方式转至调整位置，查看各动作是否灵活正常工作。

⑨ 调节时间继电器和限位开关，检查动作是否灵敏，准确。

⑩ 操作方式改为半自动和全自动试机控制。在手动状态全部动作正常后，在模具开启状态下按半自动键并关一次安全门，则设备自动启动半自动工作循环，观察设备半自动工作状态是否正常运行。一个循环动作结束后，一切工作运转正常，再开、关安全门一次，设备进行下一个循环动作。在半自动循环正常工作几次后，在合模结束时按"全自动"键，则设备进入全自动循环工作状态，观察设备是否能正常工作。

⑪ 查看液压系统泄漏情况，管路的渗漏处应符合表 3-26 规定。

⑫ 检测液压油温度，最高不应超过 55℃。

⑬ 注射机的工作噪声，如果认为有必要测试时，噪声值 dB(A) 不应超过表 3-27 规定值。

⑭ 试验紧急停机装置动作是否准确可靠。

⑮ 检测试验液压系统的油量不足报警、油温过高报警、润滑油不足报警装置，是否能及时准确报警。

3-50　怎样进行投料试车检查？

设备在制造厂组装后，出厂前一般都要对其性能和工作质量进行试车检查，这时已把试车需要的工艺参数存储在计算机内。使用单位在开始对设备进行生产操作前，只需接通计算机电源，按照计算机控制系统操作说明按动各键，即可显示出相应的出厂前的试车（一般多用 PS 料）参数。如果认为这个参数不符合生产要求时，可重新进行修改；对未设定的工艺参数进行补充输入。

(1) 试机前准备

① 清洗试机制品用成型模具及检查模具质量。

② 注射移动行程调试，主要是清洁注射座移动导轨并加好润滑油。

③ 核实试车用原料名称、型号及检测原料质量和含湿度，按原料允许湿度要求，决定是否对原料进行干燥处理。

④ 核实螺杆和喷嘴的结构形式，看是否与原料注塑工艺条件要求相符，同时应清洗干净、安装好。

⑤ 检测试验喷嘴圆弧与成型模具浇口套圆弧配合尺寸是否能严密接触吻合。

（2）试机前的操作调试顺序

① 成型模具的安装调试　按本章第 3-83 问题内容要求进行。

② 注射座部位的调试内容。

· 将操作方式调至"点动"位置。

· 调整注射座移动距离。首先将成型模具闭合，然后让注射座慢速前移至喷嘴与成型模具浇口接触合严为止。固定限位开关滑块位置。

· 根据制品的用料量，调节螺杆的计量行程，同时检查试验限位开关或移动传感器是否能正确工作。

· 调节液压系统各控制阀，保证注塑制件用注射压力和保压压力。

· 调节时间继电器，按制品的工艺条件需要，准确控制注射压力与保压压力的切换时间。

· 按原料的塑化性能条件需要，预调螺杆塑化用背压力。

· 调节注射座移动液压缸和喷嘴控制液压缸的压力，以能防止熔料流延的最低压力为准。

· 试验检查螺杆空运转，如有异常声响，应立即停车。

· 试验检查料斗上的加料口，观察其开闭工作是否正常。对于加料方式的选择，由于不同原料的塑化温度不同，则注射座的工作方式也有所变化，即注射座的前移和后退工作发生变化，这又使注塑中的料斗加料方式分为固定加料、前加料和后加料。

a. 固定加料方式　某些原料的塑化温度范围较宽（如聚苯乙烯），对这类原料的注塑工作就不需要注射座前后移动，喷嘴可长时间与模具浇口接触，这时可采用固定加料方式。

b. 前加料方式　某些原料的塑化需要较大的螺杆背压力（如聚酰胺），在注射时为减少其开式喷嘴的熔料流延，对它的塑化加料先于注射座的后移动作，此为前加料方式。

c. 后加料方式　在注塑结晶型塑料时（如聚乙烯），为减少喷嘴与模具浇口的接触时间，当注射、保压程序完成后，立即后退注射座，然后再进行加料塑化工作，这种方式为后加料方式。

（3）合模部分安全设施的试验检查

① 安全门的安全性试验检查　把操作方式调至半自动控制，关闭安全门后，模具开始进行开模或闭模运动；在模具的开闭模运行中打开安全门，检查模具的开合动作是否立即停止；再打开另一侧安全门，液压泵应停止工作。

② 合模保险装置的试验检查　试验保险装置工作的可靠性，可在两半模的结合面上贴一张薄油纸（厚 0.3～0.4mm，试验后清除干净），合模时观察其是否能接通锁模升压开关，如不能接通，说明此保险装置工作可靠。试验检查后，紧固好各限位开关。

③ 锁模力的试验调整　可参照本章第 3-83 问题中内容进行。

（4）投料试机　对注射机的空转试机及调整工作完成后，即可投料试机。假设试机用料为高密度聚乙烯（HDPE），选用螺杆为突变型结构形式，喷嘴结构为直通式。试机顺序如下。

① 机筒、喷嘴、模具升温，机筒温度前部设定为 165℃，中部设定为 180℃，后部设定为 210℃。喷嘴设定温度为 180℃。模具设定温度为 50℃。

② 检测试机用料　由于原料袋装密封较好，不必干燥处理。经仔细清理料斗后，可将原料直接投入料斗。

③ 接通料斗座冷却水，流量适当。

④ 检查液压系统油箱中油的温度及液压油的通水冷却情况。

⑤ 观察机筒、喷嘴和模具温度，升温达到设定温度时，再恒温 1～2h，使各部温度能均衡。

⑥ 将操作方式调整至"手动"位置　低速启动螺杆，如转动正常即可开始加料，开始加料时应量少、均匀入料，直至有熔料从喷嘴射出后，即可正常加料。

⑦ 手动操作，对空注射熔态料（开始射出的熔态料是原机筒在制造厂内试车用料，一般多采用 PS 料），直至机筒内原存有的 PS 残料排净后，再检查新投入 HDPE 料塑化质量。如果注射出的熔态料柔软光泽，无软硬不均现象，则说明原料塑化质量达到工艺要求。如质量欠佳，可适当调整塑化螺杆的背压。

⑧ 检查对空注射的熔态料塑化质量，如果符合工艺要求，即可进行合模。

⑨ 注射座前移，与模具浇口严密接触。注射、保压。

⑩ 注射座退回，取出制件，检查制品质量。根据制件的外形尺寸精度和制件是否有飞边等成品质量问题，适当调节螺杆的注射压力、保压时间和合模中的锁模力，直至得到质量合格的制品。

⑪ 操作方式调整至"半自动"位置。

⑫ 连续生产 4h　在这段时间内，试机验收人员应重点检查液压传动的油温升高变化、主传动电动机的电流变化。适当加大润滑油用量（因为新运转设备初期，相互转动零件间、轴瓦间有个磨合过程，如金属粉末较多，有较大的润滑油流出，可把金属粉末带出两金属摩擦面间），仔细听各部位的传动声音，有无异常变化等。如出现异常情况，应紧急停机，认真查出故障部位，分析故障产生原因；如系制造厂责任，应及时交涉解决。

（5）停机检查　投料试机，经 4h 生产，一切正常后，应停机检查主要零部件的磨损情况。其顺序如下。

· 改变操作方式，由半自动控制调整至手动控制。

· 停止料斗供料。

· 注射座退回，喷嘴离开模具浇口套。

· 模具处于开模状态。

· 调整螺杆转速慢转。反复对空注射、预塑几次，直至喷嘴无熔料流延为止。然后对机筒进行清洗，排净机筒内残料，具体清理方法如下。

a. 更换螺杆、对机筒进行清理　此项比较简单，可参照图 3-36 介绍的方法，将预注塑装置旋转一个角度，卸出螺杆，机筒的清理便能方便进行。

b. 当不需更换螺杆，只是调换原料时，如果新换原料的塑化温度比原用料塑化温度高，应先将机筒升温至新原料的最低塑化温度，然后用新原料（或其回收料）进行预塑化注射（对空注射）工作，直至将机筒内原用料排净为止；如果新用原料的塑化温度低于原机筒内用料的塑化温度，应先切断机筒加热电源，然后用新原料（或其回收料）进行预塑化注射（对空注射）工作，直至将机筒内原料排净为止。

c. 对于聚氯乙烯和聚甲醛等原料生产后机筒的清洗，可先用低密度聚乙烯塑料进行过渡性换料清理工作。

d. 对柱塞式预塑化机筒的换料清理工作，由于料筒内有分流梭，应将组装件拆卸后再清理机筒。

e. 切断冷却水、主电动机电源。

f. 拆卸螺杆、机筒和喷嘴　拆下各零部件后，应趁热用铜质刷、刀和铲清理零件上的黏结料。同时，也应清理模具中的残料。

g. 检查机筒、螺杆的各工作表面有无磨损情况，有无划伤沟痕和摩擦现象发生，如发现有磨损部位或划伤沟痕，应查清、分析出现问题的原因；很可能是设备的零件制造精度或安装精度质量问题，零件热处理表面硬度没有达到要求。此种情况应及时与制造厂交涉。

h. 如果各部位清理后一切正常，各零件应涂防护油。螺杆包好后，吊放在安全通风处。

正常情况下，进厂新设备试机时不会出现什么问题。关键是通过验收试机，做好各方面数据检测记录，以备今后维修时考核参考依据。验收合格后，有关人员在验收报告中签字。设备转交车间使用。

3-51　注塑机生产操作工应知哪些事项？

设备生产操作工应知事项如下。

（1）操作工职责

① 认真学习设备说明书，应了解设备结构组成及各零部件的功能作用。

② 经培训后熟记设备操作规程，经考核合格后，能独立操作，及时发现设备生产中异常故障并能排除解决。

③ 知道如何维护保养设备。

④ 设备出现异常故障时，要向有关人员及时报告，并说明故障现象及发生的可能原因。

⑤ 不经车间领导批准，任何人不许随意操作使用归本人操作的设备，本人有权制止。

⑥ 设备生产工具及维修用附属部件应由操作者本人保管，不许乱堆放，如损坏或丢失，应负保管不当责任。

⑦ 根据设备出现的异常声响和不正常的运行动作，能判断出设备哪个部分出现问题并能及时排除。

⑧ 注意安全操作，不允许以任何理由为借口，做出容易造成人身伤害或损坏设备的操作方式。

（2）操作工注意事项

① 上岗生产前穿戴好车间规定的安全防护服装。

② 清理设备周围环境，不许存放任何与生产无关物品。

③ 清理工作台、注射导轨和料斗部位，不许有任何异物存在。同时要检查料斗内有无异物。注射座导轨应加好润滑油。

④ 检查设备上安全设施装置，应无损坏，确认工作可靠。

⑤ 检查各部位紧固螺母是否拧紧，有无松动。

⑥ 发现零部件异常、有损坏现象时，应向有关人员报告，不能开车，不能私自处理。

⑦ 核实喷嘴球形半径与模具衬套口圆弧是否相符。

⑧ 生产工作中的任何设备故障或事故，都应向车间领导报告，并做好记录。

⑨ 设备上的安全防护装置不准随便移动，更不许改装或故意使其失去作用。

⑩ 对已发现有问题设备，未经维修排除故障，不许开车生产。

⑪ 检查液压油油箱中的油量，保持油量在油标范围内。

⑫ 开车时接通电源，启动电机、油泵，开始工作后要打开油冷却水阀门；油泵短时间运转正常后关闭安全门，先采用手动合模，打开压力，观察压力状况；手动操作空车运转动作几次，检查各部位作用是否正常；进行半自动、全自动操作试车，检查各部位作用是否正常；检查注射制件计算装置及报警装置是否正常、可靠。一切正常后，采用某一种操作方式生产。

⑬ 试车，对空注射时，注意喷嘴前方不许有人。

⑭ 设备运转开动时，不许任何人在本台机器上做其他工作。

⑮ 操作者离开设备时，应切断电源。

⑯ 对于突然停电或意外事故，应立即排净机筒内 PVC、POM 等热敏性材料，同时要立即降温。

⑰ 停止生产时，首先要关闭温度控制仪表，停止机筒加温；关闭进料闸板，停止向机筒内供料；待料筒内物料注射完毕后，即可降温停机。如果机筒内是热敏性材料（如 PVC 料），要采用聚乙烯（或聚丙烯）或螺杆清洗专用料把机筒内残料清洗干净，以防止下次生产时机筒内残料分解。关闭总电源、水源。模具各工作面应加油防止锈蚀。料斗盖要盖好，防止灰尘异物落入料斗内。做好设备和工作环境的清洁。

（3）注塑机四种操作方式应用

① 调整操作

a. 工作特点　各部位的工作运动是在按住相应的按钮开关时才能慢速动作，手离开按钮，动作即停止。此动作方式也可称为点动。

b. 应用原则　应用在模具的安装调整工作，试验检查某一部位的工作运动时及维修拆卸螺杆时应用。

② 手动操作

a. 工作特点　手指按动某一按钮，其相应控制的某一零部件开始运动。直至完成动作停止。不再按动此按钮，也就不再有重复动作。

b. 应用原则。在模具装好后试生产时应用，检查模具装配质量及模具锁紧力的大小调试。对某些制品生产时的特殊情况，也可用手动操作。

③ 半自动操作

a. 工作特点　关闭安全门后，注塑制品的各个生产动作由时间继电器和限位开关连通控制，按事先调好的动作顺序进行，直至制品成型，打开安全门，取出制件为止。

b. 应用原则　注塑机的各部位工作零部件质量完好，能够准确完成各自的工作动作。批量生产某一制品时，采用半自动操作。

④ 全自动操作　注塑机的各部位工作零部件质量完好，能够保证各动作正确工作条件下，自动控制各工作程序，使各种动作按固定编制好的程序循环工作。应用原则如下：用于大批量注塑生产某一种制品时，由于目前成型制件顶出装置的工作可靠性还存在一些问题，所以，对于当前的机械传动条件，暂不宜采用。

3-52　注塑机工作时有哪些部位需要每日检查维护?

对注塑机的日维护保养检查，一般都是在操作工交接班前后进行，具体检查维护保养项目如下。

（1）润滑系统　操作工接班前一定要检查各润滑系统、部位（如油箱、拉杆、曲肘连杆轴、注射移动导轨面、螺杆轴承部位等）的润滑油是否充足、油质是否清洁、相互滑动（或转动轴承）部位温升是否正常；及时补充加足润滑油，使箱中的润滑油液面保持在油标线规定值内，发现异常现象要及时排除。

（2）接班后要检查液压油用油箱内油量是否在油标的中线以上，液压系统管路有无滴漏油，并及时补充加足；油温应在 55℃ 以下，必要时加大冷却水流量，最好控制油温不超过 50℃。

（3）核实各部位的工艺温度是否正确，如出现温度波动，与规定工艺温度相差过大时，应检查加热装置和测温热电偶工作位置是否有误。

（4）检查核实注塑机操作台上各控制旋钮、开关的工作位置是否正确；各限位开关是否牢固地固定在准确的位置处；用手动操作方式，试验安全门能平稳地开闭；当安全门打开时，模具应不能闭合；试验紧急停车按钮，正常工作中按下紧急按钮，液压泵应立即停止，设备中各工作机构停止运转。

（5）仔细听设备工作运转声音是否正常，发现异常声响时要立即停车检查，故障排除后才能开车正常生产。

3-53　注塑机的定期维护保养应怎样安排？

注塑机的定期检查维护保养，可分为每周、每月和每年的间段时间保养。间段时间保养内容如下。

（1）每周检查维护保养项目

① 检查、紧固各连接螺栓，如曲肘连接及各运动部位紧固螺栓、模具紧固及其结构中活动件连接螺栓或螺钉及限位开关固定锁紧螺钉等。

② 检查液压油、润滑油的冷却装置中各系统的冷却管路及油路，查看有无渗漏油、水现象，必要时进行适当收紧或更换密封垫圈。

③ 仔细检查各润滑点、输油管路中的油质变化　是否油中混有水分，油中是否混有金属粉末或其他杂物，必要时更换润滑油或对其进行过滤等处理。

（2）每月检查维护保养项目

① 检查液压油质量，发现油中含有杂质、油量不足或含有水分时要及时处理，补加不足液压油量。

② 检查各电器线路有无松动现象。

③ 检查电控箱上的通风过滤器、排除污物，必要时拆下清洗。

④ 清洗液压油过滤网。

⑤ 对各滑动面（如拉杆、注射座滑动导轨面等）进行一次清洁处理，然后重新涂好新润滑油。

（3）每年检查维护保养项目

① 检查液压油质量，一般要求注塑机用液压油 1～1.5 年更换一次新油；新设备初期使用时，液压油使用 3 个月后应从注塑机液压系统中排出，对液压系统中的各控制阀、管路、油箱进行一次清洗（因为新设备使用初期，磨损的铁粉末、管路中的不清洁杂物混入油质中），把液压油过滤后（用 150 目过滤网），重新加入油箱。

② 校正热电偶测温仪表显示与用温度计实测测温点的温度误差；清除热电偶接触点污垢，校正热电偶正确的工作测温位置。

③ 检查控制箱内所有电线连接点的牢固性，检查线路橡胶绝缘层是否出现老化现象，防止漏电，必要时对线路用线进行更换。

④ 检查机械传动减速系统，如轴承的清洗，查看磨损状况，必要时更换轴承。检查齿轮齿面磨损状况、减速箱内润滑油质量，做好记录。

⑤ 检查螺杆，机筒磨损状况，对轻度磨损和划伤进行修磨，出现磨损较严重现象时应进行补修，做好记录，提出更换计划。

⑥ 各驱动电动机、液压泵、液压马达要拆卸检查，查看轴承、泵体等处的磨损情况，

清洗后加润滑油（脂），对磨损件做好记录，提出维修或更换新件计划。

⑦ 对一些密封圈、易损件进行检查，必要时进行更换。

3-54 喷嘴故障拆卸与维护方法有几种？

喷嘴是塑化系统中的一个部件，从图 3-23 中可以看到，喷嘴在机筒前端，用螺纹与机筒连接固定。喷嘴处出现故障，主要是由于熔料从此处溢出或注射熔料时会出现熔料流动不通畅现象。对于塑化系统零部件的维护、拆卸，应首先把固定塑化系统底座的螺钉松开，按图 3-36 方式把塑化系统旋转一个角度，以方便塑化系统零件的维护拆卸。

（1）喷嘴的拆卸顺序

① 清理机筒和喷嘴内残料（按第 3-51 问题中内容进行清理）。

② 拆卸喷嘴 采用专用工具松动喷嘴与机筒连接螺纹，让喷嘴内挥发气体全部排出后再把喷嘴拧动脱离机筒。

③ 拆卸的喷嘴立即清理孔内残料，必要时从喷嘴口向流道内注入脱模剂，以方便残料的清除。

（2）熔料流动不畅或溢料部位的维护

① 溢料产生的原因主要是喷嘴端圆弧与浇道圆弧半径不吻合，则两零件接触时出现缝隙，注射入模的高压熔料从此处溢出。修复方法是把两圆弧面重新修磨，直至两圆弧面严密配合为止。

② 喷嘴与机筒装配接触端面有缝隙溢料，修磨喷嘴端面直至与机筒配合端面紧密配合，如不能修磨降低平面平整粗糙度，可更换新喷嘴。

③ 检查喷嘴熔料流道的表面质量，修磨降低流道表面粗糙度，清除孔道内异物或毛刺，即可减小料流阻力，使熔料流动顺畅。

3-55 螺杆怎样维护保养？

螺杆是注塑机设备上重点维护保养的对象。除前面已经提到的：塑化熔料没达到要求工艺温度时不准开车；机筒内无料时螺杆不允许长时间（不超过 2～3min）空运转和严禁硬质异物随料进入机筒外，对螺杆的维护保养还有下列几项要求。

（1）螺杆的拆卸 机筒前端的喷嘴和法兰拆卸完后，即可用专用工具（图 3-72 从螺杆尾部顶出螺杆）拆卸螺杆，同时拆下螺杆前端的螺杆头部、止逆环和密封环。

（2）拆卸分离的各零部件立即用铜刷清除粘在表面上的残料，清理时可在零件表面涂些脱模剂或矿物油，以方便凹坑处及螺纹部残料的清除。

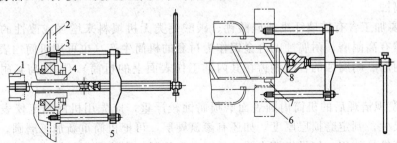

图 3-72 螺杆顶出拆卸法
1—螺杆尾部轴；2—轴承箱体；3—轴承箱盖；4—减速箱传动轴；
5—顶螺杆专用工具；6—法兰；7—机筒；8—螺杆

（3）如果粘在零件上的残料已经降温硬化，可把止逆环、密封环件放入烘箱中加热，让残料熔融后再清除。

（4）检查清洁后的零件　如果螺杆、止逆环和密封环表面有轻微划痕和摩擦损伤，可用细砂布或细油石修磨光洁平整；对磨损严重、无法修补的零件应更换新件；对于螺杆局部出现的凹坑和脱铬层现象，可进行堆焊后修磨。

对于螺杆及其辅件的维护应注意：拆卸各零件应使用专用工具，不许用重锤敲击，必要时只能用铜锤或木棒类工具敲打；除各零件表面残料时只能用铜刷清理，不能用刮刀或锉等工具刮料；装配各零件前、两零件间的连接螺纹要涂一层耐高温油脂（如二硫化钼等），以方便下次维修拆卸；注意防护、避免清洗溶剂损伤皮肤。

3-56　机筒怎样维护保养？

机筒和螺杆一样，是注塑机设备中最主要关键零件。从图 3-23 中看到，机筒包容螺杆，螺杆在机筒内旋转，两零件合理地配合工作，通过对原料的加热、挤压和搅拌、剪切等条件的作用，完成对塑料的塑化工作。对机筒的维护保养，除了前述的不许硬质异物进入机筒和不许螺杆在机筒内无料情况下长时间空旋转外，对机筒的维护保养还应注意下列事项。

（1）机筒头部辅件的拆卸维护

机筒头部辅件的拆卸，主要是拆卸机筒头部和连接法兰等零件。对其拆卸维护顺序如下所述。

① 松动零件与机筒连接螺纹，拆卸机筒头部及法兰与机筒分离（注意拆卸时不能用重锤敲击，必要时只能用铜锤或硬木敲打拆卸）。

② 拆卸件应立即清除其内孔及端部结合平面处残料（清理时不能用钢质刮刀和锉刀刮料，避免损伤表面；可用脱模剂或矿物油清理，必要时也可把零件加热至残料熔融再清除）。

③ 检查机筒头部内孔及结合平面处是否损伤。出现轻微的划伤或腐蚀点，可用细砂布或油石修磨，达到表面光滑平整，避免塑化熔料从此处溢出。

④ 出现脱落铬层现象要进行第二次重镀铬。

⑤ 对于螺纹孔内的螺纹损伤可对其换位重新加工。

（2）机筒维护保养

机筒一般多采用优质合金钢（如用 38CrMoAl、40Cr 等合金钢）制造，精加工后的机筒内孔表面经渗氮处理后得到较高的硬度，硬度大于 700～840HV。在使用生产工作中对其维护保养应注意下列几点。

① 当加工聚氯乙烯、聚碳酸酯和丁酸酯类塑料时，出现因停电或临时维修需停机时间较长时，由于这类塑料对金属有较强的腐蚀性，所以应立即清除机筒内存料，以减少其对机筒工作面的腐蚀。

② 如果要加工含有玻璃纤维或硅酸钙、碳酸钙类无机填料来增强或改性的塑料时，应选用机筒内镶有高耐磨、耐腐蚀的合金钢作为衬套的机筒生产（也可用机筒内表面采用离心浇铸法，把耐磨、耐腐蚀的合金钢铸在其内圆工作表面上的机筒），以提高其耐蚀性、延长使用寿命。

③ 如果发现清理后的机筒内圆表面磨损腐蚀较严重，应先用机筒测定仪表检测机筒内圆各点直径尺寸，判定磨损层厚度，如还有渗氮硬层，可把机筒重新加工磨圆，再按此新的直径配一根新螺杆使用；如果机筒内圆已不存在渗氮层，则应换新机筒或把此机筒内圆加工后镶合金衬套使用。

3-57 合模机构部位怎样维护保养？

合模机构从图 3-31 中就可以看到，它是一个安装固定成型模具，工作时以一定的移动速度进行往返运动，用不同的推、拉力完成模具的开闭动作。合模机构中各零件的制造精度和工作状况，将会直接影响注射制品的质量。对合模机构的维护保养注意事项如下。

（1）合模机构中的拉杆、导杆、模板滑动导轨面和肘杆式合模机构中的肘杆连接处及模板平面，要经常保持清洁、无任何污物；不能用钢质手锤敲击拆卸；不能划伤各工作面；保持各滑动面有充足润滑油，保证工作时经常处于良好的润滑状态。

（2）模板中的模具安装固定用平面，经常保持光洁平整；模具在装配固定在模板前，一定要把装配平面清理干净，不能有划伤凸凹点，保证有较好的装配固定精度。

（3）固定模具用螺钉规格要与模板上的螺纹孔规格相符，使用质量合格的螺钉，以避免加快模板上螺孔的损坏。

（4）注塑机停产时不能让模具长时间处在合模锁紧状态，以防止模板、模具变形或因此而导致连杆处润滑油不足，增大模具开模移动的难度。

（5）停产时要把模板各部位清理干净，涂一层矿物油防止氧化生锈；严禁重物在装置上存放；为防止撞击划伤各工作面，必要时应加防撞保护。

3-58 驱动螺杆注射传动部分维护保养应做哪些工作？

螺杆旋转和注射驱动部分，包括驱动电动机、液压马达、齿轮传动减速箱、螺杆支撑轴承和液压缸等主要零部件。这些零件的工作是螺杆塑化原料旋转和注射移动所需要的转矩和推动力的保证，使注塑机平稳运行，按工作程序正常工作。

（1）电动机、液压马达的维护保养内容　检查电动机用导线连接是否牢固；风扇紧固螺钉是否松动；电动机轴承清洗后检查磨损情况（如出现滚珠严重磨损、滚珠架损坏及轴承套有裂纹现象要及时更换新件），然后加足润滑油（脂）；清除电动机内灰尘、污垢；更换密封垫等。液压马达要检查其内部零件磨损情况，出现轻微划伤要用细油石修磨。如果输油量出现较大变化，应对其检修，必要时更换新件。

（2）传动齿轮减速箱要检查润滑油质量，油内铁粉屑、污物较多时要经沉淀过滤处理后使用，出现变质现象要更换新油；检查齿轮啮合磨损状况，轻微损伤应进行修磨，工作噪声异常，严重磨损件要更换新件；补加足量润滑油；轴承清洗后检查，磨损严重件更换，加足润滑油（脂）；更换新密封油垫。

（3）对螺杆尾部用支撑轴承，工作中要承受巨大轴向推力，工作中磨损较快，要经常注意它的工作状况，一定要定期重点维护保养（方法同其他轴承）。

（4）液压缸维护保养，主要是检查缸体、导向套和密封件的磨损情况，对缸体的划痕应进行修磨，导向套和密封件磨损严重时要更换新件。

3-59 注塑机的加热、冷却装置怎样维护保养？

塑化原料用的加热装置设在机筒体的外围和喷嘴处。冷却装置设在机筒尾部和料斗座内及机筒体的外围。加热和冷却装置协同合作，使机筒塑化原料用工艺温度能平稳控制在要求的温度范围内。加热装置由加热电阻圈、热电偶和温度显示仪表组成。冷却装置是冷却水管路，它主要是对液压油进行降温冷却。这些部件的维护保养包括下列几点。

（1）加热装置的使用维护

① 安装前要检查电阻加热装置的外观、配线、功率、紧固螺栓及接线柱与连线是否符合要求。

② 检测加热装置中的加热圈电流是否正常。

③ 机筒的加热部位要清理干净，不许有油污及锈蚀斑存在，保证线圈与机筒体严密接触。

④ 清除热电偶装置孔内一切杂物，保证热电偶测温部位与机筒体测温点有较好吻合。

⑤ 注意喷嘴部位加热测温装置的维护及清理　要经常检查这里的加热圈和圆形热电偶是否被溢出的熔料缠绕及进入加热圈和热电偶与喷嘴的接触面缝隙间，影响对喷嘴的加热和测温效果。

⑥ 定期核实调整，用水银温度计测温与热电偶测温显示温度差，以保证工艺温度控制的准确性。

（2）冷却装置的使用维护

主要是经常检查冷却水管路有无渗漏水现象，水流是否通畅，流量是否可调，发现问题及时进行维护修理；使用水最好经过软化处理，避免长期工作管路出现结垢现象，影响冷却效果。

3-60　液压油怎样进行维护保养？

液压油是注塑机的液压系统中用来进行能量传递、转换及控制，通过管路和各种功能控制阀的变化，使注塑机得到多种不同方式机械运动而进行工作的。注塑机的正常工作，液压油的质量稳定是一项重要条件。注塑机中液压油质量变化，主要是受高温，油中混入固体微粒、水、空气、化学物质、微生物及油污垢等多种杂物影响，从而导致油的黏度和润滑性下降，加快系统中各液压件的磨损，造成各控制阀无法正常动作，影响注塑机正常平稳生产。由此可见液压油的质量维护保养必须引起重视，对液压油维护提出下列几点要求。

① 在液压油的运输、存放及向注塑机油箱内注入等一系列程序中，对于各种容器、管路等，一定要清洗干净后再使用。

② 加入注塑机油箱内的油量要尽可能多些，以减少油箱内空气存留的空间，这样可减少油箱内空气中水分及灰尘等物混入油中。

③ 保持注塑机工作环境清洁，无粉尘，减少空气中灰尘对控制元件的污染，避免控制元件动作时灰尘从控制阀缝隙混入污染油。

④ 为清除液压油中金属粉末，可在油箱中放一磁铁，减少油中金属粉粒。

⑤ 控制液压油工作温度在 40～55℃ 范围内。

⑥ 当液压系统维护修理时，拆卸的各元件存放在干净容器内，安装时各管路、控制元件应清洗干净后再组装。

⑦ 新注塑机上的液压油工作 500～800h 后，要排除，把液压系统中的管路、控制阀等零部件全部清洗干净后加入新油。对于正常生产工作用液压油，一般使用约 5000h，视油质情况进行更换。

⑧ 被污染的液压油除了用过滤器过滤出杂物外，还可用沉淀法分离出杂物，把液压油抽入沉淀槽内，静置 24h 后把油中水和杂物从槽的底部放出，剩下的液压油再经过滤抽入沉淀槽，再经 24h 静置，排出水分杂物，直至无沉淀物为止。

⑨ 对于液压油的质量检测,主要是观察油的色泽变化、透明度及检测油中杂质物的含量(一般不超过 0.1%)和水的含量。油中是否含有水,可把一滴油放在 250℃左右铁板上,如油无声燃烧,说明油中无水;如出现爆炸声,说明油内含水。

3-61 液压系统中密封件的作用与维护保养方法有哪些?

密封件在注塑机的液压系统中应用较多,如各种液压泵、液压缸中的端盖、泵体、缸体、活塞、杆等处都有密封件。它的作用是防止有一定压力的液压油在传递能量和流动过程中泄漏和防止工作环境中的灰尘、金属屑及各种污垢混入液压油中。由于密封件能阻止液压油的泄漏,则避免了外泄油对环境的污染,减少了液压油的浪费;防止灰尘及铁屑等杂物混入油中,使油的质量在较长工作时间中得到保证,避免和减小了液压件的工作磨损。由此可见,密封件的合理使用对保证注塑机的工作效益意义重大。对密封件维护保养注意事项如下。

① 密封件工作部位,装配前要清除划痕、毛刺和污垢,以保证密封件与密封面有良好的接触。

② 发现密封部位出现渗漏时,可能是密封件磨损严重或密封面出现划痕、凸凹不平或圆的直径尺寸误差大,要及时维护修磨密封面,更换密封件。

③ 密封件磨损快,更换频繁,可能是密封处零件结构不合理或制造精度不符合要求,应对零件的密封部位结构修改后重新制造。

④ 工作介质中含杂质多,也是加快密封件磨损条件之一,必要时应对其进行过滤,清除油中杂物。

⑤ 控制液压油温不能长时间在高温状态下长时间工作,这种情况是加快橡胶类密封件老化变质的主要影响因素之一。

⑥ 密封件装配前其接触面要清理干净、光滑平整;装配后与密封面接触力均匀适宜,用于端面密封件定位的压盖、螺钉紧固力要均匀。

3-62 液压泵怎样维护保养?

液压泵是注塑机液压系统中的动力输出机构。工作方法是把电动机驱动输入的机械能转换为液体的压力能;即通过液压泵向液压系统内输出具有一定压力和流量的液压油,推动油缸活塞作直线往返运动或带动液压马达旋转,输出一定的转速和转矩。

液压泵按结构的不同,可分为齿轮泵、叶片泵和柱塞泵。注塑机设备中以叶片泵应用较多。对于叶片泵工作的常见故障,主要是不能输送油或输送油的压力或流量不足。对其维护保养方法如下。

(1) 液压泵旋转但不能输出液压油

① 油箱中液压油量不足,吸油管口露出液面。此时加入足量液压油即可(要求液压油液面在油标上线位置)。

② 进油管路中的过滤网堵塞,使液压泵输出油量少或不输出油,应及时清除管路或过滤网部位堵塞物。

③ 液压泵中零件损坏不能正常旋转工作或发出异常声音,影响液压油流量波动,应及时维修,更换损坏件。

④ 泵轴旋转方向错误或泵轴转速太低。输入电流线路连接有误,应检修更正。

（2）液压泵工作未达到额定压力和输油量

检查试验泵工作是否达到额定压力和输出油量，可在泵的输出口处安一个节流阀和压力表，观察泵的自由流量，检测其在规定压力下泵的工作排出量。若流量与泵的额定值接近，说明泵没问题，则应在液压系统内查找。

① 可能泵的内安全阀设定值太低或不能正常工作。重新设定安全阀。

② 输出液压油的黏度太低（也许油温过高降低了油的黏度）。降低油温后油的黏度还偏低应更换新油。

③ 泵内有的零件磨损严重或密封失效。应拆开泵体检修，更换损坏件。

3-63　液压泵工作出现异常声音怎样进行维护排除？

① 检查液压系统各部件连接处密封状况，防止因泄漏而使空气混入液压油内。

② 保持油箱内液压油量充足，液面在油标的上限线附近，必要时补加液压油。

③ 定期清洗进油口处的过滤器，保持油进入管路顺畅，阻力小。

④ 驱动电动机和泵体轴保持同心度，两部件安装固定要牢固。

⑤ 发现泵体内出现异常声响立即停机，检修泵内磨损件，必要时更换新件。

⑥ 控制液压油温度在 40～55℃ 范围内工作。

⑦ 定期检测液压油质量，必要时对液压油进行过滤，清除油中杂质。

3-64　液压油温度过高怎样进行维护降温？

① 首先应进行对冷却水流量调整，加大冷却水流量即可达到油温下降的效果。

② 如果第①种方法降温不明显，应检查油箱内液压油量。如果油量偏少，回油在油箱内冷却降温时间短，油温没降下来又被抽入液压系统工作，所以，此时尽管加大了冷却水流量，降温效果也不会明显。应加足液压油量，保持液面在油标上限线位置。

③ 液压油黏度过高，调整更换黏度低些的液压油。

④ 液压系统中控制阀等零部件磨损严重　当液压油工作压力过高时，导致控制元件不能正常动作；有些控制阀的阀芯磨损严重，与阀体配合间隙过大，则造成液压油在此间隙处泄漏，而使油温升高。此时应对控制元件进行检修，更换严重磨损件。

3-65　全电动注塑机中的传动系统怎样进行维护保养？

全电动注塑机工作时的原料塑化、注射及合模动作，全部是由伺服电动机驱动，与滚珠丝杠、齿形带等零部件组合成传动系统。对全电动注塑机的传动系统维护保养应注意事项如下。

① 对伺服电动机的使用维护应注意：不得随意改变接收机用电压；不可让伺服电动机过度负载，应依据工作性质与摆臂的长度，决定扭力的大小，用于紧固伺服电动机的避振垫圈的紧固要适度，为防止避振垫圈变形，不可把伺服电动机过度锁紧；要经常定期清除电动机上过滤网灰尘和清洁电动机降温风叶；电动机内塑胶齿轮要用陶瓷系润滑油，不能用矿物系润滑油，以避免塑胶齿轮变质断裂。

② 滚珠丝杠结构复杂，加工要求精度高，应经锻造、调质、粗加工、精加工和热处理等多道生产工序完成，所以造价较高。使用时要定期检查维护，及时加注润滑油；发现滚珠

丝杠表面出现划痕，要及时进行修磨。为了延长其使用寿命，负载合理及良好的润滑是必不可少的条件。

3-66 怎样对电气控制系统进行维护保养？

通用型注塑机的电气控制系统，主要包括单相交流电阻加垫圈或工频感应加热圈、变压器、三相交流电动机、低压控制电器（接触器、电磁阀、各式继电器和各种开关等）及其控制保护电路、晶体管时间继电器、热电偶及电子温度控制仪等电器元件。为保持注塑机能在较长时间内正常运转，产品质量稳定，延长注塑机使用寿命，对注塑机的电气控制系统维护保养提出以下几点注意事项。

① 开车前查看各控制按钮、开关是否在其停止位置，各限位开关是否牢固，同时试验各开关、按钮是否能正常工作。

② 试验安全门的开关滑动是否灵活、能否准确触及行程限位开关。

③ 开车前应试验紧急停车按钮，检查其工作的准确性和可靠性。

④ 停止生产时注意把操作选择开关旋转至手动位置。

⑤ 定期检查输入电压是否与设备电气要求电压相符。电网电压波动在 ±10％ 之内，必要时采用安装稳压设备输出电源的办法。

⑥ 长期停产的注塑机要定期接通电气电路，避免各电器元件因受潮而损坏。

⑦ 注塑机采用计算机控制时，要定期检查微型计算机部分及其相关辅助电子板。定期清除控制箱内灰尘，清扫通风网灰尘，保持箱内有良好的通风散热；减少外界振动，为电控箱工作提供稳定的电源电压。

3-67 注塑机工作常见故障怎样进行排除？

注塑机工作常见故障及排除方法见表 3-29。

表 3-29 注塑机工作常见故障及排除方法

设备故障	对制品质量影响	故障原因分析	故障排除方法
电动机不启动	—	电源没接通 电路故障	重新合闸，检查保险丝 测试电路，检查接头
主轴不转动	—	液压离合器部位故障	检修液压缸或离合器
减速箱漏油	—	密封垫损坏 加油过量 箱体有裂纹或沙眼	重新换密封垫 放油，液面在油标最高位置 修补
减速箱内工作传动噪声异常	—	齿面严重磨损 齿折断 轴承损坏 齿轮啮合中心距变化 润滑不良	修复或换齿轮 换轴承 轴承换后，中心距复原位 加润滑油
螺杆不转动	—	机筒内有残料、温度低 金属异物卡在机筒内 没装键	继续升温至工艺温度 拆卸螺杆排除异物 装键
螺杆与机筒装配间隙过大	注射压力和注射量波动，使成型制品外形尺寸误差大、表面有缺陷及波纹	工作磨损使螺杆外径缩小，机筒内径增大	修机筒内径，更换新螺杆

设备故障	对制品质量影响	故障原因分析	故障排除方法
机筒温度不稳定	制品的外形尺寸变化大 温度高时:有飞边、气泡、凹陷、变色银丝纹、制品强度下降 温度低时:制品表面有波纹、不光泽外形有缺损部位	局部电阻丝损坏 冷却降温系统故障 热电偶故障或接触不良 控制仪表显示故障	用水银温度计校准 加热降温系统应全部检查、修复
机筒内工作声响异常	—	有异物进入机筒 螺杆变形弯曲 工艺温度低或升温时间短	拆卸螺杆排除 修复或更换螺杆 延长升温恒温时间
注射座移动不平稳	—	液压缸活塞推力小 活塞运动与移动导轨不平行 导轨润滑不良,摩擦阻力大 活塞杆弯曲,油封圈阻力大	增加液压系统压力 重新安装移动液压缸 注意加强润滑 检修活塞杆
喷嘴与浇口配合不严	熔融料外溢,充模量不足,造成制品外形有缺损	移动液压缸推力小 喷嘴与浇口圆弧配合不严 喷嘴口直径大于浇口直径	增加液压系统压力 修复圆弧配合严密 浇口直径应大于喷嘴口直径
喷嘴结构不合理	熔融料流延	料黏度低,应换喷嘴	更换自锁式喷嘴
合模不严	制品外形有缺陷 制品有飞边 脱模困难	两模板不平行 锁模力小 结合部位两模面间有异物 两模面变形	检修模板与拉杆配合处 调整两模板距离,提高锁模力 清除异物 检修,重新磨平面
注射熔料量不足	制品外形有缺陷	送料计量调节不当 喷嘴堵塞或喷嘴流溢量大 注塑机规格小,注射量小于制品质量	调整送料计量装置 检修喷嘴 调换注塑机
注射压力不稳定	制品外形尺寸误差大 压力大时:制品有飞边、易变形、脱模困难 压力小时:制品表面有波纹、有气泡、外形尺寸有欠缺	液压传动系统压力波动影响	检查液压泵及减压阀或溢流阀工作稳定情况 查看液压管路是否有泄漏部位
注射熔料流速变化	流速过快时:有黄色条纹、有气泡 流速较慢时:制品外形有缺陷、表面有焊接痕或波纹	液压系统控制阀影响	调节液压缸部位回流节流阀
保压时间短	制品易变形 外形尺寸有较大误差	补缩熔料量不足	适当增加保压时间
流道设计不合理	外形质量有缺陷 有熔接痕	流道料流不通畅,充模困难	改进设计,重新开设流道
模具成型面粗糙	外表不光亮、脱模困难	熔料中杂质多,应筛料 嵌件划伤	重新研磨模具成型面 粗糙度值 Ra 应小于 $0.25\mu m$
模具温度不稳定	外形尺寸误差大、温度偏高时:有毛边、脱模困难 温度较低时:外形有欠缺、有气泡、有熔接痕、易分层剥离、强度降低	水通道不畅、降温效果差 电加热器接触不严	检修清除管内水垢 重新装夹固定电加热器
模具没有排气孔或排气孔少	外表不规整,有黑色条纹	注意排气孔的位置要正确	增开排气孔

续表

设备故障	对制品质量影响	故障原因分析	故障排除方法
脱模斜度小	脱模困难、易变形	设计问题	增大脱模斜度
金属嵌件温度低	嵌件部位易开裂	嵌件热处理温度低	提高嵌件预热温度
顶出杆顶出力不均匀	损坏制件、脱模困难制件变形	顶出杆位置分配不合理	调整顶出杆位置及顶出杆长度

3-68　注塑机中液压系统工作故障应怎样进行查找排除?

注塑机设备上的液压传动，在塑料机械设备中是一个较复杂的工作系统，一般是由多种机械元件、液压管路和各种电气装置控制阀组合而成。所以，当液压传动系统出现工作故障时，就要分别从液压、机械和电气等多方面逐项地去观察、分析、判断，找出影响工作故障的根源。由此可见，液压故障维修人员应是一位具有较全面维修技术知识、掌握液压传动原理和相关资料、了解液压系统中各种控制元件功能和作用的多方面技术的人员。

当液压系统出现工作故障时，维修工作可按下列几点逐项进行。

（1）熟悉故障设备的液压传动工作原理图，知道液压系统工作原理图中各元件符号及其功能作用。

（2）知道故障设备的液压系统工作状况（可检查设备维修维护工作记录）。

① 液压油质量什么时间检测过，怎样处理的，过滤器是否清洗过。

② 液压系统以前都发生过哪些故障，怎样处理排除的。

（3）故障前对液压系统中各控制元件是否进行过调整，是怎样调节的。密封垫是否更换过。

（4）现在液压系统故障都有哪些异常现象；故障现象是逐渐发生的，还是突然出现的。

（5）查看液压系统实际工作状况。

① 检查液压油　油量是否符合工作要求；油中杂质是否过多；油温度；油是否变色，有无气泡；各管件连接处是否渗漏；油压变化情况等。

② 启动液压系统运行　听其工作运行声音状况；用手接触管路、控制阀等部位，能感觉到各部位工作的振动和冲击、油温及局部控制件工作温度的异常。

当了解设备运行故障的上述情况后，则按液压系统工作的异常现象，就可能比较准确地判断出液压工作故障产生的根源及部位。对故障引起的原因初步判断如下。

① 故障突然发生　产生原因可能是油中杂质过多，正常运行中油的杂质使系统中某一控制元件无法动作或失灵；液压泵中某一零件损坏；系统中某一控制阀中的弹簧折断，使其无法正常动作。

② 故障现象逐渐明显　产生原因可能是控制元件中的某一零件磨损严重、液压油内漏、使其动作失常；泵件严重磨损；密封件不起作用，渗油或吸入空气。

③ 设备运行中出现噪声、振动或爬行，说明液压油中有较多气泡。

④ 运行设备出现刺耳的啸叫声，说明油管路中吸入了空气；泵体发热或声音异常，说明泵轴变形或轴承损坏。

⑤ 泵体过热，说明液压泵的内泄严重或吸入空气；如果泵出现异常振动，说明泵内旋转件未达到动平衡或泵中某些紧固螺钉松动。

液压系统常见故障诊断与排除方法见表3-30。

表 3-30　液压系统常见故障及排除方法

故障现象	产生原因及排除方法
液压泵工作出现异常声音	①泵内零件磨损严重,零件间配合间隙过大。应检修,对磨损件修复或更换 ②泵轴承损坏或磨损严重,应更换新轴承 ③泵安装不当,可能泵轴与电动机轴不同心,泵体紧固不牢,应检查找出问题并排除 ④油过滤器堵塞。检查清除堵塞物 ⑤液压油选择不当,黏度过高。应更换略低黏度的液压油 ⑥油管路吸入空气。应检查管路各连接点,排除密封处漏气现象;如果油箱内液面过低时应补加油量,使液面在油标中线之上 ⑦吸油过滤器进油断面过小。更换油过滤器,加大油过滤器进油断面 ⑧油温偏低。应将液压油加热升温至 30~55℃范围内,再启动液压泵
溢流阀有噪声	①阀内零件磨损严重,阀芯在阀体内不能正常动作,内漏现象严重。应检修或更换新阀,重新修配时,阀芯与阀体配合间隙应在 0.01~0.025mm 之间,圆柱度公差为 0.005mm ②弹簧变形,不能正常发挥作用。应更换新弹簧或改变弹簧位置 ③油中杂质过多,堵塞油孔。应检修清洗,必要时液压油应进行清洁处理 ④阀芯表面有划伤痕,影响其正常动作。应检修,对划痕有毛刺处磨修 ⑤先导阀电磁铁接触不良,电压低,吸力不足。检修,修磨动、静铁芯接触面
液压管路、箱体和控制阀振动及液流冲击声所引起的异常声音	①管路及管接头部位振动。在适当部位夹持固定;必要时急弯处或高压油口处改为软管;也可采用加大管直径办法 ②管路中有高压脉冲冲击。可考虑在管路中加缓冲器、蓄能器或脉动过滤器 ③回油箱体振动。在箱体、泵和电动机下加橡胶垫;必要时箱板加厚或补焊肋板 ④弹簧引起振动。可按振动方式考虑改变弹簧位置或提高弹簧刚度 ⑤如果是阀换向时出现冲击噪音,应适当降低电液阀换向的控制压力;在控制管路或回油管路上加节流阀或选用带先导卸荷功能的元件 ⑥控制回路漏油。检修回路消除漏油 ⑦先导阀芯滑动受阻或出现划痕。检修,磨光阀芯或更换新阀 ⑧液压泵转子装反。应重新装配 ⑨液压缸或液压马达渗漏油,使回油窜通。检修,更换密封件 ⑩先导阀电磁铁不能正常动作。检修或更换
压力不足	①液压泵或液压缸中零件磨损严重或损坏。应检修或更换 ②溢流阀故障影响(如螺钉松动或杂质附着在阀座面上)。应检修,找出影响其不能正常工作的原因,排除 ③液压泵转子装反。应拆卸重装 ④先导阀的阀芯不能正常动作(卡住或有杂物影响)。应检修 ⑤减压阀调控不当。应重新调整 ⑥控制回路漏油。检查回路漏油点,修复 ⑦液压缸的密封环磨损严重,有渗漏油现象。使主油路与回油窜通,应对液压缸检修,更换密封环 ⑧先导阀电磁铁不能正常工作。应检修
液压油温度高	①冷却器排管中的冷却水流量小。加大冷却水流量 ②冷却水管路堵塞。检修清洗管路,去除管壁水垢 ③液压油压力过高。应重新调整系统油压控制阀 ④油箱容积小,液压油在箱内散热条件差。应加大油箱容积 ⑤油管路阻力过大。应适当修改和增大管径 ⑥液压泵内零件磨损严重,增加了内泄漏量,使泵体温度升高。检修或换泵 ⑦液压油的油量不足。应加足液压油量 ⑧大流量液压泵不卸荷。检查电磁卸荷阀,修复 ⑨控制阀磨损严重,液压油漏损大、卸荷时间短。检修漏损阀,必要时应调换合适规格的阀
压力波动	①溢流阀内零件磨损严重。检修或更换 ②溢流阀的弹簧刚性不足。应更换弹簧 ③液压管路中混入空气。找出漏气点,更换密封件;加足油量、保持油液面在油标中线以上;排除油管路中气体 ④杂物堵塞阀阻尼孔。清洗阀件,必要时过滤液压油 ⑤蓄能器或充气阀失效。检修或更换

3-69 液压冲击现象是怎样产生的？怎样预防排除？

在液压系统正常工作中，有时会突然出现管路振动或液流对管壁的冲击声，严重时会造成钢管破裂或某些液压元件损坏。这种工作中的异常现象称为液压冲击现象。

（1）产生原因　主要是由于液压系统中的换向阀动作瞬间关闭或开启或液压缸在正常运行时突然停止或变速所引起。由于这两种元件中的某一元件突然动作，结果使管路中的油流速度突然变化，但由于流动液体的惯性或液压缸活塞运动的惯性作用，会使系统内管路的液体压力急剧变化，瞬间出现高压，结果出现了液流对管壁的冲击声和振动。

（2）预防措施

① 注意放慢阀门关闭或阀门换向移动速度。

② 控制液压系统中，保持液压油的流速在一定范围内。

③ 在液压缸的出入口安装控制液压油压力升高的安全阀。

④ 在液压缸附近设置蓄能器。

⑤ 液压油过滤，清除油中杂质。

（3）排除方法。

① 降低液压系统压力，提高一些活塞的背压力，检查油温是否过高并进行一次排除油中气体工作。

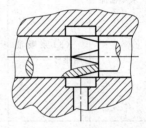

图 3-73 阀芯轴端的三角沟槽位置形式

② 对换向部位的节流阀和单向阀进行清洗检修，有可能是单向阀失灵或节流阀开口过大，造成换向阀的阀芯滑动过快，结果形成液压冲击。

③ 在换向阀的滑动阀芯轴向端，适当地开几个均匀分布的三角沟槽，使阀芯滑动得到缓冲，三角沟槽位置形式见图3-73。

3-70 液压传动系统工作故障怎样进行排除？

液压传动系统工作故障分析与排除方法见表3-31。

表 3-31　液压传动系统故障诊断分析与排除方法

故障现象	产生原因与排除方法
注射机无动作	①电磁阀中的电磁铁损坏或断电。应修复或更换电磁铁 ②换向阀的阀芯无动作。检修阀芯或检查液压油，如杂质过多，应过滤 ③液压缸损坏不能动作。检修或更换损坏件 ④限位开关或顺序装置不工作。检修，调整位置或重新调整 ⑤没有指令信号。检修，查找电路 ⑥放大器不工作或调整有误。检修，重新调整或更换 ⑦液压油系统压力不足。检查溢流阀是否工作失常，修复
注射机动作缓慢	①液压泵输出油量不足或系统泄漏严重。检修泵，查出漏油点，修复 ②液压油黏度选择不当，黏度过高或过低都不适合。应更换液压油 ③节流阀或调速阀的阀芯动作阻滞。检修阀芯磨光或进行清洗 ④液压缸磨损严重或工作负荷超载。检修液压缸，如超载，应减小负荷 ⑤放大器失灵或调整有误。检修或重新调整
注射动作反应慢，出现爬行或不规则运行	①液压油压力不稳定。检查，排除 ②系统管路中混有空气。排出空气，如油量不足，补加油量 ③电磁阀、电液阀的先导阀或主阀动作有阻滞。应清洗阀芯或修理阀芯 ④电液阀的主阀弹簧变形或折断。更换弹簧 ⑤液压缸活塞轴变形或密封环磨损严重。检修，换密封件 ⑥指令信号不稳定。检查、修复 ⑦放大器失灵或调整有误。进行检修、调整或更换 ⑧传感器反馈失灵。检修或更换

3-71 液压泵工作故障怎样进行排除?

液压泵工作故障诊断与排除方法见表3-32。

表3-32 液压泵工作故障诊断与排除方法

故障现象与引起条件		产生原因与排除方法
泵不输油	(1)泵不能转动	①电动机没启动。检查电源及电动机接通线路,修复 ②电动机故障。检修 ③电动机输出轴与泵轴没有连接。检修,可能键没装 ④泵装配问题或泵零件加工质量太差。检修或更换新泵 ⑤载荷过大。检查调整溢流阀,排除故障或降低载荷 ⑥输出口单向阀装反或阀芯不动作。检查修复或重装
	(2)泵转向错	电动机转向错。电路连接错,重新调换电路
	(3)泵吸油困难	①叶片泵内的滑动叶片卡住不动。检修或清洗泵,可能叶片有毛刺或油内杂质多,把叶片卡在滑动槽内 ②油箱液压油液面低于吸油管口。液压油量不足,应加足液压油,保持液面在油标中线以上 ③吸油管端的过滤器堵塞。检查,清洗过滤器 ④吸油管的进油阀未打开。开通进油阀门 ⑤泵与吸油管路密封不严。检查修复各连接部位,保证密封 ⑥油的黏度太高。检测油的黏度和温度应符合要求 ⑦泵内各零件装配配合精度不符合要求。检修,清洗并重新装配
泵工作噪声大	(1)吸入空气	①吸油管口与液面接近。应加长吸油管,保持进油管口在油液面下有一定距离 ②泵及吸油管的连接处密封差。应检修紧固连接部位或更换密封垫 ③吸油管部位过滤器堵塞或过滤器的进油断面过小。检查清洗过滤器中杂质,必要时更换油过滤器 ④油黏度过高。检测油质,更换黏度低的液压油
	(2)油中气泡多	①油中混入空气产生气泡。注意吸油管口与回油管口用板隔开,使油消泡后再吸入;也可在油中加消泡剂 ②油管路中或泵内有空气。空运转排除气泡 ③吸油管口浸入油液面深度不够。应加长吸油管或加注液压油,保持液面在油标中线以上
	(3)泵工作不正常	①泵内轴承磨损严重或损坏。检修拆卸后清洗、检查,如磨损严重应更换 ②泵内零件磨损严重,配合间隙大。拆卸检修,必要时更换新泵
	(4)泵安装不当	①泵轴与电动机轴同轴度差。应重新装配,两零件轴的同轴度应保持在0.1mm以内,紧固联轴器 ②地脚紧固螺栓松动。重新紧固
泵输出油量不足	(1)泵内滑动零件磨损严重	①叶片泵的配油盘端面磨损严重,与转动件配合间隙过大。应检修研磨配油盘端面 ②泵件装配不当,定子与转子、柱塞与缸体、齿轮与泵体及侧板间的间隙过大。应重新安装,按要求选配零件加工精度,以达到装配间隙规定值
	(2)油黏度过低	①油牌号选择有误。更换液压油 ②油温度过高。加大冷却器中的冷却水流量
	(3)泵内或吸油管内混入空气	可参照"泵工作噪声大"中"吸入空气"项内容排除故障
输出液压油压力不足或无法升高	(1)泵件磨损严重	可参照本表中"输出油量不足"中之(1)内容排除故障
	(2)电动机输出功率与泵工作量需要功率不匹配	①电动机出现故障无法正常工作。检修,排除故障 ②泵排出油量大,电动机功率输出偏小,说明电动机选择不当。应更换 ③液压油调高压力时,但压力升不上去,电动机输出功率小。应重新计算匹配压力、流量和功率三者,使之合理

续表

故障现象与引起条件		产生原因与排除方法
液压油工作压力和流量不稳定	(1)泵内或吸油管内混有空气	参照本表中"泵工作噪声大"中之(2)内容排除故障
	(2)油中杂质过多	叶片泵内叶片在滑槽中卡住,滑动困难。拆泵清洗油槽,过滤液压油
	(3)吸油管口过滤器堵塞	油中杂质多或过滤器过油断面小。应清洗过滤器,更换断面大的过滤器
	(4)泵件加工精度低或装配不当	①叶片与滑槽的配合间隙组合不当:有的过小,易卡住;有的过大,造成高压油向低压腔流动。应拆卸泵件,清洗后重新选配两者的配合间隙 ②柱塞泵中的柱塞与缸体孔配合间隙过大,造成漏油。应重新选择二者配合件,使之符合规定配合间隙

3-72 损坏液压泵怎样进行修复?

(1) 定子磨损修复

① 磨损原因 定子的磨损,主要是由于转子上的叶片受高速旋转离心力的作用,使叶片端面紧紧地压在定子内壁上滑动,长时期工作产生摩擦滑动,使定子的内表面磨损。在定子的整个内表面圆周上,有两段压油区和两段吸油区。压油区段几乎没有磨损,而吸油区磨损严重。原因是压油区段叶片工作时,叶片的推油侧面由于全部承受油压作用力,而将转子转动时对叶片的离心力抵消。所以,此区段内叶片端面对定子的内径表面滑动压力很小,磨损轻微。吸油区严重磨损段可见不规则的波浪纹,工作时易产生噪声或者由于吸油量不均而产生压力波动现象。

② 修复方法

a. 磨削法修复 定子的制造材料一般多用高碳铬轴承钢 GCr15,内表面经热处理后,硬度可达 60~65HRC。对这种比较硬的内表面,多用内圆磨床磨削修复,由于它的内表面是由圆弧和曲线连接组成,这种圆弧曲线可用仿形靠磨进行修磨。磨后表面粗糙度值 Ra 为 $0.63\mu m$。

b. 调换定子的磨损区段 如果定子的吸油区段磨损不太严重,厂内又不具备磨削机床,可采用调换定子磨损区段的办法,改善叶片液压泵的工作性能见图 3-74。首先在原销孔 1 的位置对称部位工处,重新加工一个新销孔 2;然后把定子翻转 180°,即是把原压油区段变为

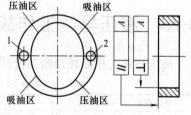

图 3-74 定子零件示意图
1—原销孔;2—新销孔

吸油区段。这种调整后的叶片液压泵,工作旋转时几乎和新液压泵的工作效果相同。

(2) 转子的磨损修复

① 磨损原因 转子的磨损主要是两侧端面与配油盘端面的摩擦、磨损。这里的磨损比较轻微,磨损原因是由于支撑转子轴的轴承精度质量差或者安装不良,有轻微的轴向窜动造成的。

② 修复方法

a. 轻微的划痕修复 转子的侧端面划痕,如果划伤面沟槽很浅,可用抛光膏或细油石研磨,即可去掉毛刺或划痕,正常使用。

b. 严重的磨损修复 对于转子端面磨损比较严重时,应在外圆磨床上用砂轮端面磨削

修复。磨后转子端面粗糙度值 Ra 不大于 $0.63\mu m$，端面与中心线不垂直度公差在 $0.01mm$ 以内，两侧端面的不平行度公差在 $0.008mm$ 以内。这里提示一点，如果转子的端面已经磨削修复，则转子上的叶片宽度也应磨削，叶片的宽度应略小于转子宽。

对转子上的叶片槽磨损，轻微的可用细油石修磨。比较严重时，在工具磨上用薄片砂轮修磨，然后换新叶片，配合间隙应保证在 $0.013\sim0.018mm$ 内。

（3）叶片的磨损修复　叶片的磨损主要是转子工作时，叶片长期在转子槽内往复滑动磨损。如果发现叶片滑动不灵活或有卡住现象时，一般用研磨叶片或修磨倒角方法即能修复。

（4）配油盘磨损修复

① 配油盘的磨损原因　配油盘端面和孔径部位磨损与转子端面的磨损原因相同，是由于转子的轻微轴向窜动产生相互间摩擦而形成。

② 修复方法　配油盘端面如果只是有些轻微划痕，可在钳工专用平板上研磨，即可修复使用。比较严重的磨损，应在车床上车削端面，加工后两端面的不平度和端面与内孔中心的不垂直度应不大于 $0.01mm$。注意：切削量以去掉磨损伤痕为准，越小越好，不应影响配油盘的强度，引起变形。

（5）叶片液压泵的装配顺序及注意事项

① 认真清洗各零件，不许零件有毛刺、铁粉末及其他油污物。

② 检测叶片和转子上叶片槽尺寸，保证二者装配后间隙在 $0.013\sim0.018mm$ 范围内。叶片在槽内试装，应滑动灵活。

③ 注意选择一组叶片的高度尺寸应一致，高度尺寸不相等时误差在 $0.008mm$ 范围内。

④ 注意观察叶片在转子槽内装配后，叶片的高度应略低于槽深，误差在 $0.05mm$ 左右。

⑤ 转子与叶片应按原拆卸方向装入定子内。

⑥ 检测转子端面与配油盘端面间的装配间隙，两侧间隙应均匀，间隙控制在 $0.04\sim0.07mm$ 范围内。

⑦ 用力均匀紧固各螺钉。在紧固同时，要转动转子轴，手动感觉应是转动力均衡，无卡紧、阻滞现象为合格。

3-73　液压马达工作故障怎样进行排除？

液压马达工作故障诊断与排除方法见表 3-33。

表 3-33　液压马达工作故障诊断与排除方法

故障现象与引起条件		产生原因与排除方法
转速低、转矩小	（1）液压泵为液压马达输油量不足	①驱动液压泵电动机转速低。可能是电源供电问题，查出原因修复 ②液压泵吸油管过滤器堵塞。检查，清除过滤器内杂质 ③油箱内油量不足。应补加液压油液面在油标中线以上 ④油黏度过高，可能是油温度低，如油温升至 $30\sim55℃$ 时，黏度还高。应调换黏度低些的液压油 ⑤液压泵供输油系统管路密封不严，出现漏油或吸入空气。应检修查找泄漏点，阻止漏油、气现象 ⑥液压泵内零件磨损，配合间隙过大。应检修泵件
	（2）液压泵为液压马达输送的油压低	①液压泵内零件磨损严重，已无法发挥正常工作效率。应检修 ②溢流阀压力调整有误或出现故障。检修后重新调整压力 ③液压油黏度低，管路密封差，有漏油现象。应检修密封漏油处，更换液压油
	（3）液压马达有泄漏油	①液压马达装配有误，结合面接触不严密、密封差，出现泄漏现象。应清洗好各零件，重新装配。注意：各紧固螺钉拧紧力要均匀，选用质量好的密封件 ②液压马达零件磨损严重。应检修更换磨损件
	（4）失效	配油盘的支承弹簧疲劳，失去作用。应检修更换

故障现象与引起条件		产生原因与排除方法
泄漏	(1)内部泄漏	①液压马达的内部结构零件(如配油盘、缸体端面)磨损严重,使零件间的配合间隙过大而出现内漏。应检修磨平各磨损面后重新装配,达到标准规定的间隙 ②弹簧疲劳。应更换弹簧
	(2)外部泄漏	①液压马达结构件间的端面、盖板等部位的结合平面间有异物或密封件损坏。应检查清除结合面间异物,换新密封圈 ②各管件连接处有密封件损坏现象。应找出漏点,重新换密封件
工作时旋转声音异常		①液压马达内的油中混有空气。检查系统中的漏油、气部位,更换密封垫紧固连接 ②液压马达的结构件出现磨损严重的零件,使滑动配合间隙过大。应拆卸后修磨滑动接触面,无法修复时应更换新件 ③油中杂质多。应过滤油,清除杂物,污染严重时应换油 ④联接轴装配不同心(误差大)。重新调整同轴度

3-74　液压油缸工作故障怎样进行排除?

　　液压油缸是一种把液压油的压力能量转换为机械能的执行机构部件。液压油缸常见故障诊断与排除方法见表3-34。

表3-34　液压油缸工作常见故障诊断与排除方法

故障现象与引起条件		产生原因与排除方法
活塞杆不动作	(1)液压油的压力(推力)不足	①液压系统中的液压泵或溢流阀出现故障,不能正常工作。应对液压泵或溢流阀检修,找出故障产生原因,进行修复 ②系统工作压力调定有误,压力偏低。应重新调整至工作压力需要值 ③液压油在系统内流量调整有误(流量偏小),应加大油的流量;如果油流量达到工作要求,应检查管路是否有泄漏点。应检修更换密封件,排除泄漏现象
	(2)液压油压力已符合要求,但活塞杆仍不动作	①液压缸内活塞上的密封圈磨损严重,使活塞两侧与缸体内圆的滑动配合间隙过大,则活塞两侧的高、低压油窜通。应更换密封圈 ②活塞杆变形、弯曲。检修、校直活塞杆 ③活塞杆的滑动端密封件装配不当(密封件压得过紧或与杆同心度误差大),造成杆滑动阻力大。应重新装配
活塞杆运动速度不均匀、常出现爬行	(1)杆运动滑行阻力大	①活塞杆滑动端密封件与杆的密封装配不当(不同心或压紧力不均),造成杆运行阻力大。应重新装配 ②活塞杆变形、弯曲。检修、校直活塞杆 ③活塞、杆和缸内圆加工精度低或装配有误,使杆的运行轴心线不与缸体轴心线重合,结果阻力大。应检查找出故障根源,排除,重新装配 ④活塞杆运行直线与被其推动零件的滑动平面不平行,产生阻力。应检修,重新校正其平行度
	(2)系统管路内有空气	启动液压系统,用空行程排气或用排气塞排气
活塞杆运动速度变化无规律	(1)系统内管路油泄漏	①连接处管件接头密封垫损坏。检修,更换密封件 ②液压油黏度选择不当,黏度低。更换黏度高些的液压油 ③液压油温度过高,使油的黏度降低。加大油冷却器中冷却水的流量,使油温降低
	(2)液压缸工作载荷过大	原料选择有误(料黏度大、流动性差)或工艺参数变化(料塑化温度低)等条件影响。应更换原料或调整工艺参数
	(3)活塞杆运动阻滞	①液压缸内孔工作面加工精度差(粗糙度、圆度、锥度超差)。检测液压缸加工质量,不符合精度要求处应修复,无法修补时应更换新件 ②液压缸中各组合件装配有误(杆、活塞和缸体同心度差,滑动部位密封件与滑动杆配合间隙过小)。应重新组装 ③活塞杆运动轴线与其推动件的滑动平面不平行。应重新装配液压缸

续表

故障现象与引起条件		产生原因与排除方法
活塞杆运动速度变化无规律	(4)液压缸内不洁净,油中杂质多	①液压油中杂质多。应把油过滤,清除杂物或更换新油 ②液压缸件组装前没有清洗干净,混入杂质。重新拆卸,清洗干净后组装 ③密封件损坏,灰尘混入液压缸内。清洗缸内,更换密封件
	(5)活塞杆运行中速度变慢或停止	①液压缸内表面磨损严重,表面粗糙,使内泄量增加。应检修液压缸修磨内圆表面,如直径加大过多,应更换液压缸 ②活塞密封圈损坏或磨损严重。更换新密封圈
	(6)活塞运行至液压缸一端行程时,速度突然下降	①缓冲调节阀的节流口调节过小,活塞在进入缓冲行程时,速度突然下降。注意观察,要把缓冲调节阀的开口度调节适当 ②固定式缓冲装置中节流孔直径偏小。应适当加大节流孔直径 ③缸盖上固定式缓冲节流环与缓冲柱塞间的间隙偏小。要适当加大间隙
液压缸向外渗漏油	(1)液压缸中组合件装配质量差	①活塞杆滑动轴线与其配合固定件不同心,则加剧密封件磨损而漏油。重新装配 ②液压缸中心线与工作台导轨面的平行度误差大,则加快活塞杆轴密封件的磨损。检测,找出不平行的原因修正 ③密封件问题(有划伤、断裂或装反等现象)。应检查密封件,采用质量合格的密封件,做到正确装配(调整压盖,各紧固螺钉拧紧力一致)
	(2)液压油黏度低	①油的牌号选择不当。应选用油黏度高于现使用油黏度 ②油温度偏高,而降低了油黏度。应加大冷却器中冷却水流量,油温度降下来,油的黏度会提高。如还不能降温,应检查泵或冷却器,找出原因修复
	(3)设备工作振动	设备工作振动过大,而使油管路各连接处螺钉(或螺纹)松动,造成渗漏油。应紧固各管件连接螺纹或紧固螺钉
	(4)活塞杆和沟槽加工精度低	①活塞杆滑动表面粗糙、杆的轴端倒角不符合质量要求。应重新加工,杆的表面粗糙度值 Ra 应不大于 $0.2\mu m$,轴端要按要求倒角 ②沟槽尺寸加工没达到图样要求,加工精度差、粗糙,有较多的毛刺。应按图样要求精度加工,同时要修光表面
	(5)活塞杆损伤表面变得粗糙	①密封防尘圈老化变形或磨损严重,失去作用,造成环境中杂质(铁屑、砂粒等)侵入,划伤杆的滑动表面。应拆卸密封部分,清洗去除杂物,把活塞杆滑动面修磨光,更换密封圈 ②活塞杆与导向套间的滑动配合间隙过小,相互间的快速滑动使两零件产生摩擦热,使活塞杆表面铬层脱落,造成杆表面拉伤。拆卸两组合件,加大导向套内径、修光活塞杆、重新镀铬,两零件的滑动配合间隙应符合要求

3-75 液压油缸损坏怎样进行修复?

(1) 液压缸的磨损修复

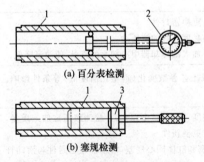

(a) 百分表检测

(b) 塞规检测

图 3-75 缸体内径检测方法示意图

1—缸体;2—百分表;3—塞规

① 磨损原因 缸体内表面的磨损,主要是由于活塞在缸体内长时间往复运动,活塞外圆上的密封环或橡胶圈与缸体内表面摩擦,再加上液压油中有些杂质的作用,使缸体内表面粗糙度逐渐被破坏,金属粉末一点点剥落,造成缸体磨损。

② 修复方法 应首先用百分表或塞规检测液压缸磨损程度,如果各部位误差范围不大,划痕和磨损剥落坑点不严重,可采用研磨法修复。检测方法参照图3-75 (a)、(b) 方式进行。表3-35 中列出缸体内径的圆度和圆柱度公差,检测尺寸应与表中对照,然后选择

表 3-35　缸体内径圆度和圆柱度公差　　　　　　　　　　　　　　　　单位：mm

缸体内径		<50	50～80	80～120	120～180	>180
橡胶圈密封		0.062	0.074	0.087	0.100	0.115
活塞环密封	圆度	0.019	0.019	0.022	0.025	0.029
	圆柱度	0.025	0.030	0.035	0.040	0.046

液压缸体内径的修复方法。

　　研磨时，可用图 3-76 形式珩磨头，把缸体夹在车床卡盘上，珩磨头支杆固定在刀架拖板上，进行珩磨工作。如果磨损严重，应先车削加工，直至去掉磨损伤痕，然后再珩磨。珩磨后的缸体内表面粗糙度值 Ra 应不大于 $0.63\mu m$，圆度及圆柱度公差应在表 3-35 尺寸范围内。

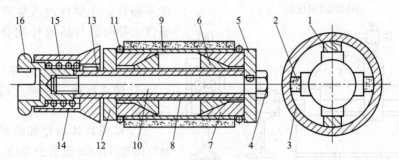

图 3-76　珩磨头结构

1—硬木块；2—油石；3—缸体；4—螺母；5—压板；6—锥体；
7—外锥体；8—螺纹套；9—油石座；10—固定轴；11—弹簧圈；
12—固定板；13—键；14—套；15—弹簧；16—接头

（2）活塞的磨损修复

　　活塞与缸体内表面为间隙配合，二者间的滑动配合工作是由密封环或密封橡胶圈接触。所以在一般情况下，活塞是没有磨损的。但是，由于液压缸的磨损修复使内径尺寸加大，故此活塞应更换新的外径尺寸，按原新制造时的配合公差 f9，重新制造活塞。活塞的制造工艺如下。

　　① 按图铸造活塞毛坯。

　　② 毛坯经退火处理，消除铸造产生的内应力。

　　③ 粗车。夹轮毂部位以外圆为基准找正，粗车各部，留出精加工余量。然后倒个，粗车活塞的另一端面及轮毂部位。

　　④ 精车。夹轮毂部位以外圆为基准找正，精车外圆、内孔和端面至要求尺寸。外圆按 f9 公差，内孔按 H8 公差加工，表面粗糙度值 Ra 为 $1.25\mu m$。圆度和圆柱度公差为 0.03mm。然后零件倒个，精车另一端面和轮毂部位至尺寸。

　　⑤ 钳工划三角沟槽线（如有铣床，则不用划线，直接夹在分度头上铣槽）。

　　⑥ 加工三角沟槽至尺寸。

　　⑦ 钳工修整毛刺。

（3）活塞杆的磨损修复

　　① 磨损原因。活塞杆与活塞连接，活塞杆在活塞的推力作用下，在油缸端盖上导向套内做往复滑动。长期的往复工作摩擦造成活塞杆磨损变细，特殊情况时，还会使细长的轴杆弯曲变形。

　　② 修复方法

a. 首先把活塞杆轴放在平台上或 V 形铁上转动，用百分表检测弯曲部位及最大弯曲尺寸，做好标记。

b. 如果弯曲度不大，又是细长轴杆，可用手锤击打法，在平台上校直。

c. 若活塞杆的直径较大，应按图3-77方法，在油压机上或手动压力上校直。

d. 校直后的活塞杆应在外圆磨床上磨削，修复活塞杆外圆磨损部分，磨削后表面粗糙度值 Ra 应不大于 $0.63\mu m$。由于修复后的活塞杆外径尺寸已经变小，应重新更换导向套。导向套是液压缸中的易损件，注塑机投入生产后就应储存备件。导向套与活塞杆配合，一般采用 H8/f9。

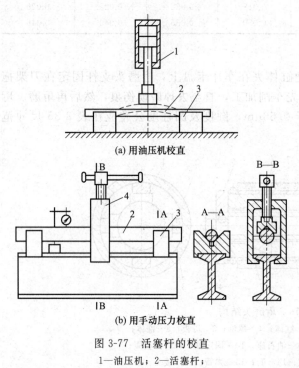

(a) 用油压机校直

(b) 用手动压力校直

图 3-77　活塞杆的校直

1—油压机；2—活塞杆；
3—V 形垫铁；4—手动丝杠压力

（4）液压缸的装配顺序与注意事项

① 清洗缸体、活塞及端盖，同时清除毛刺。

② 检测缸体内径和活塞外径是否在 H8/f8 或 H8/f9 配合公差内。

③ 检测密封橡胶圈与活塞槽直径尺寸　密封橡胶圈装入活塞槽时，应略有拉伸，即橡胶密封圈直径（指内径）应略小于活塞槽底径。如有挡圈时，同时装入挡圈。

④ 连接活塞杆与活塞，同时加密封橡胶圈、紧固螺母，活塞端面与活塞杆端面应靠严。

⑤ 试装活塞在缸体内，如活塞在缸体内滑动灵活，推力均衡，即可装配无孔端盖。

⑥ 在装配导向套端盖时，应先检测活塞杆外圆直径与导向套的配合公差尺寸，是否在 H8/h8 配合公差范围内。如合格，导向套与活塞间有隔套时，应先装入隔套，同时加密封橡胶圈，然后紧固螺钉。螺钉紧固应注意对角线螺钉着力紧固；同时，一边用力紧螺钉，一边推动活塞杆，以滑动轻松、灵活、推力均匀为合格。

⑦ 安装进、出油口连接嘴。

（5）液压缸的安装（以注射座移动液压缸为例）

注射座移动液压缸的安装，应以保证活塞杆的往复运动与注射座移动导轨平行为主。

① 如图 3-78 所示的装置，沿缸体轴向移动千分表，校正缸体与移动导轨平面的平行度及与导轨槽纵向平行度，要求不平行度公差应在 0.1mm 范围内。

② 连接紧固液压缸体，紧固螺钉时，应对角线拧紧螺钉，然后再用上述方法检测一次液压缸位置，直至在 0.1mm 公差范围内为装配紧固合格。

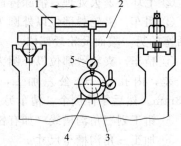

图 3-78　注射座移动液压缸的安装

1—磁力表架；2—标准导轨检测棒；
3—标准校棒；4—缸体；5—百分表

③ 液压缸内各零件组装后，再把活塞杆与移动座连接好。紧固连接螺钉时，应用手推动注射座，在导轨上前后移动，一边移动，一边拧紧连接螺钉。如果用力均匀，前后滑动灵活，无卡紧现象，即为安装调整合格。

④ 接通液压系统油管路。

⑤ 输入液压油试车（先低压、逐渐升压），观察液压缸活塞及注射座前后移动情况，运动是否平稳、油压是否稳定、有无渗漏油现象。可进行必要调整，同时也应注意导向套部位的温升。

⑥ 试车空运转 2h，一切正常，以导向套部温升不高为合格。

3-76　液压控制阀工作故障怎样进行排除？

液压系统中各种阀类是液压传动中液压油的压力、流量和流动方向的控制装置。各种阀的工作效果如何，对液压传动工作质量有直接影响。要求各种阀在工作时，应具备下列功能。

① 工作时运行平稳，动作反应灵敏，不引起冲击、振动、噪声。

② 组成零件少，结构简单、紧凑，各零件有一定的工作强度。

③ 滑动零件制造精度高，零件间配合密封效果好，无内外渗漏现象。

④ 组装、拆卸维修方便。元件通用性、互换性强，便于标准化。

（1）磨损及故障原因

① 圆柱形阀芯长期在阀体腔内相互滑动摩擦运动，造成阀体的内径、阀芯的外径磨损。由于间隙大，液压油内渗漏量较大，使阀芯换向运动迟缓。

② 阀芯在液压油的压力作用下，滑动冲击力较大，造成阀芯钢球或锥形芯与阀座间的磨损或变形，形成液压油内漏。

③ 阀体内弹簧长期频繁伸缩，疲劳变形或在油温作用下弹性改变。

④ 阀芯在阀体内配合间隙不符合要求或油中有杂质，造成动作不灵敏，有卡紧现象。

⑤ 回油管路不通畅、产生背压，使换向阀不能动作或动作迟缓。

⑥ 在三位四通换向阀中，由于两端弹簧的压力不均匀，使滑动阀芯无法停在中间位置，使换向工作不准确或反应迟缓。两端电磁铁的磁力不足或磁力不均匀，也容易产生上述情况。

（2）修复方法

① 阀芯是钢球时，磨损后不圆，应更换新钢球。

② 锥形阀芯磨损，可用细油石修磨锥体磨损部位。对锥形阀座磨损部位，可用有 120°锥角的细油石研磨。如果磨损沟痕较深，应先用 120°锥角钻头，轻微刮钻去掉划痕后再研磨。

③ 圆柱形阀芯磨损，由于阀体内径磨损变大，则必须重新制造圆柱形阀芯，按研磨后阀体内径配制。阀体的内径研磨后，其圆度、圆柱度公差为 0.005mm，阀芯与阀体内径的配合间隙应在 0.01～0.025mm 之间。

④ 阀体中的弹簧产生疲劳性永久变形或损坏时，应更换与原弹簧形状、尺寸和制造材料及热处理条件都相同的弹簧。弹簧的端面应磨平与弹簧中心线垂直。

⑤ 节流阀磨损，使阀芯和阀体的配合部位间隙变大，有内漏现象，则节流效果不佳。在这种情况下，应研磨阀体磨损部位，然后重新配制滑动阀芯。二者装配后的间隙应在 0.006～0.012mm 之间。

⑥ 在换向阀中，对于弹簧弹力不均匀问题，可进行调换；电磁铁磁力不足，可维修解决。如果圆柱阀芯磨损，可按③办法修配，装配间隙为 0.006～0.012mm。如果磨损不严重时，仅有碰痕、毛刺，用油石研磨即可解决。

溢流阀工作故障诊断与排除方法见表 3-36。

表 3-36　溢流阀工作故障诊断与排除方法

故障现象与引起条件		产生原因及处理方法
系统压力突然升高	(1)主阀工作出现故障	①主阀动作失常,阀芯由于加工质量差、油污染严重或装配不当而不能正常动作,在关闭状况突然开启。检查,找出影响阀芯不能正常动作的原因,进行相应处理 ②弹簧压力调节不当。重新往复转动几次,最后调至所需工作压力
	(2)先导阀工作出现故障	①锥形阀芯与阀座的锥形面间有污染物,把两零件黏结,无法脱开。应拆开阀体,对组成零件清洗,同时应对液压油进行过滤 ②弹簧变形,调节时因弹簧不能正常动作而导致油压变化。更换变形的弹簧
系统压力突然下降	(1)主阀工作出现故障	①主阀芯阻尼孔突然堵塞。清洗阀芯,液压油应过滤 ②主阀动作失常。可能由于阀件加工质量差、油中杂物多或装配不当影响。应检修,查出阀芯动作失常的原因,进行相应处理 ③主阀盖处的密封突然破损。更换密封垫
	(2)先导阀工作故障	①先导阀的阀芯损坏。更换阀芯 ②弹簧折断。更换弹簧
系统压力波动	(1)主阀动作失常	①主阀动作阻滞,有时卡住,配合件装配不当、紧固螺钉拧紧力不均匀。检修,磨光阀芯,注意各螺钉紧固力要均匀,找正阀体与阀盖孔位置 ②主阀芯的阻尼孔出现堵塞。拆开阀体、清洗阀孔,过滤液压油 ③阀芯的锥形面与阀座锥形面磨损,接触不良。应检查修磨锥面
	(2)先导阀作用失效	①调压弹簧变形。更换新弹簧 ②调整螺钉松动。重新调压,紧固锁紧螺母 ③锥形面阀芯与阀座接触不良,接触面有异物或磨损严重。检修清除异物或修磨锥面
工作时出现振动及异常噪声	(1)主阀故障	阀体、阀芯加工精度低,装配后的配合间隙过大。更换合格品
	(2)先导阀故障	①阀内弹簧变形或弹簧装配位置不当。拆开检查,酌情更换或重新装配 ②锥形阀芯和阀座接触不良,使调压弹簧受力不均匀,引起异常振动。应修磨锥面,校正阀座
	(3)其他影响条件	①系统内混有空气。应排除 ②溢流阀规格偏小。换大流量溢流阀 ③回油管路阻力大或回油过滤器阻塞。应适当增大回油管径或换滤芯

3-77　电气控制系统工作故障怎样排除?

注塑机中电气控制系统工作故障诊断与维修排除,要求维修工应具备电气控制系统较全面的技术知识,既要能看懂电路控制系统原理图,又要知道电路中各控制元件的结构、功能作用及动作方式和各项工作参数。对电气故障检查、维修时,可参照下列工作程序进行。

(1)观察判断

① 首先要向操作工了解此次设备发生的故障现象,故障发生前是否更换过电气元件,更换的是哪个元件。

② 观察电路中每个元件工作是否正常,各信号指标是否正确,有无出现变色现象。

③ 听电气系统是否有异常声响。

④ 用嗅觉检查电路中各元件是否有异味。

通过对上述几项的观察,如果发现异常,基本就可以找出故障部位和有关元件。

(2)按注射机生产工艺的动作顺序逐项排查　由于注射机生产动作中的加料、塑化、注射、保压和脱模程序,都是分别由一个独立的电气电路控制,这样,从其每个动作程序中的工作状况,则可发现故障发生在哪个工艺程序上。这种检查方法可用于有触点的电气控制系统，也可用于无触点的控制系统，如 PC 控制系统。

（3）电阻法检测　初步确定电气故障的部位后，在断电的情况下，用万用表检测电路的电阻值是否正常来判断找出故障元件。这是因为每个电子元件都采用 PN 结构，其正反向的电阻值不同。这种方法可用于判断电气元件是否完好，也可用于判断电子电路是否出现故障。

（4）电路故障的其他几种检测

① 通电的电路上电位应该有确定值　可沿着电流从高压流向低压的方向，测定电路中特定点的电流值。与规定值比较，则可较准确地判断电路中元件是否损坏、电路是否发生故障。

② 如果怀疑电路中的开关、继电器或接触器触点中的某一元件可能出现故障，可用导线把该触点短路。此时如果故障消失，说明该控制元件已经损坏。

③ 若在发生触点短接的情况下，应采用断路法排除故障。把认为可能有故障的触点断开后，故障消失，说明判断正确，应该断开接触点，把该触点连线拆除。

④ 用技术性能良好的控制元件或某块电路板备件替换下自己判断可能有问题的控制件，如故障消失，说明判断正确。

电气电路中常见到的故障，一般多是由开关接触不良所引起的。检测触点接触不良方法如下。

① 检测控制柜电源进线板上的电压表，如果出现某项电压偏低或波动较大的异常现象，说明该项可能就有虚接部位。

② 用点温计检测每个连接处的温度，若出现温度偏高处，说明该处接触不良。应把该处接触面修磨平整光洁，同时拧牢紧固螺钉。

注塑机的电气装置常见故障诊断与排除方法见表 3-37。

表 3-37　注塑机的电气装置常见故障诊断与排除方法

故障现象	产生原因及排除方法
试车无动作或无法启动下一个动作	由于设备运输、吊装或搬运振动，使输电线路连接处出现松动或脱落，则不能形成一个闭合的回路，引起故障。应按照设备电气控制系统原理图来查找线路中故障点并修复
电动机启动电流过大	因电动机启动电流过大，已超过过流继电器的额定值。实测一下电动机启动电流值，更换与其匹配的过流继电器
行程开关已经碰下，但按下按钮无动作	①可能有断线或接头松脱现象。查找断线处，修复 ②开关位置安装不当，造成开关动作接触不良。重新调整开关位置 ③联锁触头动作故障。检查触头，找出故障原因(可能位置不当)，并修复
行程开关或按钮放开，但电路未断	①簧片卡住。检修簧片被卡故障，排除；也可酌情更换簧片 ②存在并联回路，检查是否为正常设置
继电器、电磁阀带电后，衔铁不吸合或抖动现象严重	①输入电压太低，找出线路中电压低的原因，排除 ②零线松动或脱落。找出连线松脱点并修复
电磁铁断电后，衔铁不退回或触点未断开	①剩磁过强。应更换铁芯 ②触点烧坏黏结。应检修磨光触点或更换新元件 ③机械部分装配不当。检修，调整使其动作灵活
继电器、电磁阀、接触器的线圈烧坏	①电压太高，超过额定允许值。更换线圈，必要时加恒压器稳定电压，避免输入电压或电流再次出现过高或过低现象 ②线圈出现局部短路所致。检修，更换新线圈
某一个电磁铁动作后，影响其他电磁铁不动作	电磁铁线圈出现局部短路。检修或更换新线圈

续表

故障现象	产生原因及排除方法
电动机电流升高	①大泵不卸载荷。检查液压泵不卸载故障产生原因,排除 ②电动机单相运行。检修
预塑驱动螺杆电动机的电流升高	①传动机构出现故障(可能轴承损坏,啮合齿轮位置不正确)。检修 ②塑化料温度过低,使螺杆的旋转转矩力增加。应提高塑化料温度 ③原料中混有异物进入机筒。应拆卸螺杆,清除机筒内异物
温度控制仪表指针不摆动,不动作	①检波二极管损坏。检测更换损坏管 ②温度和电压影响晶体管温度。检修
温度表指针不动	①指针被卡住。检修 ②表内有断线。检修
测温表指针指向仪表的最大值	①温度表损坏。更换 ②热电偶折断。更换 ③电阻加热圈短路。检修

3-78 塑料注射成型模具结构分几种类型? 各有什么特点?

塑料注射成型用模具的结构形式有多种,分类方法也很多。按塑料制品用原料品种分,有热塑性塑料模具和热固性塑料成型模具。按塑料制品的制造精度分,有普通型模具和精密型模具。按塑料制品的质量大小分,有微型注塑模具(制件小于 5kg)、小型注塑模具(制件为 5~10kg)、中型注塑模具(制件为 100~200kg)和大型注塑模具(制件为 2~20t)。按成型模具的分型结构分,有两开模、三开模、四开模及侧开模型等。

注塑模具应用较多的是两开式模具(结构见图 3-79)、三开式模具(结构见图 3-80)和四开式模具(结构见图 3-81)。

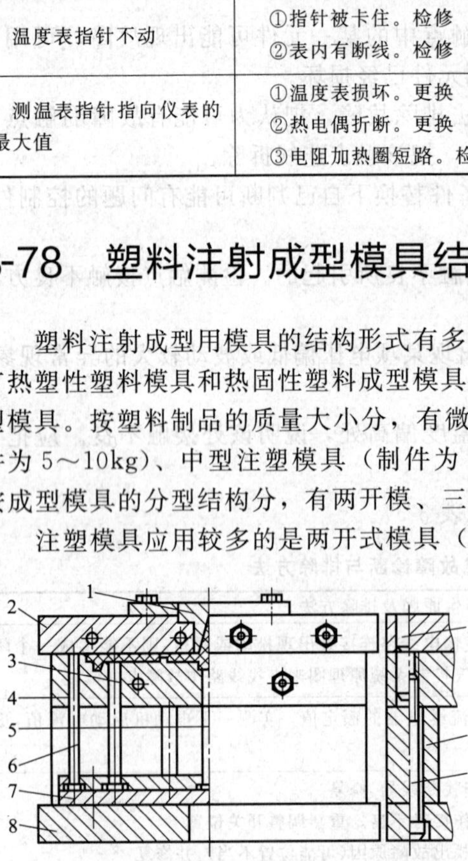

（1）两开式模具 两开式模具主要由动、定两部分模板组成,结构见图 3-79。动定模板也可称为凸模板和凹模板。一般凸模板固定在动模板上,凹模板安装固定在定模板上。两模板开启后,制件被顶杆顶出模腔。这种模具结构简单,工作比较可靠,制造容易,比较适合箱、盒、盆类制品的生产。

（2）三开式模具 三开式模具是由三块模具板组成:一块模板固定在注射机的定模板上,模板上有注射熔料流通;中间模板可移动,上面开有熔料流道或型腔;第三块模板是

图 3-79 两开式模具结构组成

1—浇口套;2—定模板;3—顶出杆;4—动模板;
5—拉料杆;6—回程杆;7—顶板;8—动模底板;
9—螺钉;10—支板;11—导柱

型芯。三块模板在开启模具时分开,从中间模板上取出注塑制件和流道中料柱。

三开式模具结构见图 3-80。这种结构形式模具适合于中心进料,开流道、设冷料槽也较方便,在单型腔和多型腔模具中都有应用。制品和流道中料柱的取出都比较方便。

（3）四开式模具 四开式模具在应用时,当模具中的动、定模板分开后,还需把模具型腔的左、右侧分开,这样才能把注塑成品取出。图 3-81 是四开式模具结构。这种结构形式的设计,是为了适应注塑制品侧面有肋板或有槽形结构形状需要。只有把模具的侧面左右分开,才能顶出制品脱模。通常,人们也把这种模具称为侧向抽芯型模具。

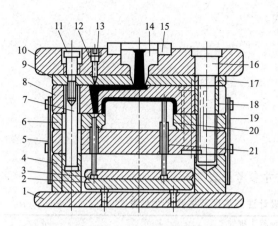

图 3-80 三开式模具结构

1—动模底板；2—推板；3—顶出杆固定板；4—垫块；
5—支承板；6—动模板；7—导柱；8—定模板；
9—垫板；10—定模底板；11—限位螺钉；
12—拉料杆；13—螺塞；14—浇口套；
15—定位圈；16—导柱；17，18—导套；
19—拉板；20—型芯（凸模）；21—顶出杆

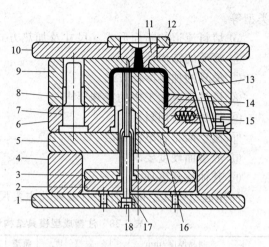

图 3-81 四开式模具结构

1—动模底板；2—推板；3—顶出杆固定板；4—垫块；
5—支承板；6—动模板；7—导柱；8—导套；
9—定模板；10—定模板座；11—衬套（浇口套）；
12—定位圈；13—斜导柱；14—侧型芯；15—弹簧；
16—型芯；17—内型芯；18—定位螺塞

3-79 成型模具结构尺寸怎样进行选择确定?

成型模具设计前要首先确定条件如下。

① 注塑制品用原料。

② 注塑制品的收缩率。

③ 制品的颜色，对透明度的要求。

④ 制品单件质量。

⑤ 制品投影面积。

⑥ 注塑机的规格型号［注塑机的结构形式、一次注射量（g/次）、锁模力（kN）］。

⑦ 拉杆间距［包括纵向（cm）和横向（cm）］。

⑧ 动、定模板尺寸［长（cm）×宽（cm）、固定模具架孔位置及孔直径（mm）］。

⑨ 成型模厚度的最大和最小尺寸（mm）。

⑩ 模具定位圈孔径 ϕ（mm）。

⑪ 注射用喷嘴孔径 ϕ（mm）。

⑫ 喷嘴端圆弧半径 R（mm）。

⑬ 注塑制品实样。

设计成型模具时，模具结构初步确定的内容（技术要求）如下。

① 按注塑制品的图样或实样，确定成型模具结构形式（标准型、两开或三开及其他类型）。

② 选择模具型腔数量。

③ 确定分型平面结构（平面、允许穿透或半合模）。

④ 制件顶出装置形式。包括顶出杆、顶板的形状，顶出传动方式（油压或气动），动作

类型等。

　　⑤ 熔料流道的断面形式、尺寸及加热方式。

　　⑥ 喷嘴的结构形式。

　　⑦ 模具的加热冷却方式。

　　⑧ 模具制造加工中的特殊要求。

　　⑨ 模具制造用材料。

　　⑩ 成型面是否电镀铬层。

　　⑪ 成型面硬度要求。

　　⑫ 其他注意事项。

注塑成型模具结构设计注意事项及主要尺寸参考见表 3-38。

表 3-38　注塑成型模具结构设计注意事项及主要尺寸参考

塑料名称	制品厚度/mm				脱模斜度		流道直径/mm	流程比(L/t)	排气槽深/mm	注 意 事 项
	最小制品	小制品	中制品	大制品	型芯	型腔				
聚乙烯	0.60	1.25	1.60	2.40~3.20	20'~45'	25'~45'	1.5~9.5	300	0.01~0.03	①熔料流动性好、成品易变形、收缩率高,为1.5%~3.5% ②模具温度要均匀,冷却降温效果要好 ③注意浇口位置选择,流道尺寸应大些,浇口要小些 ④制品弹性好,小凸凹,可强行脱模 ⑤模内定型稳定性差
聚丙烯	0.85	1.45	1.75	2.40~3.20	25'~50'	30'~1°	4.7~9.5	350	0.01~0.02	①铜能加速其氧化降解,嵌件及模具禁用铜质材料 ②易发生分子取向,沿流道成纵横方向机械强度差异明显。设计浇口应避免熔料向一个方向直行,干扰分子过分取向以及引起的变形 ③成形好,易变形,对缺口敏感,制品结构应避免有负锐角 ④制品收缩率为1%~3%,玻璃纤维增强制品为0.4%~0.8%
聚苯乙烯	0.75	1.25	1.60	3.20~5.40	30'~1°	35'~1°30'	3.1~9.5	200~250	0.02	①熔体流动性好,流道和浇口应略大些,以避免剪切作用过大 ②制品因内应力作用易出现裂纹,应适当提高模具温度。成品应在70℃左右热水中处理1~3h ③制品脆性大,脱模斜度应大些 ④有凸凹的制品不许强行脱模,注意顶出杆的分布对制品顶出力要均匀一致 ⑤制品收缩率为0.2%~0.8%
ABS	0.80	1.30	1.60	3.20~5.40	35'~1°	40'~1°20'	4.7~9.5	160	0.03	①熔体流动性、温度较低,易成型模具流道和浇口尺寸可大些,但应注意浇口表面的加工质量和位置选择的合理性 ②脱模斜度应取大些 ③成型收缩:抗冲型为0.5%~0.7%;耐热型为0.4%~0.5%;纤维增强型为0.1%~0.15%

塑料名称	制品厚度/mm				脱模斜度		流道直径/mm	流程比(L/t)	排气槽深/mm	注 意 事 项
	最小制品	小制品	中制品	大制品	型芯	型腔				
硬聚氯乙烯	1.20	1.60	1.80	3.20~5.80	50'~1°30'	50'~2°	3.1~9.5	100	0.04	①熔体流动性差,模具流道和浇口的布置及尺寸选择应尽力减少流动阻力 ②熔体对金属有一定的腐蚀作用,型腔要选用耐腐蚀的不锈钢制作;如用普通钢材时,型腔表面要镀铬层,以提高其防腐能力 ③熔体热稳定性差,注意合理使用稳定剂、润滑剂等辅助料,以改善其工艺性能和使用性能。成型收缩率为0.2%~0.4%
聚甲醛	0.80	1.40	1.60	3.20~5.40	30'~1°	35'~1°30'	3.1~9.5	250	0.01~0.03	①熔体成型差,易分解,为方便补料,流道尺寸应大些,浇口设在不易出现流动纹的部位 ②为防止制品出现缩孔或变形,模具的冷却水流道布置要合理,以保证模具体温度均匀一致 ③熔体对压力变化敏感,模腔内避免有死角出现 ④成型收缩率为2%~3.5%
聚酰胺（尼龙）	0.45	0.76	1.5	2.40~3.20	20'~40'	25'~40'	1.5~9.5	300	0.01	①熔体黏度低、流动性好,要求模具加工精度高,应设置冷料槽 ②熔体成型冷却硬化快,易产生内应力,收缩率大,一般为0.5%~2.5%,玻璃纤维增强料为0.35%~0.45% ③模具低温时,适合成型透明柔韧、薄壁制品;如要求制品硬度好、拉伸强度高,应把模具温度提高 ④为防止流延,应采用自锁式喷嘴;成型制品要进行消除内应力处理
聚甲基丙烯酸甲酯（有机玻璃）	0.80	1.50	2.20	4.00~6.55	30'~1°	35'~1°30'	7.5~9.5	100	0.04	①熔体流动性差,制品易出现凹陷缩孔,所以应采用高压注射 ②熔体入模冷却快,要选用阻力小（表面粗糙度高）的流道和浇口 ③脱模斜度应选大些,成品收缩率0.5%~0.7% ④成品应在70~80℃烘箱中处理2~4h,以消除内应力
聚碳酸酯	0.95	1.80	2.30	3.00~4.50	30'~50'	35'~1°	4.7~9.5	110	0.01~0.03	①熔体黏度高、流动性差,加工成型难度大,应采用大流道和浇口 ②成品易产生裂纹,制品壁厚尺寸应大些、脱模斜度也要大些 ③制品硬度高,要求模具应选用硬度高、刚性好的材料制造,加工精度也要高 ④避免用金属嵌件 ⑤成品成型收缩率为0.5%~0.7% ⑥原料投产前,必须进行干燥处理

注：1. 表中的脱模斜度为开模后制品滞留在型芯上的斜度，如果要求制品留在型腔内，则型腔的脱模斜度应略小于型芯的脱模斜度。

2. L/t 为从主流道至制品最末端各长度之和与厚度的比值，这个值与熔体温度、模具温度和注射压力有关。

3. 制品质量（重量）与主流道直径的关系见表3-39。如果流道为非圆形时，流道的断面积要略大于圆形流道断面积。

表 3-39　成型制品质量与主流道直径的关系

制品质量/g	流道直径/mm	制品质量/g	流道直径/mm
<10	2.5～3.5	150～300	4.5～7.5
10～20	3.5～4.5	300～500	5.0～8.0
20～40	4.0～5.0	500～1000	5.5～8.5
40～150	4.5～6.0	1000～5000	6.0～10.0

3-80　注塑制品怎样选择模具?

选择注塑机用成型制品模具时，要注意模具结构尺寸与注塑机规格型号及各部位尺寸相匹配。具体条件要求如下。

(1) 注射量与成型制品质量　注塑机的一次最大注射量，一定要大于该模具成型塑料制品的质量。这个质量包括一次成型几个制件的质量和浇道内料柱的质量。如果注射量小于制品的质量和，生产的塑料制品就会由于熔融料量不足、注射压力达不到要求，从而使制品外形尺寸误差大、内部组织疏松、表面不光滑，造成制品质量不合格。但是，注塑机的注射量与制品质量的比值也不能过大。多余的注射料在注塑机的预塑机筒中停留时间过长，会分解变黄，利用率降低，增加功率消耗，相应制品的制造成本也提高。一般经验数据是：成型制品的质量是注射机最大注射量的 3/4 左右较好。

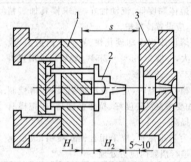

图 3-82　模板行程与制品
高度的选择尺寸
1—动模板；2—制件；3—定模板

(2) 注射部分合模板的行程与模具外形厚度尺寸　合模板的行程与模具的外形厚度尺寸关系，在第 3 章第 3-9 问题合模部分的主要参数中已经介绍过。需强调的是：合模板的行程必须大于或等于制品的高度与脱模距离之和再加上 5～10mm，即 $s \geqslant H_1 + H_2 + (5 \sim 10)$mm，见图 3-82。

选择设计模具时，应注意模具的外形厚度尺寸应在注射机规定的模具最大厚度尺寸和最小厚度尺寸之间。

(3) 拉杆间距与模具外形尺寸　在合模部分中，4 根圆柱形拉杆固定两块定模板。注塑用模具又分静模和动模，分别固定在定模板和动模板上。因为模具多数是组装后用起重设备吊装，所以，应注意模具组装后的最大外形尺寸不能超出拉杆间距离尺寸，否则将无法在此注射机上安装应用。

3-81　注塑机模具结构由几部分组成? 各有什么作用?

注塑机用成型模具结构主要由下列几部分组成：制品成型部分、合模导向部分、制品推出部分、型芯抽出部分、模具体的加热和冷却部分、成型模具体支撑部分和浇注流道、排气孔等。

① 制品成型部分　即模具组装后，直接形成塑料制品的型腔部分组成零件，如凸模、凹模、型芯、杆和镶块等。

② 合模导向部分　是为了使动、定模具合模时能正确对准中心轴线而设置的零部件，如导柱、导套和斜面锥形件等。

③ 制品推出部分　是把注塑制品从模具型腔中推出用的零部件，如推杆、固定板、推板和垫块等。

④ 型芯抽出部分　注射成型带有凹坑或侧孔的塑料制品，成型脱模时，先抽出凹坑、侧孔成型用的型芯机构零件，如经常应用的斜导柱、斜滑块和弯销等抽芯机构。在大型塑料制品注射成型时，一般要采用液压型抽芯装置。

⑤ 模具体的加热和冷却部分　加热部分是指为了适应塑料制品注射成型用工艺温度的控制系统，如电阻加热板、棒及其控制元件等；冷却部分采用冷却水循环水管等。

⑥ 成型模具体支撑部分　指为了保证模具体能正确工作的辅助零件，如动、定模垫板、定位圈，支撑柱，吊环和各种固定紧固螺钉等。

⑦ 浇注流道　是指把从注射机喷嘴注入的熔融料引向成型模具空腔的流道。通常可分为主流道、分流道、浇口和冷料穴等几部分。

⑧ 排气孔　是指能使成型模具腔内空气排出的部分。一般小型制品可不用专设排气孔，型腔内空气可从各配合件的间隙中排出。对于大型注塑制品用模具，则一定要有排气孔设置。

3-82　成型模具温度怎样控制？

注射到成型模具内的熔料，在冷却定型时要释放大量热量。为了缩短注射成型制品的生产周期及各种塑料冷却定型对不同降温环境的需要，必须对成型模具体的温度进行调节控制。模具温度的控制对制品的质量影响如下。

① 对不同塑料注射时，适宜的温度控制有利于熔料流动、充模和缩短制品生产成型周期，有利于提高生产效率。

② 模具各部位的温度均匀，则熔料在模腔内的冷却降温速率也趋于一致，使制品各部位降温固化收缩较均匀，减少了制品的局部应力集中现象，从而减少了制品的变形。

③ 改善制品断面变化大的部位的熔料充模效果，使制品有较好的成型质量，保证制品的各部位外形尺寸精度。

④ 调节模具温度以适应不同塑料黏度的成型温度需要，适应不同塑料降温固化、冷却速率的变化。

⑤ 模具温度过高时，则制品脱模困难，外形尺寸精度难以保证，而且会产生翘曲变形现象。

⑥ 模具温度偏低，对某些塑料的注射成型，容易造成熔料流动性差、熔料充模困难，容易使制品出现表面有波纹、有熔料接痕，甚至会降低制品的强度。

⑦ 合理的模具温度控制对塑料制品成型后的工作强度会有所改善。

模具的加热和冷却调节温度方法有多种：加热方法可用蒸汽、热油或热水传导加热和电阻加热；冷却方法可用循环水冷却或空气冷却。现在应用较多的加热方法是电阻加热，冷却方法是通冷水降温。

当电阻加热模具时，平面部位用电热板，圆形部位用电热圈，模具体内用电热棒对模具各部分进行加热升温。模具的冷却部位布置循环水管，通冷却水降温。冷却水管在模具体内的布置见图 3-83，冷却水管在凹模中的布置见图 3-84。

模具控温注意事项如下。

① 成型模具加热后的各部位温度应均匀一致，这样才能保证注射成型制品的外形和尺寸精度，提高塑料制品的合格率。

② 对于熔料黏度较高原料的注射成型，模具的温度也应适当提高。生产前，模具必须加热升温至工艺要求的温度。

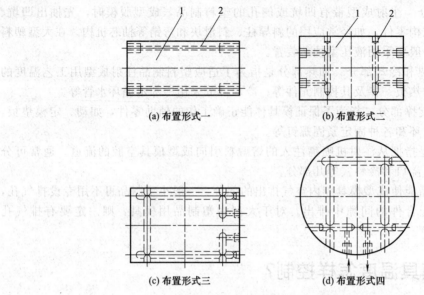

图 3-83　模具体内冷却水管的布置
1—模具体；2—冷却水管

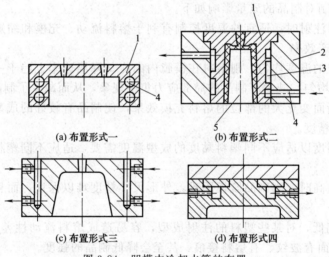

图 3-84　凹模中冷却水管的布置
1—凹模；2—外套；3—冷却水腔；4—水管；5—型芯

③ 大型注塑制品用成型模具，熔料流道要加热保温，以防止因熔料流道温度偏低而增加熔料黏度，降低熔料流速，甚至造成熔料提前凝固，阻塞料流。

④ 为节省热能损耗，型腔低温度部位和熔料流道高温度部位之间应加隔热保温层。

3-83　模具怎样进行安装调试？

（1）模具安装前的准备

成型模具进厂后，在注射机模板安装之前，应对成型模具做以下检查验证工作。

① 验证模具的成型制品用料容积（体积）是否与注射机的一次注射量（容积）相匹配。模具成型一次需用熔料容积计算公式为

$$V = nV_i + V_j$$

式中 V——制品成型一次需用熔料容积；

　　V_i——单个成型模腔容积；

　　V_j——浇注系统及飞边所需熔料容积；

　　n——型腔数量。

成型模具用熔料量（容积）与注射机一次注射熔料量（容积）的关系为

$$V \leqslant 0.8V_{max}$$

式中 V_{max}——注射机的理论一次注射容积。

② 验证成型模具工艺要求合模力与注射机的最大合模力的关系。模具工艺要求合模力应小于注射机的最大合模力，即 $F_1 \leqslant 0.9F_{max}$。

$$F_1 \leqslant \alpha pA \times 10^{-3}$$

式中 F_1——制品需要（工艺）的合模力，t；

　　α——安全系数，一般取 $\alpha = 1 \sim 1.2$；

　　p——模腔平均压力，MPa；

　　A——模具分型面上投影面积，cm^2。

③ 检测成型模具的总厚度（高度）是否在模板行程长度范围内。

④ 检查、核对成型模具中的脱模装置与注射机合模系统中的制品推出板位置、尺寸是否配套，能否协调工作。

⑤ 检测注射机上拉杆的间距是否大于成型模具体外形尺寸，模板上螺纹孔布置与成型模具体的紧固安装是否合适。

⑥ 检查注射机上喷嘴的圆弧半径是否略小于成型模具浇口套孔处圆弧半径。

⑦ 检测模板上定位套与成型模具定位装置是否有间隙配合，两者装配后是否能保证喷嘴孔与浇口套孔中心线的重合。

（2）模具安装

① 把模板和模具的装配固定平面清洗干净。

② 把注射机的操作按钮调至"调整"位置。

③ 切断注射机操作用电电源。

④ 检查成型模具合模状态用锁紧板是否紧固牢靠。

⑤ 检查、试验模具体外围附件（阀门、开关、油嘴）是否齐全，动作是否灵活。

⑥ 模具吊运安装　如果吊运装置吨位不够，也可把模具分开吊运安装。两部位安装固定时，以导柱和导套的滑动配合为基准找正。

⑦ 模具的固定视模板螺纹孔与模具间的相互位置而定，可用螺钉，也可用压板紧固。各紧固点的分配要布置合理，各螺母的紧固力要均匀。对于大型模具的紧固，注意紧固成型模具体时，要与模具体的支撑装置的支承力调节协调进行。

（3）模具安装固定后的调试

成型模具在动、定模板上安装固定后，要进行空运转试机检查，以验证两半成型模的开、合模动作与合模机构的动作是否协调灵活，保证注塑生产工作的顺利进行，避免成型模具的损坏。空运转试机、调整顺序如下。

① 检查导柱与导套的配合在开合模动作时是否准确工作，相互间的滑动配合状态应良好，无卡紧、干涉现象。

② 低压、慢速合模。观察动、定两半模合模过程中的工作位置是否正确。

③ 合模动作中检查模具工作一切正常后，再重新紧固一次各螺母。注意各螺母的拧紧

力要均匀。

④ 慢速开模。调整推杆的工作位置，推杆的位置调整到使模具的推板与动模板间有不小于 5mm 的间隙，使推杆既能准确工作又可防止损坏模具。

⑤ 依靠推出力和开模力实现抽芯动作的模具，应注意推杆的动作距离要和抽芯动作协调，以保证两机构工作的准确性，避免工作时有相互干涉现象出现。

⑥ 按计算好的动模行程距离尺寸，调整固定行程滑块控制开关。

⑦ 调整、试验锁模力。锁模力的调整先从低值开始，以合模动作时，以看上去曲肘连杆的伸展运动比较轻松为准。如果模具工作需有一定的温度，则锁模力的调试应该在模具加热升温后进行。

⑧ 合模系统的各部位及模具合模试验一切调整合理后，各相互运动滑合部位适当加注润滑油。

⑨ 安装成型模具的辅助配件，进行电热元件及控制仪表的安装及液压、气动和冷却循环水管路的安装。然后进行调试，检查电阻加热和仪表控制的准确性，液压、气动用工作压力的调试及动作的灵活可靠性，管路的连接是否出现渗漏现象等。

⑩ 一切正常后，开始投料试验，以成型制品不出现飞边的最小锁模力为合理。过大的锁模力容易加快合模系统中传动零件的磨损，也容易使模板长期工作加快变形。较适宜的合模力也可减少能源的消耗。

3-84　模具怎样进行使用维护？

（1）选用合适的注塑机。一般情况下，都是按注射机的各参数选择设计成型模具。比较特殊的情况是已有成型模具，然后选择一台各参数能满足成型模具工作需要的注射机。这时，就应对注射机的理论注射量（容积）、锁模力、注射压力、拉杆的间距尺寸、模具的厚度是否在模板最大与最小行程要求范围内、制件推出方式、喷嘴与模具浇口圆弧半径尺寸等各条件核实，只有符合模具条件要求时方可采用。

（2）按第 3 章第 3-83 问题（2）要求正确安装模具。

（3）在能够保证制品成型质量的条件下，对模具的应用，应选用最小合模及锁模力、最小注射压力、最低模具温度和较小的熔料流速。

（4）成型模具的开合动作速度一定要按照慢-快-慢三段速度运行，以防止模具间出现撞击现象，损坏模具。注意合模时的接触前动作，系统压力应是最低值，同时设备要有低压保护功能。

（5）注塑件的脱模推出动作的行程、速度和推出力的调整，应从低到高调节试运行，以能使制品顺利脱模、不损伤制品为原则，各值要尽量取小些。

（6）经常检查调整模具的工艺温度，保证温度波动在工艺要求范围内。

（7）每次制件取出后，要保证模腔干净，无油污、无残料。

（8）清理模具时，要用铜质刀具或竹具清理，防止刮伤模具表面。

（9）模具内型腔面不许有油污、残料、汗渍，用棉布擦净污物，不许用手摸型腔表面。

（10）交接班时，要检查、试验开合模动作，查看各零件动作是否协调，磨损是否严重，相互滑动配合部位润滑是否良好。每班在各润滑点加注润滑油应不少于两次。

（11）暂时停止工作时，要清除模具中的污物，并涂一层防锈油，把模具调至闭合状态。

（12）成型模具的存放方法如下。

① 暂不使用的成型模具，从模板上拆卸后，要进行一次清理检查。各部位不许有油污、

残料，各主要部位要进行尺寸检测，发现有严重磨损、划伤和撞击痕处，要及时向有关人员报告，以便维修。

② 有锈蚀部位时要清除修整，然后涂防锈油。

③ 排除模具加热、冷却管中的油和水，把两半模组合，用锁紧板连接固定。

④ 模具吊运存放在干燥、通风、无腐蚀性气体和液体的货架上，模具上不允许存放重物。

⑤ 存放室温度为（25±2）℃，相对湿度≤68％。

3-85　模具损坏怎样进行修复？

（1）模具损坏原因

① 最先容易损坏的部分是导柱和导套，因为这两个滑动配合零件长期频繁地相互滑合运动，有时会出现干涉、润滑油不足等情况，从而造成两零件磨损。

② 模具的分型结合面、型腔成型制品面，由于长期开合动作，受挤压、撞击等，使边缘尖角变钝；同时频繁地高压注射熔料、脱模和取出制件，使工作型面出现磨损或腐蚀麻坑。

③ 金属嵌件在型腔中被高压熔料冲击，出现歪斜或变形，合模时造成型腔面出现压痕或凹坑。

④ 模具中的定位止口和随开合模动作滑动的滑决因受挤压而变形或磨损等。

⑤ 模具结构中有尖角，或两平面交接成直角部位由于应力的影响，工作一段时间后出现裂纹。

（2）模具的修复

成型模具的质量精度对注塑制品的成型质量精度有直接影响。模具一旦出现损坏、压痕、磨损麻坑等现象，在制品的相应部分都会表现出来，所以，模具出现质量精度问题时，必须及时进行维修。

① 模具的常用维修方法

· 更换新配件　这种方法应用于损坏的轴、杆或套类零件。由于磨损严重或弯曲折断不能修复时，采用配制法制造、更换。

· 电镀修补　对于型腔成型面出现磨损的零件，可镀一层硬铬层，然后进行研磨、抛光修复。

· 堆焊修补　对于出现凹坑或局部损坏件，可采用低温氩弧焊、焊条电弧焊堆焊缺欠部位，然后经钳工研磨修光。

· 环氧树脂修补　对于有较高硬度的成型面上的凹坑，可采用环氧树脂修补，然后修光。

· 扩孔修复　对于磨损严重、孔径变大的部位，如果不影响模具的强度，可把此孔扩大一些尺寸，然后重新配制与它配合的导柱。

· 镶嵌件修复　对于大型模具的局部损坏，可机加工铣去损坏部位，然后镶嵌一块同样材料的金属块，重新加工成形。

· 加垫补厚修复　对大型平面的磨损，可在此件底部加垫钢板，增加此件厚度后，把磨损面刨平修整至原件厚度。

② 维修举例

· 模具的分型面出现磨损压痕，由于表面粗糙，合模注射制品出现飞边。这时应修磨两半模具的分型面，磨平后可采用镀铬方法，恢复至原厚度；也可磨后不采用镀铬层方法，而是把型腔加深，型芯去掉原平面磨削厚度值。

- 如果因强度原因出现裂纹，可采用型体外加框方法，由螺钉紧牢加固。
- 对于型腔面产生锈蚀的修复，比较轻的锈痕可用抛光法修复；锈蚀比较重时，可采用喷砂除锈，然后再抛光；出现麻坑时，应磨平，然后镀铬，再抛光修复。
- 对于模具冷却用水管及模具体内通冷却水孔，如果产生较厚水垢，影响冷却效果，可采用锅炉清洗液清洗除垢。当铁锈、水垢清除后，要进行打压试验，用 2MPa 水压试验时，以不渗漏水为合格。

3-86 损坏模具怎样进行制造？

由于模具制造加工精度要求较高，其生产加工工艺也比较复杂，因此一般塑料制造成型用模具的加工生产费用都较高。塑料制品生产厂家都希望模具的使用寿命长一些，对模具的使用、维护、保养条件要求高些，以使其保持工作精度，延长使用时间。模具制造用材料选择的合理与否，也是延长模具使用寿命的一个重要条件。对模具制造选用材料提出下列要求。

① 钢材要有较好的加工性能，在高温环境中工作及进行热处理时，变形要小。

② 对模具空腔中的熔料流道工作面，应使料流阻力小，这样就应降低工作面的表面粗糙度的数值，对钢材要求应有很好的抛光性能，材料中无杂质、无气孔。

③ 耐磨性能优异　为了长时间保持模具结构的尺寸精度，要求加工成型后的模具工作表面耐磨是非常必要的。特别是加工成型制品原料中含有玻璃纤维类硬质填料时，极易加快模具工作面的磨损。对这样的模具，一定要有足够的硬度和耐磨性。

④ 耐腐蚀性能好　在塑料熔融成型生产过程中，塑料原料及一些辅助料要与钢材接触，对钢材有一定的化学腐蚀作用。为了保持模具有较好的耐腐蚀性，一定要选择耐腐蚀的合金钢或优质碳素钢，必要时表面还应进行镀铬或镀镍处理。

⑤ 钢材应有足够的工作强度　除表面热处理后有一定的硬度外，选用的钢材还应有足够的心部强度，因为注塑模工作中要经受很大的注射压力和锁模力，所以必须考虑模具用钢材的心部强度。模具制造常用钢材如下。

- 碳素结构钢，如优质碳素结构钢中的 15、20、40、45、50 及 15Mn、20Mn、40Mn 和 50Mn 等。
- 碳素工具钢，如 T8、T8A、T10 和 T12A 等。
- 合金结构钢，如 40Cr、18CrMnTi、12CrMo、38CrMoAl 等。
- 合金工具钢，如 5CrMnMo、3CrW8V、CrWMn、Cr12MoV 和 5CrNiMo 等。

模具制造常用钢材的性能及应用见表 3-40。

表 3-40　常用钢材的性能及应用

钢材名称		性能及应用
优质碳素结构钢	15Mn	塑性好、易于压力加工成型；15Mn 钢的强度和淬透性较好，适用于形状简单的小型零件；经渗碳、淬火处理后，硬度为 55～60HRC
	15、20、35	塑性相对较低、成型性较差、心部强度较高；经渗碳、淬火处理后，硬度为 60～62HRC。适用于压缩比不大的简单零件
	45	切削加工性好，调质后有较高的强度和韧性，淬透性和耐磨性能较差，热处理变形较大，多用于模具结构零件，淬火硬度 40～50HRC

续表

钢材名称		性 能 及 应 用
优质碳素结构钢	SM45	硫和磷的含量比45钢低,适用于中、小型模具零件,经调质后直接使用;用于大型模具时,经锻造成型或正火处理后,在机加工制造成型
	50	强度较好,表面经淬火后硬度大、耐磨性较好,用于模具结构零件和成型零件,经调质或正火处理后使用,硬度<30HRC
	SM50	力学性能较稳定,价格便宜,切削加工性能好,经调质或正火处理后有一定的硬度、强度和耐磨性。用于形状简单的小型模具和精度要求不高的零件
碳素工具钢	T8、T8A	可淬性高、塑性和强度比较低,热处理后有较高的硬度和耐磨性。用于制造尺寸小、形状简单、要求耐磨性好的零件,如导柱和导套。淬火后硬度为60~63HRC
	T10、T10A	韧性较小、耐磨性好,淬火后硬度为60~63HRC,适合制造受冲击和振动较小的形状简单的零件
合金钢	3Cr2Mo	在模具制造中应用较多的一种合金钢,其综合性能好、淬透性好,经调质处理后硬度为28~35HRC,硬度均匀、抛光性能好、表面光洁,机械加工后可直接应用,适合制造大中型精密注塑模具中的各种零件,如型芯、嵌件等
	3Cr2NiMnMo	综合性能好、淬透性高,调质后硬度为28~35HRC,硬度均匀、抛光性能好,表面光洁,机械加工后变形小,可直接使用。适合制作大型、特大型精密模具零件
	40CrMnMo	淬透性好、热处理后硬度为35~40HRC,渗碳后热处理为61~63HRC,表面硬度高、心部韧性好、变形小、易切削加工。适合制作中等强度、精度较高和耐磨的模具零件,如凸模、凹模
	5CrMnMo	性能比40CrMnMo略好些,也可渗碳处理,硬度为30~56HRC。适用于高强度和韧性的大型模具零件,如型芯、带螺纹的型环等
	9Mn2V、9CrWMn、MnCrWV	渗透性好、热处理变形小、硬度>60HRC,有较高的耐磨性和韧性。MnCrWV的性能好于9Mn2V和9CrWMn,可制作形状复杂、负荷较大的成型模具零件,如型芯和嵌件等
	CrMn2SiWMoV Cr4W2MoV Cr6WV	Cr4W2MoV和Cr6WV与Cr12性能相似,CrMn2SiWMoV是一种空冷钢,淬透性比Cr12好,三种钢热处理后硬度>60HRC,热处理变形小,具有硬度高、耐磨和韧性好等特性。用于生产批量大、要求精度高、使用寿命长、形状复杂的模具零件制造
	20CrMnTi 20CrMnMo	经渗碳后热处理,硬度为58~62HRC,表面硬度高、心部韧性好、强度高,20CrMnTi可代替9Mn2V,20CrMnMo可代替20CrNi4;变形小,可制作形状复杂的成型模具零件
	38CrMoAl	是一种优质氮化钢,经调质并氮化后,表面硬度可达68~70HRC,心部强韧、耐热性好,用于要求高耐磨、耐热和耐腐蚀性的中小型模具中的零件,如凸模、凹模等

3-87　凸模怎样修配制造?

凸模也叫型芯,是与凹模配合组成模具的型腔,成型制品的内表面用零件。凸模一般都安装固定在移动模板上,所以也可称为动模。

凸模的结构形式有整体式和组合式两种。图3-85所示为注塑成型模具中常见到的几种结构。凸模制造工艺顺序如下。

凸模制造用材料,可按模具的制造精度要求和成型制品数量来选择,常用材料有40Cr、3CrMo和38CrMoAl等牌号钢材。成型质量要求不高的生活日用品(如盆、盖、桶等),可用45钢制造;成型制品精度要求较高(如仪表件、齿轮、风扇等)、产品数量又很大时,应选用3CrMo或38CrMoAl合金钢制造。

参照图3-85(a),用40Cr合金钢制造凸模的工艺顺序安排如下。

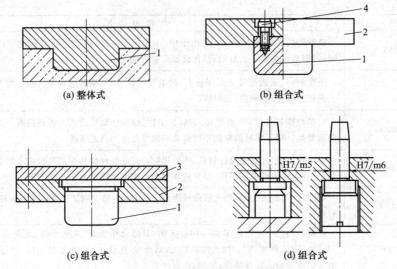

图 3-85 凸模的结构示意图
1—型芯；2—底板；3—垫板；4—螺钉

① 锻造凸模毛坯，按图样尺寸留出 10mm 加工余量。

② 热处理，对毛坯进行正火处理。

③ 钳工划线。

④ 刨凸模各侧端面，留出 2～3mm 加工余量。

⑤ 粗车凸模各部，留出 2～3mm 加工余量。

⑥ 热处理，正火至 179～229HBW。

⑦ 钳工划线，按图样尺寸划出零件轮廓线，由钳工制作型芯样板一套。

⑧ 精车各部，按样板车弧形处，组成型腔用各面留出 0.25～0.35mm 余量，其余各部位精车至图样尺寸。

⑨ 热处理，凸模型腔部位表面硬度为 50～55HRC。

⑩ 钳工划模具各部位孔和丝孔线。

⑪ 钳工修磨凸模型腔部位表面，修磨方法与修磨凹模表面相同，表面粗糙度值 Ra 应不大于 0.25μm。

⑫ 钳工钻攻各部位丝孔。

⑬ 修整凸模各部位，去掉毛刺。

如果凸模选用 38CrMoAl 合金钢制造，生产工艺中粗加工后要进行调质处理，硬度为 27～31HRC；精加工后氮化处理的硬度为 68～70HRC，成型后表面需经研磨、抛光，减小粗糙度。

3-88 凹模怎样进行修配制造？

组成注塑制品型腔的凹模（通常也叫阴模）是成型制品外表面形状的模具零件。一般多安装固定在定模板上，所以也称定模。

凹模的结构形式有整体式和组合式两种，见图 3-86。

凹模制造用材料选择与凸模制造用材料的选择方法相同。参照图 3-86（a），用 45 钢制造凹模的工艺顺序如下。

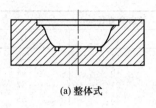

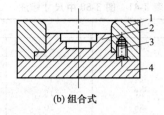

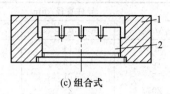

(a) 整体式　　　　　　(b) 组合式　　　　　　(c) 组合式

图 3-86　凹模的结构形式

1—凹模外套；2—镶件；3—螺钉；4—垫板

① 锻造凹模毛坯，按图样尺寸留 10mm 加工余量。

② 热处理，对毛坯进行正火处理。

③ 钳工划线，划出凹模外形尺寸线。

④ 刨凹模外形，留出精加工余量 2～3mm。

⑤ 粗车凹模部位，留出 2～3mm 余量。

⑥ 热处理，调质处理 235～275HBW。

⑦ 钳工划线，按图样尺寸划出轮廓线。

⑧ 刨凹模各侧面至尺寸。

⑨ 精车凹模部位，留出 0.25～0.35mm 余量。

⑩ 钳工划模具各部位孔和丝孔线。

⑪ 热处理，凹模型腔部位表面硬度为 50～55HRC。

⑫ 钳工修磨凹模型腔面，可用风动砂轮磨，然后用油石研磨，再用金相砂纸修磨。砂纸的粒度要先粗后细。修磨时要先按与上道工序入痕方向垂直的方向修磨，直至去掉刀痕，然后变动与第一次修磨方向垂直的方向修磨。最后一次修磨时，应该使修磨方向与制品脱模方向一致，以方便顺利脱模。修磨后的凹模型腔面粗糙度值 Ra 应不大于 0.25μm。

⑬ 钳工钻攻各部位丝孔。

⑭ 修掉各部位毛刺。

3-89　导柱、导套怎样进行修配制造？

模具中的动模板在工作时，要经常在拉杆上前后滑动，开闭模具。为了使这个运动能正常运行，保证动、定模板开闭时的接触位置正确，非常有必要在动、定模板上设置导柱和导向套，以保证两动、定模板合模时型腔的相互位置正确配合。

为了保证导向精度，导柱与导向套的滑动配合应采用 H7/f7 或 H7/e7 配合。导柱的前端应倒 3°～5°成锥形斜角。如果导柱体设计成圆锥形，则两模板的位置配合精度保证将会更准确。

（1）导柱和导向套的要求

① 导柱和导向套应有耐磨性和一定的工作强度。

② 导柱和导向套用优质碳素钢 45 号钢或优质碳素工具钢及锰硼合金钢制造。工作表面经机加工后，粗糙度值 Ra 应不大于 0.65μm。

③ 导柱和导向套的滑动配合表面应进行热处理，表面硬度为 50～55HRC。如果用 45号钢制造，粗加工后应先调质处理，再精加工成型。

④ 导柱和导向套工作时要有良好润滑，滑动配合表面要开出润滑油沟。

⑤ 导柱不能过于细长，为保证导柱的工作强度，导柱直径与导柱长比例要合理，具体尺寸见表 3-41。

表 3-41 图 3-88 中尺寸标注

导柱直径/mm			导向套直径/mm		
d	d_1	d_2	d_3	D	D_1
8	14	20	8	14	20
12	18	24	12	18	24
15	21	27	15	21	27
20	28	36	20	28	36
25	34	43	25	34	43
30	39	47	30	39	47
35	45	55	35	45	55
45	57	67	45	57	67

注：导柱与导向套采用 H8/f8 配合，导柱固定部分采用 H8/k6 配合，导向套外圆固定部分采用 H8/k7 配合。

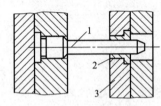

图 3-87 导柱和导向套的
配合工作位置
1—导柱；2—导向套；
3—动模板

⑥ 导柱应固定在型腔模板上（即静模板上），导柱和导向套与模板的配合部分，一般应采用静配合。

导柱和导向套的配合工作位置见图 3-87。

导柱与导向套的各部位尺寸见图 3-88。

（2）导柱和导向套的制造工艺

① 导柱的制造工艺 导柱的制造材料，可用 20 号、45 号碳素结构钢或用 T8、T10 碳素工具钢。

导柱制造工艺顺序（参照图 3-87、图 3-88 零件示意图，用 T8 碳素工具钢制造）如下。

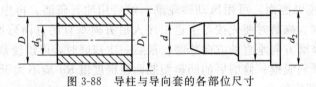

图 3-88 导柱与导向套的各部位尺寸

- 用圆钢下料，留出 3～4mm 加工量。
- 车各部 分粗、精二次车削加工，与模体固定部位采用 k6 公差，留出磨削余量。
- 滑动配合工作面，淬火热处理，硬度为 55～60HRC。
- 研磨中心孔。
- 磨削 滑动部位采用 f7 公差，固定部位采用 k6 公差，表面粗糙度值 Ra 为 $0.63\mu m$。
- 钳工修整毛刺。

② 导向套的制造工艺 导向套的制造材料和导柱制造材料相同，可用碳素结构钢，也可用碳素工具钢。

导向套的制造工艺顺序（参照图 3-88 零件示意图，用 20 号碳素结构钢制造）如下。

- 圆钢下料留 3～4mm 加工余量。
- 车各部，分粗、精二步加工，内、外圆留出磨削加工余量。
- 渗碳、淬火热处理，硬度为 55～60HRC。
- 磨外圆，按 k7 公差，粗糙度值 Ra 为 $1.25\mu m$。
- 磨内圆，按 H7 公差，粗糙度值 Ra 为 $0.63\mu m$。
- 钳工、修理毛刺。

③ 导柱和导向套固定安装孔的加工 导柱在导向套内滑动配合工作，目的是为了保证动、静模合模时，能够得到型芯与型腔部分的相互间正确组合，以保证成型制品的质量。所以，为了使导柱与导向套配合工作位置正确，应注意导柱安装固定孔和导向套安装固定孔位

置的对应精度：即两孔的中心线要与两模具结合面垂直，而且要在同一条中心线上。这样两零件滑动配合时，才不会产生干涉现象。

配合座孔的加工，可用坐标镗床上加工，也可由钳工钻铰加工。加工孔的顺序有两种方案：一种是在型腔加工成型前；另一种是在型腔加工成型后。这应该由模具结合面的结构形式来决定。如果型芯与型腔两部件间有配合关系，经钳工修配、两部件间能准确定位时，可以先将配合部分完成后，再加工配合座孔。如果型芯与型腔间没有配合关系，两部分成型部位加工后，配合时不能有正确定位时，此时就应先加工导柱与导向套的安装固定孔，加工顺序如下。

① 各端面，特别是两模具的结合面，要精加工至要求尺寸。两结合面的粗糙度值 Ra 为 $0.63\mu m$。

② 把两模具面装夹在一起（包括中间配合件），然后加工互相垂直的基面。

③ 钳工划各部位加工线。

④ 加工型腔及各安装孔等。

（4）导柱和导向套的安装

① 清洗导柱和导向套，去掉毛刺。

② 检测导柱和导向套装配部分及配合座孔公差。

③ 配合部位涂一层润滑油。

④ 用手锤敲击导柱（或导向套）入配合座孔内约 1/3。

⑤ 检测导柱（或导向套）入孔后与结合平面的垂直度（用角尺检测），校正垂直。

⑥ 如果配合过盈量较小，可用手锤（在导柱端垫硬木）敲击装配；如果过盈量较大，应该用压力机装配。

⑦ 装配合用手推滑动模板，校正检查导柱与导向套的配合工作情况，应该是滑动配合无相互干涉现象。

3-90 顶出杆怎样进行修配制造？

顶出杆的作用是在开模时顶出塑料制品脱模。顶出杆的结构形状有多种，见图 3-89。对于图 3-89 中杆的顶端形状，主要是为了顶出制件平面的需要，使其不伤制品表面，同时平面要平整光滑。

顶出杆的顶出工作方式有机械传动顶出、液压缸活塞顶出和压缩空气活塞顶出。顶出杆在制品成型开模时，既能顶出制件，也可预出或拉勾出流道中的冷料柱。对顶出杆修配件的要求如下。

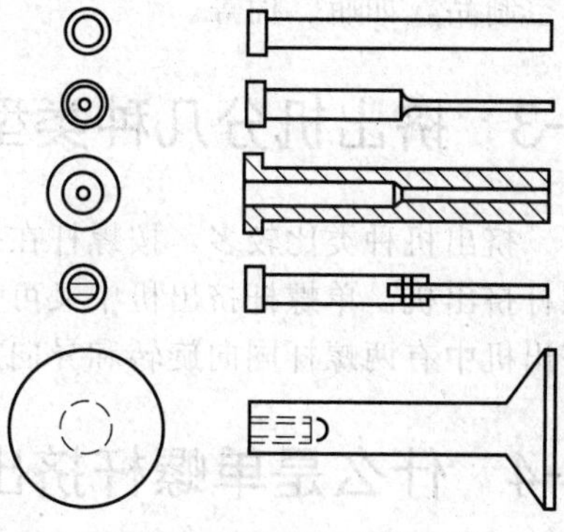

① 顶出杆的结构设计应合理，保证有一定的工作强度，杆的直径在 $2.5\sim12mm$ 范围内。

② 顶出杆用优质碳素工具钢制造，表面要热处理，硬度为 $50\sim55HRC$。

③ 顶出杆安装固定牢靠，与导套采用 H8/k7 配合，形成制品飞边应不大于 $0.03mm$。

图 3-89 顶出杆的结构形状

④ 顶出杆要依据制件大小配置数量，杆位置布置合理，各顶出杆出力均匀。

⑤ 顶出杆的端面装配后应略高于型腔平面，一般应高出 $0.05\sim0.10mm$。

⑥ 顶出杆装配后，要经开合模试车，注意调整时不与其他零件发生干涉、碰撞现象。

第4章 塑料挤出机的使用与维修

4-1 挤出机生产成型塑料制品有哪些特点?

① 挤出机设备结构比较简单,造价低,挤出机成型制品生产线投资比较少。

② 挤出机成型塑料制品可连续化生产,生产效率比较高。

③ 挤出成型的塑料制品长度可按需要无限延长。

④ 挤出成型生产操作比较简单,产品质量比较容易保证,制品生产成型制造费用较低。

⑤ 挤出机生产制品用生产线占地面积较小,生产环境比较整洁。

⑥ 挤出机成型塑料制品应用范围大 可挤出各种热塑性塑料成型,也可用于混合原料、塑化原料和为压延机供应过滤溶料和进行造粒等工作。

⑦ 挤出机维护保养和维修比较容易、简单。

4-2 挤出机能挤出成型哪些塑料制品?

挤出机能连续挤出成型各种不同截面几何形状的塑料制品,如薄膜、片、板、硬管、软管、波纹管、异型材、丝、电缆、包装带、棒、网和复合薄膜等;挤出机可周期性重复生产中空制品,如瓶、桶等。

4-3 挤出机分几种类型?

挤出机种类比较多,按螺杆在挤出机中的数量分,有单螺杆挤出机、双螺杆挤出机和多螺杆挤出机。单螺杆挤出机中又可分为排气型单螺杆挤出机和通用型单螺杆挤出机。双螺杆挤出机中有两螺杆同向旋转和异向旋转和平行双螺杆及锥形双螺杆几种类型。

4-4 什么是单螺杆挤出机? 它有哪些规格型号和基本参数?

单螺杆挤出机是一种应有最多的通用型挤出机。它的特点是:挤出系统由一根螺杆和机筒配合组成,结构如图 4-1 所示。这种挤出机只要更换不同结构形式的螺杆,就可完成多种塑料的挤出成型工作。

标准 JB/T 8061—2011 规定的单螺杆挤出机基本参数见表 4-1~表 4-3。

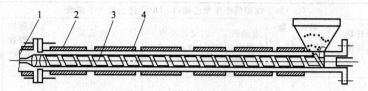

图 4-1　单螺杆挤出机的螺杆与机筒组合

1—机头模具；2—电加热器；3—螺杆；4—机筒

表 4-1　加工聚乙烯挤出机基本参数

（一）加工低密度聚乙烯（LDPE）挤出机基本参数

螺杆直径 D/mm	长径比 L/D	螺杆最高转速 n_{max}/(r/min)	最高产量 Q_{max}/(kg/h) MI2～7	电动机功率 P/kW	名义比功率 P'/[kW/(kg/h)] ≤	比流量 q/[(kg/h)/(r/min)] ≥	机筒加热段数（推荐）≥	机筒加热功率（推荐）/kW ≤	中心高 H/mm
20	20　25	160	4.4	1.5		0.028		3	
	28　30	210	6.5	2.2		0.031		4	
25	20　25	147	8.8	3	0.34	0.060		3	
	28　30	177	11.7	4		0.066		4	
30	20　25	160	16	5.5		0.100		5	1000
	28　30	200	22	7.5		0.110		6	500
35	20　25	120	16.7	5.5		0.139		5.5	350
	28　30	134	22.7	7.5		0.169		6.5	300
40	20　25	120				0.189			
	28　30	150	33	11		0.220	3	7.5	
45	20　25	130			0.33	0.254		8	
	28　30	155	45	15		0.290		9	
50	20　25	132				0.341		9	
	28　30	148	56	18.5		0.378		11	
55	20　25	127				0.441		10	1000
	28　30	136	66.7	22		0.490		13	500
60	20　25	116				0.575		12	
	28　30	143	90	30		0.629		15	
65	20　25	120				0.750		14	
	20　30	160	140	45		0.828		18	
70	20　25	120	112	37		0.933		17	
	28　30	130	136	45		1.046		21	
80	20　25	115	140	45		1.217	4	19	1000
	28　30	120	156	50		1.300		23	500
90	20　25	100				1.560		25	
	28	120	190	60		1.583		30	
	30	150	240	75		1.600		30	
100	20　25	86	172	55		2.000		31	
	28　30	106	234	75		2.207	5	38	
	20　25	90	235		0.32	2.610		40	
120	28	100	315	100		3.150		50	1100
	30	135	450	132		3.333	6	50	1000
150	20　25	65	410	132		6.300		65	600
	28　30	75	500	160		6.600	7	80	
200	20　25	50	625	200		12.500		120	
	28　30	60	780	250		13.000	8	140	
220	28	80	1200	520	0.43	15.000	7	125	1200

(二)加工线型低密度聚乙烯(LLDPE)挤出机基本参数

螺杆直径 D/mm	长径比 L/D	螺杆最高转速 n_{max}/(r/min)	最高产量 Q_{max}/(kg/h) MI2~7	电动机功率 P/kW	名义比功率 P'/[kW/(kg/h)] ≤	比流量 q/[(kg/h)/(r/min)] ≥	机筒加热段数(推荐) ≥	机筒加热功率(推荐)/kW ≤	中心高 H/mm
20	20 25	130	3.4	1.5		0.026		4	
	28 30	175	5.0	2.2		0.029		5	
25	20 25	120	6.8	3	0.44	0.057		4	
	28 30	140	9.1	4		0.065		5	
30	20 25	125	12.5	5.5		0.100			
	28 30	160	17.0	7.5		0.106		6	1000
35	20 25	125	17.4			0.139		5.5	500
	28 30	160	25.6	11		0.160		7	350
40	20 25	122				0.210		6.5	
	28 30	137	35	15		0.255	3	8	
45	20 25	113				0.310			
	28 30	135	43	18.5		0.319		10	
50	20 25	103	35	15		0.340		9	
	28 30	113			0.43	0.381		11	
55	20 25	98	43	18.5		0.439		10	
	28 30	104				0.490		13	
60	20 25	90	51	22		0.567		12	
	28 30	110				0.636		15	
65	20 25	95	70	30		0.737		14	
	28 30	115	93	40		0.809		18	1000
70	20 25	95	86	37		0.905		17	500
	28 30	105	105	45		1.000		21	
80	20 25	95	107			1.126	4	20	
	28 30	100	119	50		1.190		25	
90	20 25	85				1.400			
	28	95	143	60		1.505		30	
	30	105	220	75		2.095			
100	20 25	65	130	55	0.42	2.000	5	31	
	28 30	80	178	75		2.225		38	
120	20 25	65				2.738		40	1100
	28	77	238	100		3.091		50	1000
	30	100	330	132		3.300	6		600
150	20 25	50	314	132		6.280		65	
	28 30	56	380	160		6.786	7	80	

(三)加工高密度聚乙烯(HDPE)挤出机基本参数

螺杆直径 D/mm	长径比 L/D	螺杆最高转速 n_{max}/(r/min)	最高产量 Q_{max}/(kg/h) MI0.04~1.2	电动机功率 P/kW	名义比功率 $[P'$/kW/(kg/h)] ≤	比流量 q/[(kg/h)/(r/min)] ≥	机筒加热段数(推荐) ≥	机筒加热功率(推荐)/kW ≤	中心高 H/mm
20	20 25	115	3.0	1.5		0.027		4	
	28 30	155	4.5	2.2		0.029		5	
25	20 25	105	6.1	3	0.49	0.058	3	4	1000
	28 30	125	8.2	4		0.065		5	500
30	20 25	115	11.2	5.5		0.98			350
	28 30	140	15.3	7.5		0.109		6	

螺杆直径 D/mm	长径比 L/D	螺杆最高转速 n_{max}/(r/min) MI0.04~1.2	最高产量 Q_{max}/(kg/h)	电动机功率 P/kW	名义比功率 $[P'/kW/(kg/h)]$ ≤	比流量 q/[(kg/h)/(r/min)] ≥	机筒加热段数(推荐) ≥	机筒加热功率(推荐)/kW ≤	中心高 H/mm
35	20 25	110	15.6	7.5		0.142		5.5	
	28 30	145	23.0	11		0.159		7	1000 500 350
40	20 25	110				0.209		6.5	
	28 30	122	31.3	15		0.256		8	
45	20 25	100				0.313		8	
	28 30	120	38.5	18.5		0.321	3	10	
50	20 25	90				0.348		9	
	28 30	100	31.3	15	0.48	0.385		11	
55	20 25	88	38.5	18.5		0.438		10	
	28 30	94	46.0	22		0.489		13	
60	20 25	80	46	22		0.575		12	1000 500
	28 30	97	62	30		0.639		15	
65	20 25	85	62	30		0.729		14	
	28 30 33	105	84	40		0.800		18	
70	20 25	85	77	37		0.906		17	
	28 30	94	94	45		1.000		21	
80	20 25	87	96	45		1.103	4	20	
	28 30	90	106	50		1.178		25	
90	20 25	80	106	50		1.325		25	
	28 30	90	128	60		1.422		30	
100	20 25	60	117	55		1.950	5	31	1100 1000 600
	28 30	75	160	75	0.47	2.133	6	38	
120	20 25	64	160	75		2.500	5	40	
	28 30	72	215	100		2.986	6	50	
150	20 25	45	280	132		6.222	7	65	
	28 30	50	340	160		6.800		80	

注：根据需要，螺杆规格可适当增加优选系列：75、110、170等。其中名义比功率及比流量按表中数值进行插入法计算。

表4-2 加工聚丙烯（PP）挤出机基本参数

螺杆直径 D/mm	长径比 L/D	螺杆最高转速 n_{max}/(r/min) MI0.4~4	最高产量 Q_{max}/(kg/h)	电动机功率 P/kW	名义比功率 $P'/[kW/(kg/h)]$ ≤	比流量 q/[(kg/h)/(r/min)] ≥	机筒加热段数(推荐) ≥	机筒加热功率(推荐)/kW ≤	中心高 H/mm
20	20 25	140	3.6	1.5		0.026		3	
	28 30	190	5.4	2.2		0.028		4	
25	20 25	125	7.3	3		0.058		3	
	28 30	150	9.8	4	0.41	0.065		4	
30	20 25	140	13.4	5.5		0.96		5	
	28 30	170	18.3	7.5		0.108		6	1000 500 350
35	20 25	135	18.8			0.139		5.5	
	28 30	172	27.5	11		0.160		6.5	
40	20 25	145				0.190	3	6.5	
	28 30	170	37.5	15		0.221		7.5	
45	20 25	130			0.40	0.288		8	
	28 30	150	46	18.5		0.307		10	
50	20 25	110	37.5	15		0.341		9	
	28 30	120	46.3	18.5		0.386		11	1000 500
55	20 25	105				0.441		10	

螺杆直径 D/mm	长径比 L/D	螺杆最高转速 n_{max}/(r/min)	最高产量 Q_{max}/(kg/h) MI0.4~4	电动机功率 P/kW	名义比功率 P'/[kW/(kg/h)] ≤	比流量 q/[(kg/h)/(r/min)] ≥	机筒加热段数(推荐) ≥	机筒加热功率(推荐)/kW ≤	中心高 H/mm
55	28 30	112	55	22	0.40	0.491		13	
60	20 25	95	55	22		0.579		12	
60	28 30	118	75	30		0.636	3	15	
65	20 25	100	75	30		0.750		14	
65	28 30	125	100	40		0.800		18	
70	20 25	100	93	37		0.930		17	1000 500
70	28 30 33	120	125	45		1.046		21	
80	20 25	104	115	45		1.106	4	19	
80	28 30	107	128	50		1.196		23	
90	20 25	98	128	50		1.306		25	
90	28 30 33	120	154	60		1.426		30	
100	20 25	70	140	55	0.39	2.000	5	31	1100 1000 600
100	28 30	87	192	75		2.207		38	
120	20 25	74	192	75		2.595		40	
120	28 30	85	255	100		3.000	6	50	
150	20 25	60	320	132		5.633		65	
150	28 30	70	320	160		5.857	7	80	

注：根据需要，螺杆规格可适当增加优选系列：75、110、170等。其中名义比功率及比流量按表中数值进行插入法计算。

表 4-3　加工聚氯乙烯（HPVC、SPVC）挤出机基本参数

螺杆直径 D/mm	长径比 L/D	螺杆转速 /(r/min) HPVC	螺杆转速 /(r/min) SPVC	产量 Q/(kg/h) HPVC	产量 Q/(kg/h) SPVC	电动机功率 P/kW	名义比功率 P'[kW/(kg/h)] ≤ HPVC	名义比功率 P'[kW/(kg/h)] ≤ SPVC	比流量 q/[(kg/h)/(r/min)] ≤ HPVC	比流量 q/[(kg/h)/(r/min)] ≤ SPVC	机筒加热段数(推荐) ≥	机筒加热功率(推荐)/kW ≤	中心高 H/mm
20	20 22 25	20~60	20~120	0.8~2	1.14~2.86	0.8	0.40	0.28	0.040	0.030		3	
25	20 22 25	18.5~55.5	18.5~111	1.5~3.7	2.1~5.4	1.5			0.081	0.060		4	
30	20 22 25	18~54	18~108	2.2~5.5	3.2~8	2.2			0.122	0.090		5	1000 500 350
35	20 22 25	17~51	17~102	3.1~7.7	4.4~11	3			0.151	0.129	3	4 5	
40	20 22 25	16~48	16~96	4.1~10.2	5.9~14.8	4			0.213	0.185		6	
45	20 22 25	15~45	15~90	5.64~14.1	8.16~20.4	5.5	0.39	0.27	0.375	0.272		8	
50	20 22 25	15~45	15~90	7.7~19.2	11.1~27.8	7.5			0.513	0.371		7 9	1000 500
55	20 22 25	14~42	14~84	11.3~28.2	16.3~40.7	11			0.807	0.582		8 11	

续表

螺杆直径 D/mm	长径比 L/D	螺杆转速 /(r/min) HPVC	螺杆转速 /(r/min) SPVC	产量 Q/(kg/h) HPVC	产量 Q/(kg/h) SPVC	电动机功率 P/kW	名义比功率 P'[kW/(kg/h)] ≤ HPVC	名义比功率 P'[kW/(kg/h)] ≤ SPVC	比流量 q/[(kg/h)/(r/min)] ≤ HPVC	比流量 q/[(kg/h)/(r/min)] ≤ SPVC	机筒加热段数(推荐) ≥	机筒加热功率(推荐)kW ≤	中心高 H/mm
60	20	13~39	13~78	13.3~33.3	19.2~48	13	0.39	0.27	1.023	0.738	3	10	1000 500
	22											13	
	25												
65	20			15.4~38.5	22.2~55.6	15			1.185	0.854		12	
	22											16	
	25												
70	20	12~36	12~72	19~47.4	27.4~68.5	18.5			1.583	1.142		14	
	22											18	
	25												
80	20			29~58	34~85	22			1.933	1.417			
	22											23	
	25												
90	20	11~33	11~66	31.5~63	37~92.3	24			2.291	1.678		24	
	22											30	
	25										4		
100	20	10~30	10~60	39.5~70	46~115	30	0.38	0.26	3.900	2.300		28	
	22											34	
	25												
120	20	9~27	9~54	72~145	84~210	55			8.000	4.667	5	40	1100 1000 600
	22											45	
	25											60	
150	20	7~21	7~42	98~197	120~288	75			14.000	8.600	6		
	22											72	
	25												
200	20	5~15	5~30	140~280	180~420	100	0.36	0.24	28.000	18.000	7	100	
	22											125	
	25												

注：根据需要，螺杆规格可适当增加优选系列：75、110、170 等。其中名义比功率及比流量按表中数值进行插入法计算。

4-5 单螺杆挤出机中的基本参数说明什么内容？

① 螺杆直径 指螺杆的螺纹部分外圆直径。用 D 表示，单位为 mm。

② 螺杆的长径比 指螺杆的螺纹部分长度与螺杆直径的比值。用 L/D 表示。

③ 螺杆的转速范围 指螺杆工作时的最低转速和最高转速值。用 $n_{min} \sim n_{max}$ 表示。

④ 电动机功率 指驱动螺杆转动的电动机功率。用 P 表示，单位为 kW。

⑤ 机筒加热功率 指机筒用电阻加热时的用电功率。单位为 kW。

⑥ 机筒加热段数 是指机筒加热分几段温度区控制。

⑦ 挤出机产量 是指挤出机在单位时间内的生产能力。用 Q 表示，单位为 kg/h。

⑧ 名义比功率 指挤出机每小时生产塑料制品重（质）量所需电动机功率的综合指标。用 P' 表示，即 $P' = P/Q_{max}$，单位为 kW/(kg/h)。

⑨ 比流量 是指螺杆每转动一圈所能产生的塑料制品重（质）量。这个值体现挤出机的生产效率，用 $q = q_{实测}/m_{实测}$ 表示，单位为 (kg/h)/(r/min)。

⑩ 中心高 指挤出机机筒内螺杆中心线距机座底平面的高度。用 h 表示，单位为 mm。

目前，上海轻工机械股份有限公司、大连冰山橡塑股份有限公司生产的单螺杆挤出机主要技术参数见表 4-4 和表 4-5。

表 4-4　上海轻工机械股份有限公司挤出机械厂生产的单螺杆挤出机主要技术参数

产品型号	主要技术参数			
	长径比	螺杆转速/(r/min)	生产能力/(kg/h)	总功率/kW
SJ-30×25C	25：1	13～200	1.5～22	10.9
SJ-45B	20：1	10～90	2.5～33	11.3
SJ-45G	20：1	10～90	2.5～33	11.3
SJ-45×25F	25：1	8～110	4～38	15.8
SJ-65B	20：1	10～90	6.7～60	34
SJ-65×25H	25：1	8/80,10/100	8～80	36.5
SJ-65×30	30：1	15～50	10～100	62.3
SJ-90×30	30：1	6～100	20～200	93.2
SJ-150×25	25：1	7～42	50～300	141.6
SJSZ-45（锥形）	长 1015mm	4.8～48	80～105	38.12
GE7（锥形）	长 1015mm	2～32	50～150	42.1
SJSZ-65（锥形）	长 1440mm	3.5～34.4	80～250	58.5
SJSZ-80（锥形）	长 1800mm	3.8～38	100～360	103
SJSZ-92（锥形）	长 2500mm	3.5～35	150～750	197

表 4-5　大连冰山橡塑股份有限公司生产的单螺杆挤出机主要技术参数

产品型号	主要技术参数			
	长径比	螺杆转速/(r/min)	生产能力/(kg/h)	总功率/kW
SJ-65×30L	30：1	LDPE：16～160	145	56.62
SJ-90×30	30：1	LLDPE：12～120	125	56.62
		12～120	200	88.1
SJ-90×30A	30：1	LDPE：15～150	280	104
		LLDPE：10.5～105	200	
SJ-120×30	30：1	LDPE：13.5～135	450	179.2
		LLDPE：10～100	330	
SJ-150×25	25：1	6.5～65	460	195
SJ-180×6	6：1	6～60	500	36.55
SJ-120×18	18：1	10～30	70～150	71.4
SJ-30×25	25：1	19～190	LDPE：25	12.7
			HDPE：17	
SJ-30×28	28：1	13～130	LDPE：15	14.5
			HDPE：13	
SJ-45	20：1	25～250	LDPE：75	28
			HDPE：60	
SJ-45×25L	25：1	11～110	LDPE：40	26
			LLDPE：30	
SJ-45H	20：1	15～150	HDPE：45	28
SJ-45C	20：1	25～250	LDPE：8	28
			LLDPE：50	
SJ-45×25P	25：1	17～170	PP：30	32
SJ-45×25R	25：1	16～160	PP：35	41
SJ-45×25A	25：1	7～70	28	19
SJ-65×25B	25：1	10～100	LDPE：100	41
			LLDPE：75	
			HDPE：65	
SJ-65A（造粒）	20：1	8～80	100	24

续表

产品型号	主要技术参数			
	长径比	螺杆转速/(r/min)	生产能力/(kg/h)	总功率/kW
SJ-65×28	28：1	4～80	60	32
SJ-65×25A	25：1	10～90	80	31
SJ-65×30	30：1	16～160	LDPE：145 LLDPE：125	52
SJ-70×28	28：1	16～160	LDPE：165 LLDPE：125	52
SJ-50×28	28：1	20～200	LDPE：80 LLDPE：65 HDPE：55	31

4-6　单螺杆挤出机标牌上的型号标注说明什么内容?

在橡胶塑料机械标准 GB/T 12783—2000 中规定，标牌上的型号标注说明如下。

从左向右顺序：第一格塑料机械代号为 S；第二格挤出机代号为 J；第三格是指挤出机不同的结构形式代号。三个格组合在一起就是：塑料挤出机为 SJ；塑料排气式挤出机为 SJP；塑料发泡挤出机为 SJF；塑料喂料挤出机为 SJW；塑料鞋用挤出机为 SJE；阶式塑料挤出机为 SJJ；双螺杆塑料挤出机为 SJS；锥形双螺杆塑料挤出机为 SJSF；多螺杆塑料挤出机为 SJD。第四格表示辅机，代号为 F。如果是挤出机组，则代号为 E。第五格参数是

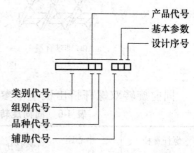

指螺杆直径和长径比。第六格是指产品的设计顺序，按字母 A、B、C 等顺序排列，第一次设计不标注设计号。

例如 SJ-45×25 表示塑料挤出机，螺杆直径为 45mm，螺杆的长径比为 25：1。螺杆长径比为 20：1 时不标注。

4-7　原料在单螺杆挤出机中怎样进行塑化成型?

按塑料制品的配方要求，把混合均匀的原料经料斗送入挤出机的机筒内。随着螺杆的旋转，原料被螺纹强制推向机筒前方。由于机筒前端有过滤网、分流板和成型模具的阻力，再加上螺纹间容积的逐渐缩小（等距螺纹，螺纹深度逐渐变浅），同时原料又受到机筒的供热，结果被螺纹推动前进的原料受到挤压、剪切、加热和搅拌等条件作用，再加上原料间、原料与机筒内壁及螺纹面的摩擦，产生一定热量，使原料在前移的同时温度逐渐升高，其物理状态也随之逐渐由玻璃态转变为高弹态，最后成为黏流态，达到完全塑化。由于螺杆一直在稳定不停地旋转，则把塑化均匀的熔融料等压、等量地从成型模具口挤出，成为具有一定形状的塑料制品。再经冷却定型，即完成制品的挤出成型工作。

4-8　双螺杆挤出机与单螺杆挤出机工作相比较有哪些特点?

双螺杆挤出机机筒内有两根螺杆啮合旋转工作，共同完成对塑料的强制推进输送和塑化工作。双螺杆挤出机与单螺杆挤出机工作比较，有以下几个特点。

① 原料在机筒内被挤出塑化过程中产生的摩擦热量少。

② 原料在机筒内受双螺杆啮合剪切作用稳定均匀，原料被塑化混合均匀。

③ 原料在机筒内停留时间短，挤出成型制品产量高。

④ 粉状原料可直接用于挤出成型制品，而且原料的塑化、混合质量比较稳定。

⑤ 双螺杆啮合旋转工作机筒内残料可以自动清理。

4-9 双螺杆挤出机有几种类型？

① 按双螺杆的旋转方向分类，可把挤出机分为同向旋转和异向旋转两种类型。同向旋转是指两根螺杆的啮合工作旋转方向一致，两根螺杆的外形结构、各段螺纹的几何形状及螺纹旋向都相同。两根螺杆上螺纹工作啮合状态可分为非啮合型、部分啮合型和全啮合型，啮合状态如图 4-2 所示。

(a) 非啮合型   (b) 部分啮合型   (c) 全啮合型

图 4-2 同向旋转双螺杆啮合状态

同向旋转双螺杆挤出机基本参数见表 4-6。

表 4-6 同向旋转双螺杆挤出机基本参数 （JB/T 5420—1991）

螺杆直径 D/mm	中心距 D/mm	长径比 L/D	螺杆最高转数 n_{max}/(r/min)	电动机功率 /kW	最高产量 q_{max} /(kg/h)
30	26	23~33		5.5	≥20
34	28	14~28		5.5	≥25
53 57	48	21~30	300	30	≥100
60	52	22~28		40	≥150
68	60	26~32		55	≥200
72	60	28~32	260	55	≥200
83	76	21~27	300	125	

异向旋转双螺杆挤出机是指两根螺杆工作时旋转方向相反，两根螺杆的螺纹旋向相反，一根螺纹旋向是左旋，而另一根螺纹的旋向必须是右旋。两根螺杆的螺纹啮合类型有全啮合型和非啮合型（见图 4-3）。

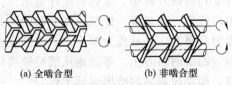

(a) 全啮合型   (b) 非啮合型

图 4-3 异向旋转双螺杆的啮合类型

异向旋转双螺杆挤出机基本参数见表 4-7。

② 按双螺杆的轴心线装配工作时平行与否分类，又分为轴心线平行的啮合异向旋转双螺杆挤出机 [见图 4-4 (a)] 和轴心线相交的啮合异向旋转锥形双螺杆挤出机 [见图 4-4 (b)]。

表 4-7　异向旋转双螺杆挤出机基本参数 （JB/T 6491—1992）

挤出机系列		65		80		85					110					140		
中心距/mm		52		64		70					90					118		
螺杆直径 D/mm		60	65	80	80	81	85				105	110				142		
长径比 L/D		—							16、18、27							—		
产量/(kg/h)	管材	—	110	160	—		200					280				460	—	—
	异型材	80				120					260							
	板材											200				360		
	造粒 PVC-U			170			200					300				520		
	造粒 PVC-P						300					350						800
比流量 q/[(kg/h)/(r/min)]		1.6	1.89	5.71	6.07	3.78	5.8	6.12	6.25	10.4	7.36	5.26	6.25	6.4	11.5	9	13	13.33
比功率 P'/[kW/(kg/h)]		0.15	0.14	0.14	0.14	0.15	0.14	0.14	0.14	0.15	0.14	0.16	0.14	0.14	0.16	0.14	0.14	0.14
中心高 h/mm		1000									1150							
螺杆与机筒间隙/mm		0.2～0.35		0.2～0.38							0.3～0.48					0.4～0.6		

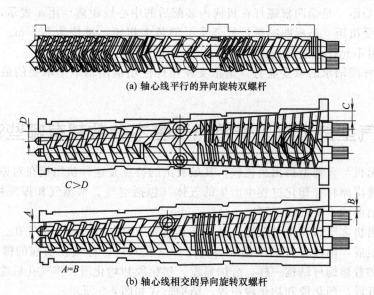

(a) 轴心线平行的异向旋转双螺杆

$C>D$

$A=B$

(b) 轴心线相交的异向旋转双螺杆

图 4-4　轴心线平行及轴心线相交的异向旋转双螺杆

锥形双螺杆挤出机的基本参数见表 4-8。

表 4-8　锥形双螺杆挤出机基本参数 （JB/T 6492—1992）

螺杆直径 D/mm	螺杆最大转速与最小转速调速比 (n_{max}/n_{min})	产量 (PVC-U)/(kg/h)	实际比功率 P'/[kW/(kg/h)]	比流量 q/[(kg/h)/(r/min)]	中心高 h/mm
25		≥24		0.3	
35		≥55		1.22	
45		≥70		1.55	
50	≥6	≥120	≤0.14	3.75	1000 1100
65		≥225		6.62	
80		≥360		9.73	
90		≥675		19.3	

注：此锥形双螺杆挤出机以加工硬聚氯乙烯管材、板材、异型材造粒为主。

4-10　双螺杆挤出机有哪些主要参数？试具体说明。

① 螺杆直径　指螺杆的螺旋部分外圆直径。用 D 表示，单位为 mm。锥形双螺杆直径分大端和小端直径，锥形螺杆用小端外圆直径来表示螺杆的规格。

② 螺杆的长径比　用 L/D 表示。L 为螺杆螺旋部分长度，D 为螺杆直径。

③ 螺杆转速范围　指螺杆工作中的最低和最高转速。用 $n_{min} \sim n_{max}$ 表示，单位为 r/min。

④ 电动机功率　指驱动双螺杆工作旋转电动机功率。用 p 表示，单位为 kW。

⑤ 生产率　生产率与被挤塑原料性质和成型模具结构有关，是按塑料制品的种类标明的单位时间产量。用 q 表示，单位为 kg/h。

⑥ 机筒加热功率和加热段　指用电阻丝加热机筒升温用电总功率。用 P 表示，单位为 kW。加热段是指机筒被加热的分段或温度控制段。

⑦ 螺杆旋向　是指两根螺杆的工作旋转方向，有同向和异向旋转之分。同向旋转双螺杆多用于混合原料的挤出，异向旋转双螺杆多用于成型制品的挤出。

⑧ 螺杆中心距　是指两根螺杆在机筒内装配后的中心线距离。用 a 表示，单位为 mm。

⑨ 螺杆承受扭矩　是标明的螺杆所能承受的最大扭矩，单位为 N·m。为了设备能安全生产，工作时不允许超过其最大扭矩值。

⑩ 支承螺杆用轴承的承受能力　是指支撑螺杆传动轴用轴承能承受的最大轴向力，单位为 N。

4-11　排气型挤出机工作特点及基本参数都有哪些？

排气型挤出机与普通型挤出机比较，其最突出的特点是这种挤出机在对原料塑化挤出过程中能够随时排出原料在塑化过程中产生的气体（包括空气、水蒸气和挥发物气体），这就节省了原料挤出前的干燥处理工序。

排气型挤出机之所以有排气功能，是由于其机筒中段上方有一个排气孔。其螺杆由两段常规螺杆串联组成，两段螺杆的交接处与机筒排气孔对应。排气孔前端的螺杆称为一阶螺杆，这段螺杆和普通螺杆结构一样，分加料段、塑化段和均化段；排气孔后端的螺杆称为二阶螺杆，由排气段、塑化段和均化段组成。结构形式如图 4-5 所示。

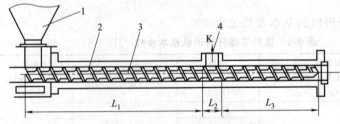

图 4-5　排气型挤出机的机筒和螺杆结构
1—料斗；2—机筒；3—螺杆；4—排气孔

排气型挤出机对原料的混炼塑化过程如下。在原料进入机筒的第一阶螺杆后，经过加料段、塑化段和均化段，基本达到塑化。在这个过程中，原料中的水分、空气和挥发物等混合气体在挤压混炼过程中逸出。由于机筒上的排气孔与真空泵用管路相通，熔料被挤压至排气孔处所受压力骤降，所以，熔料中的混合气体至排气孔后被抽出。而熔料被转动的螺杆推入二阶螺杆段，得到进一步塑化；然后在等压、等量和比较稳定的温度条件下被挤出机筒，进入成型模具；经成型模具成型，再经冷却定型，完成制品的挤出工作。

表 4-9 和表 4-10 所列为排气型挤出机的基本参数。其中表 4-9 适用于挤出聚烯烃类原料，表 4-10 适用于挤出软、硬 PVC 制品。

表 4-9　排气型挤出机基本参数（JB/T 5417—1991）

螺杆直径 D/mm	长径比 L/D	最高转数 n_{max} /(r/min)	产量 /(kg/h)	电动机功率 P_N/kW	名义比功率 P'_N /[kW/(kg/h)]	比流量 q/[(kg/h)/ (r/min)]	排气口真空度/MPa	中心高 h/mm
20	25 28	225	6.3	2.2	0.35	0.028		
	30 32	285	8.6	3		0.03		
30	25 28	210	21	7.5	0.36	0.1		
	30 32	255	28	10		0.11		
45	25 28	165	48	17	0.35	0.291		1000 500
	30 32	195	63	22		0.323		
65	25 28	145	108	37	0.34 0.35	0.745		
	30 32	160	130	45		0.813	≥0.08	
90	25 28	110	162	55	0.34 0.31	1.472		
	30 32	145	242	75		1.669		
120	25 28	105	290	90	0.31 0.32	2.762		
	30 32	120	390	125		3.2		1100 600
150	25 28	80	500	160	0.32	6.25		
	30 32	90	605	200	0.33	6.672		
200	25 28	60	735	250	0.34	12.25		
	30 32	75	955	315	0.33	12.733		

表 4-10　排气型挤出机用于 PVC 时的基本参数

螺杆直径 D/mm		20	30	45	65	90	120	150	200
长径比 L/D		25　28	25　28	25　28	25　28	25　28	25　28	25　28	25　28
最高转数 n_{max}/(r/min)	PVC-U	25～75	23～69	20～60	15～45	13～39	12～36	8～24	6～18
	PVC-P	25～150	23～188	20～120	15～90	13～78	12～72	8～48	6～36
产量/(kg/h)	PVC-U	1～2.5	2.6～6.5	8～20	18～44	38～76	86～172	102～205	169～338
	PVC-P	1.5～4	4～10	12～29	26～66	47～118	112～253	138～320	216～500
电动机功率 P_N/kW		1.1	3	7.5	18.5	30	75	90	125

续表

名义比功率 P'_{N}/[kW/(kg/h)]	PVC-U	0.44	0.46	0.38	0.42	0.4	0.44	0.44	0.37
	PVC-P	0.28	0.3	0.26	0.28	0.25	0.3	0.28	0.25
比流量 q/[(kg/h)/(r/min)]	PVC-U	0.4	0.11	0.4	1.2	2.92	7.17	12.75	28.17
	PVC-P	0.03	0.09	0.3	0.87	1.81	4.67	8.63	18
排气口真空度/MPa		≥0.08							
中心高 h/mm		1000 500				1000 600			

注：此标准参数以加工软、硬 PVC 制品为主，也可生产聚烯烃制品。

4-12 排气型挤出机中的几个特殊参数各是什么意思?

① 第一阶螺杆与第二阶螺杆长度比值　是指图 2-5 中 L_3 与 L_1 长度的比值。一般为 $(0.8\sim1.8):1$。用于造粒时取小值，用于挤出制品时取大值。

② 泵比　指第二阶螺杆的均化段螺纹深与第一阶螺杆的均化段螺纹深的比值，一般在 $(1.5\sim2):1$ 之间。此值越大，排气孔溢料的可能性越小。如果此值过大，则挤出机筒的料流会不稳定，对成型制品的质量稳定性有较大影响。

③ 扩张比　是指第一阶螺杆均化段螺纹深与排气孔段螺纹深比值，一般在 $(2.5\sim6):1$ 之间。此值越小，气体逸出的可能性越大。

4-13 喂料型挤出机和行星螺杆挤出机结构有何特点和用途?

喂料型挤出机和行星螺杆型挤出机都是压延机生产线中的原料混炼塑化设备。喂料型挤出机与普通型挤出机结构相同，只是这种挤出机的螺杆结构不同于普通型螺杆结构。喂料型挤出机的螺杆直径比较大，长径比小（小于 10:1），压缩比小，但是转速比较高。行星螺杆型挤出机结构如图 4-6 所示。其特点是机筒内中间有一个直径较大的主转动螺杆，主螺杆的周围有多个直径较小的螺杆，既能自转，又能围绕主螺杆公转。粉状原料在这种挤出机中进行混炼塑化，生产效率高，原料的塑化质量也较好。

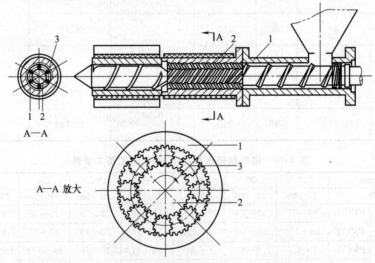

图 4-6　行星螺杆型挤出机结构及螺杆的布置
1—机筒；2—主螺杆；3—行星螺杆

4-14　挤出法成型塑料制品用挤出机生产线有哪些?

以挤出机为主机组成的塑料制品生产线，常见的有：硬管成型用挤出机生产线（见图4-7）、软管挤出成型用挤出机生产线（见图4-8）、异型材挤出成型用挤出机生产线（见图4-9）、吹塑薄膜用挤出机生产线（见图4-10）、板（片）材成型用挤出机生产线（见图4-11）、包装带挤出成型用挤出机生产线（见图4-12）、聚氯乙烯挤出成型丝用挤出机生产线（见图4-13）、聚乙烯单丝成型用挤出机生产线（见图4-14）、地板革成型用挤出机生产线（见图4-15）、棒材挤出成型用挤出机生产线（与管材生产线相似）、复合塑料制品挤出成型生产线（见图4-16）和中空塑料制品挤出吹塑成型生产机组（见图4-17）等。

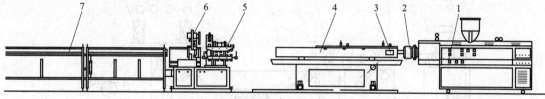

图 4-7　硬质塑料管成型用挤出机生产线

1—挤出机；2—成型模具；3—冷却定型模具；4—水槽；5—牵引机；6—切割机；7—成品输送

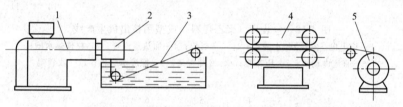

图 4-8　软质塑料管成型用挤出机生产线

1—挤出机；2—成型模具；3—冷却水槽；4—牵引机；5—收卷机

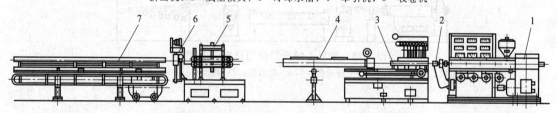

图 4-9　异型材成型用双螺杆挤出机生产线

1—双螺杆挤出机；2—成型模具；3—真空定型套；4—冷却定型装置；5—牵引机；6—切割机；7—成品输送架

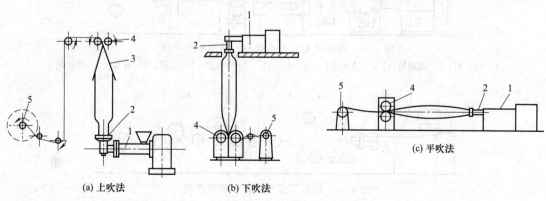

(a) 上吹法　　　　(b) 下吹法　　　　(c) 平吹法

图 4-10　吹塑薄膜成型用挤出机生产线

1—挤出机；2—成型模具；3—人字形导板；4—牵引辊；5—卷取机

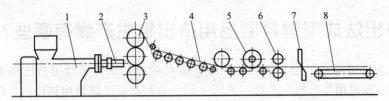

图 4-11 塑料板（片）成型用挤出机生产线

1—挤出机；2—成型模具；3—三辊压光机；4—冷却输送辊组；

5—切边机；6—牵引机；7—切割机；8—输送机

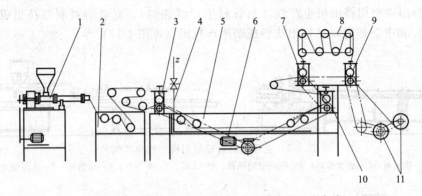

图 4-12 包装带（聚乙烯料）成型用挤出机生产线

1—挤出机；2—冷却水槽；3,10—牵引辊；4—加热蒸汽管；5—拉伸热水槽；

6—直流电动机；7—压花辊；8—冷却辊架；9—橡胶牵引辊；11—收卷辊

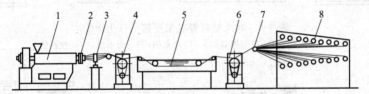

图 4-13 聚氯乙烯成型丝用挤出机生产线

1—挤出机；2—成型模具；3—分丝板；4,6—牵引辊；5—热水箱；7—分丝辊；8—卷取机

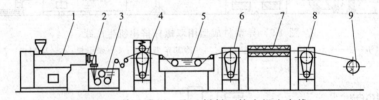

图 4-14 单丝成型（聚乙烯料）挤出机生产线

1—挤出机；2—成型模具；3—冷水槽；4,6—牵引辊；5—热水槽；7—烘箱；8—导辊；9—卷丝机

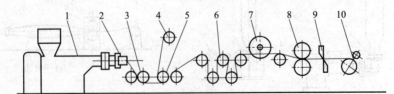

图 4-15 地板革成型用挤出机生产线

1—挤出机；2—成型模具；3—压光修整辊；4—面膜或布基辊；5—成合辊；

6—冷却辊组；7—切边机；8—牵引机；9—切割机；10—收卷机

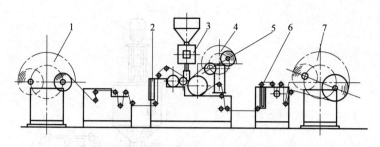

图 4-16 复合塑料制品用挤出机生产线
1—底基布辊；2,6—加热装置；3—挤出机；4—面膜轴辊；5—热合辊；7—卷取机

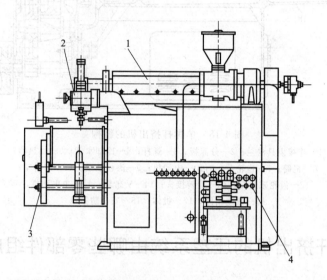

图 4-17 中空塑料制品挤出吹塑成型生产机组
1—挤出机；2—型坯用模具；3—成型模具组合件；4—电控系统

　　有些塑料成型制品在挤出塑化前需要加一些增塑剂、稳定剂和填充料等辅助料。这些辅助料根据塑料制品成型配方需要，按一定比例加入树脂中。为了使这些料混合均匀，在挤出塑化前需经过热混合、低温搅拌和过筛等工序。由此可见，在有些挤出机生产线中，还需有高速混合机、低温搅拌机和筛料机等设备。例如，用聚氯乙烯树脂生产管材时，在挤出塑化成型前，原料的混配工作就需要有这些工序。

4-15　单螺杆挤出机由哪几个主要系统组成？

　　无论是哪种类型结构的挤出机，它们要能独立完成对塑料的混炼塑化工作，就必须具备下列几个工作系统：①传动系统；②加料系统；③挤出塑化原料系统；④加热冷却降温系统；⑤电器控制系统。

4-16　单螺杆挤出机有哪些主要零部件？

　　单螺杆挤出机结构中的主要零部件组成及它们的工作位置如图 4-18 所示。

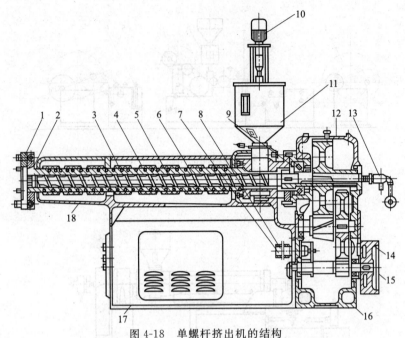

图 4-18　单螺杆挤出机的结构

1—连接模具法兰；2—分流板；3—螺杆；4—冷却水管；5—加热器；
6—机筒；7—齿轮泵；8,10—电动机；9—滚柱轴承；11—加料斗；
12—齿轮减速箱；13—旋转接头；14—V带轮；15—主电动机；
16—减速箱体；17—机体；18—安全防护罩

4-17　单螺杆挤出机的压塑系统由哪些零部件组成？

挤出机的压塑系统是挤出机设备中的主要部位。它的功能是把原料从这里经挤压、加热，由固态转变为塑化熔融态，然后从机筒前端的分流板（也称多孔板）等流量、等压力地均匀挤出，进入成型制品模具。

压塑系统中主要零件有：加料斗、机筒、螺杆和多孔板。

4-18　单螺杆挤出机中的螺杆结构和各部分尺寸怎样确定？

螺杆是挤出机的重要零件，它的直径尺寸代表挤出机的规格；对其结构形式的选择应用是保证塑料树脂塑化质量的主要条件之一。常用螺杆的结构形式有渐变型螺杆和突变型螺杆。这两种螺杆结构示意如图 4-19 所示。

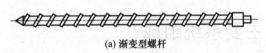

(a) 渐变型螺杆

(b) 突变型螺杆

图 4-19　常用螺杆结构示意

渐变型螺杆的结构特点是：螺杆的螺纹部分螺距相等，螺纹槽的深度从加料段向均化段由深逐渐变浅。还有一种渐变型螺杆，是加料段和均化段的螺纹槽深度不变，而塑化段的螺纹槽深度由深逐渐变浅。这种螺杆结构适于聚氯乙烯等非结晶型塑料的挤出塑化。

突变型螺杆的加料段和均化段螺纹槽深度不变，而螺杆的塑化段（也称压塑段）长度很短，这段的螺纹槽深度是突然由深变浅。这种结构螺杆适合于聚烯烃等结晶型塑料的挤出成型。

① **螺杆直径**　是指螺杆的螺纹部分的外圆直径。用 D 表示，单位为 mm。螺杆直径既能表示挤出机的规格大小，也与挤出机生产塑料制品的规格尺寸大小有关。表 4-11 中列出螺杆直径与塑料制品成型规格尺寸的关系。

表 4-11　螺杆直径与塑料制品成型规格尺寸的关系　　　　　　　单位：mm

螺杆直径	30	45	65	90	120	150	200
管直径	3～30	10～45	20～80	30～120	50～180	80～300	120～400
吹膜折径	50～300	100～500	400～900	700～1200	约 2000	约 3000	约 4000
板材宽度	—	—	400～800	700～1200	1000～1400	1200～2500	—

注：广东金明塑胶设备有限公司提出不同螺杆直径的吹膜折径是：$\phi 45$ 为 100～600mm，$\phi 65$ 为 400～1500mm，$\phi 90$ 为 800～2800mm，$\phi 120$ 为 1500～3500mm，$\phi 150$ 为 2000～7000mm。这些数据也可供应用时选择参考。

② **长径比**　是指螺杆的螺纹部分长度与直径的比值，即 L/D。JB/T 8061—2011 标准中规定，螺杆的长径比值在（20～30）∶1 范围内。一般情况下，聚氯乙烯等非结晶型塑料的挤出塑化用螺杆，取长径比在（20～25）∶1 范围内；聚烯烃类塑料的挤出塑化，取螺杆的长径比在（25～30）∶1 范围内。

挤出塑化原料时，取长径比值的大值时，有利于原料的塑化，可提高螺杆的工作转速，则可提高挤出机的产量；但是，过大的长径比值会使螺杆长度增加，这给螺杆的切削加工和热处理带来较大的难度。

③ **螺纹部分的分段**　按螺杆工作转动时的功能作用，把螺纹部分分为加料段 L_1、塑化段 L_2 和均化段 L_3（见图 4-20）。

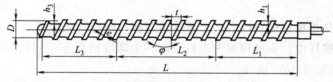

图 4-20　常用螺杆的各部分尺寸代号

加料段接受料斗供料，随着螺杆的转动把原料输送给塑化段。

塑化段的温度逐渐升高，把加料段输送来的原料挤压，搅拌，逐渐变成熔融态，并随着螺杆的转动被推入均化段。塑化段也可称为压塑段。

均化段把塑化段输送来的熔料进一步塑化均匀，然后随着螺杆的转动被等流量、等压力地均匀把熔融塑化料推入成型模具内。

④ **螺距**　两个螺纹间同一位置的距离为此螺杆的螺纹距。用 t 表示，单位为 mm。一般取螺距长度等于螺杆直径尺寸。

⑤ **螺纹截面形状**　如图 4-21 所示，有矩形和锯齿形两种截面形状。螺纹深：进料段用 h_1 表示；均化段用 h_3 表示，棱宽约等于直径的 1/100，用 e 表示。

⑥ **螺杆头部形状**　是指螺杆的螺纹前端结构形状。这里的结构形状对熔料的停留时间有影响，对于不同原料的挤出应注意选择不同结构形式。图 4-22 中螺杆头部呈圆弧形状，用于流动性较好的聚烯烃类和尼龙料的挤出；一般前端要加过滤网和分流板。螺杆头部锥角较小，适合于聚

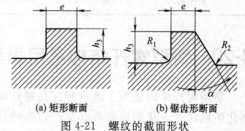

（a）矩形断面　　（b）锯齿形断面
图 4-21　螺纹的截面形状

氯乙烯原料的挤出,此种形状可缩短熔料在机筒内的停留时间,从而避免原料分解。

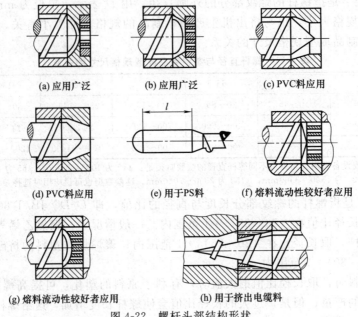

（a）应用广泛　　　　（b）应用广泛　　　　（c）PVC料应用

（d）PVC料应用　　　（e）用于PS料　　　（f）熔料流动性较好者应用

（g）熔料流动性较好者应用　　　　（h）用于挤出电缆料

图 4-22　螺杆头部结构形状

4-19　什么是螺杆的压缩比? 怎样选择螺杆的压缩比?

螺杆的压缩比是指螺杆进料段第一个螺纹槽容积与螺杆均化段最后一个螺纹槽容积的比值,在等距渐变型螺杆中,也可理解为进料段第一个螺纹槽深 h_1 与均化段最后一个螺纹槽深 h_3 的比值,即压缩比＝h_1/h_3。

螺杆的压缩比值大小,对挤出塑化原料的工艺控制条件有较大影响。挤出不同树脂时,应根据不同塑料的物理性能来选用螺杆的压缩比。表 4-12 中列出了不同塑料挤出时常使用的螺杆压缩比值,可供生产选择螺杆结构时参考。

表 4-12　不同塑料挤出的螺杆压缩比

名称	压缩比	名称	压缩比
硬质聚氯乙烯(粒)	2.5∶1[(2～3)∶1]	ABS	1.8∶1[(1.6～2.5)∶1]
硬质聚氯乙烯(粉)	(3～4)∶1[(2～5)∶1]	聚甲醛	4∶1[(2.8～4)∶1]
软质聚氯乙烯(粒)	(3.2～3.5)∶1[(3～4)∶1]	聚碳酸酯	(2.5～3)∶1
软质聚氯乙烯(粉)	(3～5)∶1	聚苯醚	2∶1[(2～3.5)∶1]
聚乙烯	(3～4)∶1	聚砜(片)	(2.8～3)∶1
聚苯乙烯	(2～2.5)∶1[(2～4)∶1]	聚砜(膜)	(3.7～4)∶1
聚丙烯	(3.7～4)∶1[(2.5～4)∶1]	聚砜(管型材)	(3.3～3.6)∶1

4-20　新型螺杆结构常用类型有几种? 其作用是什么?

新型螺杆结构是为了改进和提高螺杆对塑料的混炼能力和塑化质量,加快原料的混炼、塑化熔融速度,从而达到提高生产效率的目的。

目前,应用较多的新型螺杆结构是在螺杆的均化段前设置屏障段,如图 4-23 所示。另一种结构是在螺杆的前端设置一些不规则的销钉或在均化段末端安装 DIS 混炼元件，如图 4-24 所示。这种螺杆结构，打乱了熔料的流动方式，使料流的方向和位置失去原规律性，分成了多股乱流，然后再重新组合从机筒前推出、进入成型模具，成型制品。

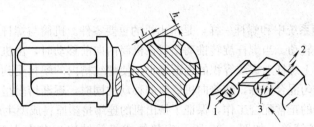

图 4-23　直槽型屏障螺纹头及熔料在槽内流动方式

1—料入口槽；2—料出口槽；3—环流

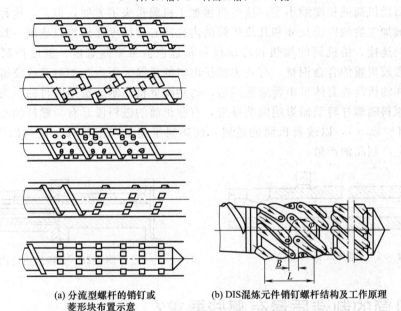

(a) 分流型螺杆的销钉或
菱形块布置示意

(b) DIS 混炼元件销钉螺杆结构及工作原理

图 4-24　分流型螺杆中销钉的布置和 DIS 混炼元件结构

4-21　螺杆的制造质量有哪些要求?

① 挤出机用螺杆要采用受热变形小、耐磨、抗腐蚀的合金钢制造。常用材料是 38CrMoAlA 合金钢或 40Cr 钢，维修配件也可用 45 号钢制造。

② 螺杆用料毛坯应采用锻造法成型毛坯。

③ 螺杆经机械加工后，外圆精度应达到 8 级（GB/T 1800.1—2009）精度质量要求。

④ 螺杆上和传动轴连接部位的工作轴面与螺杆的螺纹外圆同轴度误差应不大于 0.01mm。

⑤ 螺杆的螺纹部分工作面粗糙度 Ra 值　螺纹两侧面应不大于 $1.6\mu m$，螺纹底和外圆应不大于 $0.8\mu m$。

⑥ 如果采用低碳合金钢材料制造螺杆，为了提高螺纹工作面的硬度和耐腐蚀、耐磨性，螺纹表面要进行氮化处理，氮化层深度为 $0.3\sim0.6mm$，表面硬度为 $700\sim840HV$。脆性不大于 2 级。

⑦ 螺杆内孔连接处要做 0.3MPa 水压试验，持续 5min 不许有渗漏水现象。

4-22 机筒的结构分几种类型？其作用有哪些？

机筒在挤出压塑系统中和螺杆一样，是挤出机的重要零件。机筒与螺杆配合工作，机筒包容螺杆，螺杆在机筒内转动。当螺杆旋转推动塑料在机筒内向前移动时，由机筒外部加热传导热量给机筒内塑料，再加上螺杆上螺纹容积的逐渐缩小，使螺纹槽内的塑料受到挤压、翻转及剪切等多种力的作用后被均匀混合塑炼，随着向机筒前部移动的同时，逐渐熔融呈黏流态，完成对塑料的塑化。机筒与螺杆的正常配合工作，保证了挤出机的连续挤塑原料成型生产。

机筒的结构比较简单，如图 4-25 所示为整体式机筒结构。在中小型挤出机中，多用此种结构型机筒。在大型挤出机中，机筒的结构可由几段组成（见图 4-26）。由于机筒分为几段组成，则每段机筒的长度缩小了，这给机械加工机筒带来了方便，但是，这种由几段组成的机筒，机械加工后的内径尺寸和几段机筒的内孔同心度精度比较难以达到一致。此外，分段机筒用法兰连接，给机筒的加热和冷却设备布置也会带来些难度，温度控制也不会太均匀。为了节省较贵重的合金钢材，有些大型挤出机的机筒采用内孔加衬套或浇铸耐磨合金层的方法。这样的机筒外套体可由普通钢铸造，达到降低机筒制造费用的目的。为了防止机筒进料段中的原料随螺杆转动而影响向前推进，有些机筒的进料段开有与螺杆轴心线平行的沟槽（深度为 1～3mm），以改善机筒的进料，使熔料平稳地向前推移，使挤出熔料量平稳，提高挤出机生产制品的产量。

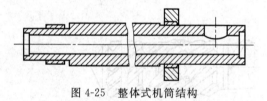

图 4-25 整体式机筒结构

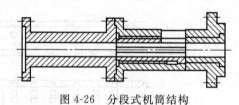

图 4-26 分段式机筒结构

4-23 机筒的制造质量有哪些要求？

① 机筒应采用耐磨、耐腐蚀的合金钢材料制造。机筒毛坯用锻造法成型，然后用机械加工至图纸要求尺寸。目前，国制造挤出机机筒多用 38CrMoAlA 合金钢，也可采用 40Cr 或 45 号钢制造。

② 机筒毛坯经机械粗加工后要进行调质处理，硬度（HB）为 260～290。

③ 机筒半精加工后内孔表面要进行氮化处理，氮化层深度为 0.4～0.7mm，硬度在 940HV 以上。

④ 机筒与螺杆的装配间隙，其标准 JB/T 8061—2011 规定值见表 4-13。

⑤ 机筒的壁厚也应注意控制，最好能参照表 4-14 中数值选择。因为机筒要有足够的厚度，它才能保证机筒工作中有较大的热容量和热惯性；在螺杆工作转速变化时机筒温度控制不会有明显的波动，保证挤出机工艺温度的稳定，使挤出生产工作顺利进行。

表 4-13　机筒与螺杆直径间隙

螺杆直径		20	25	30	35	40	45	50	55	60	65 70
直径间隙	最大	+0.18	+0.20	+0.22	+0.24	+0.27	+0.30	+0.30	+0.32	+0.32	+0.35
	最小	+0.08	+0.09	+0.10	+0.11	+0.13	+0.15	+0.15	+0.16	+0.16	+0.18

表 4-14　挤出机机筒壁厚尺寸参考　　　　　　　　　　　单位：mm

螺杆直径	进口设备机筒壁厚	国产品牌机壁厚	一般国产机壁厚
45	35	30	20~25
65	40	35	25~30
90	45	40	30~35
120	50	45	35~40

4-24　分流板的结构与作用是什么？

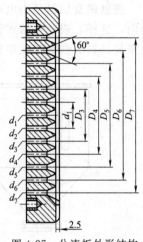

图 4-27　分流板外形结构

　　分流板也称为多孔板，安装在机筒的前端，一般情况下分流板的前面都要加过滤网。两零件在挤塑系统的作用是：把机筒内旋转运动的塑化熔料经过分流板后变成直线运动，同时阻止熔料中杂质通过；分流板与过滤网对料流的阻力也增加了熔料流对螺杆的反压力，这样，使螺杆对原料的塑化质量也得到改进。

　　分流板的结构比较简单（见图 4-27）。它通常用 45 号钢、40Cr 或 2Cr13 合金钢制造。加工时要注意进料端面不应有料流阻力死角；孔的表面要尽量光滑，以保证料流流动通畅。

　　过滤网的使用层数一般可用 1~5 层，网的目数为 40~120 目，用不同目数网组合使用时，要把目数大的网放在中间，目数小的网靠在分流板上支撑目数大的网，以增加目数大的网的工作强度。

4-25　传动系统由哪些主要零部件组成？其作用是什么？

　　塑料挤出机的传动系统主要由电动机、V 带传动、齿轮减速箱等零部件组成。电动机一般多采用直流电动机，整流子电动机和三相异步电动机也有应用。

　　传动系统的作用主要是驱动螺杆在一定的转速范围内旋转工作，按生产工艺条件要求，保证螺杆在一定的扭矩力作用下，均匀平稳地旋转，达到完成塑料熔融塑化及被推出机筒的输送工作。

　　传动系统中支撑螺杆旋转、承受螺杆工作轴向力的部位结构如图 4-28 所示，是挤出机生产工作中容易出故障的零件。产生故障的原因

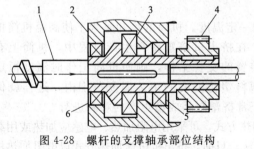

图 4-28　螺杆的支撑轴承部位结构
1—螺杆；2—轴承座；3—滚动轴承；
4—齿轮；5,6—深沟球轴承

主要是原料中混入金属块类硬物，在机筒内卡住螺杆转动，或者是由于挤塑生产中的原料温度偏低所影响，造成支撑轴部位的滚动轴承损坏。

4-26　料斗结构常用类型分几种？各有什么特点？

　　料斗的下料口与机筒的进料口相通，料斗固定在机筒上，装满原料的料斗连续为挤出机生产供料。

　　料斗的结构形式有靠原料自重落入机筒内的筒式料斗，也有强制把原料压入机筒内的加

料料斗和靠料斗振动把原料加入机筒的料斗。目前，应用较多的料斗结构是筒式料斗和强制螺旋加料料斗。

筒式料斗的结构比较简单，一般可用铝板或不锈钢板焊接组合成型。这种料斗的供料方式是靠原料本身的自重下落至机筒内，所以，挤出机生产料斗向机筒内供料时，有时会产生料斗内原料"架桥"现象，影响供料的连续性，造成挤出机不能连续生产出产品。操作工操作筒式料斗挤出机时，要注意经常检查料斗内原料的供料状况。筒式料斗结构如图 4-29 所示。

强制螺旋加料是由电动机直接驱动螺旋不停地旋转，搅动推压料斗中的原料连续进入机筒内，这样，避免了筒式料斗的原料会出现"架桥"现象，保证了料斗中原料能连续不断地向机筒供料。强制螺旋加料料斗结构如图 4-30 所示。

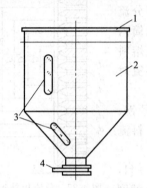

图 4-29　筒式料斗结构

1—料斗盖；2—料斗；
3—视镜；4—挡料板

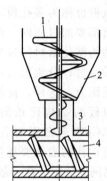

图 4-30　强制螺旋加料料斗结构

1—螺旋加料器；2—料斗；
3—机筒；4—螺杆

4-27　机筒的加热和冷却装置结构和作用是什么？

挤出机中机筒的加热是为了使机筒受热达到一定温度。机筒的冷却是为了使高温机筒把温度降下来。在挤出机挤塑塑料生产过程中，机筒上有加热和冷却装置的交替工作，则使机筒工作时温度恒定在一个挤出塑料塑化需要的工艺温度范围内，这样就保证了挤出机正常挤塑制品成型生产的顺利进行。

机筒的加热方式，可采用电阻加热、电感应加热或用载热体加热等方法。目前，挤出机机筒加热方式以电阻加热机筒方法应用较多。如图 4-31 所示为常用的铸铝电阻丝加热器结构。这种加热器是把电阻丝加入金属管内，然后管内装满氧化镁粉绝缘材料，再把金属管铸在铝合金套中。

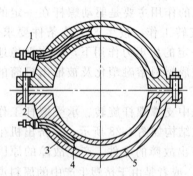

图 4-31　铸铝电阻丝加热器结构

1—接线柱；2—金属管；3—电阻丝；
4—氧化镁粉；5—铝合金套

铸铝电阻丝加热器由于管内有氧化镁粉绝缘，密封好。这样，电阻丝不易氧化，能延长电阻丝的工作寿命；铝合金套与机筒接触面积大、传热性能好，所以得到广泛应用。

机筒的冷却，应用较多的方法是风冷或水冷。风冷方法是用电动风机吹机筒需降温部位，让冷风带走机筒部分热量，以达到机筒降温目的。风冷却机筒的特点就是机筒降温的速度缓慢。机筒采用循环水冷却降温的速度较快，但长时间使用水管内容易结垢堵塞，机筒用循环水冷却降温，注意应选用处理后的软化水。

4-28 为什么要控制螺杆的工作温度？怎样进行控制？

　　螺杆的冷却是为了防止螺杆的加料段温度过高，进料因温度高而黏附在螺纹槽内，随螺杆旋转影响物料输送前移，使挤出机生产因供料不足而不能正常运行。螺杆均化段处因物料在这里受挤压、剪切和摩擦产生热量过多而温度升高，为防止此处的熔料分解才降温。螺杆降温是在螺杆轴心钻孔，一直通到均化段，然后通入水或油作为导热介质。为了保证螺杆温度的稳定，通入螺杆内的导热介质要进行恒温控制。

4-29 旋转接头结构及工作方法是什么？

　　螺杆端用于输入导热介质的旋转接头结构如图 4-32 所示。

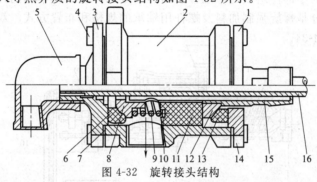

图 4-32 旋转接头结构

1—端盖；2—壳体；3—后端盖；4—螺钉；5—弯头；6,13—球面石墨环；7—密封环；8—弹簧座；9—弹簧；
10—弹簧垫；11—无油轴承；12—外管球体；14—密封垫；15—外管；16—进水内管

　　旋转接头工作方法：外管 15 与螺杆端用螺纹连接，随螺杆旋转；进水内管 16 伸入螺杆内腔，与弯头 5 用螺纹连接，固定不动；弹簧 9 在弹簧座 8 内支撑无油轴承 11 和外管球体 12 与球面石墨环 13 压紧，两零件间摩擦相对运动，阻止由螺杆内腔流回的液体在经外管由下端螺纹孔流出时造成的中间渗漏；完成导热介质液体由进水内管 16 进入，经螺杆内腔带出部分热量流出，然后经导管流回油箱。

4-30 料斗座通水冷却降温目的是什么？

　　料斗座的冷却是指螺杆的进料端（或进料段）和料斗连接处的冷却（见图 4-33）。作用也是

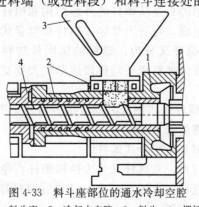

图 4-33 料斗座部位的通水冷却空腔

1—料斗座；2—冷却水空腔；3—料斗；4—螺杆

防止因机筒加热，该部位的料温随之升高，影响加料段对原料的输送和进料口处产生原料"架桥"现象。另外，也可防止机筒热量传至螺杆轴承及减速箱内，影响传动零件的润滑。

4-31 挤出机设备上的控制系统有什么作用？

挤出机工作中的控制系统主要是指对螺杆的工作转速控制、机筒的各段加热温度控制、成型模具加热温度的控制及对制品用熔料成型需要压力的控制等。这些控制装置的作用是保证挤出机在设定的工艺条件内工作，以使挤出机成型塑料制品的生产工作稳定顺利地进行。

4-32 双螺杆挤出机由哪些主要零部件组成？

双螺杆挤出机的零部件组成与单螺杆挤出机的零部件组成基本相同，不同之处在于：螺杆是两根，加料部分是螺旋强制加料及螺杆用轴承的规格和布置方式。双螺杆挤出机的零部件组成位置，见图4-34。

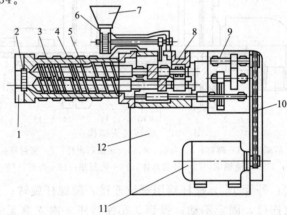

图 4-34 双螺杆挤出机的零部件组成位置

1—法兰盘；2—分流板；3—机筒；4—电阻加热；5—双螺杆；6—螺旋加料；
7—加料斗；8—螺杆轴承；9—齿轮减速箱；10—带传动；11—电动机；12—机架

4-33 双螺杆中的螺杆有几种类型？

双螺杆中的螺杆结构类型有多种，在问题4-9中双螺杆挤出机的分类是按螺杆的旋向及啮合与否进行分类。这里介绍的只是从螺杆的外形结构和螺杆的螺纹部分组成来分类。

（1）按螺杆的螺纹部分组成，可分为整体式螺杆和组合式螺杆。

① 整体式螺杆　整体式螺杆又分为：螺杆的螺距从加料段至均化段逐渐变小型螺杆，螺纹螺距不变；而螺纹棱宽度由加料段至均化段逐渐加大变宽型螺杆和螺杆的外圆直径逐渐变小型螺杆，即锥形螺杆。

② 组合式螺杆　组合式螺杆是指螺杆的螺纹部分由几个不同形式的螺纹单元组合而成，这些螺纹单元装在一根带有键的轴上或组装在六角形芯轴上，成为一根挤出某种物料的专用螺杆。啮合同向旋转双螺杆多采用组合式螺杆。

（2）按螺杆的轴线平行与否，双螺杆又分为两根螺杆直径相同，组装后两根螺杆轴线平行的圆柱形螺杆和两根螺杆直径由大到小变化，组装后两根螺杆轴线不平行的圆锥形螺杆。圆柱形双螺杆的外形结构见图4-35。

图 4-35　圆柱形双螺杆的外形结构

4-34　双螺杆挤出机的机筒结构是什么样的?

双螺杆挤出机的机筒结构和单螺杆挤出机的机筒结构形式一样,也分为整体式机筒和分段组合式机筒,结构形式见图 4-36。

啮合异向旋转双螺杆和锥形双螺杆挤出机,一般多数采用整体式机筒;只有少数大型挤出机采用分段组合式机筒,目的是为了方便机械加工和节省一些较贵重的合金钢材。

啮合同向旋转双螺杆挤出机,多数采用分段组合式机筒。分段式机筒分成长度相等的几段:有的机筒段上开加料口,有的机筒段上开排气口,有的开添加剂口。

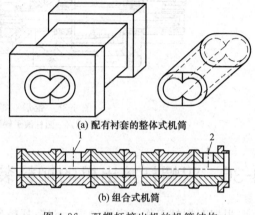

(a) 配有衬套的整体式机筒

(b) 组合式机筒

图 4-36　双螺杆挤出机的机筒结构
1—排气口；2—进料孔

4-35　双螺杆用承受轴向力的止推轴承怎样布置?

双螺杆在挤出工作时产生的轴向力和单螺杆在挤出工作时产生的轴向力是相似或要高于单螺杆挤出时的轴向力,这么大的轴向力应需要较大规格的轴承来承担。但是,由于双螺杆的工作布置限制了承受螺杆轴向力用轴承的布置空间,所以,轴承的布置有多种方案。这里只介绍两种常见的轴承布置方案。

图 4-37 是圆柱形双螺杆用止推轴承的布置。由于螺杆用轴承的规格较大,把两组螺杆用轴承错位布置,以适应轴承布置空间不足的限制。这种轴承布置的两根螺杆的轴向力分配均匀,轴承承受的轴向力相等,工作时两根螺杆的轴向位移量也相同,保证了两根螺杆工作的正常啮合。

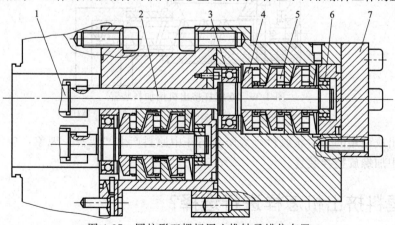

图 4-37　圆柱形双螺杆用止推轴承错位布置
1—螺杆；2—传动轴；3,6—深沟球轴承；4—弹性元件；5—推力滚子轴承；7—压盖

图 4-38 是锥形双螺杆用止推轴承的布置。锥形双螺杆啮合工作时，其尾部的轴承部位空间较大，大型止推轴承的布置比较好安排。

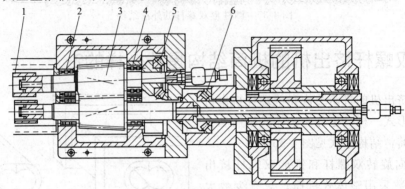

图 4-38　锥形双螺杆用正推轴承的布置

1—螺杆套；2,4—圆柱滚子轴承；3—齿轮；5,6—圆锥滚子轴承

4-36　双螺杆挤出机的加料装置有什么特殊要求?

根据双螺杆工作挤出的要求，双螺杆挤出机的加料装置应该采用计量加料方式为机筒供料。计量加料装置的结构组成，像一台独立工作的单螺杆挤出机，结构形式见图 4-39。转动输送原料的螺杆，由直流电动机通过蜗杆减速箱驱动。螺杆输送原料的转速、输送料量，由双螺杆挤出机的双螺杆转速、机筒的温度、成型模具的成型压力和挤出成型的生产用料量来决定，并随时调整为双螺杆供料用计量加料螺杆的输送料量。加料用螺杆的螺纹可以是单头或双头，但应用较多的还是单头螺纹。

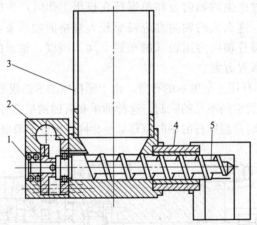

图 4-39　双螺杆挤出机用加料装置

1—传动用轴承；2—蜗杆；3—料斗；4—机筒；5—螺杆

如果挤出成型用的是粉状原料，为防止料斗中原料产生"架桥"现象，应注意在此种情况下的料斗中加螺旋搅拌装置。

4-37　塑料挤出机怎样进行选择?

对挤出机使用类型和规格型号的选择，应考虑到下列几个条件。

（1）按挤出成型制品规格选择　挤出机挤出成型制品规格不同时，则用料量也不一样。一般选择挤出机规格型号时可参照表 4-11，按螺杆的直径与制品规格关系进行选择。然后参照表 4-1～表 4-3 的基本参数中螺杆直径选挤出机型号。当用大规格挤出机生产成型较小规格产品时，则动力消耗增加，加快设备零件的磨损，提高塑料制品的生产成本，是一种不考虑经济核算、浪费较大的不合理选择。

如果按表 4-1～表 4-3 中参数，选取螺杆的长径比大于 25∶1 时，则这种挤出机挤出的产品规格相应地可增大些。如挤出 0.025～0.15mm 厚 PE 料薄膜，产品折径为 550mm 时，螺杆直径为 45mm；折径为 750mm 时，螺杆直径为 55mm；折径为 1000mm 时，螺杆直径为 65mm，即可满足产品生产需要。

（2）按挤出制品成型用原料选择

① 聚氯乙烯挤出成型用设备

a. 单螺杆式挤出机　二十多年前，PVC 混合料挤出成型多采用渐变型单螺杆式挤出机。但由于 PVC 是一种热敏性塑料，挤出时螺杆转速不能过高，则产量受到限制。生产时，应先把 PVC 混合料挤出造粒，然后再把粒料挤出成型。后来，由于有了 PVC 粉料专用挤出机，则由此种挤出机可一次性把混合好的 PVC 粉料直接挤出成型。

对于 PVC 料中需加入增塑剂的软质聚氯乙烯制品，挤出成型前还必须先经挤出造粒后才可在挤出机中挤出成型。

b. 锥形异向双螺杆式挤出机　这种类型的挤出机价格适当；它对 PVC 粉料的挤出不会引起过高的摩擦热，这样也就避免了 PVC 料由于有过高的摩擦热而引起的分解；推动熔料前移时与机头模具压力无关，则挤出料量比较稳定。挤出制品产量较高，而且制品质量性能又可得到保证。目前，用 PVC 混合粉料生产硬质聚氯乙烯制品时，应首先考虑选用这种挤出机。

c. 平行异向双螺杆式挤出机　用这种挤出机可直接把 PVC 粉料挤出成型管材、异型材，也适合 HDPE 料挤出管材。此种挤出机的产量要比上述两种挤出机高，但这种挤出机造价过高，而且维修也较复杂。所以，目前应用较少。

② 其他塑料挤出成型用设备　对于聚乙烯、聚丙烯、聚苯乙烯、聚碳酸酯和 ABS 塑料的挤出成型，目前，还多选用单螺杆式挤出机。这主要是因为这种挤出机价格便宜，操作和维修都比较方便，而且现在也有了高效的单螺杆式挤出机。这种挤出机的螺杆长径比为 30∶1，螺杆转速可达 100～300r/min。

③ 设备生产厂的选择　当挤出机的类型和规格型号确定后，如何寻找设备生产厂也是一项应引起注意的问题。购买国内设备时应寻找国内知名度高的生产厂。如果准备进口，应寻找国际名牌生产厂。在国内，塑料机械设备制造厂家多分布在上海、山东青岛、大连、广东顺德和江苏的张家港一带。

如果筹建较大型的塑料制品生产厂，计划购买多台塑料机械设备时，可采用招投标的方法：注意各厂家同样设备的能耗、产量、产品技术指标等的比较；设备价格是一个主要问题，但应注意设备售价最低的产品并不一定可取；一定要注意设备使用期的各项技术指标综合性能的比较。

4-38　新进厂的挤出机怎样进行开箱验收？

挤出机设备开箱验收是设备进厂验收的第一步。开箱验收时，很可能会发现有零件因运输缘故而出现的损坏现象或者发生零件数量与装箱单不符的情况。所以，对设备的开箱验收应请供应、运输、设备管理人员及供应设备厂代表到场，参加开箱，共同验收，以备及时发现问题，与有关人员交涉处理。设备开箱验收顺序如下。

① 开箱前检查设备包装箱是否有破损，发现有损坏处要拍照备案。

② 清除箱体上尘土、泥沙及污物。

③ 对开箱的上盖，查看箱内零件是否有损坏；核实设备名称、规格型号与订购合同是否相符。未发现问题时再拆箱体侧板。找出装箱单、生产合格证及设备使用说明书等有关文件。

④ 按装箱单和设备使用说明书清点设备及附属零部件名称和数量，同时与合同对照，核实各零部件名称、规格、数量，看是否与合同要求相符，然后登记备案。

⑤ 检查设备外观有无生锈和掉漆部位。

⑥ 用柴油清洗设备、附属零件和机筒及螺杆，清洗后涂一层防锈油存放，准备试车。

4-39　塑料挤出机怎样进行安装？

挤出机的基础和设备安装操作顺序如下。

(1) 按设备使用说明书要求挖出基础坑，同时挖出电线用管、上下水管和压缩空气输送管用沟及挤出机生产线上的辅机基础坑。

(2) 按挤出机地脚螺栓孔尺寸距离固定地脚孔木模　地脚孔木模要做成梯形或是上小下大的圆锥形。与此同时，挤出机用辅机中的水槽移动轨道、牵引机的基础地脚孔和切割机的基础地脚孔，都应同时用混凝土浇灌。各设备基础地脚孔以挤出机地脚孔中心线为准，校正在一条中心线上。

(3) 电工下好输线管，管工下好上下水管和输送压缩空气管。

(4) 第一次基础浇灌，留出各设备地脚孔。混凝土基础面上盖一层草袋，24h后一天浇两次水养生。在水泥基础养生室内，环境温度要保持在5℃以上。

(5) 水泥基础养生7d后，拆除地脚孔木模板，吊运挤出机，按地脚孔位置放平；粗略找一下水平中心线位置和设备高度。各辅机也同样按此方法操作。

(6) 地脚孔内放好紧固设备用的地脚螺栓，螺栓穿过设备机座地脚紧固孔，拧好螺母。注意留出调节设备中心线高度时的螺纹长度调节量。

(7) 浇灌地脚螺栓孔，固定地脚螺栓，养生期应超过10d。

(8) 用一对斜铁（斜度1/20～1/10）与一块平钢板为一组，平钢板在下，一对斜铁的斜向相反组合在钢板上，放在机座下，垫在地脚螺栓孔两侧。用斜铁找平，并调整挤出机的中心高度，同时调整各辅机的中心高度，保持与挤出机的中心高度一致。各设备中心线以挤出机中心线为准，处在同一条中心线上。

(9) 预紧各设备地脚螺栓，各点螺栓的拧紧力要均匀，螺母紧固时要对角线两点同时用力。

(10) 再一次校正挤出机生产线上各设备水平、中心高和中心线。

① 挤出机的水平与中心线校正固定

a. 把挤出机上机筒加料口处与料斗底平面结合的平面清洗干净。

b. 以清洗后的平面为挤出机水平基准，用水平仪（精度0.02mm/m）校准挤出机的纵、横向水平。

c. 用线坠校准机筒中心线与基础平面中心线重合。

d. 挤出机的水平和机筒中心线的校正，两者应交替进行，边校正，边紧固地脚螺栓，直至机筒中心线与基础中心线重合，水平度符合要求。

② 管材辅机的校正固定　挤出机的水平和中心线位置校正固定后，即可校正管材辅机

的位置。校正时，应从接近挤出机的第一台辅机真空水槽的移动导轨开始，向后逐台校正；在导轨校正水平的同时，要调整两根导轨与基础中心线左右对称；然后再分别校正冷却水槽、牵引机和切断机的中心线都处在同一条基础中心线上。最后校正各辅机的中心高度与机筒中心高度线的延长线重合并处在同一个水平线上。

③ 吹塑薄膜辅机的校正　吹塑薄膜辅机的校正，应在挤出机校正固定、装配好吹塑模具的条件下进行。辅机校是以成型模具的口模中心线和水平端面为基准的。校正前，要先把口模上平面清洗干净，然后校正水平。成型模具口模的中心线延长线既是风环的中心线，又是人字板夹角的等分线，同时还要通过牵引辊工作面的中点。在调整好这些零部件中心线与基准线重合的同时，也要调整好风环和牵引辊的工作位置与口模端面平行。

④ 板、片材辅机校正　板、片材成型用辅机有三辊压光机、冷却输送辊组、切边装置、牵引辊、切断机和成品堆放台。这些辅机的校正固定是以成型模具（机头）中的模唇口中点及以模唇口底平面水平为基准，要校正辅机中各辊工作面中点与模唇口中点连线与基础中心线重合。压光辊的入片辊面和模唇口的底平面要处在同一个水平面线上。

⑤ 异型材辅机校正　异型材辅机与管材辅机组成基本相似，但异型材用辅机中的真空定型和真空冷却部分结构要比管材的真空定型冷却部分长许多。辅机中的真空定型台固定不动，其他辅机是以型材运行通过的中心线为基准线，要校正其与基础中心线重合。

（11）检查各设备地脚螺栓的紧固是否牢固。

（12）连接各设备的上下水管、气管路和接通各供电电路。注意：各电气设备均应有良好接地，以确保安全。

4-40　新进厂的挤出机开车前应做好哪些准备工作?

挤出机生产线安装后，由生产车间组织工人清理挤出机生产线的环境卫生，对各设备做好清洗工作。

工艺技术人员要认真阅读挤出机使用说明书，按说明书中内容要求，确定试车生产塑料制品工艺、试车生产操作规程、试车用料计划及试车用工具和生产试车时间。组织挤出机生产操作工认真学习设备操作规程，了解、熟悉设备结构及各部位零件的功能作用，熟记设备中各开关、按钮的功能及用法。设备验收试车应在设备制造厂试车人员在场指导的情况下进行。试车前准备工作顺序如下。

① 检查挤出机生产线各设备上的螺母是否有松动。

② 检查各安全防护罩是否牢固。

③ 检查 V 带安装的松紧程度，适当调整带的松紧，以适应运转工作要求。

④ 扳动 V 带，转动应比较轻松，各零件运转无异常，螺杆转动无卡紧现象。

⑤ 检查设备和控制箱的接地保护、电气配线等有无松动现象，是否符合要求。

⑥ 检查测试电动机和电加热装置的绝缘电阻，使其符合规定要求。

⑦ 检查螺杆和机筒的装配间隙，使之符合规定要求。

⑧ 各控制旋钮应指向零位或处于停止位置。

⑨ 清点生产用工具，摆放整齐。

4-41　新进厂挤出机怎样做好空运转试车检查?

单机试车是指挤出机生产线上的主、辅机各设备单独进行试车，是在不投料、无负荷状态下进行的。单机检查试车的目的是检测各设备中的电动机是否能正常启动，旋转方向是否正确；传动系统工作是否平稳、有无异常噪声，工作转速的最低和最高是否符合设计要求，调整速度升降时是否能平稳过渡，工作噪声和振动指标是否在标准规定范围内；温度控制系统中的加热和冷却降温是否能正常运作，按设定的工艺温度值，控制系统是否能及时启动和准确关闭，温度控制是否在要求的范围内；仪表工作是否准确、正常，要校准仪表显示温度值与用温度计实测值的误差；工作中需要随时调整的移动零部件，动作是否灵活、平稳，准确到位；供排水和供气连接是否正确，输入和排出是否通畅等项目。

各项指标检测值要做好记录，发现问题时要求生产设备厂的试车人员及时给予解决。

（1）挤出机空载试车　挤出机的空载单机试车操作顺序如下。

① 检查各设备的润滑部位及减速箱内润滑油的质量是否符合要求，适当补充或加足润滑油量，润滑油液面在油标规定线高线位处。

② 控制箱电路合闸供电。

③ 启动润滑液压泵，润滑油输入各润滑部位，检查润滑油工作位置是否正确。

④ 检查料斗、机筒内应无任何异物，检查料斗设置的磁力架是否能准确工作。

⑤ 点动润滑油泵电动机，查看电动机旋转方向是否与泵工作要求旋向相符，如旋向正确，正式启动润滑油泵。查看润滑油喷淋油的位置是否准确，管路是否有泄漏现象。当一切正常、润滑 3min 后，准备启动螺杆旋转驱动电动机。扳动 V 带传动轮应转动灵活，无阻滞现象。

⑥ 低速启动螺杆驱动电动机运转（注意：螺杆不许在高速状态下停机，也不许启动时螺杆立即高速运转，停机时旋钮必须先旋至零位）。

⑦ 观察控制箱上电压表、电流表的指针摆动有无异常，功率消耗应不超过额定功率的 15%。

⑧ 检查螺杆的旋转方向（如果螺杆的螺纹旋向是右旋，则面对机筒，螺杆应是顺时针转动才正确）是否正确。

⑨ 听各传动零件的工作运转声音是否异常，看螺杆旋转是否与机筒有摩擦现象。

⑩ 检查输送油、水、气管路有无渗漏现象，各连接方式及流向是否正确。

⑪ 停止螺杆转动　退出螺杆，检查螺杆和机筒工作面有无划伤现象。如果螺杆或机筒有划伤或沟痕，应与设备制造厂交涉。此种现象应更换设备。

⑫ 进行螺杆工作调速检测试验，用转速表检测螺杆传动轴的最高、最低转速（r/min），应符合设备说明书条件。

⑬ 试验设备上的紧急停车按钮应能准确可靠地工作。

⑭ 检测试验一切正常，重新装配好螺杆。准备机筒加热升温检测试验。

机筒加热升温操作顺序如下。

· 机筒各段加热升温，按挤出工艺温度要求调整控温仪表，由专人负责，其他人不许设定、修改工艺参数。

· 机筒加热升温至工艺要求温度后，恒温加热 1h，记录加热升温时间。

· 用水银温度计检测机筒各段温度，核实、调整仪表显示温度与水银温度计的实测温度差。

· 试验机筒加热装置中的加热电阻断路报警装置，看是否能及时报警。

· 重新紧固机筒与机筒座的连接螺钉。

· 润滑液压泵启动，工作 3min 后用手扳动 V 带轮转动，应转动灵活，无阻滞现象。

· 低速启动驱动螺杆转动用电动机，观察电压、电流表摆动是否出现异常；观察螺杆旋转是否平稳，是否与机筒出现摩擦现象；听各传动零件有无异常声响。一切正常时，应立即停机。注意：螺杆空运转时间不应超过 3min。

· 关闭机筒加热电源，单独启动冷却装置，检查冷却系统工作状况，应水流通畅，无渗漏水现象出现。

（2）辅机空载试车

挤出机生产线上的辅机试车比较简单，因为这些辅机结构一般多是由用来冷却、牵引、卷取的辊筒和切断装置组成，所以试车主要是检查这些辊筒旋转机构中的传动系统：查看辊筒旋转是否平稳、传动工作有无异常声响、调整速度变化升降是否平稳、与主机引出制品运行速度是否匹配、辊距移动是否到位等与其功能相关的一些项目。同时，也要检测辅机工作时需要的冷却水、风的流量和压力及抽真空部位是否能满足工艺条件要求。

4-42　新进厂挤出机怎样做好投料试车检查？

（1）挤出机投料试车检查工作顺序

① 检验试车用料质量　原料颗粒大小是否均匀、料是否潮湿（如含水分较大，应进行干燥处理）、料中是否有杂质等。同时，验证原料牌号是否与试车用料工艺要求相符。

② 核实螺杆结构，看是否适合试车用料的塑化工艺条件要求。

③ 安装过滤网和分流板。

④ 安装试车生产塑料制品用成型模具　注意模具连接螺栓安装前要涂一层二硫化钼或硅油，模具安装固定后，调整模具中的口模与芯棒间隙，达到圆周间隙均匀。

⑤ 机筒和成型模具加热升温，达到工艺要求温度后，再加热恒温 1h（常用塑料挤出机筒工艺温度见表 4-15）。

表 4-15　常用塑料挤出机筒工艺温度

塑料制品 工艺条件	材料	LDPE	HDPE	PP	RPVC	SPVC	ABS	PA1010
管材								
机筒温度/℃	后	90~100	120~140	150~160	80~100	80~110	160~165	250~260
	中	110~120	140~160	170~180	130~150	120~140	170~175	260~270
	前	130~145	160~180	190~220	160~170	150~170	175~180	260~280
模具温度/℃		135~145	160~180	190~220	160~170	170~190	180~185	220~240
口模温度/℃		130~140	170~175	190~210	160~170	170~180	190~195	200~210
吹塑薄膜								
机筒温度/℃	后	120~150	150~170	140~170		130~150		
	中	160~180	180~200	180~200		160~180		
	前	180~200	200~220	200~220		170~190		
模具温度/℃		190~200	200~240	200~220		180~195		
板（片）								
机筒温度/℃	后	150~160	120~140	145~155 155~165	120~130	100~120	155~170	
	中	160~170	140~160	165~175	130~150	120~140	160~180	
	前	170~180	160~180	175~185 185~195 195~205	160~180	150~160	170~190	
模具温度/℃	中部	160~170	155~165	195~205	155~165	145~155	180~190	
	两端	180~190	175~180	205~215	170~180	160~170	195~210	
丝								
机筒温度/℃	后	—	150~180	180~200	90~110			130~160
	中	—	190~260	210~240	120~140			160~200
	前	—	280~310	250~270	150~170			200~240
模具温度/℃		—	290~310	270~300	170~180			230~250

⑥ 检查挤出机料斗和机筒内无任何异物后，准备开车。

⑦ 用手扳动 V 带轮应转动灵活，无阻滞现象。

⑧ 启动润滑液压泵，工作 3min，检查各润滑部位，补充加足润滑油。

⑨ 启动上料装置。

⑩ 打开冷却水管路，机座部位冷却。

⑪ 低速启动驱动螺杆旋转电动机，观察电压、电流表指针摆动是否正常，螺杆转动是否平稳，各传动零件工作声音是否正常。一切正常后准备投料。

⑫ 向机筒内供料 初投料时要少而均匀，要边加料边观察电流表指针的摆动变化及螺杆转动是否平稳；如无异常现象，可逐渐增加供料量，直至模具口出料。

⑬ 模具口出料后（假如是生产硬管），要先清除塑化不完全的熔料 待熔料塑化均匀、出料正常时，检查管坯挤出状况。如果管坯从模具口挤出时走向偏斜，应调整口模与芯棒间隙——先松开管坯壁薄侧调整螺钉，再调紧管坯壁厚侧调整螺钉，直至管坯直线运行出料（注意：调整口模与芯棒间隙时，操作工不能正面对着模具口，防止发生意外事故），把生产管坯与开车前放置在牵引机上的牵引管粘接（注意内孔堵严，避免漏气吸不起真空）。

⑭ 启动辅助设备牵引机和切割机，调整牵引速度与管坯挤出速度同步。

⑮ 挤出机停车。安装定径套或冷却真空定径套，启动真空泵或开通压缩空气阀门。把牵引管放入冷却真空定径套和喷淋箱内（注意：不可强行推入），调整各辅机中心高与挤出机机筒中心高相同。

⑯ 挤出机开车，把管坯引入冷却水槽；将冷却定型后的管材切断、取样。根据冷却定型管的质量状况，适当调整机筒、模具温度、螺杆转速、模具口间隙、压缩空气压力及真空度等工艺条件。

⑰ 试车制品质量合格后，再试验螺杆在高、中、低转速时的电流变化和制品单位时间内的产量，最高产量应与挤出机说明书中的标定值接近。

⑱ 试验挤出机工作超载、温度控制失灵和原料中有金属异物时的报警装置，看是否能及时准确报警。

⑲ 检测挤出机工作噪声。在离挤出机 1m 远、1.5m 高的位置，检测挤出机的工作噪声应不大于 85dB。

⑳ 投料试车，检查验收时间应不少于 8h，能批量生产出合格产品。

(2) 投料试车验收停止操作顺序

① 把螺杆的工作转速降到最低。

② 切断机筒、模具的加热电源，启动机筒冷却风机。

③ 机筒温度降至 140℃ 时，停止机筒加料，直至模具口不出料后，停止驱动螺杆旋转电动机。

④ 关闭冷却水循环，关闭压缩空气和真空泵阀门。

⑤ 拆卸模具外的加热装置、压缩空气管，卸下气塞；然后再拆卸成型模具及模具中的各零件；立即安排人员清除模具各零件上的黏料。

⑥ 点动驱动螺杆旋转电动机，把分流板和过滤网用机筒内残料顶出，立即清理分流板上的黏料。

⑦ 退出螺杆，清理螺杆和机筒内残料。

⑧ 关闭机筒冷却降温风机。

⑨ 检查螺杆和机筒 检查螺杆是否有划伤，是否有变形弯曲现象；检查机筒内工作面是否有摩擦伤痕。如出现上述伤痕及变形弯曲现象，要及时与设备制造厂协商，更换损坏零件。此情况对于挤出机而言，属严重设备质量问题（如果料中有金属块类杂质或操作不慎，

机筒内随料进入异物，而造成的机筒螺杆划伤，应属使用方责任）。

⑩ 如果挤出用成型模具暂时不使用，应清理干净后涂油装配在一起，封严进、出料口，存放在干燥通风处。机筒内也要涂防锈油，把进料口和出料口封严。当螺杆清理干净后，要涂油包好，垂直吊放在干燥通风处。

⑪ 排净水槽内积水，关闭电源，关闭总供水阀门。

至此，挤出机进厂试车验收结束，参加试车验收的有关人员应在试车验收记录上签字。挤出机生产线从即刻起，正式转交给生产车间使用。操作工把挤出机生产线上的附属配件、易损件和使用工具清点入库，在验收记录上签字。今后，这台挤出机生产线及附属件的保养、维护、使用，都应由本台设备的操作工负责。

4-43 试车中的异常故障怎样进行处理？

挤出机在正常生产运行中，有时会遇到突然停电或机筒内进入金属块异物，使螺杆突然停止转动的故障，此时处理方法如下。

① 立即关闭各电动机、电加热和供料系统开关，将各控制旋钮断开或调回零位。

② 假如机筒内是聚氯乙烯原料，应立即为机筒降温；立即拆卸模具，退出螺杆；清除模具内各零件和螺杆、机筒上的黏料，待故障排除后，再安装螺杆和成型模具；重新为机筒、成型模具加热升温，达到工艺温度后，再恒温 1h 之后再进行生产。

③ 如果机筒内是聚乙烯或聚丙烯原料，遇到突然停电故障，只要把各开关切断，将各转速控制旋钮调回零位，等待来电。来电时，开车生产顺序为：机筒和成型模具开始加热升温，达到工艺要求温度时加热恒温 2h 以上（以机筒内料温升高，用手扳动 V 带轮能较轻松转动为准），然后启动润滑液压泵，工作 3min 后，再低速启动驱动螺杆旋转电动机，使其工作，再按原开车顺序进行生产。

4-44 塑料挤出机开车生产操作应注意哪些事项？

① 每次挤出机开车生产前都要仔细检查机筒内和料斗上下有无异物，及时清除这些部位上的一切杂物；生产期内料斗上不许存放任何工器具。

② 生产中发现设备工作运转出现异常声响或运转不平稳，而操作者不清楚故障产生原因时，要立即停车，找有关人员处理。设备运转工作中不许对设备进行维修，不许用手触摸传动零件。

③ 拆卸螺杆和成型模具中零件时，不许用重锤直接敲击零件，必要时应先垫硬木再敲击拆卸或安装零件。

④ 机筒内无生产用料，不允许螺杆在机筒内长时间空运转。空运转试车时间不允许超过 2min。

⑤ 挤出机生产运转时，不允许操作工正面对着机筒或模具出料口，防止熔料喷出伤人。

⑥ 生产中要经常观察主电动机电流表指针摆动变化，出现长时间超负荷运转时要及时停车，查出故障原因并排除后再继续开车生产。

⑦ 检查轴承部位、电动机外壳工作温度时，要用手背轻轻接触检测部位。

⑧ 清理机筒、螺杆和模具零件上的黏料时，必须用竹质或铜质刀具清理，不许用钢质刀刮料或用火烧烤零件上的残料。

⑨ 在挤出机生产工作中，操作工不许离岗做其他工作；必须离岗时，应停车或找人代

替看管。

⑩ 不允许让未经培训者代替正式操作工独立操作生产。

⑪ 清理干净的螺杆暂时不使用时，应涂一层防锈油，包扎好，垂直吊挂在干燥通风处。

⑫ 长时间停产不用的设备和模具，各部位工作面要涂防锈油，进、出料口用油纸封严，各设备上不许存放重物，防止长时间受压变形。

⑬ 新设备第一次投产500h后，要全部更换各油箱及油杯中润滑油（脂）。要清洗干净轴承、油杯、油箱和输油管路，然后再加入新润滑油（脂）。

4-45 异向锥形双螺杆挤出机怎样进行验收试车？

（1）空运转试车

① 启动润滑油泵，润滑油输入到各润滑部位，检查润滑油油量是否充足，润滑点是否正确。

② 润滑油泵启动润滑各部位3min后，如果工作正常、没有润滑油管路渗漏现象，即可低速启动主电动机。这时要观察控制箱上的电流、电压表指针摆动有无异常，是否超过额定值；传动系统工作是否平稳、运转声音是否正常；检查螺杆旋转应平稳，与机筒不出现摩擦或无异常声响。一切正常后，可开始缓慢提高螺杆转速，但空运转时间不可超过3min。

③ 启动定量加料螺杆旋转驱动电动机，检查电流变化是否在额定值内；传动系统有无异常声响；一切正常时可对加料螺杆转速进行调整，应能平稳升降、无异常。

④ 启动真空泵，检查真空系统工作是否正常、有无漏气现象。

⑤ 机筒加热升温，冷却系统循环水打开送水阀门　机筒升温达到工艺设定温度时恒温2h，同时调整用水银温度计检测机筒各测温点的实测温度与控制箱仪表显示温度差；检查冷却循环水管路有无渗漏现象。

⑥ 试验紧急停车按钮是否能正确可靠工作；送料螺杆驱动电动机与主机螺杆旋转驱动电动机之间的联锁是否准确工作。

（2）投料试车

① 安装试车产品用成型模具（为方便拆卸，注意紧固螺栓装配前，要在螺纹部位涂耐高温二硫化钼或硅油）。

② 机筒和成型模具加热升温，达到工艺设定温度后恒温2h。

③ 再次紧固机筒及模具中的各连接螺栓。

④ 用手扳动电动机联轴器，应转动灵活、无阻滞现象。

⑤ 启动润滑油泵为各润滑点送油，检查输油量大小和供油部位是否符合要求，调整输油压力符合说明书要求。

⑥ 润滑油润滑各点超过3min后，即可低速启动主电动机。注意检查电流变化，螺杆旋转和传动系统工作有无异常，一切正常后即可向机筒内加料。

⑦ 启动加料螺杆旋转，先要少量向机筒内送料，注意电流变化和螺杆旋转有无异常，待一切正常后，即可加大向机筒内的加料量。

⑧ 机筒前端开始挤出熔料时，即可启动真空泵、牵引机、切割机和打开冷却进水阀门；清除模具口挤出的污料，引成型熔态料经定径套、冷却水槽进牵引机；调整真空度和冷却水流量；把冷却定型的试车制品切断，检测制品结构形状和断面尺寸是否合格。

⑨ 根据产品质量状况，适当调整真空度、冷却水温度和牵引速度，使制品质量稳定。

⑩ 逐步提高挤出机和牵引机速度，调整加料螺杆旋转速度，使加料量与挤出量匹配，最后达到合同约定的生产速度。

⑪ 生产进入正常后，观察挤出机工作的电流变化，传动系统是否有异常声响，轴承部位温度是否正常；同时要考核挤出机的最高产量。

⑫ 做好试车过程及各生产工艺参数等的记录。

（3）停止试车

① 挤出机的机筒和成型模具停止加热。

② 当机筒和口模部位温度降至140℃时，停止向机筒内送料，降低螺杆转速。

③ 螺杆低速旋转，直至模具的口模不出料时为准，把驱动螺杆旋转电动机的调速旋钮转回零位，关闭电源。

④ 立即拆卸成型模具和螺杆，清除机筒、螺杆和成型模具各零件体上的残料（注意：清除在各零件表面上的残料时，只能用铜刷和竹刀刮和刷，不许用钢刀类工具刮锉零件面）。清理干净后的各零件，连接部位涂一薄层耐高温油脂后，重新装配好。

⑤ 关闭真空泵、牵引机和润滑油泵，关闭冷却循环水阀门，切断挤出机总电源。

4-46　同向平行双螺杆挤出机怎样进行验收试车？

（1）新进厂设备首次开车前准备

① 做好设备的清洗工作，清除设备中各部位的灰尘、油污和防护油脂。

② 按设备说明书中电路图，检查各电动机、加热装置的接线是否正确、各连接是否紧固。

③ 按各电气说明书检查，调试各系统。

④ 检查各润滑部位，先做好清洁工作，然后补充加足润滑油至油标中线以上。

⑤ 点动润滑油泵，检查其工作转动方向是否正确；确认旋向正确，启动润滑油泵，调节润滑油压力符合说明书中规定（一般润滑油压力为0.15～0.3MPa）；调节分油器，使流向各润滑部位的油流量达到要求量。

⑥ 检查上下水管路、油管路和真空管路应流通顺畅，无泄漏情况出现。

⑦ 检查、核实螺杆的组合结构及其与机筒的配合是否符合试车用原料的塑化工艺条件要求。

⑧ 用手扳动带轮，螺杆在机筒内旋转应灵活，无阻滞现象，无异常声响。

⑨ 对有真空排气要求的操作，应打开冷凝罐上盖，做好清洁工作后加入洁净水至上视窗中部，加密封圈，装好过滤板和上盖并暂时关闭进出阀门。

⑩ 对过热敏感料的塑化，应使用软化水循环冷却（使用前，水箱内约加入100L软化水；使用中，注意保持水量在规定的水位线上）。

⑪ 安装成型模具（或称机头）、多孔板及过滤网（按挤出原料和成型制品工艺要求条件，有些制品可不加多孔板）。

⑫ 清除料斗内一切灰尘或异物后，加料至料斗满。

⑬ 再一次检查核实各部位系统符合开车规定，试车准备合格。

（2）投料试车

① 机筒和成型模具加热升温（各加热部位控温仪表设定工艺温度，加热器控制开关置于自动位置），达到工艺温度后恒温1h以上。

② 启动润滑油泵，检查各供油部位的油压及流量是否符合要求；如果油温较高，要同时打开润滑油冷却水开关。

③ 扳动带轮，如果转动灵活，无异常声响，即可启动主电动机，适当逐渐地提高螺杆

转速（转速不应超过 40r/min，时间不超过 2min）。如果一切正常，电流稳定，则立即启动喂料螺杆驱动电动机。

④ 调整喂料螺杆转速，尽量以低的喂料螺杆转速向机筒内加料。当塑化熔料从模具口挤出时，即可缓慢地提高喂料螺杆转速和双螺杆的转速，调整喂料螺杆的送料量与双螺杆的挤出熔料量匹配。

在此工序中，从向机筒内送料开始，操作工就要随时观察两电动机工作时的电流变化和设备运转工作中有无异常现象和声音。如果电流超过额定值或出现异常声响，应立即停机，找出引起异常现象的原因，排除故障后再开车。

在生产过程中，如果塑化熔料温度过高，应启动冷却水泵，向设备中的冷却系统送冷却循环水，由计算机自动控制。

⑤ 生产进入稳定状态后，可进行排气操作 启动真空泵，打开真空泵进水阀，酌情调节水流出量。从排气口查看螺槽中物料塑化状况，一切正常后，即可缓慢打开任一冷凝罐进、出口阀门，盖好排气室和冷凝罐，即有真空度显示。发生排气口处有冒料倾向时，可通过调节喂料螺杆与双螺杆的转速匹配和真空度高低加以解决。清理排气室内冒料时，注意清理工具不可碰到旋转的螺杆。

（3）停机

① 正常试车停机操作顺序

• 喂料机控制旋钮调至零位，关机。

• 真空冷凝进、出口阀门关闭。

• 降低双螺杆转速，模具口无熔料挤出时，把调速旋钮调至零位，关机。对于热敏性原料的挤出停机，停机前应用 LDPE 料加入机筒内，清洗机筒，待残料排净后再关机。

• 将润滑油泵、循环水泵和真空泵停止工作，按下停机按钮。

• 把各加热装置和电气柜内的断路器切断。

• 按开车时启动顺序的相反程序，关闭各开关。

• 把油冷却器、软化水系统冷却器和真空泵进水阀门关闭。

• 清除设备上的一切污物。

② 意外事故紧急停车操作顺序

• 立即切断整流柜内的断路器，同时把双螺杆和喂料机螺杆调速旋钮回到零位（注意：应排净机筒内存料）。

• 关闭真空泵阀门和各进水阀门。

• 查找故障原因，排除。

• 按正常工作顺序开车。

4-47 双螺杆挤出机生产操作应注意哪些事项？

双螺杆挤出机的生产操作程序内容与普通单螺杆挤出机的生产操作程序内容基本相同。但是，由于双螺杆挤出机的机筒内有两根螺杆啮合工作，机筒的供料是由螺杆式喂料装置强制加料，这使得它的控制系统要比单螺杆挤出机控制系统复杂一些，所以对双螺杆挤出机操作提出下列几点注意事项。

① 为了保证双螺杆挤出机能稳定、正常生产，双螺杆与机筒的装配工作间隙应符合表4-16 中的规定。

② 检查、核实双螺杆和喂料用螺杆的旋向，使之符合生产要求。

表 4-16　双螺杆与机筒的装配工作间隙　　　　　　　　　　　单位：mm

螺杆直径	25～35	45～50	65	80～85	90	110	140
异向旋转双螺杆	—	—	0.20～0.35	0.20～0.38	—	0.30～0.48	0.40～0.60
锥形双螺杆	0.08～0.20	0.10～0.30	0.14～0.40	0.16～0.50	0.18～0.60	—	—

注：锥形螺杆直径是指小端螺杆直径。

③ 机筒的各段加热恒温时间一般不应少于 2h。

④ 每次开车前都要用手扳动联轴器转动，让双螺杆在机筒内转动几圈，这种试转应扳动灵活、无传动旋转阻滞现象。

⑤ 双螺杆开车工作前，要先启动润滑液压泵，调整润滑系统油压至工作压力的 1.5 倍，检查各输油工作系统是否有渗漏现象。一切工作正常后，调节溢流阀，使润滑油系统的工作油压符合设备使用说明书要求。

⑥ 机筒内无生产用原料时，螺杆低速空运转的试车时间不应超过 2min，防止螺杆间和螺杆与机筒间产生摩擦划伤机筒或螺杆。

⑦ 生产初期，螺杆式喂料机要少而均匀地向机筒内供料，此时要注意驱动双螺杆旋转工作电动机的电流变化。如果电流表指针摆动平稳，可逐渐增加向机筒内的供料量。如果电动机长时间超负荷工作，应停车检查故障原因。

⑧ 对双螺杆挤出机的螺杆转动、喂料螺杆的转动和润滑液压泵电动机启动，三者均为联锁控制。润滑液压泵电动机没有启动工作，驱动双螺杆旋转电动机就无法工作。双螺杆电动机不启动，则喂料用驱动螺杆电动机也就无法启动。当出现设备故障紧急停车时，按紧急停车按钮，则三个部位传动用电动机同时停止工作。此时要注意把喂料螺杆用电动机、塑化用双螺杆驱动电动机和润滑油循用液压泵电动机的调速控制旋钮调回零位。

⑨ 挤出机用润滑油温度应控制在 15～50℃ 范围内，油温过高时要加大冷却水流量使其温度下降。

4-48　挤出机怎样进行维护保养？

挤出机从投入生产那一天开始，就要承受各种动力载荷。各个零件由于工作传动磨损、熔料及分解气体的腐蚀、环境的污染及操作方法失误等影响，工作一段时间后，其设备工作性能及工作效率都要出现变化或略有下降。对设备进行维护保养，目的是为了延长其使用年限，使其工作性能和生产效率在较长时间内保持在正常状态，以提高经济效益。挤出机的维护保养可分为日常工作保养和定期（月、季、年）维护保养。

挤出机的日常维护保养就是指挤出机正常生产工作中每个生产班次的操作工对挤出机的维护保养检查，如接班后对设备加注润滑油、紧固松动的螺母、擦洗设备上的油污等工作。这些工作也是挤出机操作规程中的部分内容。所以，挤出机操作工应认真执行操作规程，按生产操作顺序要求进行操作，就是对设备进行较好的维护保养的内容之一。

（1）日常维护保养重点

① 经常检查使用原料的纯洁质量，不许有砂粒、金属粉末等异物混入原料中进入机筒内。

② 经常检查各润滑部位，加注润滑油，轴承部位工作时温升不应超过 50℃。

③ 机筒要有足够的加热恒温时间，不允许让原料在低于工艺温度的条件下开车生产。

④ 螺杆工作时，要低速启动、工作一段时间，一切正常工作后再提高螺杆转速。

⑤ 机筒内无原料时，不允许螺杆长时间空运转，螺杆空运转的时间不许超过 2～3min。

⑥ 经常观察驱动螺杆旋转电动机的电流表指针摆动变化，如出现较长时间（允许瞬间超载）电动机超负荷工作，应立即停机，查找故障原因，故障排除后再继续生产。

⑦ 机筒第一次加热至工艺温度后，要把机筒与机座的连接固定螺栓再拧紧一次。

⑧ 安装模具和螺杆时，零件的接触面要清洁，无任何异物，紧固螺栓要涂一层硅油，以方便零件的拆卸。拆卸时不许用重锤敲击零件表面，必要时应垫硬木，用锤敲击硬木拆卸零件。

⑨ 清除机筒、螺杆和模具上的残料时，只能用竹质或铜质刀刷铲料，不许用钢质刀刮削黏料，更不允许通过用火烧烤螺杆来清理螺杆上的残料。

(2) 定期（月、季）维护保养重点

① 新投入生产使用的挤出机，试车生产时间达到 500h 后，要更换新润滑油，排除旧润滑油；清洗过滤网、输油管路、油杯和油箱，然后再加注新润滑油至要求的油量。

② 每月要检查一次直流电动机碳刷的磨损状况，必要时进行更换，同时对电机上的风扇罩要进行一次清污工作。

③ 每季度清扫吹去电控箱中的灰尘、污物，同时检查各线路接线连接是否牢固。

④ 每季（月）检查一次润滑油箱中的油量，及时补充并加足润滑油达到工作要求油量。

⑤ 气源三联体油雾器要一个月加注一次透平油，同时要清除空气过滤器中的水分。

⑥ 每季度清理一次减速箱上的空气滤清器。

⑦ 挤出机停车时间较长时，要对挤出机各主要零部件（机筒、螺杆和模具等）进行防腐蚀、防污染和防重物压等措施保护。

(3) 年终定期维护保养重点

① 检查 V 带传动中的 V 带及带轮的磨损情况并调整 V 带传动中心距，使 V 带松紧适度；磨损严重的 V 带要进行更换。

② 退出螺杆，检查机筒与螺杆的磨损情况。对于轻度划伤或出现的粗糙面，用油石或细砂布修磨，达到平整、光滑；记录机筒和螺杆的内孔和外圆的实际尺寸。

③ 拆开齿轮减速箱、轴承压盖，检查润滑油质量及油内金属粉末的含量，必要时清洗润滑部位，更换或过滤润滑油。

④ 检查传动齿轮和滚动轴承的磨损情况，磨损较严重的齿轮要进行测绘。根据需要，提出备件制造和购买计划，准备下次维修时更换。

⑤ 检查、校正机筒和成型模具的加热温度（用水银温度计实测）与控制箱上仪表显示温度数值差，以保证工艺温度的正确操作。

⑥ 调整、试验各安全报警装置，检查其工作的准确程度和可靠性。

⑦ 试验、检查水、气和输油各管路是否通畅，对渗漏、阻塞部位进行清理维修。

⑧ 检查和调整电加热装置、冷却风机及安全罩的工作位置，保证它们能正常、有效地工作。

⑨ 记录油封垫、轴承和 V 带的规格型号，提出备件采购计划。

4-49 挤出机塑化系统故障怎样进行查找与排除？

挤出机塑化系统工作中常出现的故障现象与排除方法如下。

① 螺杆转动速度不平稳　见表 4-17。

② 螺杆在机筒内旋转有摩擦　见表 4-18。

③ 电动机转动工作但螺杆不旋转　见表 4-19。

④ 螺杆与机筒正常工作中磨损快　见表 4-20。

⑤ 多孔板易损坏　见表 4-21。

⑥ 机筒不进料　见表 4-22。

⑦ 机筒内出现异常声响　见表 4-23。

⑧ 机筒加热控温不稳定、波动大　见表 4-24。

⑨ 原料塑化不均匀　见表 4-25。

⑩ 原料在机筒内经常出现分解　见表 4-26。

⑪ 塑化熔料中杂质多　见表 4-27。

⑫ 螺杆变形或折断　见表 4-28。

表 4-17　螺杆转动速度不平稳故障原因分析与排除

故障产生原因	查找根源	排除方法
(1)皮带打滑	①两传动 V 带轮的中心距偏小,皮带张力不够大 ②V 带磨损严重 ③带轮梯形槽磨损严重 ④V 带工作面有油污 ⑤V 带与带轮装配工作位置不当	①把带轮中心距调至理论要求中心距尺寸,使 V 带工作张力适度 ②更换新 V 带 ③更换新带轮 ④清理去掉油污 ⑤带轮梯形槽加工尺寸有误,更换新带轮
(2)调速控制器出现故障	电器元件问题	检修、查除故障点、更换元件
(3)电源电压、波动	—	找出原因进行维修
(4)传动齿轮齿折断	①齿轮制造材料强度低 ②齿轮齿部热处理不当 ③设备工作超载	①用较好的钢材制造 ②适当调整齿轮工艺条件 ③适当提高原料塑化温度或清除机筒内异物
(5)滚键	①键与槽的配合间隙过大 ②键连接的孔与轴配合间隙过大 ③键制造钢材选择不当	①采用 H9/h9 配合 ②采用 H7/h6 配合 ③改用优质钢材锻造毛坯
(6)轴承损坏	①润滑油不够,产生干摩擦 ②润滑油不洁净 ③传动轴变形	①注意按时加注润滑油 ②清洗轴承座,更换洁净油 ③校直传动轴

表 4-18　螺杆在机筒内旋转有摩擦现象分析与排除

故障产生原因	查找根源	排除方法
(1)螺杆变形	①存放不当或制造钢材选择不当 ②杆制时热处理不当 ③塑化料温度低,螺杆工作超载 ④机筒内有异物,螺杆工作扭矩力过大	①钳工校直,用 38CrMoAl 钢制造 ②修改热处理工艺条件 ③提高原料塑化温度 ④清除机筒内异物
(2)机筒制造精度低	内孔中心线或工作面加工精度低,平直度、圆度或表面粗糙度达不到精度要求	调整制造工艺,重新制造
(3)装配不当	①螺杆与传动轴配合间隙大 ②螺杆与机筒装配后不同心(不在同一中心线上)	①采用 H7/k6 配合 ②找出原因,重新装配

表 4-19　电动机转动工作但螺杆不旋转的故障原因分析与排除

故障产生原因	查找根源	排除方法
(1)皮带轮不旋转	键脱落	重新加键装配
(2)塑化原料阻力大	原料温度低,螺杆工作超载(扭矩力大)	提高原料塑化温度,延长预热时间
(3)机筒内有异物	螺杆工作扭矩力过大	清除机筒内异物
(4)螺杆与传动轴配合键脱落	传动轴扭矩力无法传递	重新加键装配

表 4-20　螺杆与机筒正常工作中磨损快故障分析与排除

故障产生原因	查找根源	排除方法
(1)工作面硬度低	①工作表面没有进行提高硬度的热处理 ②低碳合金钢没有渗氮层	①镀硬铬层或喷涂耐磨合金 ②渗氮层 0.4mm,处理后 HV>800
(2)塑化原料不洁净	①原料中混有砂石粒、金属屑等杂物 ②改性增强原料中有玻璃纤维	①更换新料,要过筛清除杂物 ②采用硬度高、耐磨损专用设备

故障产生原因	查找根源	排除方法
(3)螺杆工作转速高	—	适当降低螺杆工作转速
(4)制造钢材选择不当	—	应选用38CrMoAl或40Cr合金钢

表 4-21　多孔板易损坏原因分析与排除

故障产生原因	查找根源	排除方法
(1)原料流动性差,阻力大	原料塑化不充分,熔料黏度高	提高原料预热时间或塑化温度,改进熔料流动性
(2)多孔板结构不合理	①多孔板强度不够 ②孔径过小,阻力大 ③孔的布置分配不当	①加大多孔板厚度或选择优质钢材制造 ②加大孔径尺寸,进料端倒角 ③改进孔的分布,使多孔板的中心部分和边缘部位对熔料通过阻力接近或相等
(3)过滤网阻力过大	①原料中杂质多,阻塞过滤网孔 ②过滤网目数过大,对熔料阻力大	①原料投产前过筛清除料中杂物 ②减小网目数或层数

表 4-22　机筒不进料故障原因与排除

故障产生原因	查找根源	排除方法
(1)料斗入料闸板关闭	—	打开机筒进料闸板
(2)料斗内原料出现"架桥"现象	—	安装强制加料装置
(3)料斗座和机筒进料段温度偏高	进入机筒料受高温作用,包住螺杆,随其旋转,则使螺杆无法把料输送推向机筒前端	加大此部位循环冷却水流量使其降温或机筒内孔开沟槽

表 4-23　机筒内出现异常响声故障原因与排除方法

故障产生原因	查找根源	排除方法
(1)机筒内有异物	有硬物随料进入机筒,与机筒摩擦发出声响	退出螺杆,清除异物
(2)过滤网堵塞	料内杂质多	换过滤网,原料使用前应过筛
(3)螺杆超负荷工作	①原料在机筒内塑化温度低,塑化不充分 ②过滤网、多孔板阻力大	①提高原料塑化温度 ②改进多孔板结构、加大孔直径
(4)机筒安装位置移动	①机筒与机筒座配合精度低 ②连接机筒与机筒座的螺栓松动	①机筒与机筒座应采用H7/h6配合 ②加弹簧垫圈重新紧固螺栓
(5)机筒变形	机筒制造钢材强度不够	应用耐高温合金钢制造机筒如采用38CrMoAl,经渗氮处理,工作面硬度达HV900以上

表 4-24　机筒加热控温不稳定、波动大故障原因与排除方法

故障产生原因	查找根源	排除方法
(1)加热温度波动	①加热器与机筒装配接触松动 ②热电偶与测温点接触不到位	①调整加热器与机筒外圆紧密配合 ②重新调整热电偶工作位置
(2)加热温度调控失灵	①加热器中电阻丝断路 ②热电偶损坏 ③控温仪表故障,不能正常工作 ④降温冷却系统控制失灵 ⑤指令开关未在"自动"位置	①换新加热器 ②换新热电偶 ③维修、查出故障排除 ④检修冷却降温控制系统 ⑤检查控制屏上的温控,把指令开关由手动旋至自动位置

表 4-25　原料塑化不均匀故障原因与排除方法

故障产生原因	查找根源	排除方法
(1)工艺温度控制不当	①温度波动误差大 ②电热器损坏 ③工艺温度有误	①检测、找出损坏件更换 ②调整修改工艺温度,检修控温系统;适当调整螺杆转速
(2)螺杆结构不合理	①螺杆长径比小 ②应选用带混炼头型螺杆结构	①加大螺杆长径比 ②采用新型螺杆结构

表 4-26 原料在机筒内经常出现分解现象原因与排除方法

故障产生原因	查找根源	排除方法
(1)原料塑化温度太高	—	降低原料塑化温度
(2)螺杆转速过快	螺杆转速快,熔料产生大量摩擦热,使料温升高	适当降低螺杆转速
(3)螺杆与机筒配合间隙过大	间隙过大,使被推向前移动的熔料产生漏流料,这部分漏流料长时间受高温分解	机筒和螺杆进行检修或重新配制,使两者配合间隙符合标准规定
(4)多孔板阻力大	多孔板上的滤料孔分布不合理或进料端设倒角,使料流在这里产生较大的阻力或滞料区	滤料孔应修改分布位置(孔分布应中间疏、边缘密),进料端应倒角

表 4-27 塑化熔料中杂质多原因与排除方法

故障产生原因	查找根源	排除方法
(1)过滤网破裂	料中杂质多,堵塞过滤网,料流阻力大,顶破滤网	料过筛,更换过滤网
(2)料中杂质多	过滤网目数小,层数少	料过筛,增加过滤网目数

表 4-28 螺杆变形或折断原因与排除方法

故障产生原因	查找根源	排除方法
(1)制造材料选择不当	钢材强度低,不耐高温,受较大扭矩力后变形	采用 38CrMoAl 优质合金钢制造
(2)制造工艺条件有误	对螺杆的渗氮热处理工艺不当,使螺杆变脆	调整热处理工艺条件
(3)塑化阻力大	塑化料温度低,熔料黏度高,加大了螺杆旋转扭矩力	延长物料预热时间,提高工艺温度
(4)机筒内有硬异物	硬质异物随料进入机筒,螺杆旋转被卡住	退出螺杆,清除机筒内异物

4-50 螺杆与机筒损坏怎样进行维修?

挤出机塑化系统中的机筒和螺杆的组合及它们之间的配合工作质量对原料的塑化质量、塑料制品的成型质量和挤塑成型的生产效率都有重要影响。而这两种部件的工作质量好坏,又与制造精度、装配精度及装配后两种部件工作面的配合间隙大小有关。挤出机生产工作一段时间后,如果螺杆和机筒间的工作表面出现较严重的磨损,则生产过程中就会出现塑料制品产量波动或产量下降的现象。如果在机筒的工艺温度控制比较平稳、恒定的条件下,还经常出现熔料分解现象,则说明挤出机的机筒和螺杆工作表面的配合间隙已经超出标准规定的范围,两种部件工作面间返回的料流量比较大,熔料在机筒内不能被及时挤出,停留时间过长,从而导致熔料出现分解现象。出现这些现象后,螺杆在机筒内已无法正常工作,不能顺利生产挤塑成型制品,这时,应该将机筒和螺杆拆卸下来,清洗检查,找出故障原因,进行维修。

(1) 螺杆与机筒磨损原因

① 制造螺杆和机筒用材料选择不合理,使两零件的工作强度不足,零件过早出现变形或磨损。

② 精加工后,螺杆和机筒的工作表面热处理工艺条件应用不当,使表面硬度值没有达到工作条件的要求,加快螺杆和机筒的工作磨损。

③ 操作不当,工艺温度控制不稳定,经常出现被挤出原料分解。如挤塑聚氯乙烯树脂时,熔料分解要放出大量氯化氢气体,加剧了工作表面的腐蚀。

④ 螺杆挤塑原料长时间在机筒内转动,原料与机筒、螺杆工作表面的摩擦使机筒内径逐渐加大,螺杆外径逐渐缩小,这样螺杆与机筒两种部件的装配工作间隙随着工作面的磨损而逐渐变大。

⑤ 在被挤塑原料中,如果混有碳酸钙或玻璃纤维等填充料,会加剧两种部件的磨损。

⑥ 在挤塑生产过程中，由于挤塑原料温度偏低或机筒内随入料混进金属异物，会使螺杆的工作转动扭矩突然增加，这个扭矩力超出螺杆的工作强度极限，就会使螺杆变形或扭断。

（2）螺杆的修复与更换

① 螺杆的外圆与工作螺纹面如果只有轻微磨损或划伤痕迹，可用油石和细砂布研磨，修光损伤部位。

② 螺杆的工作表面有严重磨损、伤痕沟较深时，应检查、分析螺杆磨损原因，排除故障，以避免再次出现类似现象，然后对较深的伤痕沟进行补焊修复。如果整个螺杆的螺纹磨损严重，螺杆与机筒的配合间隙增大，工作时出现熔料漏流增大、挤出量不稳定时，螺杆的螺纹外圆应热喷涂耐磨合金，然后根据机筒内径的实际尺寸，按零件的配合间隙要求（查表4-30）进行螺杆磨削。

如果机筒磨损严重，修复后内孔直径增大，螺杆喷涂后修磨已经不能满足机筒与螺杆的配合间隙尺寸要求，则螺杆应进行重新制造。螺杆的螺纹外径加工，应根据螺杆与机筒的配合间隙要求，参照机筒的实际内孔直径加工。

（3）机筒的修复与更换。

① 如果机筒内表面磨损或划伤不严重时，可用油石或砂布在车床上进行研磨修光。

② 机筒内表面磨损较严重时，应首先检查磨损沟痕深度，计算去掉沟痕的磨削内壁是否有渗氮层，如有渗氮硬层，可对机筒内孔进行修磨，直至去掉沟痕。修磨后的内表面粗糙度 Ra 应不大于 $0.20\mu m$。孔轴线公差按 GB/T 1801—2009 标准 7 级精度；然后按此机筒内径重新配制螺杆。如果修磨后的机筒内表面已经没有渗氮热处理硬层，则可配制耐磨硬质合金材料内套。也可采用离心浇铸法，在机筒内壁上浇铸一层硬质合金层，再经过机加工研磨后使用。

配制螺杆外圆尺寸及机筒与螺杆的装配间隙要求分别见表4-29和表4-30。

表 4-29　螺杆外圆极限偏差　　　　　　　　　　　　　　　　　单位：mm

螺杆直径 D		20	30	45	65	90	120	150	200
极偏偏差	上	0	0	0	0	0	0	0	0
	下	−0.033	−0.033	−0.039	−0.046	−0.054	−0.054	−0.063	−0.072

表 4-30　机筒内孔偏差及与螺杆的装配间隙　　　　　　　　　　单位：mm

机筒内孔直径 D		20	30	45	65	90	120	150	200
机筒内径偏差	上偏差	+0.147	+0.167	+0.261	+0.304	+0.346	+0.376	+0.397	+0.468
	下偏差	+0.08	+0.10	+0.15	+0.18	+0.22	+0.25	+0.26	+0.29
螺杆与机筒的装配间隙	最大	+0.18	+0.22	+0.30	+0.35	+0.40	+0.43	+0.46	+0.54
	最小	+0.08	+0.10	+0.15	+0.18	+0.22	+0.25	+0.26	+0.29

③ 如果磨损部位只是机筒前端（均化段），对这种机筒磨损的修复，可以将磨损严重段进行机加工，修整光滑，然后在此段配制一个氮化钢套，镶入内孔，再加工此钢套内孔至原机筒要求尺寸。螺杆与机筒制造常用钢材性能见表4-31。

表 4-31　螺杆与机筒制造常用钢材性能

材料性能	材料		
	45 号钢	40Cr	38CrMoAlA
屈服强度/MPa	352	784	833
最高使用温度/℃	—	500	500
热处理硬度 HRC	50～55	镀铬后＞55	渗氮处理后＞65
耐 HCl 腐蚀性	不好	较好	中等
热处理工艺	简单	比较复杂	复杂
线膨胀系数/(10⁻⁶/℃)	12.1	基体 13.8,铬层 8.2～9.2	14.8

4-51　塑料管挤出成型生产线上有哪些辅机?

对于塑料管挤出成型，以挤出机为主机所组成的各种管材生产线见图4-7～图4-9和图4-40。这些生产线上的成型模具、定径（定型）装置、冷却装置、牵引装置和切割机等设备，就是塑料管挤出成型用辅机。它们的作用是把从挤出机挤出、经成型模具成型的熔态料冷却定型，牵引运行，然后按工艺要求长度切断，成为符合工艺要求的管材制品。

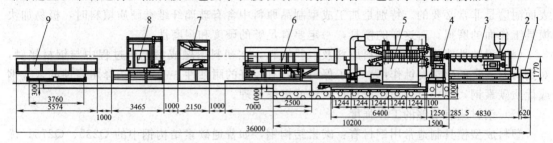

图4-40　HDPE双壁波纹管挤出成型生产线
1—料箱；2—油箱；3—单螺杆式挤出机；4—成型模具；5—波纹成型机；
6—喷淋冷却；7—牵引机；8—切割机；9—卸料架

4-52　塑料制品挤出成型常用哪些模具?

塑料成型模具是一种成型塑料制品用的模具。挤出成型模具将挤出机的熔融料，在被挤压条件下，从其空腔内通过，成型出结构、形状、尺寸达到工艺要求的型坯，经冷却定型后成为制品。通常人们也把这种与挤出机机筒连接的成型制品的模具称为"机头"。

挤出机成型塑料制品所用模具品种比较多，常用的有管模具、板（片）模具、薄膜成型模具，以及异型材、电缆包层、复合管、棒、丝、发泡型材等多种制品成型模具。

4-53　对挤出成型模具有哪些要求?

挤出成型塑料制品用的成型模具，其结构设计的合理与否，各零件制造加工精度的高低等，都将对挤出制品的成型质量、性能及生产是否能连续、顺利地进行有直接影响。挤出成型塑料制品用模具要求如下。

① 成型模具中的各零件要用耐高温、变形小的优质钢材制造。

② 模具结构应简单合理，加工制造容易，生产制造成本低。

③ 安装、维修方便，操作容易，清理方便。

④ 成型制品外形结构尺寸准确，符合制品性能和质量要求。

⑤ 组装的成型模具熔料流道空腔呈流线形，表面有一定硬度，表面粗糙度数值低，无滞料面和料流死角。

⑥ 零件结构强度高，耐腐蚀，耐磨损。

4-54　模具制造常用哪些材料?

由于模具制造加工精度要求较高，其生产加工工艺也比较复杂，因此一般塑料制造成型用模具的加工生产费用都较高。塑料制品生产厂都希望模具的使用寿命长一些，对模具的使用、维护、保养条件要求高些，以使其保持工作精度，延长使用时间。合理的模具制造用材料，也是延长模具使用寿命的重要条件。对模具制造选用材料提出下列要求。

（1）钢材要有较好的加工性能，在高温环境中工作及进行热处理时，变形要小。

（2）模具空腔中的熔料流道工作面，应对料流阻力小，这样就应降低工作面的表面粗糙度的数值，对钢材要求应有很好的抛光性能，材料中无杂质，无气孔。

（3）耐磨性能优异　为了长时间保持模具结构的尺寸精度，要求加工成型后的模具工作表面耐磨是非常必要的。特别是加工成型制品原料中含有玻璃纤维类硬质填料时，极易加快模具工作面的磨损。对这样的模具，一定要有足够的硬度和耐磨性。

（4）耐蚀性能好　对于塑料原料及一些辅料，在塑料熔融成型生产过程中与钢材接触，对钢材有一定的化学腐蚀作用。为了保持模具有较好的耐蚀性，一定要选择耐腐蚀的合金钢或优质碳素钢，必要时表面还应进行镀铬或镀镍处理。

（5）钢材应有足够的工作强度。

塑料成型模具制造常用钢材有：碳素结构钢，如普通碳素结构钢中的 Q235、Q275；优质碳素结构钢中的 20 号钢、40 号钢、45 号钢、50 号钢及 20Mn、40Mn 和 50Mn 等；碳素工具钢中的 T8、T8A、T10 及 T10A 等；合金结构钢中的 40Cr、18CrMnTi 和 38CrMoAlA 等；合金工具钢中的 5CrMnMo、5CrNiMo 等。挤出成型塑料制品模具制造常用钢材，主要有 Q235、Q275、45、50、40Cr、65Mn、38CrMoAlA 及弹簧钢等。这些钢材的应用如下。

① 普通碳素结构钢 Q235 用于制作模具中的气嘴、垫圈、螺塞、挡板、罩、支架、接头、水嘴、冷却水套、销钉、拉杆等。

② 普通碳素结构钢 Q275 可制作锁紧螺母、压环、机颈、堵、压板、六角螺钉、法兰、盖、外套、机座、模具体、接头、拉杆和铰链板等。

③ 优质碳素结构钢 45 号钢经调质处理，硬度达到 260～290HBW 时，可制作分流锥、多孔板、模具体、芯轴、丝杆、链轮、小齿轮、大齿轮、键、口模、分流锥支架、套等。

④ 优质碳素结构钢 45 号钢经热处理，硬度为 40～45HRC 时，可制作调节螺钉、内六角螺钉、导销、定位销、芯轴等。

⑤ 优质碳素结构钢 50 号钢经调质处理，硬度达 260～290HBW 时，可制作模具体、调节块、转动轴、套、分流锥、口模、芯轴、多孔板、接头等。

⑥ 合金结构钢 40Cr 经热处理，硬度达 40～45HRC 时，可制作口模、活塞杆、调节螺钉、内六角螺钉、料缸杆、调节阀，模具套、口模处调节外套等。

⑦ 弹簧钢经热处理后，硬度达 40～45HRC 时，可做 T 形模具中的调节块、阻流调节块、切粒刀、弹簧等。

⑧ 合金结构钢中的 38CrMoAlA，经热处理后，硬度达 58～62HRC（氮化处理）时，主要用于制作模具体、分配型模具中的机筒、螺杆和口模等。

⑨ 65Mn 钢经热处理后，硬度达 40～45HRC 时，可用于制作 T 形模具（板成型用）中的上下模唇、阻流条等。

4-55　管材成型常用模具结构有几种？各有哪些特点？

聚氯乙烯硬管用成型模具结构如图 4-41 所示。它是挤出成型塑料管材应用最广泛的一种模具结构，主要组成零件有模具体、分流锥、分流锥支架、口模、芯轴、调节螺钉、定径套、压盖、进气管接头等。这种模具结构主要用于挤出硬质聚氯乙烯管材和聚乙烯、聚丙烯管材。聚乙烯和聚丙烯管成型用模具结构与硬质聚氯乙烯管材成型模具结构相同，但模具中的各组成零件尺寸略有不同。管坯的定型套结构，硬聚氯乙烯管大多采用内压法定型，而聚烯烃管大多采用真空冷却定型套定型。

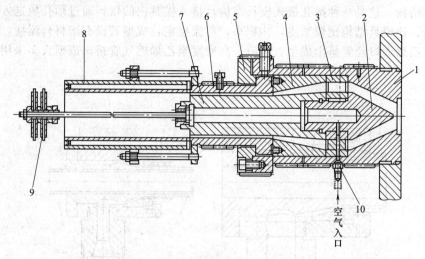

空气入口

图 4-41 聚氯乙烯硬管用成型模具结构

1—模具体；2—分流锥；3—分流锥支架；4—中套；5—压盖；6—口模；
7—芯轴；8—定径套；9—气堵；10—进气管

图 4-42 所示为聚氯乙烯软管用成型模具结构。图 4-43 所示为聚烯烃管材成型用模具结构。

图 4-42～图 4-43 所示模具，结构比较简单，机械加工制造也较容易，制造费用较低，生产操作也较方便。不足之处是分流锥支架肋使熔料成型时有合流痕迹，对管的质量有影响。这种模具结构适合聚氯乙烯、聚乙烯、聚丙烯、聚碳酸酯、聚酰胺管挤出成型。

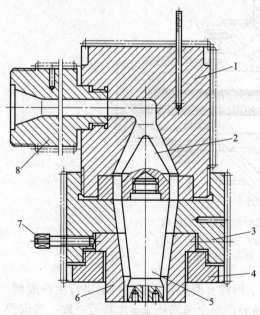

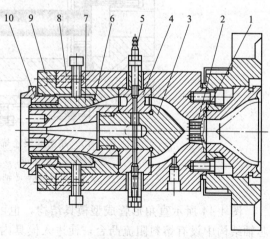

图 4-42 聚氯乙烯软管用成型模具结构

1—模具体；2—分流锥；3—中套；4—螺纹压环；
5—芯轴；6—口模；7—调节螺钉；8—连接颈

图 4-43 聚烯烃管材成型用模具结构

1—过滤网；2—分流板；3—分流锥；4—分流锥支架；5—进气管；
6—芯轴；7—口模；8—模体；9—中套；10—压环

图 4-44 所示为直角形管成型模具结构，所成型的管材运动方向与挤出机螺杆挤出熔料流动方向成直角。这种模具结构中没有分流锥支架肋，成型的管材没有熔料合流痕迹，对产品质量有保证；但制造时给机械加工增加一定的难度。图 4-45 所示为高密度聚乙烯燃气管用成型模具结构。这是一种筛孔板式模具结构，挤入模具内的熔料通过筛孔板进入管坯成型中的定型段。该模具结构比较紧凑，体积小，料流稳定，成型管没有熔料合流线，制品质量好，适合聚乙烯大口径管挤出成型。目前，高密度聚乙烯燃气管挤出成型大多采用此种结构模具。

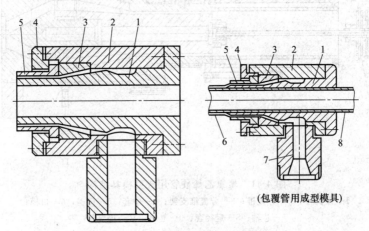

图 4-44　直角形管成型模具结构
1—芯轴；2—模具体；3—中套；4—压紧螺母；5—口模；6—塑料包覆层；
7—连接颈；8—钢管

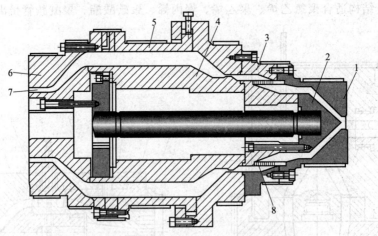

图 4-45　高密度聚乙烯燃气管用成型模具结构
1—连接颈；2—分流锥；3—中套；4—模芯；5—外套；
6—口模；7—芯轴；8—微孔分流芯模

图 4-44 所示直角形管成型模具结构，也可用于钢管表面复合一层塑料层进行生产成型。芯轴结构中设有熔料阻流凸台，使进入模具内的熔料沿整个圆周环流速度接近一致。当钢管复合塑料层生产时，分别经除锈处理→加热→表面涂一层黏结剂→钢管从图示方向右端进入模具内→挤出熔料成管形，包覆在钢管外表面→冷却定型即为成品。

4-56　管材挤出成型用生产线上辅机有哪些？各有什么特点？

挤出成型塑料管生产用辅机，按生产管材结构形式的不同，其辅机的结构组成也就有多种形式，如有挤出软硬管用辅机、复合管辅机、波纹管用辅机、螺旋管用辅机和缠绕管用辅机等。这些管生产用辅机的结构形式虽然各有不同，但各装置的工作原理和作用却基本相似。现以挤出成型硬塑料管用辅机组成为例，在这条辅机生产线上，由成型、定径（型）装置、冷却降温用水槽、牵引制品运行装置、切割装置等组成。其他种类管材的生产用辅机中，也同样有类似相应的装置，其作用也一样。所以，这里只以挤塑成型聚氯乙烯硬管生产用辅机的操作和维护保养为例进行说明。

（1）定径套　定径套是限制、修正管坯几何形状的装置，用于保证管材制品的直径尺寸和几何形状的精度，以保证制品的表面粗糙度。

管坯的定径方法，常用的有内压法定径和真空法定径。

① 内压法定径　是指挤出成型模具的管坯内通入压缩空气，使管坯外圆紧贴在定径套的内表面，同时被降温定型。图 4-41 所示模具采用的就是内压定径法结构，管坯内装有气堵是为了防止管坯内压缩空气外漏。定径套长为 3～6 倍管坯直径。空气压力保持在 0.28～2.8MPa 或 0.03～0.28MPa 之间。

② 真空法定径　是采用定径套抽真空的方法，装置结构见图 4-46。定径套的夹套内有抽真空段，内表面钻出小孔，吸引管坯外圆紧贴在定径套内表面；还有通水冷却段，使管坯降温、冷却定型。此法多用于结晶塑料管坯的定径。定径套距模具端有 20～25mm。抽真空度为 127～381mmHg（1mmHg＝133.322Pa）。

生产小直径塑料管时，一般可采用浸水式管坯定径法，该装置结构见图 4-47。该装置既不用压缩空气，也不用抽真空，挤出模具的管坯定径套浸在水槽中，直接水浸冷却定径。

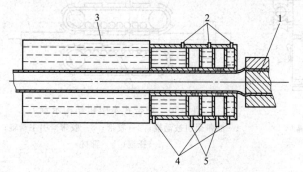 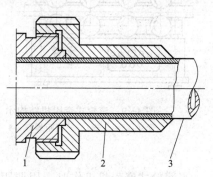

图 4-46　真空定径套结构
1—成型模具；2—出水孔；3—水槽；4—入水孔；5—抽真空孔

图 4-47　浸水式定径套结构
1—口模；2—定径套；3—管材

（2）冷却水槽　冷却水槽的结构形式如图 4-48 所示，这是挤出成型较小直径塑料管常应用的一种冷却水槽结构。水槽用钢板焊接组合制造，用钢管连接组成上水和下水，槽内通入冷却水，整个冷却水槽可沿管材运行中心线前后移动。这样可方便成型模具的安装拆卸和对管坯壁厚的操作调整。

① 水槽的功能　水槽在定型套之后，它主要是把由定型套挤出的成型管浸入水中，进一步为管材降温冷却、固化定型。图中的水槽结构适合于管直径小于 100mm 时应用。对于管材直径较大时的冷却，浸在水中浮力大，则管材冷却不均匀、易弯曲。所以，此种大直径管的冷却应采用喷淋法，在管材的圆周上同时喷冷却水，使管材得到均匀冷却。

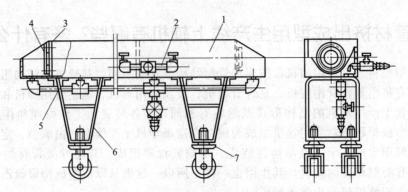

图 4-48　管坯冷却降温用水槽结构

1—水槽体；2—上水管；3—隔板；4—密封胶圈；5—出水管；6—水槽支架；7—滚轮

② 冷却水槽使用注意事项

a. 水槽中的循环冷却水应从管的出水槽端进入，从管的进水槽端排出，以使管坯的降温由高温逐渐降至低温，防止管材骤然降温而产生较大应力，影响管材质量。

b. 注意调整水槽上的进出管孔中心线与模具中心线在同一条水平中心线上，以防止管弯曲。

c. 停止生产时排净水槽中的冷却水。

（3）牵引机　牵引机的结构形式常应用的有滚轮式和履带式，这两种牵引机结构示意如图 4-49 和图 4-50 所示。

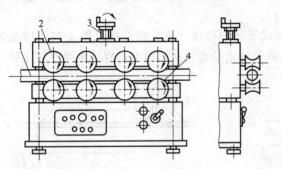

图 4-49　滚轮式牵引机结构示意

1—管材；2—上辊；3—调距螺杆；4—下辊

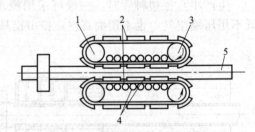

图 4-50　履带式牵引机结构示意

1—胶带牵引被动辊；2—胶带；3—胶带牵引主动辊；4—托辊；5—管材

当滚轮式牵引机工作时，用调距螺杆按被牵引管的直径大小来调节上下压辊的中心距离。当上辊下移把管材压紧后，主动辊为下辊的牵引速度与管材从模具口的挤出速度应匹配（按管材牵引比的要求，一般对管的牵引速度比管坯从模具口的挤出速度略快些），平稳牵引管材，输送至切割机部位。牵引机使用注意事项如下。

① 牵引机生产开车前要调整主动轮与被动轮夹紧管材运行，使其中心线与成型模具中心线处在同一条水平中心线上。

② 牵引机的运行速度应能随时调整，运行速度的快慢调节要能平稳过渡，以能适应牵引机对管坯牵引速比的工艺要求。

③ 牵引辊（带）对管材的牵引压力不能过大，以能达到牵引管平稳运行不打滑为准。

④ 牵引机运行速度比较慢，设备中的传动减速箱的润滑容易被忽略。注意每季度应检查一次减速箱内润滑油是否充足，每年开箱一次对传动零件进行维护保养。

(4) 切割机 挤出成型管材有标准规定的固定长度。管材挤出成型生产线上的切割机主要是用来按要求长度切断管材。

管材的切断方式有以下几种方法。生产的管材直径较小时（小于 50mm 的管材），通常用锯手工切割。较大直径的管材用切割机切割。切割机上的刀具可用圆锯片或用圆形砂轮切割。锯片或砂轮由电动机和 V 带直接传动高速旋转。当挤出向前运行的管材达到要求长度时，切割机上的夹紧装置把管材夹紧，锯片即启动，切割管材。此时，整个夹紧切割机构随着管材前移的挤出牵引推力，在切割机的轨道上一起向前滑动。当管材切断后，锯片停止旋转，夹紧装置张开，切割夹紧装置沿原前进轨道退回原位，准备下一次切割动作。

当生产较大直径管材时，管材的切割应选用行星式自动切割机。行星式自动切割机的切割锯片由多个小直径锯片组成，围绕着被切割的管材组成圆形。当管材需要切割时，这些小直径锯片既能高速自转，又能围绕管材外圆公转。用这种方法切割大直径管材，切割速度快，切割口端面平整。

切割机使用注意事项如下。

① 生产前（指设备安装后第一次使用时）要调整切割夹紧装置后的管材中心线与牵引机上管运行中心线处在同一水平中心线上。夹紧切割装置的运行轨道与管材运行中心线平行。

② 每次切割开车生产前要检查各工作零件装夹是否牢固，出现松动的紧固螺钉要紧牢固。

③ 注意高速旋转的锯片工作时不允许出现摆动现象。经常调整 V 带传动中心距，不允许出现 V 带工作中打滑。

(5) 管材端扩口用扩口装置 塑料管的安装连接，小直径的管材一般都采用管件（三通、弯头和接头）连接。大直径管与管之间多采用自身端部扩口后进行连接，连接时结合处用黏结剂固定牢固。管端扩口形式又分两种：一种是平扩口；另一种是把管端扩出带有能装密封胶圈的扩口形式。管端进行扩口时，先把管端用热风或电阻加热器将旋转的管端加热均匀，使其达到扩口工艺要求的软化程度，然后按要求的扩口形状配置扩口模具。扩口模具在气动或丝杆推动下向管端移动，进入管端扩口，最后通过风或冷水，通过模具把管端冷却定型。扩口装置工作示意如图 4-51 所示。

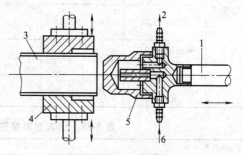

图 4-51 扩口装置工作示意

1—气缸活塞杆；2—冷却水出口；3—塑料管；
4—夹管定型模具；5—扩口芯模；6—冷却水入口

某塑料机械工程有限公司生产的塑料管扩口机的基本参数见表 4-32。

表 4-32 塑料管扩口机基本参数

型号	外形尺寸(长×宽×高)/mm	扩管直径/mm	加热功率/kW	总功率/kW	成型方法	质量/kg
DSLKB 2550	7712×1320×1900	$\phi50/\phi250$	7.2	12.09	真空定型	4000
DSLKB 2063	7712×1320×1900	$\phi50/\phi250$	4	10.1	高压定型	4000
DSLKB 2063	7712×1320×1900	$\phi50/\phi250$	5.45	水冷 8.13 风冷 9.23	—	3800
DSLKB 4020	7800×2360×2328	$\phi160/\phi400$	15.6	22	—	6000
DSLKB 6330	6710×3260×2860	$\phi315/\phi630$	25.4	36.2	—	6800

(6) 国内部分辅机生产厂及产品参数 国内有多家塑料管挤出成型用辅机生产厂，表

4-33～表 4-36 是国内部分生产辅机厂的产品型号及基本参数。

表 4-33　大连橡胶塑料机械厂生产管用辅机主要参数

产品名称	主要技术参数						
塑料波纹管挤出成型机组	型号	螺杆直径/mm	生产能力/(kg/h)	管成型模具速度/(m/min)	模具通径/mm	外形尺寸（长×宽×高）/mm	总功率/kW
	SJ-45×25A SJ-FGB50	45	28	0~8	10、15、20、25、32、40、50	7200×1600×1800	26
	SJ-65×28 SJ-FGB50	65	40	0~8	30、25、32、40	7200×1600×1800	35
塑料挤出硬管机组	型号	螺杆直径/mm	生产能力/(kg/h)	管成型模具速度/(m/min)	模具通径/mm	外形尺寸（长×宽×高）/mm	总功率/kW
	SJ-45×25A	65	90	0.15~1.5	50、63、75、90	15000×2500×2550	55
	SJG-F170	45	40	0.20~2.0	10、12、16、20、25、32、40	1500×2500×1500	50

型号	挤出最大管径/mm	真空定径槽长/mm	冷却槽长度/mm	牵引夹持长度/mm	牵引速度/(m/min)	牵引力/N	外形尺寸（长×宽×高）/mm	总功率/kW
双螺杆塑料硬管辅机								
SJSG-F250	250	6000×2	6000	1600	0.25~3.6 0.5~7.2	12000	25940×1530×1750	54
SJSG-F450	450	6000	6000		0.05~0.5 0.15~1.5	30000	26230×1800×3100	45
SJSG-F630	630	6000×2		1200	0.05~0.5 0.15~1.5	30000	31961×3364×3100	59（机头）
SJSHG-F60×60（双机头）	60×2	6400	6000		1.5~15 0.5~5		4650×860×2210（机组）	12.6
SJSBG-F110（波纹管）	110				0.94~9.4		14070×1700×2360	21.2

表 4-34　山东塑料橡胶机械总厂生产管用辅机主要参数

产品名称	主要技术参数				
塑料空壁管材挤出机组	型号	螺杆直径/mm	生产能力/(kg/h)	牵引速度/(m/min)	真空定径槽/mm
	KBG110	55/110	140	0.3~35	6000
塑料软管机组	型号	生产能力/(kg/h)	牵引速度/(m/min)	螺杆直径/mm	长径比	总功率/kW
	SRG315	500	0.3~1.8	150	30∶1	220
大口径塑料管材机组	型号	生产能力/(kg/h)	牵引速度/(m/min)	生产管径规格/mm	牵引力/kN	总功率/kW
	SJG-Z630	1100	0.1~1	25~630	294	412
塑料缠绕管机组	型号	螺杆直径/mm	长径比	生产能力/(kg/h)	牵引速度/(m/min)	口模速度/(m/min)	卷曲速度/(m/min)
	CRG40-1	45	25∶1	35	40~60	0~3	0~1.5
PVC管材挤出机组	型号	螺杆直径/mm	长径比	牵引速度/(m/min)	管材长度/mm	机头规格/mm
	SGQ(75)	65	25∶1	0.3~3	4000	40×2、50×2、63×2.5、76×2.5

表 4-35　管挤出成型用辅机主要参数

型号	管材直径 /mm	定型长度 /mm	耗水量 /(m³/h)	耗气量 /(L/h)	外形尺寸 (长度)/mm	总功率 /kW	备　注
GF120	20～120	4000	5	2500	15050	23.5	
GF250	63～250	6000	6	2500	19120 26840	27.25 30.25	上海申达机械有限公司产品
GF400	110～400	6000	8	320 工作循环	33330	43.38	

型号	管材直径 /mm	真空槽长 /mm	牵引速度 /(m/min)	牵引力 /kN	生产能力 /(kg/h)	总功率 /kW	
CE7G-110	16～110	6000	0.4～8	10	50～150	30	上海挤出机厂产品
SJG-F250	250	6000	0.4～8	15		30	

表 4-36　精达塑料机械厂生产管用辅机主要参数

产品名称	主要技术参数						
钢丝螺旋增强 PVC 塑料软管生产机组	型号	制品内径 /mm	中心高度 /mm	生产管材速度 /(m/min)	冷却方式	生产能力 /(kg/h)	总功率 /kW
	SJGRG-Z65×25B-50	25～50	1000	0.3～2	水冷	60	39
	SJGRG-Z90×25B-104	50～104	1000	0.2～1.5	水冷	90	61
塑料挤出螺旋软管机组	型号	制品内径 /mm	生产能力 /(kg/h)	线速度 /(r/min)	调速形式		总功率 /kW
	SJXG-265/45×25-150	50～150	40～60	0.8～2.5	变频调速		34.5
PVC 纤维增强软管机组	型号	制品内径 /mm	生产能力 /(kg/h)	绕线速度 /(r/min)	牵引速度 /(m/min)		总功率 /kW
	ZRGZ-65-50	8～50	35～70	12.5～125	0.8～8		66

4-57　模具怎样进行使用维护?

（1）模具使用

① 成型模具中的组成零件在装配前要清除毛刺、污物，清洗干净后才能装配。

② 各零件要轻拿轻放，装配过程中不许用锤子直接敲击各零件。

③ 成型模具的装配顺序　首先安装与机筒连接的法兰，然后是模具体，再次是分流锥、芯轴模等型体内零件，最后是口模、定径套和压盖等零件。

④ 连接螺栓、调整螺钉在安装前应涂一层二硫化钼或硅油，这样在高温环境下拆卸会比较容易。在紧固连接螺栓时，应对角两个螺栓同时用力紧固，防止由于受力不均造成两连接零件不能紧密接触。

⑤ 制品厚度不均时，调整口模和芯轴之间的间隙，应注意先松开较薄侧的螺钉，然后再紧较厚侧螺钉，避免损坏零件或拧断螺钉。

⑥ 生产过程中清理口模出料口时，应采用铜质刀片刮料或用竹刀清理，不许用硬质钢刀清理，防止划伤零件。

⑦ 如果成型模具暂不使用，各零件要涂油后组装在一起，进出料口要封严，存放在干燥通风木架上，模具上不许放重物。

⑧ 在清理修整模具出料口时，不许用锉锉倒模具口棱角或清除金属毛刺，只能用细油石或细砂布把出料口棱角、毛刺倒圆，修整光滑。

（2）模具故障排除　模具使用中常见故障现象诊断及排除方法见表 4-37。

表 4-37　模具工作故障诊断及排除方法

故障现象	产生原因	排除方法
模具与机筒连接处漏料	①两零件的连接配合处加工精度低；配合面粗糙；配合面与模具体中心线垂直精度低 ②连接处两接触面不清洁，有异物	①重新修配模具体结合面；提高配合面光洁度；保证配合面与模具体中心线的垂直度 ②检修、清洁两接触面污物及异物
拆卸困难	①模具体内组合零件间有溢料现象 ②装配前各配合零件没有清除毛刺 ③连接紧固螺栓装配前没有涂硅油 ④零件变形	①重新制造，提高配合零件的精度 ②装配前将零件清洗干净 ③螺栓装配前涂耐高温硅油 ④更换零件，采用耐高温、变形小钢材制造
调节螺钉易断	①使用方法不当 ②制造材料选用不合理	①口模间隙调节螺钉，调节口模间隙时，要先松开间隙小侧螺钉，然后再调节、拧紧口模间隙大侧的螺钉 ②必要时用 45 号钢制造，进行热处理硬度达 40～45HRC
模具中零件变形	①拆卸方法不当 ②存放时受重物挤压 ③制造材料选择不合理	①拆卸安装不许用重锤击打 ②存放时模具体上不许放重物 ③采用耐高温、变形小钢材制造
产品质量不稳定，调节操作难度大	模具中各零件制造精度低，相互配合时精度选择不当，配合面粗糙	模具重新制造；零件间的配合应为 H7/h6；配合面表面粗糙度 Ra 应不大于 $1.25\mu m$；熔料流道表面粗糙度 Ra 应不大于 $0.25\mu m$；保证配合面与零件中心线的垂直精度
口模挤出料流速不稳	①模具体各部位温度不均匀、误差大 ②口模与芯棒间的间隙不均匀 ③模具内有异物堵塞 ④塑化系统问题（料斗中原料架桥，塑化温度不稳定，温差波动大，螺杆与机筒配合间隙过大，螺杆转速不稳定等）	①检查加热器，更换损坏件，使加热套与模具接触良好 ②调整口模与芯棒间的间隙 ③拆卸模具，清除异物 ④检修塑化系统，排除故障

4-58　管材生产线上的辅机使用时应注意些什么？

（1）定径套的使用与维修

① 定径套安装工作前，要清理干净内表面镀铬面，不许有毛刺、划痕等现象。

② 与成型模具装配在一起时，两零件间要加一层厚 3～4mm 的隔热垫。隔热垫可用聚四氟乙烯或布基酚醛板。

③ 定径套的镀铬层工作面粗糙度 Ra 应不大于 $0.32\mu m$。

④ 定径套出现渗水、漏气现象时，应采用黏结剂或密封带修补封严；不许用焊接方法修复，防止定径套变形无法使用。

（2）冷却水槽的结构要求

① 水槽的管材进出口中心线高度应可调，工作时要保证中心线与模具中心线重合；进出口要有橡胶板密封，以防止大量漏水。

② 水槽距定径套距离可纵向水平移动，以方便生产初期对模具和定径套的调节。

③ 水槽长在 2～4m 间，内有隔板将其分为几段，使与管材运行相反方向流入的冷却水温度逐渐提高，管制品的冷却降温逐渐变化，以减少管材产生较大的内应力。

④ 水槽支架上的各转动辊和连接螺钉要经常加一些润滑防锈油；停止工作时要把槽中水排干净。

（3）牵引装置的使用与维修

① 牵引机工作时，其夹紧牵引运行机构中心线必须与成型模具中心线重合，两者间的中心线高度要保持一致；安装调试时，可在夹紧牵引机构上夹一件圆钢管，用于检测模具中心与牵引机构中心的重合度误差。

② 牵引夹紧机构的运行速度应能无级调速，工作时运行速度与管坯从模具中挤出的速度匹配。

③ 牵引机构的运行速度要平稳 牵引速度的平稳性对制品质量影响较大，牵引速度运行不平稳将使制品的截面尺寸精度难以保证，尺寸误差波动范围大。

④ 牵引装置工作时，要经常注意给各传动部位加注润滑油；传送带注意保护，防止硬物划伤，橡胶带不许有油污。

⑤ 当出现牵引运行不平稳时，应检查传动部位（电动机、传动齿轮）是否出现故障，橡胶带是否严重磨损拉长，检查调整传送带中主、被动辊轮的中心距是否应加大。

⑥ 夹紧装置上的夹紧距离无法调距时，主要是调距丝杆或螺母传动出现故障，可能螺母损坏，应维修更换。

4-59 挤出吹塑成型薄膜生产线上常用哪些辅机？

挤出吹塑成型薄膜生产线上（见图4-10）常用辅机有吹塑膜泡成型用的模具、冷却定型装置、牵引装置和薄膜制品的卷取装置等。这些装置工作位置的常用布置方式如图4-10所示。

4-60 挤出吹塑成型薄膜用膜坯成型模具结构有几种？各有哪些特点？

膜坯成型常用模具结构有芯棒式、水平式、直角式、螺旋式和旋转式。

这几种不同结构型模具的共同特点是：都有一个能成型管状膜坯的环形缝隙出料口；进入成型模具内的熔料要均匀地分布在空腔内，能够从模具口的环形缝隙中被等压力、等流速、厚度均匀地被挤出，成型为圆周厚度一致的吹膜用型坯。这就要求模具口的出料间隙可调，而且间隙要均匀一致，以保证吹塑薄膜成型的质量。

（1）芯棒式模具 芯棒式模具结构如图4-52所示。主要组成零件有芯棒、模具体、口模座、芯模、压板环、口模、调节螺钉和进气管等。

① 模具成型管状膜坯过程 挤出机把塑化均匀的熔料通过模具连接颈挤入模具体与芯棒组合形成的空腔内，在螺杆的推动挤压下，熔料沿芯轴分流线向上流动，然后在分流线末端尖

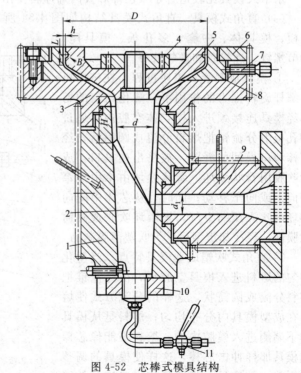

图 4-52　芯棒式模具结构
1—模具体；2—芯棒；3—口模座；4—螺母；5—芯模；6—压板环；7—调节螺钉；8—口模；9—连接颈；10—螺母；11—进气管

角处汇合，形成圆管状沿芯棒向上流入缓冲槽内。充满缓冲槽后，沿缓冲槽圆周，熔料同时向上流，被后续熔料的压力推动，同时被等压力、等流量和等速度地挤出口模，成型吹塑管状膜坯。此时，由模具底部进气管吹入的压缩空气，把膜管吹胀，形成更薄的筒状膜泡，经冷却定型，成为吹塑薄膜制品。

② 芯棒式模具工作特点 要求芯棒有足够的工作强度，以防止芯棒工作时受熔料的冲击力作用变形，产生"偏中"现象，造成口模处圆周间隙不均匀，使制品出现厚度误差过大；芯棒与模具体组合形成的熔料流道空腔较小，则模具体内熔料存留少，停留的时间短，熔料不易分解。所以，此种结构成型模具比较适合于热敏性原料聚氯乙烯树脂的挤塑成型。由于芯棒有分流斜角，熔料汇合接缝产生一条纹线，对吹塑薄膜的外观质量和强度有些影响。

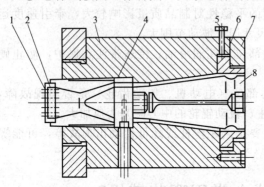

图 4-53 水平式模具结构
1—过滤网；2—分流板；3—模具体；4—分流锥；
5—调节螺钉；6—口模；7—压盖；8—芯棒

（2）水平式模具 水平式模具结构如图4-53所示。这种模具结构用在平吹法挤出薄膜设备上。

水平式模具结构特点是：模具内熔料流过的空腔比较小，膜坯的定型段也较短，料流的流速均匀，成型膜坯的厚度均匀，模具结构较简单，加工较容易，造价低，生产初期对模具的调整也较方便，膜坯的厚度调整控制方便，不会出现工作中芯棒倾斜现象。不足之处是：由于分流锥支架筋较多，而增加了熔料的接线缝，影响膜的强度。

水平式模具比较适合于聚乙烯和聚丙烯原料挤出吹塑成型薄膜。

（3）直角式模具 直角式模具结构如图4-54所示。主要组成零件有：分流锥、芯棒、口模、模具体、中套、多孔板、模具座、调节螺钉、连接颈和进气管等。

① 模具成型管状膜坯过程 在挤出机中螺杆旋转推力的作用下，塑化均匀的熔料经模具连接颈进入模具体空腔内，通过多孔板由分流锥把熔料分流成圆筒状，经芯棒和口模间的缝隙，被挤出模具口，成为吹膜用管状膜坯。管状膜坯由牵引机牵引向上或向下移动；同时，从芯棒中间向膜坯内吹入压缩空气，把膜坯吹胀成圆筒状膜泡，经冷却定型后成为吹塑薄膜制品。

② 直角式吹塑成型模具特点 当塑化均匀的熔料进入模具空腔后，由分流锥把熔料分流成圆筒状，这样的分流方式使熔料在成型模具内分布均匀；熔料是从模具体下端侧进入模腔内的，熔料不能像芯棒式模具那样冲击芯棒，这样使模具的调整控制就比较容易，膜坯管挤出口模时的壁厚较均匀，则吹塑成型后薄膜制品厚度质

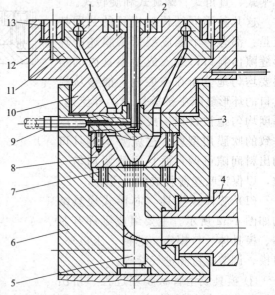

图 4-54 直角式模具结构
1—芯棒；2—压紧板；3—分流锥；4—连接颈；5—堵头；
6—模具体；7—多孔板；8—中套；9—进气管；
10—模具外套；11—口模；12—调节螺钉；13—锁紧螺母

量好。

不足之处是：直角式模具体空腔比芯棒式模具体内空腔容积大些，这样直角式模具体内熔料存量较多，则熔料在模具内停留时间长，料易分解。所以，此种结构型模具，对成型热敏性原料（如聚氯乙烯料）不利，易分解变黄。另外，分流锥上的十字形支筋，使熔体管状筒形成有多股熔料接线纹，对吹塑膜的强度略有影响。

（4）螺旋式模具　螺旋形吹塑薄膜成型用模具是指模具中的芯模外表有呈螺旋形的沟槽，具体结构如图 4-55 所示。螺旋形模具主要组成零件有：螺旋芯模、口模、芯模、模具外套、调节螺钉、模具座和进料连接颈等。

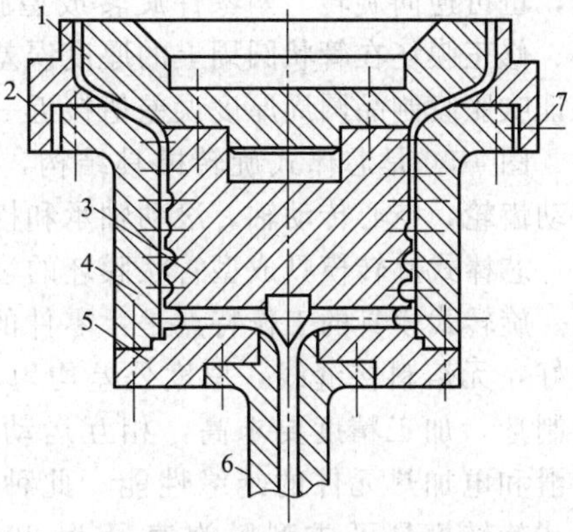

① 模具成型管状膜坯过程　挤出机的螺杆旋转，推动塑化熔料经模具连接颈进入模具体内主流道孔，然后再分别进入多个呈对称分布的分流道孔中，分成多股料流。这些料流在后续熔料

图 4-55　螺旋形吹塑薄膜成型用模具结构
1—芯模；2—口模；3—螺旋芯模；4—模具外套；
5—模具座；6—进料连接颈；7—调节螺钉

推动下，沿着各自的螺旋槽向模口方向流动。由于螺旋芯模是上小下大锥形体，熔料移动的截面也逐渐随着空腔的加大而增加，在这个位置大多数熔料变成轴向移动。通过缓冲槽后，口模处的熔料被等压力、等流量和等流速地挤出口模，成为吹塑薄膜的管状坯，经牵引机牵动向前运行，与此同时，压缩空气经芯模孔吹入膜坯内，把膜坯吹胀，成为筒状膜泡。经冷却定型成为吹塑薄膜制品。

② 螺旋形模具工作特点　从模具成型管状膜坯的过程中我们知道：熔料进入模具体内后又分成多股料流，使熔料得到进一步的混合塑化，再加上料流的分股与汇合过程不会形成熔料接缝线，这使熔料吹塑薄膜的质量和强度得到提高。由于此种模具结构使熔料流的压力和流速均较平稳，则使成型的管状膜坯厚度较均匀，保证了吹膜制品的质量。此种结构模具，熔料在模具体内停留时间较长，因此，只能适合于加工流动性较好的原料。聚氯乙烯挤塑成型吹塑薄膜时不能使用螺旋形模具。

（5）旋转式模具　旋转式吹塑薄膜成型用模具的结构形式，可以是芯棒式、直角式和螺旋形。旋转式模具结构与芯棒式、直角式和螺旋形模具结构基本相同。不同之处是：旋转模具在成型

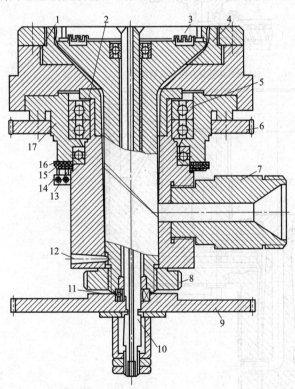

图 4-56　芯棒式旋转模具结构
1—旋转模体；2—旋转套；3—芯棒；4—口模；5—滚动轴承；
6—传动齿轮；7—模具连接颈；8—定位锁紧螺母；9—传动齿轮；
10—空心传动轴；11—滚珠轴承；12—定位销；13—铜环；
14—碳刷；15—铜环；16—绝缘环；17—模体支撑套

膜坯时，芯棒或模体旋转。旋转方式可以是其中一件旋转，也可两件同时旋转；可同向旋转，也可逆向旋转。两零件旋转成型膜坯的目的是：借助两零件的相互旋转成型膜坯来弥补、修正膜坯在管状圆周上的厚度误差，使各误差点均匀地分布在管状膜坯的圆周上，从而保证吹胀膜制品圆周厚度误差值接近一致。

图 4-56 是芯棒式旋转模具结构，主要组成零件有：旋转模体、旋转套、芯棒、口模、传动齿轮、空心传动轴、滚动轴承和模具连接颈等。

芯棒式旋转模具成型管状膜坯的过程与芯棒式吹塑成型模具成型管状膜坯的过程完全相同。旋转式模具的工作特点是：零件的旋转速度在 0.2～4r/min 范围内，成型膜制品质量较好，无熔料接缝线，厚度公差均匀，可达 ±5μm。模具中各零件要用高温下变形小的钢材制造，加工精度要求高，相互运动件要配合严密，防止产生渗漏料。注意轴承部件的润滑和电加热元件的绝缘性能。此种模具只适合于流动性好、不易分解的塑料成型。螺旋式旋转模具可成型膜泡直径为 200～6000mm。直角式旋转模具适合于成型折径为 1000mm 以下的薄膜。

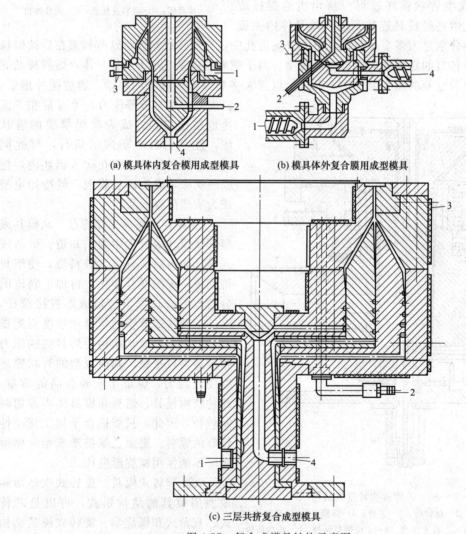

(a) 模具体内复合模用成型模具　　(b) 模具体外复合膜用成型模具

(c) 三层共挤复合成型模具

图 4-57　复合式模具结构示意图

1—外层熔料进入模具孔；2—压缩空气进孔；3—口模间隙调节螺钉；4—内层熔料进入模具孔

（6）复合式模具 挤出吹塑成型复合薄膜用成型模具，是指能把几层不同原料或不同颜色的熔料，在模具内或在模具外复合成复合薄膜。这种挤出吹塑成型复合薄膜的生产方法，可用两台或两台以上挤出机工作，分别由它们挤塑出不同原料或不同颜色的塑化熔融料，然后同时挤入吹塑薄膜用的成型模具中。成型吹塑薄膜用管状膜坯，经吹胀成膜泡，冷却定型后即成为复合薄膜。图4-57是三种成型复合膜用模具。

4-61 成型模具结构设计与选择应用要注意哪些事项？

（1）模具结构参数的确定

① 口模直径尺寸确定 注意口模直径与挤出机螺杆直径的匹配，两者的关系要从薄膜制品的厚度、吹胀比和产量等条件因素考虑选择。表4-38中列出的是模具中口模直径与螺杆直径的匹配经验数据，可供参考。

② 口模定型段长度 L 与口模间隙 h 的比值应参照表4-39中的比值范围：比值过大，模具体重（质）量增加；比值过小，影响膜管的成型质量。

③ 成型模具的口模间隙应在 $0.5 \sim 2.00$ mm 内可调 生产中常用口模间隙在1mm左右。不同材料挤出吹塑薄膜时的口模间隙见表4-40。通常，口模与芯棒间的间隙也可按 $h=(18 \sim 30)t$ 方式计算决定。式中，t 为膜泡厚度（mm）。

④ 模具中芯棒上的扩张角值，常用角度在 $90°$ 左右，最大值不应超过 $120°$。过大的角度给工艺控制、膜厚度调解和模具强度设计等带来一定难度。

⑤ 芯棒上、口模处的缓冲槽为弓形，宽为 $(15 \sim 30)h$，高为 $(4 \sim 8)h$，较为适合。

表 4-38 螺杆直径与口模直径、薄膜幅宽的关系 单位：mm

螺杆直径	45	65	90	120	150
口模直径	<100	100～150	150～300	250～400	300～600
薄膜幅宽(折径)	200～600	300～1000	500～2000	600～2500	800～3500
薄膜厚度	0.015～0.008	0.04～0.12	0.06～0.15	0.06～0.22	0.06～0.24

表 4-39 模具中膜管坯成型长度与口模间隙比值

膜成型用料	PE	PP	PVC	PA
L/h	25～40	25～40	16～30	15～20

表 4-40 挤出吹塑薄膜用不同原料时的口模间隙

原料名称	PVC	LDPE	HDPE	PP	PA	LLDPE
口模间隙/mm	0.8～1.20	0.5～1.00	1.00～1.50	0.70～1.00	0.50～0.75	1.2～2.5

⑥ 芯棒斜角结构（见图4-58） 这个角度值的确定，由熔料的黏度和流动性如何来决定。一般取 $\alpha = 40° \sim 60°$。角度过小，容易造成芯棒中 α 角两边汇合处流料缓慢，因受热时间过长而分解。

（2）模具使用与维护注意事项 挤出吹塑薄膜成型用模具的使用与维护注意事项与挤出管材成型用模具的使用与维护注意事项内容相同，可参照本章中问题4-57内容。

挤出吹塑薄膜成品质量与模具有关事项参照表4-41。模具工作故障及排除方法可参照表4-37。

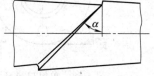

图 4-58 芯棒合斜角结构

表 4-41　薄膜制品质量与模具

故障现象	产 生 原 因	排 除 方 法
薄膜厚度误差大	①口模与芯棒间的间隙不均匀 ②模具体(特别是口模部位)圆周温度波动误差大 ③芯棒变形弯曲	①调整口模与芯棒间间隙 ②检查、找出造成模具温度误差大的原因,调整加热元件,更换损坏元件 ③芯棒强度差,应修改设计结构或用较好的合金钢制造
膜面有皱褶	①口模与芯棒间的间隙不均匀,从模口挤出的膜坯厚度不均匀,则吹塑成型的薄膜厚度误差大,出现膜面皱褶 ②模具唇口安装位置不水平,则模具唇口平面与牵引辊轴线不平行,使膜泡圆周的膜牵引运行速度不均匀而产生皱褶	①调整口模与芯棒间的间隙,使挤出口模的管状膜坯厚度均匀 ②调整口模位置,使口模中心线与牵引辊的夹膜线处在同一个垂直平面上
膜面有黑点或污物	①模具清洗不干净,有油污 ②模具内有滞料异物或残余料	检修模具,清理模具空腔,不许有异物和残余料
膜面无光泽,有条纹	①芯棒尖角设计不合理,熔料合流处有滞料现象,产生焦黄条纹 ②模具温度偏低 ③口模处有划伤痕	①修改芯棒尖角适合熔料流动特性,消除滞料现象 ②适当提高模具温度 ③修磨,消除划痕

4-62　挤出吹塑成型薄膜用辅机有哪些特点?

(1) 冷却装置　挤出吹塑薄膜成型设备中的冷却装置,其作用是把挤出模具后的管状膜坯经吹胀成膜泡后,为使膜泡尽快冷却定型,加快吹塑成型薄膜的生产速度而设置。冷却装置一般多采用风或水为冷却介质,带走膜泡表面的热量。按冷却方法的不同,又可分为膜泡外表面冷却和膜泡筒内表面冷却。

图 4-59 是采用风冷却筒状膜泡外表面的单风口风环结构,是吹塑薄膜风冷却应用较多的一种方式。此种结构对膜的外表面冷却效果较好,可适应各种塑料吹塑膜泡的冷却。

图 4-60 是双风口负压风环冷却膜泡时的工作气流分布示意图。两风口间的负压区膜坯开始被吹胀,这种双风口冷却膜表面的降温效果好于图 4-59 风冷却方式,挤塑生产吹塑薄膜速度比较高,适合多种塑料成型膜的冷却。风环与口模直径的选配参考见表 4-42。

图 4-61 是采用水冷却膜泡外表面的水环冷却工作方式。采用这种方式冷却的膜泡,一般多用于要求透明度较好的聚丙烯薄膜。

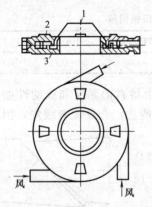

图 4-59　单风口风环结构
1—吹风口;2—风环上盖;3—风环体

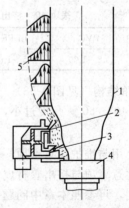

图 4-60　双风口负压风环冷却膜泡时的工作气流分布示意图
1—膜泡;2—上风口;3—下风口;4—模具;5—气流分布

表 4-42　风环与口模直径的选配　　　　　　　　　　　　　单位：mm

口模直径		40～60	70～80	100	150	200	250	350	500
风环 直径	LDPE 膜	120～180	160～200	160～220	240～300	300～400	400～500	650～700	750
	HDPE 膜	60～80	110～180	160～250	—	—	—	—	—

注：风环的内径由吹胀比来决定。

图 4-62 是膜泡采用风内冷的设备工作示意图。冷空气由模具内芯棒中的风环进入膜泡内，冷却膜泡内壁，同时也起到支撑膜泡的作用。这种冷却膜泡的效果很好，适合于各种塑料吹塑宽幅厚膜的冷却。

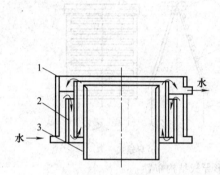

图 4-61　冷却水环结构及工作示意图
1—水环外套；2—隔板；3—定型套

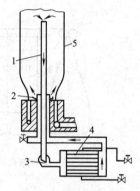

图 4-62　膜泡采用风内冷的设备工作示意图
1—热风输出管；2—进风口；3—排风机；
4—热风冷却装置；5—膜泡管

风环的工作位置是在成型模具口的上方，距模具口 30～100mm 处。风环的直径一般应是模口直径的 1.5～3 倍（模具口直径小时取大值）。从风环口吹出的气流，应以 45°～60°斜角呈伞状吹向膜泡管，气流托住膜泡，向上流动，带走膜泡表面热量，使膜泡管降温，平稳运行。

冷却水环工作时，吹胀膜泡管的外径与冷却水环内径吻合，水环内冷却水从平套内溢出。膜泡管通过水环管时，表面带走一层冷却水，沿着膜泡管面下流，带走膜面热量，使膜泡表面得到较好的降温。膜面上附着的水珠，经牵引辊时被挤压流回水环。

（2）牵引装置　牵引装置主要是用来把从模具口挤出的管状膜坯牵引向前运行。在牵引膜管的过程中，既完成了膜管被吹胀和吹胀膜泡的冷却工作，又能为薄膜的卷取装置输送冷却定型的吹塑薄膜制品。牵引工作装置的位置见图 4-10 中所示（牵引辊），它主要由一根主动钢辊和一根从动橡胶辊组成，辊面包覆一层橡胶，工作时由直流电动机通过减速箱带动主动钢辊旋转。

主动钢辊一般多用直流电动机，通过蜗杆减速箱驱动旋转。主动钢辊的转速可调，调速时应根据被牵引膜的冷却定型需要，进行无级调速。从动橡胶辊工作时，把通过两辊面间的塑料薄膜紧压在主动钢辊工作面上，与钢辊配合，完成经冷却定型的吹塑薄膜的牵引工作。牵引辊的工作使用注意事项如下。

① 牵引辊距成型模具出口端的距离，不能小于膜泡筒直径的 3～5 倍，以保证吹胀膜泡的充分冷却定型，避免卷取后两层膜粘接在一起。

② 装配后的两个牵引辊工作面接触线应与成型模具、风环和人字形导板的中心线垂直并相交在一个平面上，以保证挤出模具口的膜泡管始终沿着一条中心线平稳运行。

③ 橡胶辊面与钢辊面的接触压紧力要均匀，对膜的牵引拉力在整个辊面上要接近一致；对膜的压紧力要能够阻止膜泡筒内压缩空气泄漏。

④ 牵引膜的运动速度平稳可调，在进行无级调整时，速度应是平稳、平滑变化过渡。

⑤ 牵引的冷却膜要平整，无皱褶，无结团状，通过两牵引辊间，以避免损坏牵引辊。

⑥ 在牵引辊和卷取装置之间要加几根导辊和展平辊，必要时也可加张力辊，以保证卷取膜捆平整、膜布卷取松紧一致。

（3）人字形导板　辅机中的人字形导板结构很简单，一般可用铝板或木板制作，夹角的大小由支撑螺钉调整。夹角的角度由吹膜生产方式来决定：一般平吹时，取夹角在30°左右；上下吹时，取夹角在50°左右。夹角板也可用导辊组排列组成，导辊内通冷却水，这样对膜的冷却效果更好些。人字形导板结构布置见图4-63。

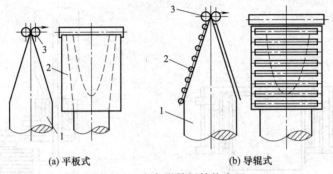

(a) 平板式　　　　　　　(b) 导辊式

图 4-63　人字形导板结构布置

1—膜泡管；2—人字形导板或导辊组；3—牵引辊

人字形导板的主要作用是：为吹胀的膜泡管提供运行导向，使其稳定运行；同时，把进入人字形导板内的圆形膜泡管压扁成一定的角度后，引入冷却定型的薄膜制品进入牵引辊。

（4）卷取装置　辅机中的卷取装置是挤出吹塑薄膜生产中的最后一道工序。卷取装置的工作性能将直接影响薄膜制品的卷取质量。目前，在挤出机吹塑成型薄膜生产设备中，常用的卷取装置有表面摩擦卷取和中心轴卷取。

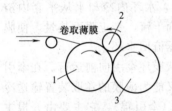

图 4-64　摩擦卷取薄膜装置结构及工作方式示意图

1—摩擦卷取用主动辊；2—薄膜卷取轴；3—摩擦卷取托辊

① 表面摩擦卷取薄膜　表面摩擦卷取薄膜制品，在挤出机生产薄膜制品设备中应用较多，其工作方式见图4-64。它的工作方式是：摩擦卷取用主动辊由电动机通过减速箱减速后直接驱动旋转，与其并列的辊3也与主动辊一样，同步、同向旋转。薄膜卷芯轴在两个并列辊面中间，靠与两辊面的摩擦力带动旋转，把薄膜卷在轴上。这种卷取装置结构简单，被卷取的膜捆也较平整，不易产生皱褶。另外，卷取膜捆的直径大小也不会受卷取主动辊速度的影响。

② 中心轴卷取装置　采用中心轴卷取薄膜制品的方法应用也较多，由于中心轴旋转传动中有一个摩擦传动装置，在卷取时，随着膜捆直径的增大，可使卷取轴的转速逐渐减慢，使薄膜的卷取捆既整齐，又松紧较均匀一致。中心轴卷取的摩擦传动结构见图4-65。它的工作传动方式是：电动机经减速箱减速后，带动摩擦传动中的主动链轮12转动，与其通过销钉连接固定的摩擦主动轮11也同步旋转；手轮7内孔有螺纹能在滑动轴承座4的右侧（图示方向）转动；转动手轮能推动挡环8、推力球轴承10和摩擦轮9沿传动轴右移，使摩擦轮9与摩擦主动轮11通过摩擦毛毡13靠紧，则主动链轮的转动通过两摩擦轮和传动轴间的键连接，带动传动轴2旋转，卷取轴端为方形，在传动轴端的方槽内，则卷取轴也随其转动。卷取轴的转速快慢由摩擦轮间的摩擦力大小决定，摩擦力大小由手轮来调整控制。

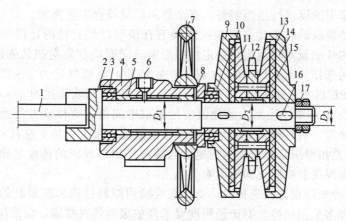

图 4-65　中心轴卷取的摩擦传动机构

1—卷取轴芯；2—传动轴；3—滚珠轴承；4—滑动轴承座；5,15—铜瓦；6—油杯孔；7—手轮；

8—挡环；9—摩擦轮；10—推力球轴承；11—摩擦主动轮；12—链轮；13—摩擦毛毡；

14—销钉；16—键；17—锁紧螺母

4-63　挤出吹塑成型薄膜用辅机使用与维护应注意哪些事项？工作故障怎样排除？

（1）成型模具中口模直径的确定，既要注意与螺杆直径的匹配，也要考虑吹塑薄膜制品的幅宽（幅宽是指薄膜的折幅宽，即实际膜宽度的 1/2），同时还要注意吹塑薄膜用原料性能影响。表 4-38 列出口模直径与不同原料吹塑薄膜幅宽的关系，可供设计成型模具时确定口模直径尺寸时参考。

（2）按吹塑薄膜用原料的不同，选择较适合吹膜成型的模具结构　聚氯乙烯树脂吹塑薄膜，应优先选择芯棒式模具，也可应用十字形模具；聚乙烯和聚丙烯树脂吹塑薄膜，由于其性能稳定，熔料流动性好，可应用任何结构形式的模具成型；聚苯乙烯、聚酰胺和聚碳酸酯吹塑薄膜，应优先选用芯棒式模具，其他类型模具结构也可应用。

（3）吹塑模具安装时要校正模口面，使之呈水平状态，连接螺栓应涂二硫化钼润滑油，以方便模具的拆卸。

（4）调整口模间隙，用塞尺检测，使模口在整个圆周上的间隙均匀一致。

（5）风环、人字形导板和牵引辊三者位置应检查一下，调整三个装置的中心线应都在模具口模中心线的延长线上；同时校正风环位置、间隙及风量，人字形导板角度和牵引辊的压紧程度要适当，符合工艺要求。

（6）挤出机的机筒、模具升温达到工艺要求后恒温 1h，向机筒内加料，同时启动空气压缩机、风机和牵引装置。

（7）塑化熔料从口模挤出时，先清除污料（用铜铲或铜刷），涂上石蜡，直至挤出熔料塑化均匀、无污染料，开始抓泡。膜泡上端头要沿牵引辊平行方向拍扁粘接在一起，引至牵引辊，夹紧，不能让膜泡内的空气从此处漏掉。此时应适当向膜泡内吹入压缩空气。注意送气要适量、均匀，不可使膜泡出现忽大忽小的变化，抓泡、提拉膜泡运行速度要平稳：过快易拉断，过慢会出现塌泡，直至把膜泡送入牵引辊，低速运行。

（8）牵引膜泡达到正常运行后，即可对冷却定型的薄膜进行质量检测，然后依据检测膜的厚度、幅宽和质量状况，对向膜泡内的送气量、风环的风量、人字形导板角度、牵引辊的夹紧力和挤出及牵引速度进行适当调整,直至制品质量符合工艺要求。

(9) 挤出吹塑薄膜的吹胀比是指被吹胀膜泡直径与口模直径的比值 两者间的关系选择,应考虑原料的性能及对膜泡运行稳定性的影响,同时应注意对制品强度及质量的作用。挤塑薄膜吹胀比的选择如下:PP 和 PA 料生产吹塑膜时,吹胀比为 1~1.5;PE 料吹胀比为 1~2.5;LLDPE 料吹胀比为 1.5~2;PVC 料和 LDPE 料吹胀比为 2~3;HDPE 料吹胀比为 3~5。在实际生产中,注意吹胀比值应尽量取中间值。这样既方便操作,又能使膜的纵、横向强度值接近。对特殊需要的小直径膜泡吹胀比,最大可达 6 左右。

(10) 牵伸比是指牵引辊牵引膜泡的速度与熔料挤出口模时的速度之比。选择这个比值时,应注意膜制品厚度和吹胀比间的影响关系。

(11) 对膜泡冷却降温方式选择时,要注意吹膜用原料性能和膜制品的质量要求 一般料的吹塑薄膜冷却多采用风冷。对于透明度要求高的聚丙烯料吹膜,应采用水冷却。较大直径膜泡为加快冷却生产速度,应考虑膜泡管内外同时用风冷却。

(12) 辅机操作维护应注意下列事项。

① 正常生产中要经常检查机筒、模具的工艺温度变化,注意保持各部位工艺温度在允许范围内波动。主、辅机用电动机的电流不允许长时间超负荷工作。

② 保持模具口处清洁,及时清理挂料线,以保证膜的外观质量。注意及时调整风环吹风量的变化和保持吹向膜泡风量分布的均匀性。

③ 认真按操作规程进行生产操作,在正常生产中,经常观察膜泡的外观质量,必要时应及时更换过滤网。

④ 停产时,一般不需清理模具(指挤出聚烯烃料、聚氯乙烯类热敏性料时,停机时必须对模具进行清理干净)。但下次开车前,模具必须充分升温加热,然后才可低速开车,把模具内存料挤出。

⑤ 停产时,挤出 PVC 料生产时对模具必须进行清洗、拆卸模具、清除各零件上残料(注意要用铜刷、铲等工具清理),然后重新组装。模具型腔表面要涂一层二硫化钼润滑油,进出口端部要封严,防止灰尘及杂物进入。

⑥ 装配组合模具中各零件时,各紧固连接螺纹要涂一层二硫化钼润滑油,以方便下次拆卸。

⑦ 对牵引辊的维护应注意下列几点。

a. 牵引辊中钢辊和橡胶辊的辊面接触夹紧力要适当,过紧会降低膜折叠处的强度,过松牵引膜易打滑。

b. 不许膜泡在结成疙瘩状时强行通过牵引辊,以防止辊体损坏或变形。

c. 操作中切断膜时,注意不许划伤辊面。

d. 停机时要把牵引辊中的钢辊和橡胶辊辊面调开一个距离,防止两辊长时间处在压紧状态时引起辊面变形。

e. 长时间停机时,钢辊辊面要涂防锈保护油,辊面上不许存放重物。

表 4-43 和表 4-44 中列出国内部分生产厂制造的吹塑薄膜用辅机型号和基本参数,可供应用时选择参考。

表 4-43　上海挤出机厂吹塑薄膜用辅机技术参数

型　　号	生产能力 /(kg/h)	薄膜折径 /mm	薄膜厚度 /mm	牵引卷取速度 /(m/min)	卷膜直径 /mm	总功率 /kW
SJZ-M-45B-BF500	2.5~33	100~450	0.02~0.06	4~35		14
SJZ-M-45D1-600	3.5~33	600	0.01~0.05	6~60	400	23
SJZ-M-45D1-700	3.5~33	60~650	0.02~0.12	8~25		18
SJZ-M-65E-1200	9~90	1000	0.01~0.06	8~45	350	49

表 4-44　挤出吹塑薄膜设备基本参数

型号	螺杆直径/mm	螺杆长径比(L/D)	螺杆转速/(r/min)	最大产量/(kg/h) LDPE	最大产量/(kg/h) HDPE	吹膜厚度/mm	最大折径/mm	总功率/kW	外形尺寸(长×宽×高)/mm	设备质量/kg	备注
SJM-Z30×30~450	30	30:1	17~170	20	15	0.003~0.10	400	16.4	5000×1700×2500	2000	挤出吹塑 LDPE,HDPE,LLDPE,PP 及降解膜①
SJM-Z35×30~650	35	30:1	17~170	30	25	0.003~0.10	600	21.6	5000×1900×2700	2250	
SJM-Z40×28~850	40	28:1	17~170	40	35	0.003~0.10	800	21.6	5000×2100×3000	2450	
SJM-Z45×30-650-130	45	30:1	15~150	50	40	0.005~0.10	600~1200	29.2	5600×2200×5000	3200	
SSJM-Z30×30×2-650	30	30:1	113		30	0.005~0.10	600	34.2	5600×2800×3800	2500	挤出吹塑 HDPE,LDPE 双色条纹膜①
SSJM-Z35×30×2-450×2	35	30:1	17~170	40		0.008~0.10	400×2	55.2	5500×3200×3500	3500	PP,PE 共挤双层下吹①
SJGXM-Z40×28-650×2	40	28:1	50~170	单台,30		0.03~0.08	250~600	26.4	800×2000×4000	3000	下吹 LDPE,LLDPE 膜①
SJGXM-Z40×28-450B-650	40	28:1	50~170	30			400~600	19.3	5000×1600×4500	2300	吹 HDPE,LDPE,LLDPE 地膜,大棚膜①
SJM-Z65×30-1600	65	30:1	110/145	140		0.005~0.12	1500	70.33	7000×3200×6900	7315	
SJM-Z70×30-2500	70	30:1	110/145	140		0.005~0.10	2000	79.38	7000×3500×8000	8200	
SJGM-Z45×30-1300×2	45	30:1	15~150	单台,50		—	—	99.7	7000×4800×6000	4000	共挤上吹 LDPE,HDPE,LLDPE,MLLDPE 三层复合包装膜①
SJMZ45×30-600	35	28:1				0.006~0.15	600				挤出吹塑 PE 包装膜,PVC 地膜,棚膜,热收缩膜,PP 透明膜,捆扎绳等②
SJMZ65×28-1100	80	28:1				0.006~0.15	1000~1600				
SJMZ90×25-1600	150	28:1				0.006~0.15	1500~2500				
SJMZ150×25-3500	300	25:1				0.04~0.12	6000				
SJMZ45×25-600		28:1	15~95		35	0.02~0.08	250~500				下吹膜机组
SJMZ55×25-800		28:1			45	0.02~0.08	250~700				
SJMZ65×25-1000		25:1			75	0.02~0.08	300~900				
SJ50/28-BL/400②	50	28:1	25~250	120		0.015~0.10	1300	62.2			
SJ65×28-BL/400③	65	28:1	15~150	160		0.015~0.10	1300	59.6			
SJ45/28-BL/400③	45	28:1	25~150	70		0.015~0.10	1300	29			
SJ65/25-BL/400③	65	25:1	15~95	75		0.015~0.10	1300	34.6			
SGXM-900×2	2台,45	28:1	25~250	80		0.01~0.10	850		9000×4000×4000		共挤下吹三层复合膜③
SGXM-900×3	2台,45 / 1台,30	28:1	15~150	100		0.01~0.10	850		9000×4000×4000		共挤下吹三层复合膜③
SGM-5×1600	45 / 65	28:1	165/155	150		0.05~0.12	150		11500×64650×6850	4410	五层共挤复合膜③
	2台,90 / 1台,120	30:1		250~280	400~450	0.07~0.14	5000			6425	三层共挤复合膜③

① 为大连冰山橡塑股份有限公司和大连塑料机械厂产。
② 为北京英特塑料机械总厂产。
③ 为湖北省轻工业机械厂产。

挤出吹塑成型薄膜用辅机工作故障排除方法见表 4-45。

表 4-45　挤出吹塑成型薄膜用辅机工作故障排除方法

设备名称	故障现象	产生原因及排除方法	故障对制品质量影响
冷却风环	吹出风量不均匀	风环的出风口间隙不均。应重新调节出风口间隙	膜泡偏中，造成膜厚误差大
冷却水环	冷却水温度不稳定，忽高、忽低，温度差大	冷却水流量不稳定。检修供水及控制系统，稳定冷却水流量，控制冷却水温度在 20～25℃ 范围内	冷却水温低，膜开口性差；冷却水温过高，膜透明性差；不稳定的冷却水温使膜的纵向厚度误差大
人字板	①人字形导板张开角度平分线与模口中心线偏移 ②人字形导板面不洁净	①人字形导板张开角度调整不当。应重新调整使人字形导板张开夹角平分线，使之与模口中心线重合 ②原料中的挥发物或杂质、灰尘附在板面上。应清除污物	①膜面易出现皱褶，膜厚度误差大 ②膜面无光泽，透明度降低
牵引装置	①牵引辊转速不稳定 ②牵引辊面粘有残料或污物 ③牵引辊压紧膜力不均匀 ④牵伸比过大	①传动系统工作故障所致，可能是传动带打滑，轴承损坏或滚键。应检修找出故障部位排除 ②原料中挥发物多或空气中灰尘所致。应清除保持辊面清洁 ③辊面磨损；两辊面调整不当，不平行。应检修磨辊或重新调整辊距，保证两辊面间的间隙均匀 ④调整工艺条件。降低牵伸比	①过快时制品透明度差，超过拉伸比允许范围，膜被拉断 ②制品表面无光泽 ③牵引膜易跑偏，膜面有皱褶 ④膜易拉断

4-64　挤出平膜、片、板用模具常用结构有几种？有什么特点？

挤出成型平模、片、板制品常用模具结构有歧管形（见图 4-66）、鱼尾形（见图 4-67）、衣架形（见图 4-68）和螺杆分配形（见图 4-69）等。成型这类制品用模具结构有很多相似之处，它们结构的特点如下。

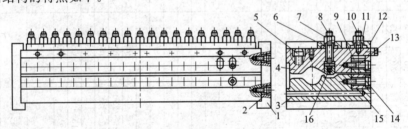

图 4-66　歧管形成型模具

1—端板；2,5,13,14—螺钉；3—下模体；4—上模体；6,12—压板；7—调节螺母；
8,10—调节螺钉；9—上模唇；11—螺母；15—下模唇；16—阻流调节条

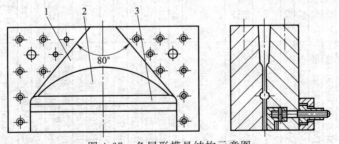

图 4-67　鱼尾形模具结构示意图

1—熔料扩展段；2—阻流分配段；3—阻流槽

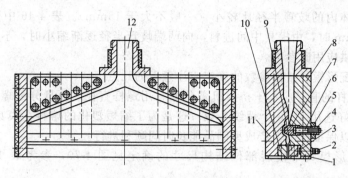

图 4-68 衣架形成型模具

1—挡板；2,4—螺母；3—调节螺栓；5—压板；6—螺栓；7—阻流调节条；
8—上模体；9—上模唇；10—下模唇；11—下模体；12—连接颈

① 模具中的熔料流动空腔主要由上、下模板组成，由多个螺栓紧固两零件的位置。

② 模具中熔料出口的模唇位置，整个幅宽都设置有均匀分布的调节螺钉，生产初期用于调整上、下模唇间的间隙，使其接近相等，以保证挤出唇口的薄片制品厚度尺寸符合质量要求。

③ 为使进入模具空腔内的熔料在挤出模唇口前，在整个模唇宽度上的流量、压力及流速接近相等，空腔中还设置一个横向贯穿模具的凹槽，以满足上述挤出熔料对流量、压力及流速接近一致的需要。

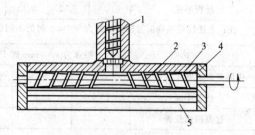

图 4-69 螺杆分配形成型模具

1—挤出机螺杆；2—分配螺杆；3—模具体；
4—端板；5—模唇

④ 模具体内外设置有加热器，以满足成型制品对工艺温度的要求。

4-65 板、片材成型模具结构参数怎样进行确定？

(1) 歧管形模具结构参数的确定 歧管形模具结构中的歧管半径，一般在 $15\sim45mm$ 范围内选择。取大值时，由于模具内储料较多，使挤出口模的料流量稳定，从而保证了制品成型尺寸的均匀性。这种较大的歧管半径比较适合于热稳定性好的 PE、PP 料。对热敏性差、流动性又不太好的 PVC 料挤出成型，模具中的歧管直径就应选小些，一般在 $15mm$ 左右。当然，如果制品的宽度和厚度尺寸较大、成型用料量较大，则这个半径值也应随之增大些，才适合生产的需要。

平直部分结构尺寸确定（见图 4-70），由制品的宽度和厚度尺寸来决定，但也要注意熔料特性的影响。经验数据是 $L=(10\sim40)h$，最大不超过 $80mm$。

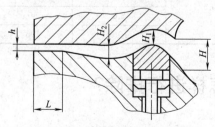

图 4-70 模具模唇部位结构断面尺寸

(2) 鱼尾形模具结构参数的确定 主要是熔料空腔中的鱼尾形展开角，一般控制在 $80°$ 以下。平直部分（定型部分）可比歧管型模具的平直部分尺寸略大些，一般取 $L=(15\sim50)h$。

(3) 衣架形模具结构参数的确定 衣架形模具可生产幅宽为 $2000mm$ 左右的片材，经横向拉伸可成型幅宽为 $4000mm$ 的薄膜。

衣架形模具体内的歧管半径比较小（一般不大于 15mm）。表 4-46 中列出幅度分别为 700mm 和 1000mm 时，由模具中间进料，向两端歧管半径逐渐缩小时，不同距离的歧管半径尺寸实例，可供应用时参考。

（4）螺杆分配形模具结构参数的确定应注意下列几点。

① 模具中螺杆的直径应小于挤出机塑化原料用螺杆直径，而且分配螺杆的螺纹头数不是单头螺纹，最好选用 4～6 个螺纹头数。这是为了缩短塑化的熔料在模具中的停留时间，避免原料分解，以保证挤出生产成型制品能长时间顺利进行。

② 螺杆分配形模具中模唇部位结构尺寸的确定见图 4-70，参考表 4-47 中经验数据应用。

表 4-46 衣架形模具中歧管直径不同位置的变化　　　　　单位：mm

中间进料歧管半径位置	0	50	100	150	200	250	300	310	320	330
歧管半径	10	9.72	9.42	9.06	8.62	8.02	7.10	6.82	6.49	6.04

注：上述歧管半径值为模具幅宽为 700mm 时的不同位置变化。

幅宽为 1000mm 时 PVC 板（片）成型用模具结构							
中间进料歧管半径位置	R_0	R_1	R_2	R_3	R_4	R_5	R_6
歧管半径	15.0	13.5	12.0	10.5	9.0	7.5	6.0
过渡圆弧位置	r_1	r_2	r_3	r_4	r_5	r_6	r_7
过渡圆弧半径	3.25	3.00	2.75	2.50	2.25	2.00	1.75
歧管展开角 $\alpha/(°)$	165						
H	约 2.5						
L	约 6.8						
L_1	在 $(10\sim40)h$ 范围内，最大不超过 80mm						

注：H 为制品厚度，表 4-46 中数值参照下图位置。

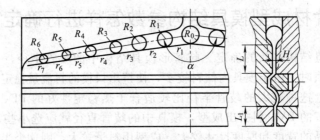

表 4-47 模唇部位结构尺寸　　　　　单位：mm

制品厚度	H_0	H_1	H_2	H	L
1.5～3	24	13	10.5	2.5	50
3～5				5.5	60
5～6				8.0	80
7～8				10.5	105

4-66　板、片材成型模具工作故障怎样进行排除？

板、片材成型模具工作故障与排除方法见表 4-48。

表 4-48　板、片材成型模具工作故障与排除方法

故 障 现 象	产 生 原 因	排 除 方 法
模具体中零件结合面有熔料挤出	①模具中的紧固螺钉松动 ②各零件结合面间不清洁，有异物 ③各零件装配结合面粗糙 ④没有安装定位销，零件组合装配错位 ⑤制造零件材料选择不合理，长时间在高温条件下工作出现变形	①清洗各结合面，紧固各连接螺钉 ②检修、清洗各零件结合面 ③模具中各零件装配结合面表面粗糙度值 Ra 不大于 $1.25\mu m$ ④拆洗模具，重新装配，先打入定位销，然后紧固各连接螺栓 ⑤重新制造，选用耐高温、变形小的合金钢
模唇间隙调节控制失灵	①模唇制造钢材选择不当，变形大 ②调节螺钉中螺纹损坏 ③模唇无弹性，无法调节	①重新制造，选用耐高温、变形小的合金钢制造 ②更换新调节螺钉 ③用 60Mn 钢制造上模唇
阻流条无法调节	①阻流条制造用钢材选择不当 ②有异物卡在阻流条与模具体间 ③阻流条热处理不当，工作调控时折断 ④模具内有残料，调节时模具温度低	①选用耐高温材料重新制造 ②检修、清除模具中异物 ③重新制造阻流条，修改热处理工艺 ④把模具温度升至工艺要求温度，恒温一段时间再调节

4-67　板（片）挤出成型生产线上的压光机怎样使用？

板（片）挤出成型生产线上（见图 4-11）的压光机主要是由三根辊筒组成，三根辊筒的转动工作由直流电动机驱动，经过两级蜗杆传动减速后带动旋转。

三辊压光机在板（片）材成型模具前面，在距模唇口大约 50～100mm 的位置。三辊压光机的作用是把从成型模具中挤出的板（片）坯形经过三辊压光机的牵引，修整压光和降温，把板（片）材冷却定型，然后输送给冷却传导辊，再进一步降温。

（1）三根辊筒布置安排　常见辊筒的布置方式见图 4-71。图中三辊布置，以图 4-71（a）、图 4-71（b）布置方式最常用。按照这种结构形式，固定三根辊筒的两侧机架结构简单，辊筒对制品的压光修整效果也较好，但对板材成型产生弯曲应力较大。为了增大操作空间，生产较宽幅板时，多采用图 4-71（b）形式布置。图中的图 4-71（c）、图 4-71（d）、图 4-71（e）形式布置，设备布置紧凑，工作时稳定性好，但三辊筒固定侧板机架结构较复杂，给机械加工增加一些难度。

(a) 布置方式一　　(b) 布置方式二　　(c) 布置方式三　　(d) 布置方式四　　(e) 布置方式五

图 4-71　三辊压光机辊筒的布置方式

（2）辊筒结构　辊筒是三辊压光机设备上的主要零件，它的结构形式见图 4-72。

辊筒体一般都由无缝钢管制造，把端板、轴和辊筒体焊接组合成型。辊筒的工作面宽度尺寸，一般要大于成型模具的模唇口宽 50～100mm。

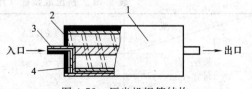

图 4-72　压光机辊筒结构

1—辊筒体；2—端板；3—轴；4—夹套腔

辊筒的机械加工制造顺序如下。

① 用厚壁无缝钢管（壁厚 $\delta \geqslant 12\text{mm}$）下料。

② 以厚壁管内径为基准找正，车管端面及与端板配合圆（按 H8/k7 精度），车端板配合部位外圆和内孔，车轴配合部位圆直径。

③ 用角尺找正。焊接轴与端板，再焊接端板与辊体。注意：焊接前用角尺找正两焊接件的配合垂直度，焊接时先对角点焊，然后再进行整个圆周的焊接。

④ 焊接组成的辊体毛坯进行退火处理，消除焊接应力。

⑤ 粗车各部位，留出 $2\sim3\text{mm}$ 加工余量。

⑥ 调质处理，硬度为 $220\sim250\text{HBW}$。

⑦ 精车各部，留出辊面磨量。其他部位按图样尺寸加工。

⑧ 磨辊面至图样尺寸。

⑨ 辊面镀硬铬层，铬层厚度应大于 0.20mm。

⑩ 精磨辊面，表面粗糙度值 Ra 应不大于 $0.32\mu\text{m}$，几何精度应不低于 8 级（GB/T 1184—1996 标准）。

⑪ 校正辊体静平衡，不平衡允许 $\leqslant 50\text{g}$。

（3）辊筒工作技术要求　辊筒运转工作质量是否符合板（片）挤出成型生产的工艺要求，将直接影响板（片）的成型质量。以下是辊筒工作技术要求。

① 辊筒的工作速度

a. 辊筒的工作速度范围应可调，调节时速度应平稳过渡。

b. 辊筒的工作速度应与成型模具模唇口板坯的挤出速度匹配。一般正常工作时，三辊的工作速度要略大于板坯从唇口的挤出速度（这要由现场工作决定，一般大于10%～20%）。

c. 正常工作时，辊筒转动应平稳。

② 三根辊筒的工作调整

a. 安装中间辊时，如果按图 4-71（a）布置辊，在固定前应先保证此辊的上平面与成型模具的下模唇平面在同一个水平面上；同时，辊的中心线还要与模唇口端面平行，找正后固定中间辊。

b. 上、下辊与中间辊面的间隙可调，间隙的大小由生产板坯的厚度决定。

c. 调整上、下辊体与中间辊的间隙时，要让辊两端同时平行移动（微量调整时，允许一端微调）。

③ 辊筒的工作温度　辊筒工作时有一定的温度要求，辊体空腔内可通导热介质水、导热油或蒸汽加热辊体。三根辊筒的工作温度略有差别，这要由板坯在三辊上的走向和板的厚度来决定。对温度的调节控制，可通过调节仪表或阀门调节控制。通常，辊的工作温度不超过 100℃。

（4）三辊压光机规格及技术参数　国内塑料机械厂生产的三辊压光机规格型号及技术参数见表 4-49。

表 4-49　挤出成型板（片）材用三辊压光机型号及参数

项目 \ 型号	SJ-B(W)-F1.2A	SJB-1.2F	SJ-2.0A
板厚/mm	0.8～5	0.5～5	0.8～5
板宽/mm	≤1200	≤1200	≤2000
牵引速度/(m/min)	0.4～3	0.4～0.6	0.4～2.5
辊直径/mm	260	315	315

续表

型号 项目	SJ-B(W)-F1.2A	SJB-1.2F	SJ-2.0A
辊面宽/mm	1400	1400	2200
辊升降距离/mm	40	50	40
辊横向压力/t	4.4～5.8	9～11	9～11
辊体加热方式	蒸汽、导热油、热水	蒸汽、导热油、热水	蒸汽、导热油、热水
进板高度/mm	1100	1098	1100
出板高度/mm	800	1570	1740
电机功率/kW	2.2	4	4
水加热功率/kW	3×3	3×6	3×7
压缩空气压力/MPa	0.3～0.4	0.6～1	0.8～1

4-68 板（片）挤出成型生产线上的牵引辊怎样进行修配制造？

牵引装置中的两根辊（见图4-11）：一根是工作面镀硬铬层的钢辊；另一根是钢辊体表面包一层橡胶的橡胶辊。

钢辊是主动辊，由直流电动机经过减速箱等齿轮或链条传动带动旋转。钢辊的转速要随三辊压光机的辊速变化而调整。所以，要求钢辊能够无级调速。正常牵引工作速度要略高于三辊压光机的辊转速，这是为了使板（片）材在没有完全冷却定型之前处在牵伸状态，以减少其冷却收缩变形。这个速度略高的值，在生产时酌情处理，一般不大于2.5％。

橡胶辊是从动辊，在钢辊上面用气缸或弹簧顶住橡胶辊，把板（片）材压紧在钢辊上，牵引板（片）材向前运行。橡胶辊与钢辊间的间隙可调，由工作时牵引塑料板（片）材厚度决定。调整两辊间距离时，要注意辊两端的间隙均匀一致。塑料板（片）被牵引的压紧力，两端要相同，以避免被牵引的板（片）材运行时出现"跑偏"现象。

（1）钢辊结构及制造

① 钢辊结构形式见图4-73，它用无缝钢管作为辊体，与端板和轴经焊接组合成型。

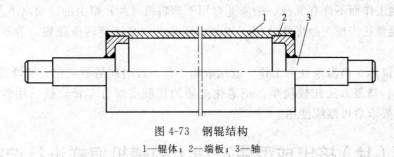

图 4-73　钢辊结构
1—辊体；2—端板；3—轴

② 钢辊的制造　牵引装置用钢辊的制造工艺与三辊压光机中的辊筒制造工艺相似，维修配辊时可按三辊制造工艺进行。

（2）橡胶辊的结构及制造　牵引用橡胶辊的结构形式见图4-74，它以钢辊为辊体，然后在辊体表面包一层橡胶成型。

橡胶辊的制造与钢辊的不同之处是在钢辊表面车出螺纹，螺纹在辊面从中间向两端分左右旋加工。加工螺纹的目的是使橡胶层与钢辊体结合得更牢固。

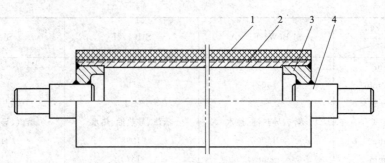

图 4-74 橡胶辊结构
1—橡胶层；2—辊体；3—端板；4—轴

辊面包覆的橡胶采用氯丁橡胶或硅橡胶。在塑料制品的牵引辊、压花纹辊和导辊上采用的橡胶一般都是用耐油氯丁橡胶包覆。在印花辊筒上和逆辊涂刮辊筒上包覆的橡胶层多采用硅橡胶。这种辊筒的几何形状和尺寸精度要求较高，而硅橡胶的耐高温和耐磨损性能也高于氯丁橡胶，但价格比较贵。橡胶辊对包覆氯丁橡胶的技术要求如下。

① 拉断强度不小于 10MPa。

② 拉断延伸率不小于 150%。

③ 拉断后，永久变形不大于 20%。

④ 工作环境温度 20℃时，硬度为（85±5）HS。

⑤ 老化系数（在 70℃±2℃、96h）不小于 0.8。

⑥ 在油中浸泡温度为 70℃±2℃，时间为 24h，质量变化率不大于 -2%～+4%。

⑦ 在 -20～80℃ 环境中正常工作。

⑧ 橡胶层中不许有杂质、气泡及凸凹缺陷。

（3）橡胶辊的使用与维护

① 橡胶辊的辊体制造与钢辊的制造方式相同 辊体工作面包胶层后要精磨，几何形状精度（圆度、轴线的直线度）要尽量严格控制。

② 辊面包覆橡胶层厚度应≥12mm。

③ 橡胶辊工作面不许有气孔、杂质［对用于塑料板（片）牵引的，要求不严格］。

④ 橡胶辊要适当校正静平衡（用于印花、压花方面高速旋转橡胶辊，静平衡要校正不大于 50g）。

橡胶辊在高压、高温条件下工作，胶层表面工作一段时间后易老化、变硬或出现皱褶和凸凹不平现象。修复方法比较简单：把老化变硬的橡胶层部分车掉，然后用砂布或砂轮磨削，达到精度要求后可继续使用。

4-69 板（片）挤出成型生产线上的辅机怎样进行选择？

塑料板（片）挤出成型用设备的选择，主要是依据产品的规格来决定，即根据准备要生产的板（片）宽度（幅宽）和厚度变化范围，选择挤出机型号（参照表 4-11）、模具结构类型（参照第 4 章问题 4-64 中内容）及口模宽度和口模间隙调节范围、三辊压光机中辊筒直径和工作面宽度。表 4-50 列出部分国产挤出成型板（片）用设备参数，可供应用时选择参数。

表4-50　板（片）材挤出辅机的主要技术参数

产品名称	型号	螺杆直径/mm	长径比(L/D)	产量/(kg/h)	模口宽度/mm	牵引辊规格(直径×长度)/mm	牵引速度/(m/min)	压光辊规格(直径×长度)/mm	最大板宽/mm	电动机功率/kW	质量/t	外形尺寸(长×宽×高)/m	用途
PP片材成型机组	SJP-Z90×30-800 (PP-SJBPZ-90×30)	90	30:1	70	950	φ200×1100	0.8~8	φ200×1100	800	60	10	1.85×3.5×3.5	生产成型吹塑包装材料
PP/PS塑料发泡片材机组	SJFP-Z65×30/90×30-1100 (FDJ65/90RS1040)	65,90	30:1 30:1	60~70	片材厚度 2~5		3~30		1040	155	15	18.5×5.0×3.5	生产成型装饰食品包装用发泡片材
塑料挤出地板机组	SJB-600	150	25:1	150~400	360	φ400×600	7~12	φ400×600		100	10	5.5×2.4×2.95	生产塑料板（片）
PP片材挤出成型机组	SJB-600 (SJY-610)		30:1		片材厚度 0.3~1			φ450×610	600	4.5			
塑料挤出板材机组	SJB-1200	150	25:1	50~300	制品厚度 0.8~5	φ500×1200	0.12~2.4	φ250×1200	1200	157	15.15	13.34×2.4×1.82	
PVC塑料板	SBP-900	90	30:1	130	—	φ315×900			—		—	—	
	SBP-1300	120	30:1	200	—	φ315×1300			—		—	—	
	SBP-1800	150	30:1	300	—	φ340×1800			—		—	—	
PVC木粉发泡仿木板	SJ150×25	—	—	100~250	长度 600~1400	—			—	55~75	—	—	
	SJ120×25	—	—	60~180	长度 600~1400	—			—	35~55	—	—	

4-70 板（片）挤出成型生产时辅机工作故障怎样进行排除？

辅机工作常出现的故障现象及排除方法见表 4-51。

表 4-51 辅机工作常出现的故障现象及排除方法

设备名称	故障现象	产生原因及排除方法	故障对制品质量影响
三辊压光机	①三辊转速不平稳 ②三辊辊面不光洁 ③辊面有划伤痕 ④辊面温度控制不稳定，忽高忽低	①传动系统工作故障影响，检修、查找故障根源，予以排除 ②熔料中挥发物影响，应对辊面清洗去掉污物，必要时换原料 ③原料中杂质多、过滤网破裂、操作有误造成，应更换新过滤网或修磨辊面 ④辊体加热循环水或油的温度不稳定，应检修控温或介质加热系统，找出故障原因，予以排除	①板（片）纵向厚度误差大，容易出现横向纹 ②板（片）表面无光泽、凹凸不平 ③制品表面有纵向纹 ④辊面温度偏高，制品表面易出现横向纹；辊面温度偏低，熔料降温快，制品易翘曲变形
牵引装置	①牵引辊转速不平稳 ②两牵引辊面间的间隙不均匀	①牵引辊传动系统故障影响，应检修，找出传动系统故障部位，进行维修排除 ②两辊间隙的调整控制不当或辊面有污物影响。应检修，重新调整两辊间隙或清除辊面污物	①制品厚度误差大（纵向），牵引辊速度偏慢，制品易翘曲变形；牵引速度过快，制品产生内应力，降低制品强度 ②制品厚度误差大，表面无光泽，板（片）牵引运行时有跑偏现象

4-71 塑料异型材是指什么？怎样挤出成型？

塑料异型材是指塑料制品的断面形状不同于圆管、圆棒和板材的薄壁或实心结构，是一种断面形状的无规则的塑料制品。

异型材的种类比较多，有的制品全部采用塑料成型的异型材，还有的塑料异型材和非塑料成型的异型材复合成一体的异型材。塑料异型材中还有不发泡和低发泡制品之分。按异型材的断面形状分，又可分为中空异型材、敞开异型材和实心异型材等。

塑料异型材挤出成型生产工艺和使用设备与塑料管挤出成型生产工艺及使用设备相似。图 4-9 是塑料异型材挤出成型生产时，以挤出机为主机的生产线。

① 采用单螺杆式挤出机生产工艺顺序如下。

各种原料按配方要求计量——→原料混合——→混合料挤出造粒——→挤出塑化粒料，成型制品型坯——→冷却定型——→牵引——→切割——→质量检查——→包装入库。

② 采用双螺杆式挤出机生产工艺顺序如下。

各种原料按配方要求计量——→原料混合——→挤出机塑化粉料，成型制品型坯——→冷却定型——→牵引——→切割——→质量检查——→包装入库。

4-72 塑料异型材挤出成型用模具结构有哪些要求？

塑料异型材的断面形状比较复杂，则成型异型材的模具结构及内腔熔料流道的断面形状也就很复杂，给成型模具结构设计和制造都会带来较大难度。为了得到较理想的模具结构尺寸和较稳定的成型制品质量，对异型材成型模具结构设计提出下列几点。

① 成型模具内腔应为流线形，防止熔料流动经过的型腔面有滞料部位，以避免因有熔

料在模具型腔内长时间停留，受高温影响而出现分解现象。

② 成型模具内腔断面不能突然扩大或缩小，以保证熔料流动的稳定。

③ 成型模具用耐高温、变形小、耐腐蚀的合金钢制造，而且要有足够的工作强度。

④ 模具结构设计要尽量零件少、结构简单、形状对称，模具组装、拆卸和清理应比较方便。

⑤ 模具内腔熔料流道表面应光洁，表面粗糙度值 Ra 应不大于 $0.32\mu m$。

⑥ 对于模具中成型模口形状的设计，要考虑到熔料成型脱模后膨胀变形的影响。如果制品的断面为正方形、长方形或等边三角形，则成型模具中的模口形状必须是图4-75中的右侧图断面形状。如果模口形也是正方形、长方形或等边三角形，则制品断面将是不成形状的废品。

图 4-75　模口形状与制品断面形状关系

⑦ 为了保证熔料在成型模具中的形状变化过渡的修整，模具设计时一定要注意定型段长度与模唇口间隙及模唇口间隙与制品厚度尺寸之间的关系。另外，还要注意制品用原料的熔体流动速率 MFR 值（g/10min）的影响。

成型模具中定型段长度 L、模唇口间隙 δ_1 和制品厚度 δ 及制品宽 H、高 A 与模唇口宽 H_1、A_1 尺寸关系见表 4-52。

表 4-52　异型材制品厚 δ 与口模间隙 δ_1、定型段长 L 及制品宽 H、高 A 与模唇口宽 H_1、高 A_1 的关系

原料 项目	RPVC	SPVC	PE	PS
L/δ_1	20～50	5～11	14～20	20
δ/δ_1	1～1.1	0.85～0.9	0.85～0.9	1～1.1
H/H_1	0.80～0.93	0.80～0.90	—	—
A/A_1	0.90～0.97	0.70～0.85	—	—

4-73　塑料异型材成型模具结构有几种类型？有何特点？

异型材成型模具结构的常用形式有板式成型模具和流线形成型模具。这两种模具结构特点及应用说明如下。

（1）板式成型模具结构特点及应用　板式成型模具结构是指异型材成型内腔形状由几块钢板拼成。这种由多块钢板拼成连接成型的异型材内腔形状见图 4-76。

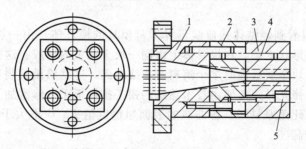

图 4-76　板式成型模具结构

1—模具体板；2—收缩口板；3—口模板；4—定位销钉；5—连接螺钉

从图 4-76 中可以看到，板式异型材成型模具结构组成比较简单，机械加工制造也比较容易。生产时只要更换模口，就可以成型不同断面形状的异型材，而其他部分均属成型模通

用件。所以，其组装、调整和拆卸都很方便。但是，板式连接组成异型材内腔中的熔料流道变化比较突然、急剧，这样料流的稳定性差、阻力大，熔料易滞留分解。因此，这种板式异型材成型模具不适合成型热稳定性较差的聚氯乙烯树脂。这种模具比较适于挤出聚烯烃类树脂以成型异型材。

（2）流线形成型模具结构特点及应用　异型材成型用流线形成型模具结构的内腔流道与管材成型模具内腔熔料流道相似，熔料流经过的内表面呈流线形。模具腔内的熔料断面形状由圆柱形逐渐变成异型材的断面形状（见图 4-77）。熔料流道通畅，也不易产生滞留熔料部位。流线形成型模具的结构组成可分为分段组合流线形模具和整体式流线形成型模具。

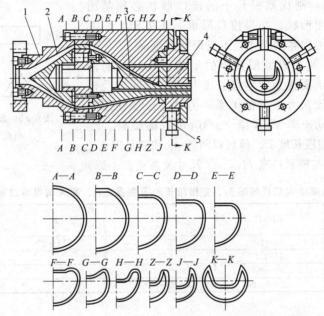

图 4-77　整体式流线形异型材用模具结构
1—模具体；2—分流棱；3—芯棒；4—口模；5—调节螺钉

分段式组合流线形成型模具的结构与板式成型模具结构相似。它的模具腔组成也是由多块板型腔拼接连成，板与板之间型腔连接曲线、圆滑过渡连接基本上接近流线形，无滞留熔料部位。这种结构的应用主要是从模具制造比较容易的方面考虑的。

分段式流线形异型材模具可用于聚氯乙烯树脂的挤出成型，也适合聚烯烃类树脂的异型材挤出成型。

由图 4-77 中可以看到，整体式流线形异型材模具的模具体是由一块合金钢材制造，异型熔料流腔断面几何形状复杂，在模具体上由同一块金属板内形成。这种整体式流线形模具结构比较复杂，在一块金属板内有多个熔料流曲线断面，这就给模具制造时的机械加工带来很大难度。最后整形修光时，需要由技术熟练的钳工按样板手工修磨加工。各段曲线过渡要圆滑光洁，不许存在死角滞料区。各曲线的表面粗糙度值 Ra 应不大于 $0.32\mu m$。所以，这种模具的制造费用较高。

整体式流线形异型材模具可以适合硬聚氯乙烯、软聚氯乙烯、ABS 和聚烯烃类树脂的异型材挤出成型。流线形模具结构参数选择如下。

① 模具入料口部位的扩张角，是熔料进入模具的一个过渡零件。为使熔料缓慢舒展和流速均匀，要求制品高度小于机筒直径。宽度大于机筒直径中空制品成型模具中的扩展角，

扩展角应在 70°以下。硬聚氯乙烯成型制品用模具的扩展角，一般取 60°左右。

②生产中空异型材时，进入模具中的熔料首先要通过分流锥和分流锥支架（这部分和管成型模具结构相似），这对制品质量有一定影响。为了尽快消除支架肋给制品造成的熔料结合线，除了把肋的断面尽量设计得小一些，还应使从这里到模具口的定型段间有一个对熔料的压缩比，这既可使熔料结合线消除，也可提高制品的成型质量。压缩比在 3～13 范围内选取。

③口模部位的压缩角度选择，对制品的质量影响也较大。压缩角取大些，对尽快消除熔料结合线有利，但这样使制品会产生较大的内应力，造成挤出模具的料流不稳定，会使制品的表面粗糙，降低表观质量。所以，对于这个压缩角度的选择，要按原料的性能和工艺温度控制情况来决定。一般而言，这个压缩角控制在 25°～50°范围内。

4-74 塑料异型材冷却定型模具结构有哪些特点？

从成型模具唇口挤出已初步具有异型材坯形状的制品，在被引进冷却定型模具后，使异型材坯的几何形状和外部各尺寸进一步得到修整，同时降温定型，进一步完成异型材坯的冷却定型工作。

冷却定型模的结构形式组成有多种类型。图 4-78 冷却定型模的结构只是其中的一种，它是由几块厚钢板拼合组装成型。在这段长 400～500mm 的冷却定型模具中，设有真空定型腔和通水冷却定型腔。型腔组合件分上、下两部分。

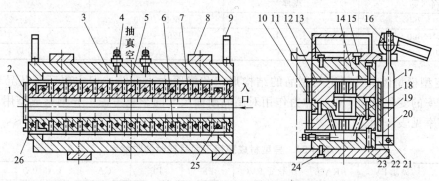

图 4-78 异型材冷却定型模结构

1,11,13,15,18,24—内六角螺钉；2—端板；3—盖板；4—气嘴（抽真空）；5,6,7—型板；
8,19—压板；9—吊环；10,14—侧型板；12—垫片；16—锁紧装置；17—拉杆；20—铰链；
21—下转档；22—滑块；23—底板；25—冷却水管入口；26—冷却水管出口

这种冷却定型模具的工作方式与管材挤出成型后的真空冷却定型方式相同：异型材坯从成型模具的唇口挤出后，立即进入真空腔冷却定型。异型材坯在真空腔定型模段通过时，有许多小孔或沟槽与真空腔相通，由于真空负压作用，异型材坯外形面紧贴在冷却定型模具的内表面，使异型材坯的外形几何形状及尺寸得到进一步修整；再由于降温的作用，使异型材坯固化定型，然后被牵引进入通水冷却段，进一步降温定型。

（1）冷却定型模结构设计要点 模具中的口模尺寸和形状是根据制品的结构形状和尺寸决定的。而异型材挤出成型时，从成型模具挤出的型坯，其结构形状及尺寸精度是由冷却定型模控制、修整，而最终达到制品成型要求。由此可见，定型模的结构形状及尺寸必须严格按制品的结构及尺寸要求控制，这样才能生产成型出合格产品，保证质量稳定。对冷却定型模设计提出下列几点要求。

① 结构注意散热性，要有良好的散热性能，多用铝合金制作，表面应设有散热片结构。

② 结构要适宜操作、加工容易、型坯引入方便和便于清理。

③ 冷却定型模结构为螺栓紧固、多个零件组合型，要注意零件结合处的密封性（推荐用尼龙密封垫料涂层密封），以保证真空度及循环水不渗漏；同时，也应尽量减少空气吸入定型模。

④ 模腔内表面（与制品接触面）应有较高的光洁程度、耐腐蚀，有较高的硬度、耐磨损。

⑤ 注意冷却水板布置，在定型模的上下、左右要分布均匀，以使型坯受冷收缩时各部位变化均匀，以减少制品内应力的产生，这样也就减少型坯离模后的变形。还应注意：生产线上的几个冷却定型段的进、出循环水通路温差要保持相同。

⑥ 要使真空孔在型腔壁上的布置对型坯吸附力接近均匀，以达到型坯各部位在型腔内壁吸附程度趋于一致（即定型模上的真空面积上下、左右保持对称），这样才能使型坯各点散热均匀。但应注意：模腔内真空孔对型坯的吸附力，应是从进料端至出料端逐渐变小。

⑦ 定型模的长度通常都是按制品的壁厚大小来决定。为了加工方便，还把较长的定型模分成几段，具体定型模长度尺寸可按表 4-53 中数值选择。分几段制造的定型模在异型材辅机中安装时，注意要严格控制，调整好各段模工作时的同心度。

表 4-53　定型模长度与异型材断面尺寸关系

异型材断面尺寸/mm		定型模总长/mm	可分段数
高×宽	壁厚		
40×200	1.5 以下	500~1300	1~2
80×300	1.5~3	1200~2200	2~3
80×300	3 以上	2000 以上	3 以上

⑧ 定型模型腔尺寸确定与制品的结构形状和壁厚大小有关，但主要还是从异型材冷却定型收缩率的变化及受牵引拉伸力作用对制品断面尺寸的影响考虑。异型材成型用不同材料时的收缩率见表 4-54。

表 4-54　异型材成型用不同材料时的收缩率

材料	硬质 PVC	RA66	软质 PVC	PE	PP	CA	PA610	ABS
收缩率/%	0.8~1.3	1.5~2.5	3.5~5.5	4~6	3~5	.1.5~2	1.5~2.5	1~2

（2）模具对制品质量影响　异型材挤出成型用模具结构及其工艺条件变化对制品质量影响，常见故障见表 4-55。

表 4-55　异型材质量故障受模具影响诊断

故障现象	产生原因	排除方法
型材弯曲	①真空冷却水道循环水不正常 ②成型模具口模间隙不合理	①检查冷却水温度,进、出水温是否符合工艺要求 ②调整口模间隙,使其出料均匀
制品收缩率大	①成型模具温度偏高 ②冷却定型循环水温偏高	①适当降低模具温度 ②加大冷却循环水流量
制品壁厚尺寸误差大	主要是机筒工艺温度波动,螺杆转速不平稳,使挤出料量不稳定。成型模具温度控制不稳定也有一定影响	检查模具及机筒温度控制系统,使温度保持在工艺允许范围内,温度波动不大
有熔料结合线	①成型模具结构不合理,压缩比小 ②定型段长度不够	①修改模具结构,加大压缩比 ②增大定型段长度

续表

故障现象	产生原因	排除方法
制品表面有斑点、不平整	主要是原料含水分过高,在机筒内塑化不均匀。如果成型模具温度过高,也容易出现此现象	适当降低模具温度
制品有分解黄线	①模具有滞料部位,可能有异物堵塞 ②模具结构不合理	①检修模具,修磨滞料部位或消除异物 ②经常出现料分解现象,应考虑修改模具结构

4-75 塑料异型材挤出成型用设备怎样进行选择?

塑料异型材挤出成型,主要是采用聚氯乙烯和聚烯烃(聚乙烯和聚丙烯)材料。目前,国内挤出成型异型材多采用 U-PVC 材料。塑化原料挤出成型用挤出机,可用单螺杆式挤出机、锥形异向双螺杆式挤出机和平行异向双螺杆式挤出机。其中,以锥形异向双螺杆式挤出机应用最多;断面较大的异型材挤出,也可选用平行异向双螺杆式挤出机;单螺杆式挤出机一般多用在共挤出生产线中,用于挤出成型彩色型材的面层料或木塑制品。

目前,国内的彩色型材挤出成型发展也较快。比较简单的生产方法是在冷却定型的型材表面贴一层彩色膜或采用喷涂方式,在制品表面喷涂彩色涂料。用共挤出法,一台挤出机塑化芯部料,另一台单螺杆式挤出机挤出彩色面层料,共挤入开有两个口模出口的成型模内,成型带有彩色面层的异型材。

4-76 塑料异型材挤出成型生产操作有哪些要求?

塑料异型材生产操作要求如下。

① 采用双螺杆挤出机生产,配混后的原料可直接投入到挤出机内生产。如果采用单螺杆挤出机挤出成型异型材时,配混后的原料应先经造粒后,才可投入挤出成、型用挤出机内。

② 双螺杆式挤出机中的加料螺杆转速要与挤出机塑化原料用螺杆转速匹配,一般是加料螺杆转速比塑化原料螺杆转速快 2 倍左右。

③ 双螺杆式挤出机的机筒加热温度控制,是加料段温度高于中间段,均化段温度最低(指机筒中的三段温度控制);单螺杆式挤出机的温度控制,是从机筒的加料段开始,温度逐渐升高。注意:对于机筒和成型模具温度控制,要按工艺温度要求严格操作:温度偏高,成型制品难度增加,熔料易分解,制品出现气泡或发黄;温度偏低,原料塑化质量差,成型质量无法保证,制品表面粗糙,有可能无法正常生产。异型材挤出成型工艺温度可参照表 4-56。

表 4-56 **异型材挤出(双螺杆式挤出机)成型工艺温度**

材料 \ 加热部位 温度/℃	机筒各段			连接颈	成型模具			口模
	1	2	3		1	2	3	
PVC SG4 或 SG5	170~180	170	165~170	170~175	170~175	175	180~185	185~188
PVC SG6	170~175	165	160~165	165~170	165~170	170	175~180	180~185

④ 真空定型用真空度为 -0.08~-0.06MPa 之间。

⑤ 型坯冷却用冷却水温度应控制在 15℃以下,以 4~8℃应用较多,型坯要完全浸入水内,冷却循环水应是从出料端进,从入料端出。

⑥ 塑化原料用螺杆转速控制在 15~25r/min 较适宜;制品壁厚小于 1mm,取高转速;

壁厚大于 2mm，取较低转速。

⑦ 牵引制品速度要与型坯从模具口挤出速度匹配，在正常生产情况下，是牵引速度略快于型坯从模具口挤出速度，一般控制在 1.05～1.10 倍的范围内。

4-77　塑料异型材挤出成型生产故障怎样排除？

异型材挤出成型生产中，常会出现一些质量问题。这些产品质量问题的出现，与制品用原料的选择、工艺条件中参数的变化和设备工作状态的不稳定及操作方法有关。生产中对出现的制品质量问题，可参照表 4-57 所列项目去分析、排除。

表 4-57　异型材质量故障原因及排除方法

故障现象	产生原因	排除方法
异型材纵向结构形状波动,壁厚时大时小	①螺杆转动速度不平稳 ②供料螺杆转动速度不平稳 ③机筒塑化原料温度波动 ④牵引速度不平稳	①检修螺杆工作传动系统 ②检修供料螺杆传动系统 ③检修电加热系统,更换损坏元件或调整接触不良部位 ④检修牵引辊工作用传动系统
型材弯曲变形	①挤出机生产线上各设备中心线不在同一条水平直线上 ②型坯冷却降温速度不一致 ③真空定型套及冷却水温控制不当 ④螺杆转速过快,型坯冷却降温时间短	①重新校正各设备位置,达到各设备中心线在同一条水平直线上 ②调整冷却水降温效果,使壁厚不同处的降温速度一致 ③检查调整真空冷却定型部位,使其适合工艺要求 ④降低螺杆转速,使型坯从模具口挤出速度变慢些
制品有纵向条纹	①成型模具结构不合理,熔料成型压力不足,定型段长度偏短 ②用料配方中的原料选配不当 ③口模部位有划伤痕	①重新设计模具结构,增加模具进料端熔体压力,增加定型段长度 ②调整配方中用料比例,适当降低外润滑剂,调整口模温度 ③修磨口模处划痕
制品结构形状收缩量比较大	①牵引速度过快 ②冷却定型水温过高 ③成型模具温度偏高	①调节牵引速度适当慢些 ②降低冷却水温 ③成型模具温度适当调低些
制品端部有裂纹	①原料塑化不均匀 ②成型模具温度低 ③配方中用料比例不当	①提高机筒温度 ②提高模具口模处温度 ③调整配方中用料比例
制品肋部收缩量大	①口模部位成型肋处熔料流速慢,肋槽受拉伸 ②真空定型套中真空度控制不当,或操作有误 ③冷却水温度偏高	①适当修改模具结构,使肋部熔体流速提高 ②调整真空度以适合制品冷却定型工艺要求 ③加大水流量,降低冷却温度
制品表面有斑点、鱼眼或气泡	①原料中杂质多,过滤网破裂 ②原料中水分含量过高或有挥发物 ③挤塑过程中熔体料排气不充分 ④螺杆体温度过高	①更换过滤网,必要时换原料 ②原料干燥处理,使其含水量小于 0.01%～0.05% ③调整工艺参数 ④适当降低螺杆温度
制品表面有黄线	①塑化熔料温度高,有部分料分解 ②成型模具腔内有滞料现象,残料分解 ③配方中原料选择不当,有的料热稳定性差	①适当调整挤出工艺温度 ②检修模具修磨滞料面 ③检查配方中原料,进行调整,更换热稳定性较好的原料
制品表面有条纹或云雾纹	①原料配方选择不当,润滑剂加入量大 ②原料混合、搅拌工艺条件不合理 ③原料中主原料不纯,混有不同牌号料	①重新调整配方中的用料组合,减少润滑剂加入量 ②调整配混工艺参数,使原料混合均匀 ③检查原料纯度,必要时更换新料

续表

故障现象	产生原因	排除方法
制品表面有熔料接痕	①成型模具结构欠合理 ②原料配方中原料组合欠佳,工艺条件不当	①适当加大模具熔料腔对熔料的成型压力和定型段长度 ②原料配方中适当减少外润滑剂加入量,提高熔料温度,降低口模温度和熔料挤出量
制品强度降低	①原料配混工艺有不当之处 ②挤出成型制品工艺参数不合理 ③成型模具结构和定型冷却工艺不合理	①修改工艺参数,严格按工艺要求顺序向混合机内加料 ②注意熔料温度控制,加大熔料成型压力,牵引速度与挤出速度匹配合理 ③型坯要缓冷降温,减小型坯运行阻力

4-78　塑料丝用途及挤出成型用设备有哪些?

塑料丝可用聚乙烯、聚丙烯、聚酰胺和聚氯乙烯树脂挤出成型。丝的细度（直径）在 0.15~0.30mm 范围内，按用途分，有渔业用丝、工业用丝和民用丝等种类。塑料丝具有强度高、重量轻、耐磨性及耐化学腐蚀性好、弹性好、低温环境中柔韧性好、在水中强度不受影响和介电性能优良等特点。以聚乙烯丝为例，这种丝可用在渔业中制拉网、围网、定置网；工业中用于过滤网及制各种绳索等；民用中主要作为窗纱等。

塑料丝的挤出成型分湿法和干法生产单丝工艺流程，采不同生产工艺用设备的生产线，分别见图 4-13~图 4-14。主要设备有单螺杆式挤出机、成型模具、分丝板、热水槽、牵伸辊、热烘道和卷取装置。

4-79　塑料丝成型用模具有哪些技术要求?

单丝挤出成型用模具结构有水平式（见图 4-79）和垂直式（见图 4-80）。一般用三层过滤网目数为 40 目、80 目、40 目。入料口的收缩角在 30°左右，分流锥扩张角在 30°~60°。模具中的喷丝板是关键零件（结构见图 4-81）。喷丝板的加工精度对挤出成型单丝质量有较大影响；要求喷丝板用耐热变形小的合金工具钢制造；成型单丝孔内径表面要光滑、无划伤、无毛刺、无滞料现象，而且长时间工作表面应耐磨不变形。丝板孔加工时，要注意喷丝

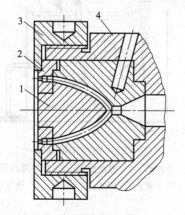

图 4-79　水平挤出成型单丝模具结构

1—分流锥；2—喷丝板；

3—锁紧螺母；4—模具

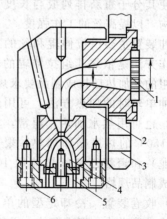

图 4-80　垂直挤出成型单丝模具结构

1—多孔板；2—模具；3—锁紧法兰；

4—分流锥；5—喷丝板；6—紧固螺钉

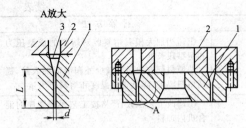

图 4-81 喷丝板结构

1—喷丝模板；2—引入导板；3—孔径导角

板孔径与单丝制品直径的关系（见表 4-58）。丝孔的数量一般在 12～60 个范围内。孔数过多，分丝机构庞大。喷丝孔的长径比 L/D 为（4～10）：1。丝孔要求直径尺寸一致，各孔中心距相等，平直部分长度相等。熔料引入导角应无滞料平台（见图 4-81）。

单丝挤出成型生产中出现故障与模具有关的现象，主要是丝容易断头。产生原因：一是模具控制温度不稳定，温度过高或过低，在丝被拉伸倍数固定时，都容易出现断丝现象；二是喷丝板的设计不合理，应修改喷丝板结构。

表 4-58　单丝直径与喷丝板孔径关系　　　　　　单位：mm

单丝直径	喷丝板孔径			
	LDPE	HDPE	PVC	
	拉伸倍数			
	6	8～10	2.5	6
0.2	0.5	0.8	0.3	0.5
0.3	0.8	1.1	0.5	0.8
0.4	1.1	1.2	0.6	1.1
0.5	1.2	1.7	0.8	1.2
0.6	1.5	2.0	1.0	1.5
0.7	1.7	2.3	1.1	1.7

4-80　塑料丝挤出成型用辅机的作用及工作要求条件是什么？

（1）冷却水槽　冷却水槽的作用是把从模具中挤出、已经成型丝状的熔料冷却定型。冷却水槽结构很简单，长约 1～2m、高约 1m，见图 4-82。水槽内冷却水温度控制在 20～30℃，液面距喷丝板高度在 15～50mm。

（2）牵引拉伸装置　单丝成型后，拉伸的目的是使其分子重新排列成与长度方向一致的有序结构，以提高丝的工作强度。

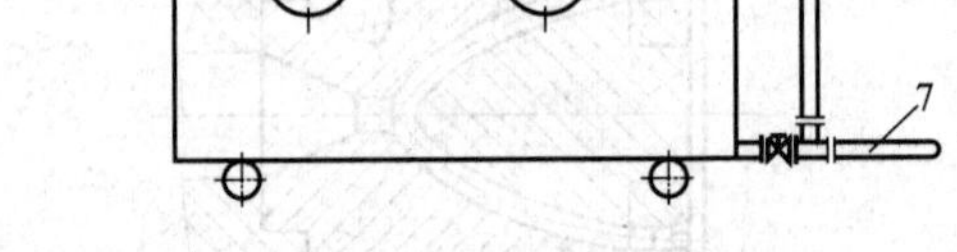

拉伸装置主要由拉伸辊和丝的加热装置组成，工作方法是依靠几组拉伸辊的转速差，把直径较粗的丝加热后拉成制品要求规格。

拉伸单丝时的加热方法，可用烘箱热风循环加热，也可用热水加热。通常，聚丙烯丝拉伸采用 150℃ 的热风循环加热，聚乙烯、聚酰胺（尼龙）和聚氯乙烯丝拉伸用 100℃ 沸水加热拉伸成制品规格。

图 4-82　冷却水槽结构

1—挤出机；2—成型模具；3—加热蒸汽管；4—冷水管；5—水槽；6—导辊；7—排水管

（3）收卷装置　冷却定型的单丝卷取，可采用中心卷取方式，把成型的一组单丝合股卷在卷筒上成一大捆，也可把每根单丝分别卷取成小捆。为了使卷取丝的张力恒定，卷取装置最好采用力矩电动机驱动。

塑料单丝挤出成型用辅机参数及生产厂家见表 4-59。

表 4-59　塑料单丝挤出成型辅机技术参数及生产厂家

型号	技术参数					生产厂家
	螺杆直径 /mm	长径比 (L/D)	收卷锭数	生产能力 /(kg/h)	总功率 /kW	
SJ-65×25-7	65	25:1	162	43	125	连云港市家用电器总厂
SJ-75×28-7	75	28:1	186	90	165	
SJ-90×30-7	90	30:1	108	179	180	
SJ-65×28-9	65	28:1	162	86	155	
型号	技术参数					生产厂家
	生产能力 /(kg/h)	拉丝直径 /mm	拉丝数量	卷丝速度 /(m/min)	总功率 /kW	
SJZ-S-4513-0.3	2.5～33	0.15～0.3	40	195～225	34	上海轻工机械股份有限公司挤出机厂
型号	技术参数					生产厂家
	螺杆直径 /mm	牵引辊直径 /mm	卷取速度 /(m/min)	第一牵伸速度 /(m/min)	第二牵伸速度 /(m/min)	第三牵伸速度 /(m/min)	生产厂家
SJ-LSF	45.65	210	39～194	1.6～16	9.6～96	19.2～192	山东塑料橡胶机械总厂
LS60/240-1	65	350	50～150	5～20	50～150		

4-81　什么是塑料扁丝？怎样挤出成型？

塑料扁丝与塑料单丝结构的不同之处是把聚丙烯或高密度聚乙烯树脂先经挤出机挤塑成型薄膜，然后把冷却定型的薄膜切成一定的宽度，再将经热拉伸和定型处理后所成型的丝，作为塑料扁丝。这种扁丝具有拉伸强度高、耐热性好和耐酸碱等特点。可用织机把扁丝织成袋和布类，还可与薄膜或牛皮纸涂塑成复合袋，用于化肥、水泥、树脂、饲料和粮食及农产品的包装；织布主要用于织成彩条或其他颜色的涂塑篷布，用于汽车、火车篷布和帐篷等。

扁丝的挤出成型生产方法有两种工艺。以聚丙烯扁丝生产工艺为例，一种是聚丙烯经挤出机塑化熔融后，采用 T 形结构模具挤出成型薄膜片，经分切后拉伸成型，其工艺顺序示意见图 4-83，生产线中主要设备见图 4-84。另一种挤出成型工艺是把聚丙烯树脂在挤出机内塑化熔融后，采用吹塑法（上吹或下吹）成型管状薄膜，把膜泡剖开展平，经分切、预

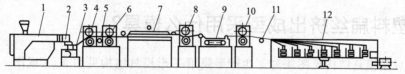

图 4-83　扁丝带薄膜生产线

1—挤出机；2—成型模具；3—水槽；4、10—牵引辊；5—薄膜分切；6—牵伸慢速辊；
7—加热装置；8—牵伸快速辊；9—热水槽；11—分丝导辊；12—卷取装置

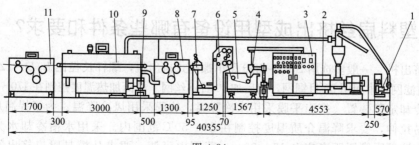

图 4-84

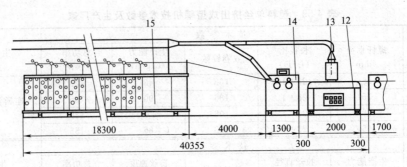

图 4-84　SJLS-Z90×33-162 型塑料挤出拉丝机组

1—自动上料机；2—挤出机；3—温控箱；4—模具；5—冷却水箱；6—牵引装置；
7—切割刀架；8—三辊牵伸箱；9—边丝闭路回收；10—热烘箱；11—四辊牵伸箱；
12—定型热烘板；13—废丝回收装置；14—两辊牵伸箱；15—分丝卷绕机

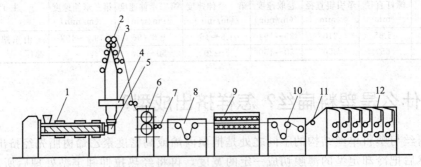

图 4-85　挤出吹塑扁丝带薄膜生产线

1—挤出机；2—导辊；3—人字形导辊；4—风环；5—成型模具；6—牵引装置；
7—薄膜分切；8、10—牵伸辊；9—加热烘箱；11—分丝导辊；12—卷取装置

热、拉伸和热处理后而制成，其工艺顺序示意见图 4-85。

扁丝挤出成型生产工艺顺序如下。

聚丙烯 → 挤出机塑 ┬ 用 T 形结构模具成型薄膜片 → 水冷定型 ┐
树脂 　　化熔融 └ 吹塑成型膜管 → 风冷定型 ┘ → 分切 → 加热拉伸 → 热处理 → 分丝导辊 → 收卷

4-82　塑料扁丝挤出成型采用什么模具？

吹塑膜成型模具结构见图 4-52。生产平膜用 T 形模具结构见图 4-66 或图 4-67。温度控制在 210～230℃ 范围。如果要求扁丝膜一面有加强肋，则上述模具的模唇需一侧带有凹入条纹，模唇口间隙控制在 0.6～0.8mm 范围。这种薄膜扁丝编成丝袋的强度和刚性略有提高，堆垛时可起到防滑作用。

4-83　塑料扁丝挤出成型用设备有哪些条件和要求？

（1）挤出机　一般多选用 SJ65～SJ90 型单螺杆式挤出机，螺杆长径比 $L/D=(20～25):1$。机筒前加过滤网，中间用 80 目铜网，前后加 40 目钢丝网。机筒加热温度控制在 170～250℃ 范围。

（2）冷却定型装置　挤出平膜采用水冷降温，吹膜采用风冷降温。为了提高扁丝的拉伸强度和容易拉伸，要求降温介质温度控制在 20～50℃ 范围内。采用水槽冷却水为膜坯降温时，冷却水液面距模唇距离应在 15～50mm 范围内可调。要求从模具唇口挤出的熔料流速

均匀一致，冷却水平面平稳无波纹。

（3）分切装置　分切装置是把冷却定型的薄膜分切成一定宽度的原坯丝，一般多切成宽4～8mm。这主要依据扁丝要求宽度来决定，可粗略按下式计算：

$$b = b_1 \sqrt{\lambda}$$

式中　b——分切膜片宽，mm；

b_1——扁丝宽，mm；

λ——拉伸倍数。

分切装置结构很简单：在刀轴上先装有与原坯丝宽度尺寸相等的垫圈，在每个垫圈之间夹入切割刀片（刀片可以是单面刃刀片，也可以是双面刃刀片），然后把装好的垫圈和刀片用螺母拧紧固定。

（4）加热拉伸装置　薄膜按扁丝要求宽度切割后，即进行加热拉伸工序。拉伸倍数是由前后牵引辊的转速差来完成。牵引辊由无级调速电动机驱动，则牵引辊的转速可按工艺要求，在一定转速范围内可调。对扁丝的加热，可采用加热烘箱，也可用弓形加热板加热。用烘箱加热时，温度控制在140℃左右。用弓形加热板加热，温度为110～120℃。注意：扁丝要与板面紧密接触，而弓板上还要覆一层聚四氟乙烯布，以保证对扁丝均匀加热，防止局部过热。如果对扁丝加热温度偏高，易出现扁丝粘辊。加热温度偏低，扁丝易拉断。扁丝的拉伸倍数以控制在6～7倍较适宜。

（5）扁丝拉伸后的热处理　拉伸后扁丝的热处理是为了消除膜片拉伸后变成扁丝时产生的内应力，以减少成品扁丝应用中的收缩率。扁丝的热处理温度略高于拉伸温度，可控制在130～150℃范围内。由于扁丝在热处理时略有收缩，所以，热处理后的扁丝牵伸辊速度要比扁丝拉伸时的快速辊速度慢些，可控制在比拉伸快速辊慢2％～3％的速度。

（6）卷取装置　拉伸定型后的扁丝成品，要分别卷绕在各卷筒上。为了保证各卷筒扁丝卷取张力均匀，各卷筒都由力矩电动机驱动，这样在卷取扁丝过程中，随着卷筒直径的增大（则转动力矩也增大），电动机的转速下降。也可采用卷筒轴端装磁力盘，用交流电动机驱动，其输出轴也装磁力盘，两只磁力盘的位置变化调整了卷筒的转速，从而保证了扁丝卷取速度不变。

国内部分扁丝挤出成型辅机生产厂产设备参数见表4-60。

表4-60　挤出平膜成型扁丝机组性能参数

型　号	螺杆直径 /mm	长径比 /(L/D)	产量 /(kg/h)	模具口模宽 /mm	口模间隙 /mm	牵引形式	牵引比 (最大)	卷辊数	总功率 /kW	生产速度 /(m/min)
SJLS-Z65×30-800	65	30：1	100	—	0.8	三级牵引	—	—	—	—
SJLS-Z65×25-90×8	65	25：1	40～60	530	0.08～0.15	—	8	90	109.8	60～120
SJLS-Z90×25-1100	90	25：1	25～120	1300	—	—	—	—	106	—
SJLS-Z90×28-120×10	90	25：1	175	760	1～1.5	—	4～10	120	228.1	65～200
SJLS-Z90×30-1100	90	30：1	150～200	1100	0.8	—	—	180	180	150
SJLS-Z90×32-162	90	33：1	100～200	1050	—	—	—	—	162	100～200

4-84　常用塑料电线电缆料有几种？是怎样进行生产成型的？

塑料电线电缆结构，主要是以铜、铝线等金属线作为电线芯，外面采用挤出塑料方法包一层塑料作为绝缘护套。用于电线电缆绝缘护套层的塑料，主要有聚氯乙烯电缆料、聚乙烯电缆料和聚丙烯电缆料。

(1) 聚氯乙烯电线电缆料　聚氯乙烯电线电缆料是指用聚氯乙烯树脂为主原料，加入一定比例的增塑剂、稳定剂、填充料、润滑剂及其他一些辅助料而组成的原料，用于作为电线电缆绝缘护套层的电线电缆。这种塑料有较好的电绝缘性能和成型加工性，还具有难燃、耐热、耐老化、耐油、耐电晕、耐化学腐蚀和良好的耐水性能，也具备有一定的机械强度。这种电线电缆的耐电压和绝缘电阻比较高，但介电常数和介电损耗较大，多用在 1000V 或 1000V 以下的电线电缆和局内通信电缆中。

(2) 电缆料生产工艺方式

① 电缆料成型用料按配方要求为：计量→混合原料→开炼机混炼成片→切粒机切粒。

② 电缆料成型用料按配方要求为：计量→混合原料→密炼机混炼→开炼机混炼成片→切粒机切粒。

③ 电缆料成型用料按配方要求为：计量→高速混合→冷却降温→挤出机混炼成片→切粒机切粒。

(3) 主要设备　电缆料成型用原料的配混和其他聚氯乙烯制品用原料的配混方法相同，主要应用设备有研磨机、高速混合机或捏合机、密炼机、开炼机、切粒机和挤出机等。

当电缆料生产采用单螺杆式挤出机时，螺杆结构是等距不等深渐变型，长径比 L/D 为 $(15\sim18):1$，压缩比为 $3:1$。

(4) 聚乙烯电线电缆料　聚乙烯电线电缆主要是用高密度聚乙烯和交联聚乙烯电缆料作为金属线的绝缘保护层。高密度聚乙烯电线电缆主要用于通信线路。交联聚乙烯电线电缆用于中、高压线路。

电缆料挤出生产工艺顺序为：HDPE、改性树脂及辅助料按配方计量（辅助料混配研磨）→高速混合机混合→双螺杆式挤出机混炼塑化原料→从模具中挤出条状料→冷却定型（水冷）→牵引→风干→切粒（电缆料成品）。

(5) 电线电缆挤出成型　电线电缆挤出成型工艺顺序为：PVC 或 HDPE 电缆粒料→预热干燥处理→挤出机塑化熔融→模具→牵引→火花检验→外径检测→收卷。

金属线芯 → 拉直 → 软化 → 预热─┘

电线电缆挤出成型生产线示意见图 4-87。

4-85　塑料电线电缆挤出成型常用哪些设备？

从塑料电线电缆挤出成型用设备生产线（图 4-86）中可以看到，组成生产线中的设备结构都比较简单，主要设备有：挤出机、成型模具、放线装置、张力装置、水槽、牵引装置和成品收卷装置。由于设备装置结构都比较简单，这里只介绍一下挤出机和成型模具的结构要求。

(1) 挤出机　聚乙烯、聚氯乙烯电线电缆料挤出成型，多采用通用型单螺杆式挤出机，螺杆长径比为 20:1；也有的选用分离型（BM）螺杆结构。挤塑 PVC 料时，机筒温度为 130~150℃、模具温度 155~165℃；挤塑 PE 料时，机筒温度为 140~180℃、模具温度为 175~185℃。

(2) 成型模具　塑料包覆线芯挤塑成型模具体结构见图 4-87。这种模具又可分为两种结构（见图 4-88）：一种是压力型结构，另一种是管状结构。

经压力型模具成型的塑料包覆线，是当线芯通过模具时，被挤出机塑化的熔态料均匀包

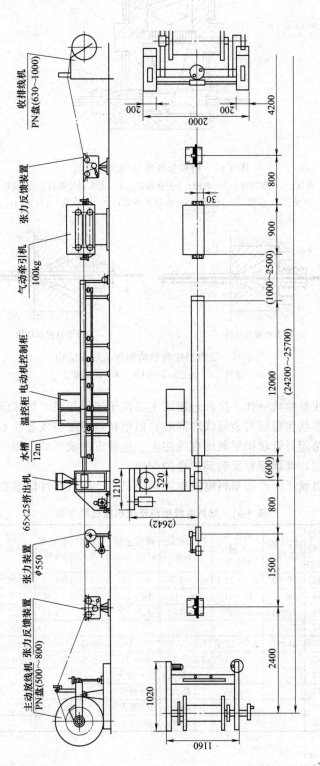

图 4-86 SJN-Z16/65-IV-Q 型电线电缆挤出成型生产线

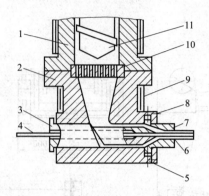

图 4-87 塑料包覆线芯用成型模具

1—机筒；2—模具体；3—芯棒；4—金属芯；5—调节定位螺钉；6—包覆成
型线；7—口模；8—压盖；9—电阻加热器；10—多孔板；11—螺杆

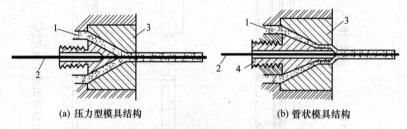

(a) 压力型模具结构　　　　(b) 管状模具结构

图 4-88　压力型模具结构和管状模具结构

1—熔料；2—线芯；3—口模；4—真空间隙

覆，则塑料与金属线粘接成一体。这种包覆线主要用于绝缘导线。管状模具成型的包覆线是从模具挤出的塑料管状包覆层与金属线芯同心，但塑料包覆层与线芯并不接触，管与线芯间的间隙被抽真空，是塑料管状护层收缩在线芯上。这种方法成型的电缆电缆，一般是线芯上已有包覆好的绝缘层，管状塑料层起到护套的作用。

国内部分塑料机械厂生产的塑料电线电缆挤出机生产线机组性能参数见表 4-61。

表 4-61　塑料电线电缆挤出机组性能参数

型　号	螺杆直径/mm	长径比(L/D)	最大挤出量/(kg/h)	线芯直径/mm	牵引速度/(m/min)	冷却方式	总功率/kW	外形尺寸(长×宽×高)/mm	机组质量/kg	备注
SJN-Z5	45	20∶1	2.5～22.5	0.5～2.73	6～120	—	约13	1536×666×1526	900	①
SJN-Z13	65	20∶1	10～70	2.6～11	16～100	风冷	约30	2170×800×1982	1500	①
SJN-Z25	90	20∶1	30～90	5～25	8.3～50	水冷	约40	—		①
SJN-Z6	45	25∶1		0				25500×2387×1280	3670	②
SJN-Z10	45	20∶1	2.5～22.5	0.5～2.73	6～140	水冷		10300×1650×1200	2420	②
SJN-Z20A	65			3.39～12	6～80	水冷		19000×3500×1800	3000	②
SJN-Z1-8C	45			0.92(最大)	700(最大)					③
SJN-Z25/65-Ⅰ-L	65			21(最大)	40(最大)					③
SJN-Z35/90-Ⅱ-Q	90			30(最大)	20(最大)					③
SJN-Z80/150B-Ⅲ-Q	150			72(最大)	20(最大)					③

① 武汉塑料机械总厂生产。

② 安徽塑料机械总厂生产。

③ 南京工艺装备制造厂塑机公司生产。

第5章　压延机的使用与维修

5-1　压延机怎样分类？

压延机的结构形式有多种，有辊筒数量不相同的压延机，有辊筒工作位置排列形式不相同的压延机，还有在一台机器上其辊筒直径并不相同的压延机。塑料制品行业对压延机的分类一般采用按辊筒数量分类，或按辊筒排列形式分类。

5-2　压延机按辊筒数量分类有几种？

辊筒是压延机设备上的主要零件。如果按组成压延机的辊筒数量分类，可分为两辊压延机、三辊压延机、四辊压延机和五辊压延机。三辊压延机国内于 20 世纪 50 年代开始应用，四辊压延机于 20 世纪 70 年代开始应用，五辊压延机现在有些企业也开始应用。目前国内应用最多的是四辊压延机。

5-3　按辊筒排列形式分，压延机有几种类型？各有什么特点？

压延机设备上辊筒排列形式有以下几种：按标准 GB/T 13578—2010 规定，可分为 I 形、Γ形、L 形和 S 形，如表 5-1 所示；辊筒排列形式有 Z 形和由 5 根辊筒组成的 S 形和 L 形，如表 5-2 所示；还有由几根直径不相同的辊筒组成的压延机，它们的结构分布形式如图 5-1 所示。

表 5-1　标准规定的辊筒排列形式

辊筒个数		2	3			4			5
辊筒排列型式	型式	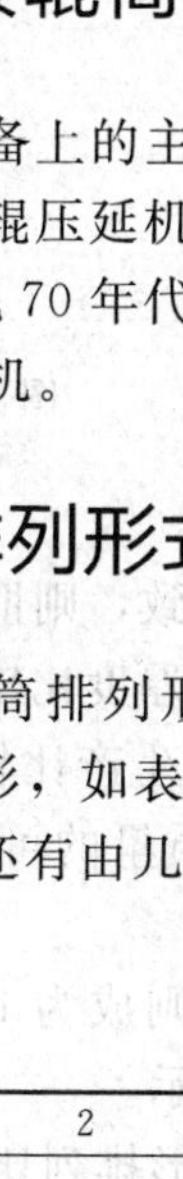	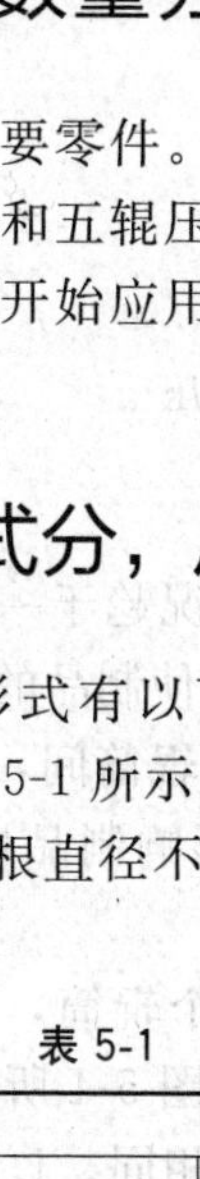	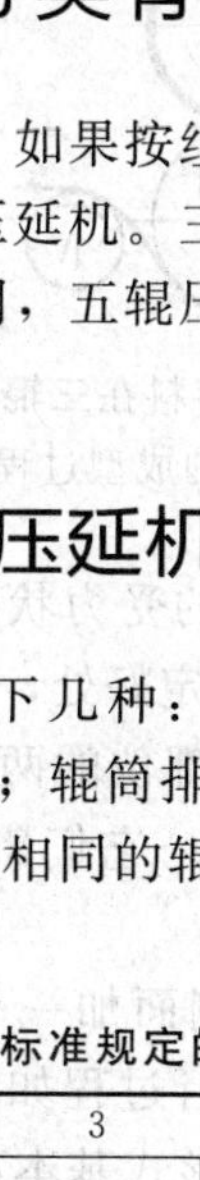	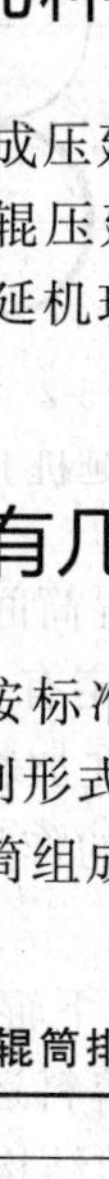	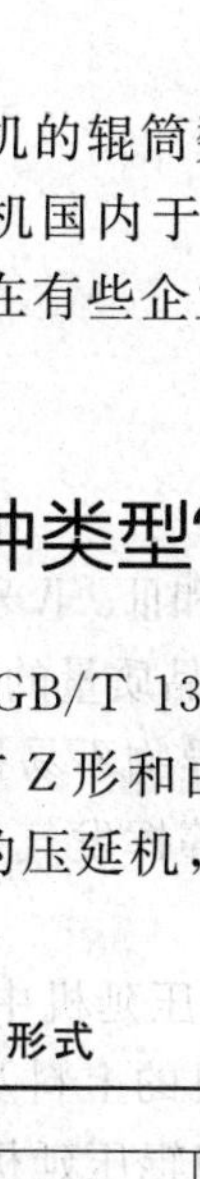		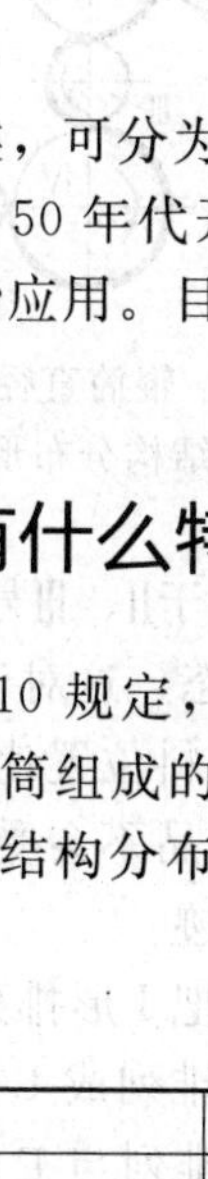	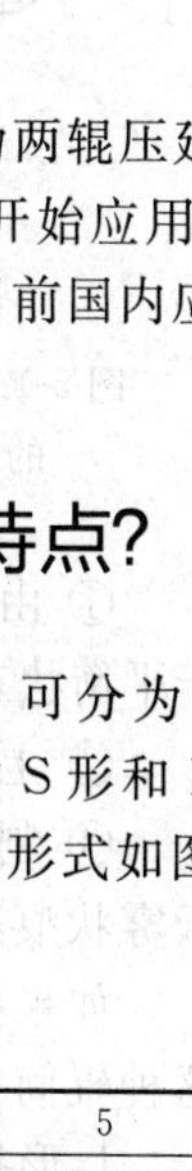
	符号	I、W	Γ	L	I	Γ	L	S	Γ、L

表 5-2　标准规定之外的辊筒排列形式

辊 筒 数 量	4	5	5
排列形式	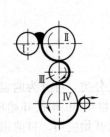	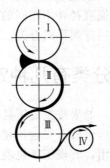	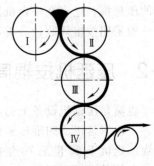
符 号	Z	S	L

（1）辊筒排列成Ⅰ形的压延机　Ⅰ形排列主要用于由 2 辊或 3 辊组成的压延机。这种排列形式是压延机初期应用时的结构形式，设备结构比较简单、制造容易、生产制造费用低。但这种压延机生产时需用手工上料，加料比较困难，而且上料也不均匀，结果使成型薄膜的质量欠佳（主要是薄膜的厚度均匀性差，误差较大）。目前，主要用这种压延机生产较厚的膜和片材。熔料在三辊压延机上的成型过程如图 5-2 所示。

（2）辊筒排列成 Γ 形的压延机　辊筒排列成 Γ 形，就是在辊筒排列成Ⅰ形的三辊压延机（四辊压延机）中的上辊侧面加一个辊筒，其结构形式如图 5-3 所示。这种结构形式的压延机目前在国内应用比较多。辊筒排列成 Γ 形压延机的工作特点如下。

图 5-1　辊筒直径不同时的结构分布形式

图 5-2　熔料在三辊压延机上的成型过程

图 5-3　四根辊筒的布置及运转方向

① 由于Ⅱ、Ⅲ号辊筒间和Ⅲ、Ⅳ号辊筒间的受力状况趋于一致，则Ⅲ号辊筒的受力形式处于平衡状态，这对于成型制品质量的稳定有一定好处，使制品的厚度比较均匀，误差值小。

② 上料位置比较高，异物不易掉在加料部位的两辊筒间，生产比较安全。

③ 制品不会受增塑剂等挥发气体的作用，它们影响制品质量的可能性小，制品表面无云雾状痕迹。

如果把Ⅰ形排列的三辊压延机中的下辊侧面加一个辊筒，则成为 L 形排列四辊压延机。这种辊筒排列成 L 形压延机的上料及熔料运行过程如图 5-4 所示。

L 形排列与 Γ 形排列四辊压延机的结构形式基本相同。L 形排列比较适合生产不含增塑剂的硬片制品，否则会因有增塑剂等挥发性气体作用而影响制品的表观质量。这种结构形式上料部位在较低处，生产时容易在两辊间落入异物，造成辊筒面损伤。所以，在开车前和生产中间，要特别注意检查和经常观察此部位。

（3）辊筒排列成 Z 形或 S 形的压延机　辊筒排列成 Z 形或 S 形的压延机其结构组成形式相同。如果把水平排列的四辊式 Z 形的位置旋转一个角度（15°～45°），即成为 S 形排列。这种四辊排列适合成型软、硬薄膜和片材，对于人造革的双面贴合生产也较适宜。所以，此种四辊排列形式应用也比较多。辊筒排列成 S 形压延机的上料及熔料运行过程如图 5-5所示。

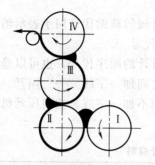

图 5-4　辊筒排列成 L 形压延机
的上料及熔料运行过程

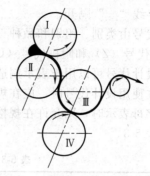

图 5-5　辊筒排列成 S 形压延机
的上料及熔料运行过程

辊筒排列成 Z 形或 S 形压延机的工作特点如下。

① 压延机生产成型制品时，Ⅰ、Ⅱ号辊筒间和Ⅲ、Ⅳ号辊筒间的受力情况比较均匀，力的大小趋于一致，没有辊筒运转的浮动现象。

② Ⅱ、Ⅲ号辊筒间的间隙均匀稳定，运转过程中变化小，这对提高制品生产质量有利，制品的厚度比较均匀，误差变化小，制品质量稳定。

③ 熔料在四根辊筒上的运行距离接近相等（约占辊面周长的 1/4），则熔料在辊面上运行中温度变化小，这有利于高速生产软质薄膜时的产品质量稳定。

④ 此种结构形式的薄膜成型脱辊，引离装置离辊筒较近，使薄膜脱辊收缩变形小。

⑤ 熔料供料方便、容易，观察辊筒间的工作情况也比较方便。

（4）辊筒直径不相同的四辊压延机　辊筒直径不相同的四辊压延机，其结构形式如图5-1 所示。应用这种压延机是为了节省能源，希望在较小的功率消耗下高速生产制品，从而达到降低制品生产成本的目的。

不同直径辊筒在压延机上的应用，也是为了改进产品质量而实施的一项措施。在Ⅲ、Ⅳ号辊筒直径相同时，生产的成型制品由于两辊面间的间隙均匀性容易受辊面几何精度偏差叠加现象影响，使制品纵向厚度差变化较大。如果Ⅲ、Ⅳ号辊筒直径不相等，就可避免此现象出现，则制品的纵向厚度均匀性就会比较好，从而达到改善制品质量的目的。

5-4　压延机的规格型号怎样标注？

压延机规格型号的编制方法已在 GB/T 12783—2000 中规定，橡胶塑料机械产品的型号由产品代号、规格参数和设计代号三部分组成。产品型号格式如图 5-6 所示。

（1）产品代号由基本代号和辅助代号组成，用汉语拼音字母表示　基本代号与辅助代号

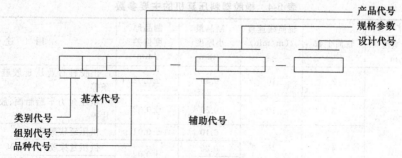

图 5-6　橡胶塑料机械产品型号格式

之间用一字线"—"隔开。

基本代号由类别、组别和品种三个代号组成。塑料机械的辅助代号用于表示辅机的代号 (F)、机组代号（Z）和附机代号（U）。主机不标注辅助代号。

（2）设计代号可以用于表示制造单位的代号或产品设计的顺序代号，也可以是两者的组合代号。在使用设计代号时，应在规格参数与设计代号之间加一字线"—"隔开。当设计代号为一个字母表示时，则允许在规格参数与设计代号之间不加一字线。塑料压延机的规格型号编制见表5-3。

表5-3　塑料压延机的规格型号编制

类别	组别	品种		产品代号		规格参数	设计序号	备注
		产品名称	代号	基本代号	辅助代号			
塑料机械S（塑）	压延成型机组Y（压）	塑料压延机		SY		辊筒数、排列方式及辊径（mm）、辊面宽度（mm）		同径辊压延机为基本型,不标注型号代号
		异径辊塑料压延机	Y(异)	SYY				
		塑料压延膜辅机	M(膜)	SYM	F			
		塑料压延钙塑膜辅机	GM(钙膜)	SYGM	F			
		塑料压延拉伸拉幅膜辅机	LM(拉膜)	SYLM	F			
		塑料压延人造革辅机	RG(人革)	SYRG	F			
		塑料压延硬片辅机	YP(硬片)	SYYP	F			
		塑料压延透明片辅机	TP(透片)	SYTP	F			
		塑料压延壁纸辅机	B(壁)	SYB	F			
		塑料压延复合膜辅机	FM(复膜)	SYFM	Z			
		塑料压延膜机组	M(膜)	SYM	Z			
		塑料压延钙塑膜机组	GM(钙膜)	SYGM	Z			
		塑料压延拉伸拉幅膜机组	LM(拉膜)	SYLM	Z			
		塑料压延人造革机组	RG(人革)	SYRG	Z			
		塑料压延硬片机组	YP(硬片)	SYYP	Z			
		塑料压延透明片机组	TP(透片)	SYTP	Z			
		塑料压延壁纸机组	B(壁)	SYB	Z			
		塑料压延复合膜机组	FM(复膜)	SYFM	Z			

国产压延机标注代号（以 SY—4Г—1730B 为例）说明如下：SY 表示塑料压延机；4Г 表示压延机有 4 根辊筒，辊筒的排列形式为 Γ 形；1730 表示辊筒的工作面长度为 1730mm；B 为设计顺序号。

5-5　国家标准规定的压延机主要参数有哪些？

国家标准 GB/T 13578—2010 中规定的橡胶塑料压延机的主要参数见表5-4。

表5-4　橡胶塑料压延机的主要参数

辊筒尺寸		辊筒个数	辊筒线速度/(m/min)≤	制品最小厚度/mm	制品厚度偏差/mm	用途
直径/mm	辊面宽度/mm					
230	630	2	10	0.50	±0.02	供胶鞋行业压延胶鞋鞋底、鞋面沿条等
		3	10	0.20	±0.02	供压延力车胎胎面、胶管、胶带和胶片等
		4	10	0.10	±0.01	供压延软塑料
				0.20	±0.02	供压延橡胶
				0.50		供压延硬塑料或橡胶钢丝帘布

续表

辊筒尺寸 直径/mm	辊筒尺寸 辊面宽度/mm	辊筒个数	辊筒线速度/(m/min) ≤	制品最小厚度/mm	制品厚度偏差/mm	用途
360	800	2	35	0.80	±0.03	供压延橡胶
	900 或 1120	3	20	0.20	±0.02	供胶布的擦胶或贴胶
		4	20	0.14	±0.01	供压延软塑料
				0.20	±0.02	供压延橡胶
				0.50		供压延硬塑料
		4	12	0.50	±0.02	供压延橡胶钢丝帘布
		5	30	0.50	±0.02	供压塑料
400	1300	2	40	0.50	±0.03	
	700 或 920	2	40	0.20	±0.02	供压延胶片
		3				
		4				
	1000	5	50	0.50	±0.02	供压延塑料
450	600	2	45	0.20	±0.02	供压延磁性胶片
	1000	4				供压延橡胶钢丝帘布
	1200	3	40	0.10	±0.01	供压延软塑料
				0.20	±0.02	供压延橡胶
		4	40	0.20	±0.02	供压延胶片
	1430	4	70	0.10	±0.01	供压延塑料
	1350	5	40	0.50	±0.02	供压延硬塑料
500	1300	4	50	0.20	±0.02	供压延橡胶钢丝帘布
550	1000	2	20	0.40		供压延磁性胶片
	1300	4	50	0.20	±0.02	供压延橡胶钢丝帘布;EVA 热熔膜
	1500	3	50			用于帘布贴胶擦胶
	(1600)	5	60	0.50		供压延塑料
	(1700)	3	50	0.20	±0.02	供压延胶片
		4	70	0.10	±0.01	供压延塑料
			60	0.20	±0.02	供压延胶片
(570)	1730	4	60	0.10	±0.01	供压延塑料
		5	60	0.10	±0.01	供压延塑料
610	1400		40	0.20	±0.02	供压延胶片
	1500	2	30	0.50	±0.03	供压延橡胶板材
	1500	3	50	0.10	±0.01	供压延塑料
	1500	4	50	0.20	±0.02	供压延橡胶钢丝帘布
	1730	3	50	0.20	±0.02	供压延橡胶
				0.10	±0.01	供压延软塑料
			30	0.50	±0.02	供压延硬塑料
		4	60	0.20	±0.02	供压延橡胶
				0.10	±0.01	供压延软塑料
			40	0.50	±0.02	供压延硬塑料
	1800	3	50	0.20	±0.02	供压延橡胶
		5	60	0.50	±0.01	供压延塑料
	(1830)	4	60	0.10	±0.01	供压延塑料
	2030	4	60	0.10	±0.01	供压延塑料
	2500	4	60	0.10	±0.01	供压延塑料
异径辊压延机 (610/570)	2360	4	60	0.10	±0.01	供压延软塑料
	1900		60	0.10	±0.01	供压延软塑料

续表

辊 筒 尺 寸		辊筒个数	辊筒线速度 /(m/min) ≤	制品最 小厚度 /mm	制品厚 度偏差 /mm	用　　途
直径 /mm	辊面宽度 /mm					
660	2000	4	70	0.50	±0.01	供压延塑料
	2300	4	70	0.10	±0.01	供压延软塑料
	2500	5	70	0.10	±0.01	供压延软塑料
700	1800	3	60	0.20	±0.02	供压延橡胶
			60	0.10	±0.01	供压延塑料
			70	0.10	±0.01	供压延塑料
700	1800	4	70	0.20	±0.02	供压延橡胶
			70	0.10	±0.01	供压延软塑料
			50	0.50	±0.02	供压延硬塑料
750	2000 或 2400	2	70	0.20	±0.02	供压延橡胶
		3	70	0.20	±0.02	供压延橡胶
		4	70	0.20	±0.02	供压延橡胶
			70	0.10	±0.01	供压延软塑料
800	2500	3	60	0.20	±0.02	供压延橡胶
		4	60	0.20	±0.02	供压延橡胶
			70	0.10	±0.01	供压延软塑料
850	3400	4	70	0.10	±0.01	供压延软塑料
960	4000	4	70	0.10	±0.01	供压延软塑料

注: 1. 塑料压延机辊面宽度允许按 GB/T 321—2005 中优先数系 R40 系列变化。
　　2. 本标准中所涉及的速度等参数均以设定标准时现有产品为基础标定, 如遇特殊要求或在现有标准上修改的产品可以等比参考标准产品。
　　3. 括号内的尺寸不是优选系列。

5-6　国内压延机生产厂的产品性能参数都有哪些规定?

目前国产压延机设备的一些参考数据见表 5-5。国产塑料压延机主要性能参数见表 5-6。国内主要塑料压延机生产厂产品主要性能参数见表 5-7～表 5-10。国外部分压延机主要性能参数见表 5-11。

表 5-5　部分国产压延机一些参考数据

设备型号	辊筒直径 /mm	辊筒表面 线速度 /(m/min)	各辊速比	外形尺寸 (长×宽×高) /mm	产品宽 (最大) /mm	设备质量 /t
SY—3I—1730	610	5.4～39	1∶1∶1	7010×3950×3730	1400	48
SY—4Γ—1730B	610	5.4～54	0.7∶1∶1∶1	7240×4100×4250	1450	64
SY—4Γ—1730C	610	8～40	0.7∶1∶1∶1	7290×4100×4250	1450	64
SY—4S—1800	700	7～70	无级调速 0.5～1	8420×10400×4550	1500	140
SY—4Γ—2500	610	5.4～54	0.7∶1∶1∶1	7810×4100×8730	2100	69
SY—4F—2360	Ⅰ、Ⅲ辊,570 Ⅱ、Ⅳ辊,610	6～60	无级调速 0.5～1	10500×4600×4670	2000	75.4

表 5-6 国产塑料压延机主要性能参数

辊筒规格尺寸（直径×长度）/mm	辊筒数量	主要性能参数					主要用途
		辊筒线速度/(m/min)	辊筒速比	主电动机功率/kW	制品厚度/mm	制品宽度/mm	
300×800	5	8～24	任调	22	0.15～1.5	600	塑料薄片
360×1120	4	7.3～21.9	0.73：1：1	40/13.3	0.0～0.18	920(软)600(硬)	薄膜、半硬片
450×1200	4	9～27	1：1：1	75	0.1～0.8	900	薄膜
550×1700	4	6～60	任调	160	0.1	1200	薄膜
610×1730	3	5.4～39	1：1：1	100	0.1～0.5	900 硬1200 软	硬片、薄膜
610×1730	4	5.4～54	0.69：0.9：1.070.71：1：1	160	0.1	1200	薄膜、人造革
610×1730	4	8～40	0.71：1：1	160	0.2	1200	钙塑板
610×2500	4	5.4～54	0.71：1：1	160	0.1	2000	薄膜
700×1800	4	7～70	0.5～1任调	1、4 号,752、3 号,100	0.07～0.5	1500	薄膜
610/570×2360	4	6～60	0.5～1任调	1、4 号,452、3 号,75	0.08～0.3	2000	薄膜
610/570×1900	4	6～60	0.5～1任调	1、4 号,452、3 号,75	0.08～0.03	1500	人造革
610/570×1900	4	6～60	0.5～1任调	1、4 号,452、3 号,75	0.08～0.3	1400	透明硬片

表 5-7 大连冰山橡塑股份有限公司产两辊压延机性能参数

项 目	型 号	SY—211500SY—211500A	SY—211524SY—211524A
压延制品	厚度/mm	1～1.5	1.5～2
	宽度/mm	1250(最大)	1050(最大)
辊筒直径/mm		上辊	上辊
		下辊	下辊
辊筒工作部分长度/mm		1500	1524
辊筒结构		周边钻孔	中空
排列形式	直	1 型	1 型
	斜	斜 1 型(A)	斜 1 型(A)
辊筒线速度/(m/min)		3～12	3～30
辊筒速比		0.5～1 任调	0.5～1(任调)
主电动机功率/kW		2×30	2×37
辊筒表面温度/℃		最高 180	最高 180
加热方式		过热水加热	蒸汽加热
调距速度/(mm/min)		快速 2.33	快速 3.5
		慢速 0.58	慢速 0.87
调整范围/mm		0.5～10	0.5～10
交叉速度/(mm/min)		4.15	
最大交叉量/mm		20	
机器外形尺寸(长×宽×高)/mm		7065×2826/2988(A)×3263×2954(A)	6896×3050/2498(A)×2323/2525(A)
机器总质量/t	SY—211500	38.4	33.4
	SY—211500A	37.8	32.6
结构特点		①辊筒用冷硬铸铁制作,沿辊筒表面圆周均匀钻孔,用过热水加热,辊的温度通过调控过热水压力得到变化,最高温度可达 180℃,SY—211500 和 SY—21152A 型压延机的辊筒为中空型,采用蒸汽加热最高温度为 180℃;②辊筒两端用双列圆锥滚子轴承,轴承间隙可调;③上辊筒设辊筒间隙调距装置,既可两端同时调距,也可单独调;④上辊轴承上方设有拉回装置,使调距精度得到保证;⑤SY—211500 和 SY—21150A 的下辊筒轴承上装有轴交叉装置,以保证制品厚度质量;⑥设有紧急停车装置,出现意外事故时起到安全保护作用	

表 5-8　大连冰山橡塑股份有限公司产压延机性能参数

型号 / 项目	辊筒数值/根	辊筒排列形式	辊筒结构形式	辊筒尺寸(直径×长度)/mm	辊筒线速度/(m/min)	辊筒速比	电动机功率/kW	制品最小厚度/mm	制品最大宽度/mm	外形尺寸(长×宽×高)/mm	机器质量/t	用途
SY—3Г1730C	3	Г型	中空辊筒	610×1730	5.4~39	上:中:下 1:1:1	100	0.1(薄膜) 0.5(硬片)	1200(薄膜) 900(硬片)	7010×3950×3730	48	与SYM—F3Г1800或SYGP—F3Г1800配套生产薄膜或硬塑片
SY—4Г1730B	4	Г型	中空辊筒	610×1730	5.4~54	侧:上:中:下 0.71:1:1:1	160	0.1(薄膜)	1200(薄膜) 人造革	7240×4105×4250	64	与SYRG—F4Г1800B配套生产人造革
SY—4Г1730C	4	Г型	中空辊筒	610×1730	8~40	侧:上:中:下 0.71:1:1:1	160	0.2(钙塑片)	1200(钙塑片)	7240×4105×4250	64	与SYGP—F4Г1800配套生产钙塑片
SY—4Г1730M	4	Г型	中空辊筒	610×1730	5.4~54	侧:上:中:下 0.668:0.935:1:1.068	160	0.1(薄膜)	1200(薄膜) 1370(化纤布基贴膜)	7240×4105×4250	64	与SYM—F4Г1800M配套生产薄膜或化纤布基膜
SY—4Г2500	4	Г型	中空辊筒	610×2500	5.4~54	侧:上:中:下 0.71:1:1:1	160	0.1(薄膜)	2000(薄膜)	7910×4105×3730	69	与SYM—F4Г2500配套生产薄膜
SY—4Г1900	4	Г型	钻孔辊筒	570×1900(Ⅰ,Ⅲ) 610×1900(Ⅱ,Ⅳ)	6~60	0.5~1(任调)	2×45(Ⅰ,Ⅳ) 2×75(Ⅱ,Ⅲ)	0.08(薄膜)	1500(人造革)	9870×4600×4690	72.6	与SYFG—F4Г1900配套生产人造革
SY—4Г2360	4	Г型	钻孔辊筒	570×2360(Ⅰ,Ⅲ) 610×2360(Ⅱ,Ⅳ)	6~60	0.5~1(任调)	2×45(Ⅰ,Ⅳ) 2×75(Ⅱ,Ⅲ)	0.08(薄膜)	2000(薄膜) 4000(幅宽膜)	10500×4600×4690	75.4	与SYM—F4Г2360或SYLM—F4Г4700配套生产薄膜或拉幅膜
SY—4Г 1730×570	4	Г型	钻孔辊筒	570×1730	6~60	0.5~1(任调)	2×37(Ⅰ,Ⅳ) 2×55(Ⅱ,Ⅲ)	0.08(薄膜)	1500(薄膜) 2300(拉幅膜)	8000×6400×4633	71.4	与SYM—F4Г1730或SYLM—F4Г3000配套生产薄膜或拉幅膜
SY—4Г2500B	4	Г型	钻孔辊筒	660×2500	6~60	0.5~1(任调)	2×75(Ⅰ,Ⅳ) 2×110(Ⅱ,Ⅲ)	0.07(薄膜)	2300(薄膜) 4000(拉幅膜)	10100×5010×4170	104	与SYM—F4Г2500B或SYLM—F4Г4700配套生产薄膜或拉幅膜

结构特点：①辊筒用冷硬合金铸铁制作，当辊筒为中空结构时，辊筒轴承为滑动轴承；当辊筒为钻孔结构时，辊筒轴承为滚动轴承；②辊筒设有中高度、轴交和预弯曲装置；③辊筒驱动：分为用直流电动机单独驱动一根辊筒和一套直流电动机，通过齿轮传动不同速比传动得到驱动四根辊筒；④中空型辊筒用蒸汽加热，通过输送不同蒸汽压力控温；周边钻孔辊筒用热油循环加热，最高温度可达180~200℃；⑤控制装置大多采用进口全数字调速装置，精度可达0.125%以上。

表 5-9 上海橡胶机械厂产 SY—4Г1800 压延机性能参数

辊筒直径/mm	500	制品宽度/mm	≤1500(硬片) ≤1550(薄膜)
辊筒工作长度/mm	1800	轴交叉量/mm	±20
出料辊线速度/(m/min)	5.4～54	主电动机功率/kW	50,3×67
辊筒速比	0.5～1	外形尺寸(长×宽×高)/mm	6600×2100×2900
制品厚度/mm	0.07～0.5	质量/t	约30

表 5-10 上海橡胶机械厂产 SY—5L1350 压延机性能参数

辊筒直径/mm	450	压延制品厚度/mm	0.20～2
辊筒工作面长度/mm	1350	压延制品最大宽度/mm	1000
供料辊筒直径/mm	360	主电动机功率/kW	2×37,2×22,1×15
供料辊筒工作面长度/mm	800	主减速器速比	56
辊筒速比	0.5～1	外形尺寸(长×宽×高)/mm	6000×2300×2700
固定辊线速度/(m/min)	2.5～25	质量/t	约24
辊距范围/mm	0～40		

表 5-11 国外部分塑料压延机主要性能参数

国别	制造厂名	辊筒规格(直径×长度)/mm	辊筒数	辊筒线速度/(m/min)	辊筒速比	主电动机功率/kW	主要用途
日本	石川岛播磨重工业公司(IHI)	570/610×1830	4	6～60	0.5～1 任调	(Ⅰ、Ⅳ)37 (Ⅱ、Ⅲ)55	薄膜、人造革
		660/710×2420	4	7～70	0.5～1 任调	(Ⅰ、Ⅳ)55 (Ⅱ、Ⅲ)95	宽膜
		660/710×2290	4	6～60	0.5～1 任调	(Ⅰ、Ⅳ)55 (Ⅱ、Ⅲ)95	透明硬片
	ロ-ル株式会社	610×1730	4	5～57	1:1.2:1.38:1.4	150	壁纸
	合同重工	610×1830	4	5～50	0.74:0.92:1:1.02	150	人造革
德国	海德堡动公司	610×2200	5	4.5～45	0.5～1 任调	(Ⅰ、Ⅳ)65 (Ⅱ、Ⅲ)80	透明硬片
	贝尔斯托夫公司	550×2000	5	3～60	0.5～1 任调	(Ⅰ、Ⅳ)48 (Ⅱ、Ⅲ)96	透明硬片
意大利	鲁道夫	600×2000	4	6～60	0.5～1 任调	(Ⅰ、Ⅳ)66 (Ⅱ、Ⅲ)80	薄膜、透明硬片
	柯米里奥	660×2000	4	4～60	0.5～1 任调	(Ⅰ、Ⅳ)95 (Ⅱ、Ⅲ)120	透明硬片

5-7 压延机成形塑料制品常用生产线有哪些?

压延成型系统生产线是以压延机为主机,按压延机的结构特点和生产塑料制品种类的不同,有多种生产线设备布置方式。

图 5-7 所示为压延机生产线上的设备布置,是国内应用较多的一种生产塑料薄膜的主、辅机布置方案。压延机型号为 SY—4Г—1730B,是由大连橡胶塑料机械厂生产。

四辊压延机生产线中,薄膜压延成型生产工艺流程中的主要设备是:高速混合机→密炼机→开炼机→开炼机→带输送→金属检测仪→四辊压延机→剥离辊→压花辊→测厚装置→冷却辊→成品卷取。

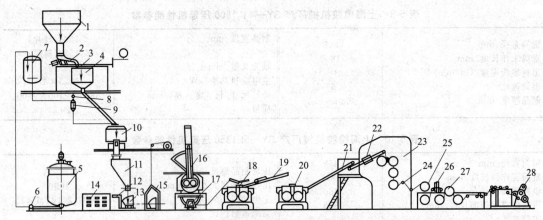

图 5-7　聚氯乙烯薄膜成型用压延机生产线设备布置

1—主原料树脂贮仓；2—振动加料；3—自动计量；4—计量料斗；5—各种助剂辅料混合器；6—输送泵；

7—辅料中间贮仓；8—传感器；9—各种辅料计量；10—高速混合机；11—输料斗；12—计量秤；

13—料斗车；14—烘箱；15—送料吊车；16—密炼机；17—送料斗；18—开炼机；19—输料带；

20—开炼机；21—输料带；22—金属检测仪；23—压延机；24—剥离导辊；

25—压花辊；26—测厚装置；27—冷却辊；28—卷取

图 5-8 中的压延机生产线，是从国外引进的以生产薄膜为主的生产线。工艺流程中主要设备是：高速混合机→降温冷搅拌机→行星螺杆式挤出机→开炼机→传送带→Γ形四辊压延机→剥离辊→压花辊→冷却辊组→切边装置→测厚装置→牵引辊→成品卷取。

图 5-9 是辊筒排列成 L 形四辊压延机成型聚氯乙烯硬片生产线。生产工艺流程中主要设

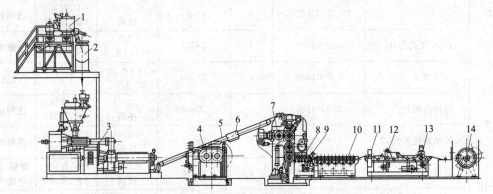

图 5-8　Γ形四辊压延机塑料薄膜生产线设备布置

1—高速热混合机；2—冷搅拌机；3—混炼塑化挤出机；4—两辊开炼机；5—输送料传动带；

6—金属检测仪；7—Γ形四辊压延机；8—剥离辊组；9—压光辊装置；10—冷却辊组；

11—测厚仪；12—切边装置；13—牵引辊；14—卷取装置

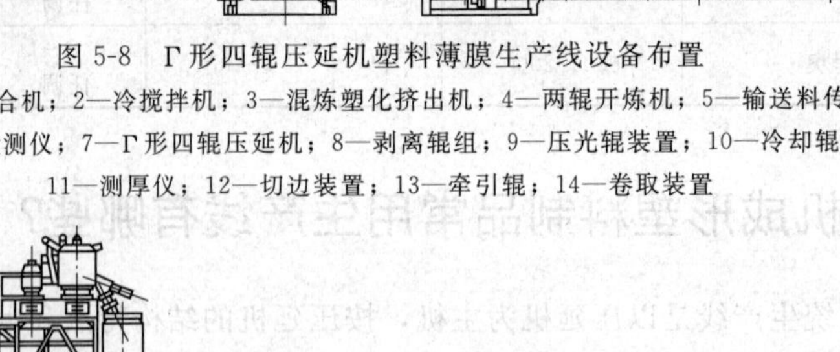

图 5-9　L 形四辊压延机成型聚氯乙烯硬片生产线

备是：高速混合机→降温冷搅拌机→行星螺杆式挤出机→开炼机→传送带→四辊压延机→剥离辊→牵引压光辊→冷却辊组→切边装置→测厚装置→卷取装置。

图 5-10 是 S 形四辊压延机塑料薄膜生产线。生产工艺流程中主要设备有：高速混合机→密炼机→开炼机→开炼机→传送带→压延机→剥离辊→压花辊→冷却辊组→测厚装置→切边装置→牵引装置→卷取装置。

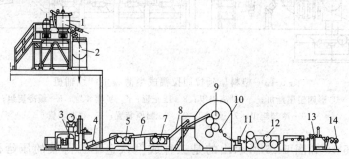

图 5-10　S 形四辊压延机塑料薄膜生产线设备布置

1—高速热混合机；2—冷搅拌机；3—密炼机；4—输送料车；5—开炼机；
6—传送带；7—开炼机；8—输送带；9—四辊压延机；10—剥离辊；
11—压花辊；12—冷却辊组；13—检测仪；14—卷取装置

图 5-11 是大连橡胶塑料机械厂生产的薄膜成型用 SYM—F4Γ2360A 型四辊压延机用辅机。

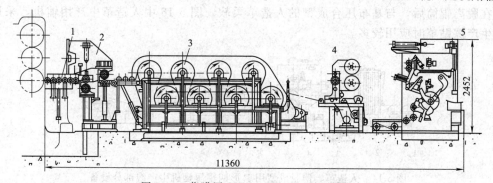

图 5-11　薄膜用 SYM—F4Γ2360A 型辅机

1—剥离牵引装置；2—制品表面修饰装置；3—冷却辊组；4—切边与收边装置；5—表面卷取装置

图 5-12 是大连橡胶塑料机械厂生产的薄膜用带有扩幅装置 SY—F—4Γ4600 型辅机。图 5-13 是塑料压延拉伸拉幅成型薄膜生产线辅机。

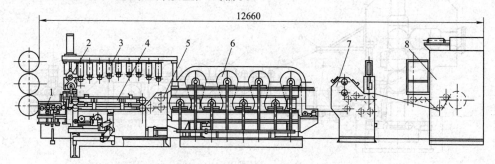

图 5-12　薄膜用带有扩幅装置 SY—F4Γ4600 型辅机

1—剥离牵伸辊组；2—制品表面修饰装置；3—过桥缓冷装置；4—扩幅装置；
5—牵引辊；6—冷却辊组；7—牵引、切边装置；8—切割、卷取装置

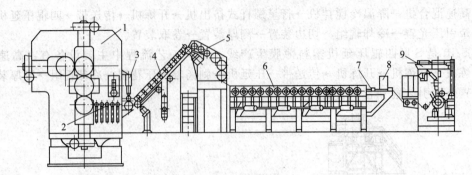

图 5-13　塑料压延拉伸拉幅成型薄膜生产线辅机

1—Γ形四辊压延机；2—剥离辊组；3—压花辊；4—扩幅装置；5—缓冷辊组；

6—冷却辊组；7—切边装置；8—测厚装置；9—卷取装置

　　图 5-14、图 5-15 和图 5-16 所示出的是三种成型人造革、薄膜的压延机生产线部分设备。图 5-14 是塑料经四辊压延机的辊筒压延成薄片后，在脱离第四根辊筒之前，利用辊筒与布基运行的速度差和压力，把片形熔态料与布基贴合在一起（通常称为擦贴法）。图 5-15 所示生产人造革的方法是把脱离压延机辊筒的膜片与布基用压力使它们贴合在一起（也叫贴胶法）。第一种方法（擦贴法）生产的人造革，能使部分熔态料渗透到布基的织物间隙中，结果使塑料能较牢固地与布基结合，但这种方法成型的人造革手感较硬，不如第二种（贴胶法）在脱离辊筒后，与基布压合成型的人造革柔软。图 5-16 中人造革生产用辅机，采用针织布生产擦贴革时应用较多。

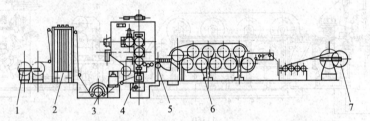

图 5-14　人造革、薄膜成型用 Γ 形四辊压延机生产线部分设备

1—放布捆；2—张力调节装置；3—布基加热装置；4—布基与薄膜

复合装置；5—压花纹辊；6—冷却辊组；7—卷取装置

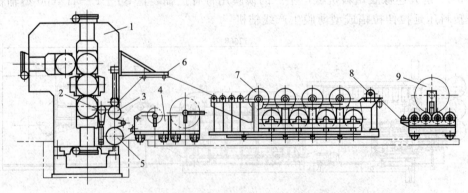

图 5-15　贴胶法成型人造革压延机生产线部分设备

1—Γ形四辊压延机；2—脱离辊；3—贴合辊；4—布基预热辊；5—供布基装置；

6—导辊；7—冷却辊组；8—切边装置；9—卷取装置

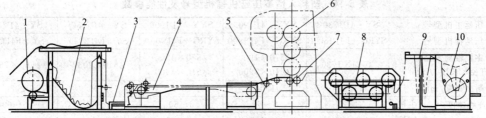

图 5-16　人造革压延法成型生产线部分设备

1—布捆；2—蓄布装置；3—操作台；4—扩幅机；5—预热辊；6—四辊压延机；

7—贴合辊；8—冷却辊；9—张力调节装置；10—卷取装置

　　压延机用辅机型号及性能参数见表 5-12。压延成型薄膜（片、革）用辅机型号及生产厂家见表 5-13。塑料人造革压延机辅机型号及性能参数见表 5-14。PVC 塑料压延拉伸拉幅薄膜生产线设备的型号和参数见表 5-15。大连橡胶塑料机械厂的压延机辅机性能参数见表 5-16。

表 5-12　压延机用辅机型号及性能参数

型　　号	SY—F4Г1800	SY—FG4Г1800	SY—F5L800	5Y—F4Г1120	5F—F4Г2360
配套压延主机型号	SY—4Г1730B	SY—4Г1730C	SY—5L800	SY—4Г1120	SY—4Г2360
辊筒规格（直径×长度）/mm	$\phi160\times1730$	$\phi610\times1730$	$\phi300\times800$	$\phi360\times1120$	$\phi570/\phi610\times2360$
生产线速度/(m/min)	8～80	8～50	8～37	7.3～34.19	6～100
制品最大宽度/mm	1200	1200	650	920	2000
牵引辊直径/mm	—	112	120	—	200
压花(光)辊直径/mm	250	210	147	150	200
橡胶辊直径/mm	250	320	150	200	300
压花电动机功率/kW	10	10	0.75	1.5	4
冷却辊直径/mm	570	570	400	500	700
冷却辊数量	6	6	8	5	6
冷却电动机功率/kW	5.5	5.5	2.2	2.2	4
卷取形式	表面摩擦卷取	中心卷取	中心卷取		
卷取最大直径/mm	600	600	400	500	300
卷取电动机功率/kW	5.5	力矩电动机	力矩电动机	1.5	4

表 5-13　压延成型薄膜（片、革）用辅机型号及生产厂家

型　　号	配套主机型号	用　　途	生产厂家
SF—F4Г680	SY—4Г720 四辊压延机	用于 PVC 透明硬片、彩色片及薄膜生产线上引离、冷却、卷取，也可供工艺试验用	上海市北蔡轻工机械厂
SY—F5L800	SY—5L800 五辊压延机	用于 PVC 透明片及薄膜生产线上引离、冷却、定宽、检验、卷取等	
SY—F4Г1120	SY—4Г1120 四辊压延机	用于 PVC 软膜、钙塑片压花、冷却和卷取	上海橡胶机械厂
SY—F4Г1120A	SY—4Г1120 四辊压延机	用于 PVC 透明片、彩色硬片及薄膜生产线上引离、加热、冷却、切边、牵引等	上海市北蔡轻工机械厂
SY—F4Г1800B	SY—4Г1730B 四辊压延机	用于外贴法压延人造革生产线上导开、预热、冷却、卷取等	
SYRG—F4Г1900	SY—4Г1900 异径四辊压延机	用于人造革生产线上异开、预热、牵引、贴合、冷却、切边、卷取等	
SYM—F4Г2360	SY—4Г2360 异径四辊压延机	用于薄膜牵引、压光、冷却、卷取	大连橡胶塑料机械厂
SYM—F4Г2500	SY—4Г2500 四辊压延机	用于薄膜生产线上牵引、压光、冷却、卷取等	
SYLM—F4F4600	SY—4Г2360 异径四辊压延机	用于 PVC 薄膜扩幅生产线上牵伸、扩幅、牵引、冷却、切边、切割、卷取等	

表 5-14　塑料人造革压延机辅机型号及性能参数

压延主机型号		SY—4Γ1730B	SYY—4Γ1900	SYY—4Γ1900	SY—4Γ2030	SY—4Γ2300
压延辅机型号		SYRG—F4Γ1800B	SYRG—F4Γ1900	SYRG—F4Γ900A	SY—F4Γ2030	SY—F4Γ2300
主机辊筒规格（直径×长度）/mm		φ610×1730	φ570×1900 φ610×1900	φ570×1900 φ610×1900	φ610×2030	φ660×2300
制品宽度/mm		1200	1500	1500	1700	2000
生产线速度 /(m/min)	主机	—	6～60	6～60	6～60	6～60
	辅机	8～80	8～100	8～100	10～100	10～100
引离辊规格（直径×长度）/mm		—	φ200×1900	φ200×1900	φ200×1990	φ150×2300
贴合辊规格（直径×长度）/mm		φ250×1500	φ200×1830	φ200×1830	φ220×1890	φ200×2200
橡胶辊规格（直径×长度）/mm					φ380×1890	φ380×2200
贴合最大线压力/(N/cm)		300	400	400	350	350
预热辊规格（直径×长度）/mm		φ150×1500	φ500×1750	φ500×1750	—	φ500×2200
基布最大导开直径/mm		φ800	φ800	φ800	φ800	φ800
缓冷辊规格（直径×长度）/mm					φ200×2030	φ150×2360
冷却辊规格（直径×长度）/mm		φ570×1800(6 个)	φ570×1900(8 个)	φ570×1900(8 个)	φ570×2030(8 个)	φ570×2300(8 个)
卷取方式		表面卷取	表面卷取	中心卷取	表面卷取	中心卷取
最大卷取直径/mm		φ600	φ1000	φ1000	φ1000	φ1000

表 5-15　PVC 塑料压延拉伸拉幅薄膜生产线设备的型号和参数

压延主机型号		SY—4Γ1730	SYY—4Γ2360	SY—4Γ2500B	SY—4Γ2500B
压延辅机型号		SYLM—F4Γ3000	SYLM—F4Γ4700	SYLM—F4Γ5000	SYLM—F4Γ5000A
主机辊筒规格（直径×长度）/mm		φ570×1730	φ610×2360 φ570×2360	φ660×2500	φ660×2500
制品宽度/mm		2300	4000	4000	4000
生产线速度 /(m/min)	主机	6～60	6～60	6～60	6～60
	辅机	10～120	10～120	12～120	12～120
引离辊规格（直径×长度）/mm		φ150×1730(6 个)	φ150×2290(5 个)	φ150×2500(6 个)	φ150×2500(6 个)
压花(光)辊规格（直径×长度）/mm		φ200×1730	φ250×2290	φ355×5000	φ220×2500
橡胶辊规格（直径×长度）/mm		φ260×1730	φ300×2290	φ380×5000	φ380×2500
压花(光)最大线压力 /(N/cm)		400	235	180	360
扩幅装置最大出口宽度/mm		3000	4600	5000	5000
扩幅装置结构形式		平拉幅	平拉幅	斜拉幅	斜拉幅
缓冷辊规格（直径×长度）/mm		φ150×1730(4 个)	φ150×2360(4 个)	φ260×5000(3 个) φ350×5000(2 个)	φ260×5000(3 个) φ350×5000(3 个)
冷却辊规格（直径×长度）/mm		φ610×3000(8 个) φ260×3000(13 个)	φ610×4600(8 个) φ260×4600(17 个)	φ610×5000(9 个)	φ310×5000(16 个)
卷取方式		自动切割表面卷取	自动切割表面卷取	自动切割表面卷取	自动切割表面卷取
最大卷取直径/mm		φ300	φ300	φ300	φ300

表 5-16　大连橡胶塑料机械厂的压延机辅机性能参数

辅 机 型 号	SYM—F4Г2360	SYM—F4Г2360A	SYLM—F4Г4600
速度/(m/min)	6～100	8～108	10～120
牵引辊(直径×长度)/mm	ϕ200×2360(3 个)	ϕ150×2360(6 个)	ϕ150×2360(5 个)
压花辊最大压力/(N/cm)	235	235	235
缓冷辊规格 (直径×长度)/mm	ϕ150×2360(4 个)	ϕ150×2360(4 个)	ϕ150×2360(9 个)
冷却辊规格 (直径×长度)/mm	ϕ700×2360(6 个)	ϕ700×2360(8 个)	ϕ610×4600(8 个)
薄膜制品宽度/mm	2000	2000	4000
薄膜制品厚度/mm	0.08～0.30	0.08～0.30	0.08～0.30(压花)
薄膜制品卷取最大直径/mm	300	300	300
机器的外形尺寸 (长×宽×高)/mm	8350×5650×2100	11360×5480×2452	12660×10650×2797
机器质量/t	20	28	58

5-8　压延机由哪些主要零部件组成?

压延机是塑料制品生产加工成型多种设备中的一种重要设备。为了适应不同塑料制品成型的需要,保证制品的生产质量及性能要求,压延机的结构有多种类型。其结构形式的变化,主要是改变辊筒数量和排列形式。但是,不管压延机结构形式如何变化,组成压延机的主要零件还是基本相同的。

常用的三辊压延机结构如图 5-17 所示。四辊压延机结构如图 5-18 所示。

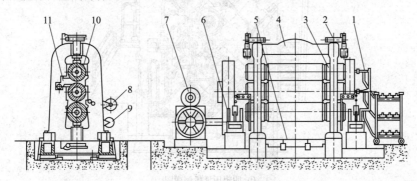

图 5-17　常用三辊压延机结构

1—加热输送蒸汽管路；2—辊筒调距装置；3—轴承；4—机架；5—安全装置；6—润滑装置；7—传动装置；8—剥离辊；9—料边卷取装置；10—辊筒；11—挡料板

压延机的结构组成,无沦是三辊压延机,还是四辊压延机,按其工作系统分,主要包括传动系统、压延系统、辊筒加热系统、润滑循环及冷却系统和电控系统。

(1) 传动系统组成　传动系统主要由下列零部件组成:电动机(直流电动机、换向器电动机或三相异步电动机)、联轴器、齿轮减速箱和万向联轴器等。

目前,四辊压延机上的 4 根辊筒多数采用直流电动机单独驱动。4 根辊筒的转速通常都不相同,根据制品的工艺条件要求,应调节成不同的转速比来完成压延机的压延成型工作。

(2) 压延系统的组成　压延系统主要由下列零部件组成:辊筒(辊筒数量一般在 2～5根,应用最多的 3～4 根)、辊筒轴承、机架和机座等,它们是压延机设备上压延系统的主要零件。

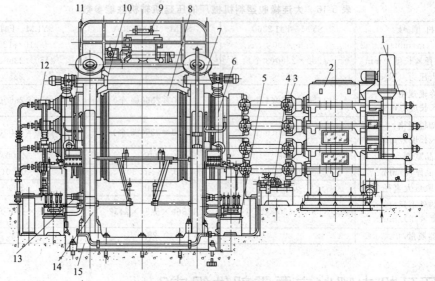

(a) 四辊压延机主视图

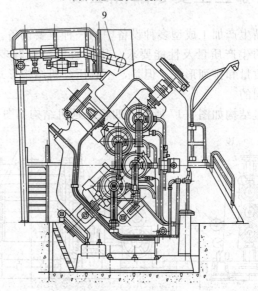

(b) 四辊压延机侧视图

图 5-18　四辊压延机（SY—4S—1800）结构组成

1—电动机；2—齿轮减速箱；3—联轴器；4—液压系统；5—润滑油箱；
6—拉回装置；7—辊筒调距装置；8—辊筒；9—输送带；10—挡料板；
11—轴承座；12—旋转接头；13—切边装置；14—机架；15—机座

　　轴承座支撑辊筒转动。轴承座安装在机架上，分别在两平行机架的轴承窗内定位。两平行的机架与机座平面垂直，由螺栓紧固相互位置。为了保证机架的平行和工作强度，两机架间还有几根连杆或横梁定位、连接拉紧。另外，压延系统的辅助工作装置，还有辊筒的调距装置、轴交叉装置、拉回装置和挡料板及切边装置。这些装置是为辊筒的压延工作而设置的，用来调整、控制和保证辊筒之间间隙的均匀性及工作可靠性，以保证压延成型塑料制品质量的稳定，使制品的尺寸精度能稳定控制在工艺要求的公差范围内。

　　（3）辊筒的加热系统　辊筒加热系统是为保证辊筒对制品用原料的塑化、压延时所需要的工艺温度能控制恒定在一定范围内而设置的，以保证制品质量的稳定，使生产能正常进行。辊筒的加热方式有导热油循环加热、过热水循环加热和蒸汽循环加热。设备有电阻丝加热或锅炉加热系统、输送管路和输送泵等。

（4）润滑系统　润滑系统保证辊筒轴承润滑油系统循环，使高温条件下工作的轴承承受重载荷运转时，能得到循环油良好的润滑。另外，润滑油系统中还装有对润滑油的冷却降温装置，将润滑油的温度控制在一定范围内工作，以保证辊筒轴承得到良好的润滑。润滑油循环系统由齿轮泵、输油管路、冷却循环水管路及润滑油的过滤网和温度显示等零部件组成。

（5）电控系统　电控系统由电控操作台统一控制并保证安全供电，控制驱动辊筒旋转传动用电动机的启动、停止及转速的调整，控制压延机设备上各辅助装置用电动机的的启动、停止及紧急停车等项工作。

5-9　对压延机传动系统的工作有哪些要求？

压延机的传动系统是保证压延机中的辊筒在压延塑化塑料制品成型时能高速平稳运转正常工作的重要系统。为能适应不同塑料制品用原料的工艺条件要求，压延机设备上的辊筒工作用传动系统应具备下列条件。

① 电动机的功率应能保证承受重载荷，以保证高温辊筒在工艺要求条件下正常运转。

② 辊筒工作面线速度能够调整变化，各辊筒的转速能够单独调节；同时，还应保证各辊筒间有一定的转速差。

③ 辊筒工作转动应平稳，每个辊筒的转速和辊筒间的转速差要保证恒定，工作时传动噪声要尽量小。

④ 传动系统在保证上述条件下，要尽量结构简单、紧凑，制造比较容易，操作和设备维护都比较方便。

传动系统主要由电动机（直流电动机、换向器电动机或三相异步电动机）、联轴器、齿轮减速器和万向联轴器等主要零部件组成。

目前应用较多的四辊压延机，其4根辊筒多数采用由直流电动机单独驱动。4根辊筒的转速通常都不相同。根据压延制品的工艺要求，调节成不同的转速比来完成压延塑料成型制品工作。

5-10　传动系统组成方式有几种类型？各有什么特点？

压延机中辊筒的工作旋转驱动方式，可分为用一台普通电动机驱动，用一台直流电动机驱动和用多台直流电动机分别驱动每根辊筒旋转。

（1）用一台普通电动机驱动　压延机上的各辊筒采用由一台三相异步电动机驱动的方式，20世纪50年代初就开始在国内应用，初期是用三相异步电动机，60年代改用三相交流串励异步电动机。由一台电动机驱动辊筒旋转工作的传动方式如图5-19所示。

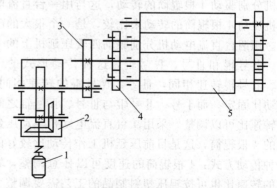

图 5-19　用一台电动机驱动辊筒旋转工作的传动方式

1—电动机；2—齿轮减速器；3—齿轮；

4—传动人字形齿轮；5—辊筒

这种传动的主要零部件有电动机、齿轮减速器、传动齿轮、轴承和辊筒。

图 5-19 中传动方式的工作特点如下。

① 传动结构中零件少，结构比较简单，制造容易，造价低。

② 生产操作容易，维修比较方便。

③ 设备占地面积小。

④ 由一台三相异步电动机驱动，辊筒只有一种工作转速，不能适应多种塑料压延成型工艺要求。如果采用换向器电动机，辊筒的工作速度调整范围也很小，制品生产品种也受到限制。

⑤ 传动系统中的齿轮制造质量对制品的成型质量有较大影响。

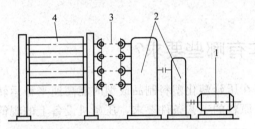

图 5-20 用一台直流电动机驱动辊筒传动方式

1—直流电动机；2—齿轮减速器；3—万向联轴器；4—辊筒

⑥ 传动齿轮润滑条件差，齿轮工作磨损较快。

（2）用一台直流电动机驱动 用一台直流电动机驱动辊筒转动的传动方式如图 5-20 所示。它是在原一台交流电动机驱动辊筒转动传动方式的基础上改进的。这种传动方式由一台直流电动机驱动，把全部减速齿轮都装在一个减速器内；然后由减速器内伸出的几根输出轴，分别通过万向联轴器，带动一个辊筒转动，使压延机的传动工作质量得到改善。其工作性能要比第一种传动方式优越许多。

① 辊筒的转速调整范围较大，可以提高压延机的产量。

② 传动齿轮的质量对压延制品的质量影响程度较小。

③ 齿轮传动的工作环境和润滑条件得到改善，延长了齿轮的工作寿命。

但是，这种传动方式各辊筒之间仍旧没有转速差值，一般还只限于专用产品使用。

（3）用多台直流电动机分别驱动每根辊筒 用 2 台或 4 台直流电动机分别驱动辊筒转动的传动方式如图 5-21 所示。这种传动结构形式于 20 世纪 70 年代末在国内的引进设备上开始应用。

采用两台直流电动机分别驱动四辊压延机上的 Ⅰ 号、Ⅱ 号辊筒和 Ⅲ 号、Ⅳ 号辊筒或用 4 台直流电动机分别驱动 4 根辊筒的转动，这与用一台直流电动机驱动 4 根辊筒的转动来比较，是一个很大的改进。用两台直流电动机分别驱动四辊压延机上的 Ⅰ 号、Ⅱ 号辊和 Ⅲ 号、Ⅳ 号辊，这种传动形式的 Ⅰ 号、Ⅱ 号辊转速相同，Ⅲ 号、Ⅳ 号辊的转速相同，传动比固定。而 Ⅰ 号、Ⅱ 号辊与 Ⅲ 号、Ⅳ 号辊之间的转速比可以调整。采用 4 台直流电动机驱动压延机的 4 根辊筒，这是目前压延机工作传动比较好的一种传动方式：4 根辊筒的速度可以任意调整，辊间的转速比也可按辊压塑料制品的工艺需要调整变化。不同的辊筒转速差，可以适应不同塑料制品的成型工艺需要。辊筒的转速和辊筒的速度差变化大，这可大大提高生产制品的产量，扩大压延塑料制品的应用范围。

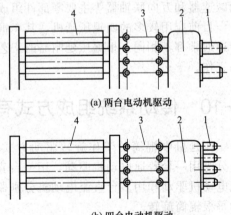

(a) 两台电动机驱动

(b) 四台电动机驱动

图 5-21 用 2 台或 4 台直流电动机分别驱动辊筒传动的传动方式

1—电动机；2—齿轮减速器；
3—万向联轴器；4—辊筒

5-11 压延机压延系统的工作应具备哪些条件?

压延机的压延系统是成型塑料制品的压延加工部位。熔料经过压延机各辊筒的滚压后,成型出塑料制品薄膜或片材。压延系统的组成零部件有辊筒、辊筒轴承、机架、机座、挡料板和切边装置。另外,还有用于调整辊筒之间距离大小的调整装置以及为辊筒工作产生挠度变形时设置的补偿装置等。

压延系统中各零部件的加工制造精度及其工作效果,将会直接影响压延成型塑料制品的质量。所以,要想保证压延系统正常工作,生产出合格的塑料制品,压延系统工作应具备下列条件。

① 组成压延系统工作的各零部件要具备压延成型塑料薄膜或片材时所需的足够的工作强度,在压延工作中的重载负荷作用下,辊筒的挠曲变形量应最小;辊筒转动工作时,机架稳定,振动小,噪声小。

② 辊筒应具备有压延成型塑料薄膜或片材的工艺温度、转速及各辊筒间的转速差。

③ 为适应不同薄膜制品的厚度成型要求,各辊筒间的距离间隙大小要能随意调整。

④ 在压延成型制品的生产过程中,辊筒要有可调的工艺要求温度,转速平稳,速度恒定。

⑤ 压延系统中的主要零件辊筒要有较高的几何形状精度;工作画的表面粗糙度 Ra 应不大于 $0.05\sim0.02\mu m$,硬度(HS)为 $68\sim75$,辊筒的工作面要耐蚀、耐磨和有足够刚性。

⑥ 压延系统结构要尽量简单、紧凑,维修和生产操作比较方便,造价低。

5-12 辊筒有几种结构形式? 对其工作有哪些技术要求?

辊筒是压延机设备上最重要的零件,它的几何形状精度和工作效果将直接影响塑料制品的质量。另外,辊筒的精度和工作质量也直接体现了这台压延机的制造精度质量。因此,无论是机器的制造厂,还是生产塑料制品的使用企业,对辊筒的质量和加工精度都非常重视。

(1) 辊筒的结构 辊筒从外表看基本上都是一种结构形式。如果从辊筒内的加热空腔形状分,可分为空腔式辊筒和多孔式辊筒,如图 5-22 所示。

① 空腔式辊筒 辊筒结构采用空腔式,目前在国内应用还比较多。空腔的内径是辊筒工作面外径的 $0.55\sim0.62$ 倍。这种结构形式的辊筒适合于用蒸汽通入内腔加热,由于蒸汽是从辊筒的一端进入,然后再从此端排出冷凝水和废蒸汽,所以辊筒的工作面温度差较大。蒸汽加热辊筒的温度不超过 190℃。

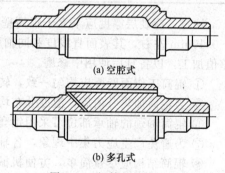

(a) 空腔式

(b) 多孔式

图 5-22 辊筒的结构形式

为了保证辊筒的工作强度和刚性,其空腔壁厚要有一定的尺寸,这样加热空腔直径要受到限制,辊筒的加热时间较长。由于辊筒空腔有一定的厚度,所以降低辊筒温度时的速度也较慢。所以,这种结构辊筒的温度控制难度较大。目前这种结构形式的辊筒改用导热油为介质进行加热,由于采用泵循环导热介质油,辊筒的加热升温速度较快,辊面工作温度可达 200℃,辊面两端的温度差也比较小。

② 多孔式辊筒 这种辊筒是在它的工作面圆周灰铸铁部位均匀等分排列钻孔,孔的直

径一般在 30mm 左右。这种形式的辊筒受热面积大，辊筒工作面升温较快，由于导热油孔是均匀排列分布，辊筒的受热升温也比较均匀。由于辊面工作温差较小，也就提高了塑料制品质量的稳定性。

多孔式辊筒的加热介质可用导热油，也可用过热水，辊筒的加热温度可达 220℃ 以上。温度控制调整比较灵活且升降温的速度也较快。从结构形式看，这种辊筒的工作强度和刚性都比空腔式辊筒高许多。但由于辊筒的工作面较长，孔的直径又较小，则孔的钻削加工难度较大，增加了辊筒的制造费用。

（2）辊筒的技术要求

① 辊筒工作应有足够刚性，在高温条件下工作不变形；在压延制品成型时，其挠曲变形应最小。

② 辊筒用普通冷硬铸铁或合金冷硬铸铁铸造成毛坯 采用离心浇铸法铸造，可使铸件内孔和外圆有较好的同轴度，壁厚均匀，气孔也会减少许多。目前，国外也有采用合金钢锻造或铸钢制造辊筒毛坯的，这对提高辊筒刚性，减轻辊体质量有利。但这种辊筒造价高，在压延含有增塑剂的塑料制品时，熔料容易粘贴在辊面上，给操作带来一定难度。

③ 辊筒经机械磨削加工后，轴颈与不加工内表面同轴度公差见表 5-17，工作面表面粗糙度 Ra 应≤0.05～0.02μm，表面不许有气孔、裂纹及压痕等现象。辊面要耐磨、耐蚀，白口深度及表面硬度要求见表 5-18。

表 5-17　辊筒轴颈与不加工内表面同轴度公差　　　　　　　　　　单位：mm

辊筒工作面直径	≤250	>250～400	>400～500	>500
公差值	5	8	10	12

表 5-18　辊筒机加工后工作面白口深度及表面硬度

辊筒直径/mm		≤250	>250～400	>400～500	>500
白口深度/mm		3～13	4～20	4～22	5～24
工作表面硬度 HS	普通冷硬铸铁	65～72			
	合金冷硬铸铁	68～75			
轴颈表面硬度 HS	普通冷硬铸铁	26～36			
	合金冷硬铸铁	35～48			

注意：冷硬层厚度应不大于辊筒壁厚的 1/2（一般为 15～20mm）。工作面外径偏差为 +0.10mm 左右，其表面直线度和同轴度公差应≤2μm。在外径精加工时，要尽量按上述偏差值加工，以备日后使用中修磨。

④ 辊筒工作面壁厚应均匀一致，转动时不允许有较大的偏重现象。

⑤ 当辊筒加热升值后，温度分布均匀，各部位温度差不应超过±5℃（指空腔式辊筒）。

⑥ 辊筒轴颈的轴承部位可采用钢套结构，钢套硬度（HS）应大于 35。

⑦ 为避免产生应力集中现象，各轴径过渡处应采用圆弧过渡。

⑧ 辊筒结构应尽量简单，方便机械加工，造价低。

⑨ 辊体灰铸铁部分抗拉强度不低于 180MPa，抗弯强度不低于 360MPa。铸造辊体用冷硬铸铁熔炼化学成分标准见表 5-19。

⑩ 空腔结构型辊筒的内孔应进行机械加工 辊筒如果采用钻孔型结构，则需加工出中心孔和周边温度控制小孔。辊筒机加工后必须做水压试验，在 1.6MPa 试验压力下持续 10min 不得出现渗漏现象。

⑪ 对于辊筒缺陷规定如下。

a. 不许存在裂纹。

表 5-19 铸造辊体用冷硬铸铁熔炼化学成分标准

辊筒材料		化学成分(质量分数)/%								
		C	Si	Mn	P	S	Ni	Cr	Mo	Cu
普通冷硬铸铁							—		—	—
合金冷硬铸铁	镍-铬合金	3.20~3.80	0.30~0.90	0.20~0.60	≤0.60	≤0.12	0.40~1.00	0.20~0.50	—	—
	铜-铬合金						—		—	0.50~1.00
	钼-铬合金						—		0.20~0.50	—

b. 辊筒的非工作面允许有直径 2mm 以下的气孔、砂眼，但数量不超过 3 个。

c. 辊筒的工作面不允许有气孔、砂眼及缩松等现象；在齿轮安装部位允许有 3mm 以下气孔或砂眼，但数量不超过 3 个。

5-13 机架的结构特点及技术条件要求有哪些?

机架体是压延机设备中用来支撑、固定压延机组成零部件的一个框架。如辊筒、辊筒轴承座、调距装置和轴交叉装置等各主要零部件，都固定安装在机架体上或在机架体内滑动及转动。机架体由机架、机座和连接横梁等主要零件组合在一起，由螺钉连接固定。它应有足够的强度和刚性，以保证机架体上各零部件能正常工作。

由于压延机辊筒的数量和排列方式不同，使机架有多种结构形式。图 5-23 所示为 Γ 形四辊压延机机架形式。图 5-24 所示为 Γ 形四辊压延机机座形式。

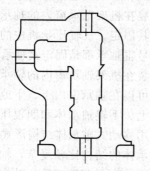

图 5-23 Γ 形四辊压延机机架体

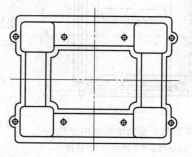

图 5-24 Γ 形四辊压延机机座

为了减轻机架体的重量，多数设计成空心结构，内有加强筋来保证其支撑强度和刚性。各零件的组合接触平面经机械加工后，其表面粗糙度 Ra 应≤2.5μm。

机架上的轴承座窗孔用于安装辊筒的轴承座，注意其宽度尺寸要大于辊筒工作面直径 50~60mm，以能使辊筒和轴承座在吊运安装时方便通过。窗孔两侧面在机加工时，一定要保证两平面的平行和与底平面的垂直精度。加工后表面粗糙度 Ra 应≤2.0μm。

机架体一般多用 HT350 灰铸铁铸造成毛坯，特殊要求时也有用铸钢或球墨铸铁铸造成毛坯。

5-14 辊筒支撑轴承有几种结构类型? 各有什么特点?

辊筒的工作转动支撑由辊筒轴颈两端的滑动轴承或滚动轴承承担。轴承座装配在机架体的轴承窗框内，它是支撑辊筒，保证其能正常工作的主要零件。目前，国内压延机多数用滑动轴承。大连橡胶塑料机械厂现在已生产采用滚动轴承的压延机。进口压延机多数采用滚动轴承支撑辊筒工作。

辊筒轴承的工作条件非常差，既要承受辊筒较重的转动负荷，又要在很高温度环境下长期工作，所以要求辊筒轴承应具备以下几个条件。

① 要有足够的强度和刚性，能长期承受辊筒的重负荷工作，有较长的工作寿命。

② 要有良好的散热性能，金属材料热膨胀系数小，保证辊筒轴颈与轴承衬的滑动配合间隙。

③ 选用滑动轴承衬材料时，注意要用摩擦因数小的铜合金制造，以减小辊筒转动时功率的消耗。

④ 注意辊筒轴颈与滑动轴承衬的配合间隙及润滑油注入孔的位置选择，这对保证轴承有良好的润滑和延长滑动轴承工作寿命有重大影响。

⑤ 辊筒轴颈采用滚动轴承时，滚动轴承的制造精度要高，这样才能保证制品的质量。滚动轴承内套孔与辊筒轴颈应采用静配合。

（1）滑动轴承　目前，在国内应用滑动轴承于压延机上支撑辊筒的数量较多。滑动轴承座结构简单，制造容易，制造用材料（HT250 或 HT300）价格也便宜，对这种轴承的维修拆卸也比较方便。

滑动轴承座由轴承体、轴衬、密封压盖、挡油环和密封圈等零件组成。滑动轴承座的结构如图 5-25 所示。

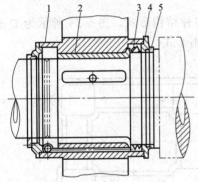

图 5-25　滑动轴承座的结构
1—轴承体；2—轴衬；3—挡油环；
4—密封压盖；5—密封圈

① 轴承座　滑动轴承座的结构按其工作性能的不同可分为固定式、移动式和自动调心移动式等。

固定式轴承体是指装在机架轴承窗内的轴承体，按要求调整后，用楔块将其固定。三辊压延机中的中辊轴承、四辊压延机中的Ⅲ号辊轴承都是固定式轴承体。

移动式轴承体是指装在机架轴承窗内的轴承体。为了调整辊筒间的距离，可以在轴承窗内上、下或左、右移动。三辊压延机中的上、下辊轴承体和四辊压延机中的Ⅱ、Ⅳ辊轴承体都采用移动式轴承体结构形式。

自动调心移动式轴承体的结构比较复杂，轴承体内有能够自动调心的弧形面。为了调整辊筒的轴交叉，当辊筒轴线偏移时，由于能自动调心，可保持辊筒轴颈与轴承衬的配合位置及配合间隙不变。三辊压延机中的Ⅲ号辊和四辊压延机中Ⅳ号辊筒轴承体多采用自动调心轴承体，可以通过上、下移动来调整辊筒间距离。

轴承体的宽度尺寸与机架窗框宽尺寸相同，两零件间配合为间隙配合。从方便辊筒装配角度考虑，机架窗框宽度应是辊筒工作面直径加上 50mm。轴承体的中心高度 h（如图 5-26 所示）计算公式如下：

$$h = \frac{D}{2} + (5 \sim 10)\,\text{mm}$$

式中　D——辊筒的工作面直径，mm。

h 值的限制是为了防止当两辊筒工作面间隙为零时，两辊筒的轴承座体相碰。

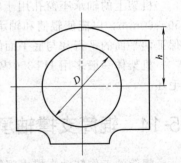

图 5-26　轴承体的中心高度

② 轴衬，也称为轴瓦　它是滑动轴承中与辊筒轴颈产生相对运动、承受载荷、有较大摩擦的零件。一般多采用摩擦因数小的合金材料制造，铸造成毛坯，经机械加工后，外圆与轴承体内孔压紧配合，再用骑缝螺钉固定。

轴衬的制造材料和加工质量及油孔分布位置对它的使用寿命和是否能保证压延机长时间正常运转有较大影响。所以，对轴衬提出以下几点设计要求。

① 轴衬的材料　轴衬用材料应是耐磨性好、有一定硬度、在高温环境中工作变形小、能支撑较重负荷滑动的减摩材料。如经常应用的磷锡青铜合金等。

② 轴衬的各部分尺寸　轴衬的主要尺寸内孔由辊筒的轴颈尺寸来确定，轴颈尺寸应是辊筒工作面直径的 0.65～0.70 倍。轴衬内径与辊筒轴颈的外径尺寸相同，两零件间的配合间隙可参照表 5-20 选取。轴衬外径与轴承体采用 H8/n7 或 H8/p7 配合。轴衬内孔表面粗糙度 Ra 应不大于 $1.6\mu m$，然后再用刮刀刮削或经磨石研磨修光。

表 5-20　辊筒轴颈与轴衬配合间隙　　　　　　　　　　单位：mm

辊筒工作面直径	辊筒工作面长	辊筒轴颈与轴衬配合间隙
230	630	0.20～0.40
450	1250	0.45～0.65
650	1800	0.65～0.85

③ 注油孔位置　轴衬上钻出注油孔和开出输油沟，是为了注入和输送润滑油，使润滑油能合理地在轴衬内分布，形成润滑油膜层，保证轴衬工作时得到良好润滑。由于润滑油孔的位置和油沟的分布走向对轴衬润滑状况影响较大，所以通常在轴衬上要开两个注油孔。一个注油孔开在轴衬受压部分中点前 $100°$ 处位置［如图 5-27（a）］，此处注油孔油沟向受压部位延伸，逐渐由深变浅。另一注油孔位置是从当辊筒空载旋转时的位置考虑。由于辊筒本身重力的作用，使轴衬的受压和旋转摩擦区发生变化，这个注油孔开在空载辊筒旋转轴衬受压前方［如图 5-27（b）］，油沟沿辊筒旋转方向向前延伸，由深逐渐变浅。

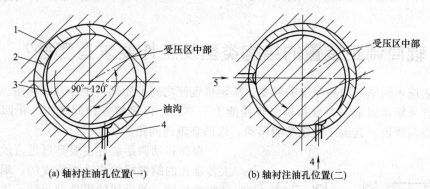

(a) 轴衬注油孔位置(一)　　　　　　(b) 轴衬注油孔位置(二)

图 5-27　轴衬注油孔位置

1—轴承体；2—轴衬；3—辊筒轴颈；4—辊筒重载时的注油孔；5—辊筒无负荷时的注油孔

滑动轴承中的压盖、挡油环和密封圈的作用主要是用来防止有一定压力的循环润滑油在轴衬处流出。当这些零件装配时，密封盖和密封圈的压力要适当，以循环润滑油的最少泄漏为准。不要认为密封盖的压力越大越好，那样会加快密封圈的磨损。应该知道密封圈是易损件，压延机开始生产工作后，易损件就应有足够的备件，发现润滑油渗漏较严重时要及时更换。

（2）滚动轴承　辊筒的轴颈部位采用滚动轴承支撑，这在国内的压延机生产制造中的应用也越来越广泛。辊筒旋转支撑采用滚动轴承的优点是：由于轴颈部位与轴颈支撑轴承间没有相对摩擦运动，使辊筒轴颈不会出现磨损现象，这样也减少了辊筒轴颈处的旋转摩擦阻力，同时也降低了辊筒工作的动力消耗，延长轴颈部位的工作时间。因此，维修次数减少，设备维修费用降低，制品质量也得到保证。采用滚动轴承的压延机，可生产最小厚度达 0.03mm 的薄膜。但是，辊筒轴颈部位用滚动轴承对制造精度要求很高，滚动轴承的生产制造难度比较大，使滚动轴承的售价很高。这样，压延机的制造费用也就增加了许多。

目前，国内制造使用的压延机辊筒轴承和引进国外生产的压延机辊筒用滚动轴承多采用双列滚柱轴承和双列圆锥滚子轴承。两种滚动轴承的结构分别如图 5-28 和图 5-29 所示。另外，双列调心滚子轴承也有应用。

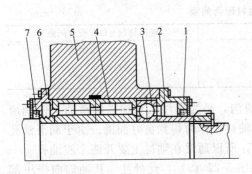

图 5-28　辊筒用双列滚柱轴承结构

1,6—压盖；2—调节环；3—深沟球轴承；
4—双列滚柱轴承；5—轴承座；7—挡圈

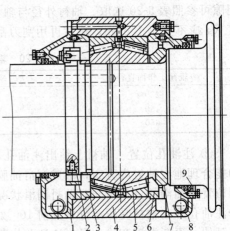

图 5-29　辊筒用双列圆锥滚子轴承结构

1,8—压盖；2,3,6,7—挡圈；4—轴承座；
5—双列圆锥滚子轴承；9—密封圈

5-15　辊筒调距装置的结构类型及工作要求有哪些?

为了适应不同压延制品厚度的需要，压延机辊筒之间的距离应能移动和调整。在三辊压延机中，Ⅱ号辊筒固定，Ⅰ号和Ⅲ号辊筒能上下移动，以调整辊筒间距离。在四辊压延机中，Ⅲ号辊筒固定，其他三根辊都能移动，以调整辊筒间距离。

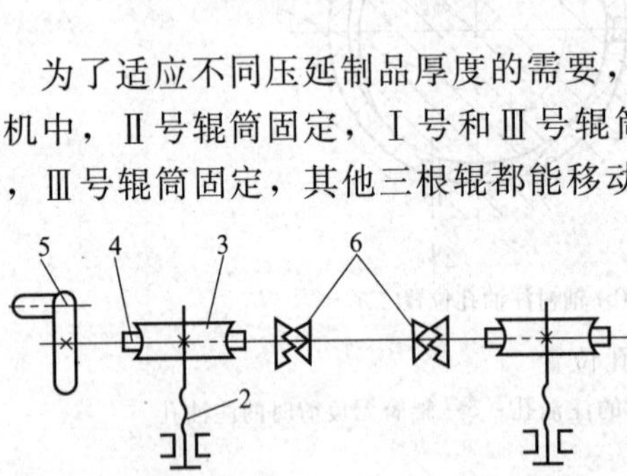

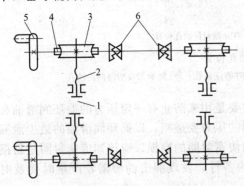

图 5-30　手动式辊筒调距结构

1—轴承体；2—丝杆；3—蜗轮；4—蜗杆；
5—手轮；6—离合器

辊筒移动调距装置主要是通过占地小、有较大传动比的蜗杆蜗轮传动而实现的，蜗杆旋转带动蜗轮旋转，然后蜗轮再带动与轴承体相连的丝杆，在螺母转动时使丝杆在螺母间移动，同时使辊筒轴承移动，使辊筒间距离得到调整。辊筒调距的具体结构如图 5-30～图 5-32 所示。

图 5-30 所示传动结构是早期三辊压延机用手动式辊筒调距结构：它用手轮带动一根蜗杆轴，使蜗轮转动，再通过丝杆带动轴承体移动。中间离合器的作用是使两端能单独进行调距传动。

图 5-31 和图 5-32 是由电动机驱动的调距装

置，其不同之处在于带动轴承体的螺杆端的结构。图5-31中螺杆端为球形连接，这种球形体工作一段时间后容易磨损，会有较大的配合间隙，使得辊距间的调距精度比较难以控制。图5-32中调距螺杆端采用球面轴承连接，这是一种能够自动调心的推力轴承。这种传动方式既能减少转动时的摩擦阻力，又能自动调心，可以适应两端轴承移动距离不相等时的工作条件。

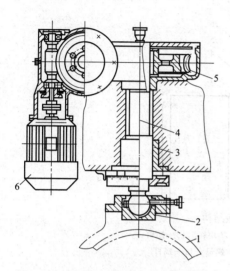

图5-31 调距螺杆端球形连接传动结构
1—轴承体；2—铜制球形槽；3—螺母；4—螺杆；
5—蜗杆减速器；6—电动机

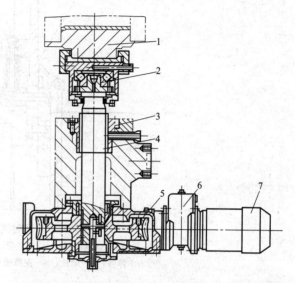

图5-32 调距螺杆端采用球面轴承连接传动结构
1—轴承体；2—球面轴承；3—螺母；4—螺杆；5—蜗杆
减速器；6—行星摆线减速器；7—电动机

电动机驱动调距装置工作要求如下。

① 驱动电动机应采用双速电动机，通过行星摆线针轮减速器和蜗杆蜗轮减速后，带动丝杆旋转调距。调距速度分快速（用于大距离粗调距）和慢速（用于小距离微调）两种方式。

② 应装有限定调距范围的限位开关或位移传感器，以避免因大意操作，使调距范围过大而造成设备损坏。

③ 辊距指示装置应设在操作工易观察的部位，以使操作者能随时知道辊距调整状况。

④ 必要时，可在调距装置的螺杆头部设置安全片，也可使调距螺母的安全系数小于辊筒、机架等重要零件的安全系数，以使其主要零件不易损坏。

5-16 挡料板的结构与作用有哪些?

挡料板采用黄铜板制作，有两块，分别处在压延机的Ⅰ、Ⅱ号辊筒之间左右两侧，其作用是在压延机生产之前，根据生产制品用料量多少及制品的要求宽度来调整和确定两块挡料板间的距离，以控制熔料的运动进辊位置。

辊筒用挡料板结构如图5-33所示，图示为四辊压延机中一种通用型挡料板的结构组成。挡料板由螺钉固定在支撑架上。支撑架上端孔内有一螺母，螺母装配在横梁内的螺杆上。螺杆转动（手动或电动机驱动）时，通过螺母带动挡料板左右移动，来得到两挡料板间不同的距离。

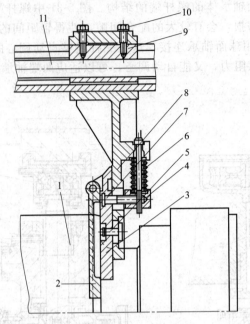

图 5-33　辊筒用挡料板结构

1—辊筒；2—铜挡料板；3—垫板；4—垫块；5,10—螺钉；
6—弹簧；7—螺栓；8—支撑架；9—螺母；11—螺杆

5-17　辊筒挠度是指什么？对压延制品有什么影响？

从压延机成型塑料制品的过程可以知道，辊筒压延物料使其伸展成薄形制品，主要是辊筒对物料的压延力作用的结果。工作时，辊筒要受到物料企图把对它的碾压力分开的反力作用，该分开力对辊筒而言，就是辊筒对物料的横压力。由于物料在整个辊筒工作面上受压，所以，这个横压力也就分布在整个辊筒工作面上。

辊筒碾压物料成型制品用横压力的大小受多种因素影响（如两相邻辊筒距离间隙大小、被碾压物料的性能、辊筒直径与其工作面长度的变化、辊筒转速、加料方式及辊筒排列形式等）。辊筒产生横压力的计算，对上述条件影响参数选择比较复杂，其计算结果的误差比较大，故这里不再详细介绍。但是，从生产实践中可以知道，辊筒工作时碾压物料，受到物料反压力作用，会使辊筒沿整个工作面产生微小的变形。这个变形量在辊筒的工作面中点处最大，称这个变形量为辊筒的挠度。

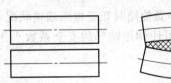

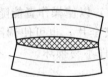

(a) 辊筒无横压力作用时　　(b) 在横压力作用下两
两相邻辊的理论间隙　　　　相邻辊的实际间隙

图 5-34　辊筒工作挠度对制品质量的影响

辊筒压延制品成型工作中产生的挠度对制品质量影响很大，如图 5-34 所示，将使制品呈中间厚两边薄现象。

5-18　怎样改善辊筒挠度对制品质量的影响？

为了改进压延薄膜制品的生产质量、补偿辊筒工作时产生挠度对制品质量的影响，可采取下面的措施。辊筒加工过程中采取中高度补偿法。辊筒轴调整中采取轴向交叉工作法：先在辊筒产生挠度变形压力的反方向预加一个与辊筒产生挠度变形相等的负荷，使辊筒的挠度变形量正、反抵消等。

根据辊筒工作时受物料反压力作用产生的挠度变形状态，把辊筒工作面加工出其变形量的补加值：即中间略高并向两侧逐渐缩小的腰鼓形工作面（图 5-35）。这个辊筒工作面的最大直径与最小直径的差值，就是该辊筒的中高度。目前压延机上辊筒的中高度值在 0.02～0.20mm 范围内。

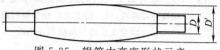

图 5-35 辊筒中高度形状示意

在三辊压延机中，一般是Ⅲ号辊筒留出中高度，中高度值为 0.03～0.05mm。在四辊压延机中，Ⅰ、Ⅱ、Ⅳ 号辊筒都可有中高度。Ⅰ、Ⅱ号辊筒的中高度值在 0.04～0.06rnm，Ⅳ号辊筒的中高值略小些，在 0.02mm 左右。

对于辊筒工作面上中高度的磨削加工，成形出图 5-35 所示的挠度曲线形是非常困难的。一般磨削加工只能加工成近似的圆弧形状。

5-19 辊筒轴交叉是什么动作？怎样调整辊筒轴交叉？

辊筒的轴交叉就是把两根相邻的辊筒以其工作面中点为轴心旋转一个角度（一般在 1°以内），使两根辊筒的轴心线呈空间交叉状态，如图 5-36 所示。轴交叉装置除了辊筒成 S 形排列设置在Ⅳ号辊筒上外，其他辊筒排列形式及三辊压延机的轴交叉装置都设置在Ⅲ号辊筒上。

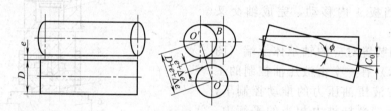

图 5-36 辊筒调整为轴交叉后的间隙变化

辊筒调整为轴交叉后，其中点部位相邻两辊筒的间隙值不变，而沿辊筒中点向两端的间隙逐渐增大。图 5-37 所示即是轴交叉后两相邻辊筒的实际间隙的放大形状。从图 5-37 中可以看到，这个间隙变化正好与辊筒工作时的挠度变形曲线相反。采用轴交叉的目的，就是把这两个变形值叠加起来，使有挠度变形的辊筒加工出的制品为图 5-38 所示的形状。此时制品的横截面厚度偏差值小于没有轴交叉时的制品厚度偏差，起到了补偿或改善辊筒挠度变形对制品质量影响的作用。

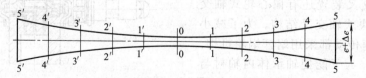

图 5-37 辊筒轴交叉后两相邻辊筒的间隙示意

辊筒采用中高度法和轴交叉法的联合应用，对压延制品质量（即制品的横截面厚度偏差的缩小）有明显的改进效果。所以，目前这种方法应用得较为普遍。轴交叉应用注意事项如下。

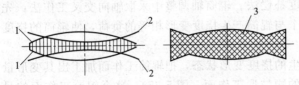

图 5-38　辊筒轴交叉后制品横截面厚度变化示意
1—辊筒挠度曲线；2—轴交叉后相邻辊间隙曲线；
3—轴交叉后的制品横截面形状

① 轴交叉装置设在辊筒轴颈两端，要同时调整。

② 轴交叉调整前，两相邻辊筒工作面间距离要相等，轴交叉移动方向与辊筒调距移动轨迹要垂直。

③ 调整移动轴交叉，是以辊筒工作面中点为轴心转动的，两端轴线交角调整后要相等。

④ 辊筒处于工作状态时（即压延物料时），不允许只一端进行轴交叉调整，以免损坏零件。

⑤ 调整轴交叉角度行程部位要设置限位行程开关，控制行程量，以保证零件安全。

5-20　常用轴交叉装置怎样工作？

目前应用较多的轴交叉装置结构是液压式轴交叉装置。这种液压式轴交叉装置实质上是机械传动轴交叉装置与液压缸工作的相互配合动作，其结构如图 5-39 所示。

液压式轴交叉装置的工作方法如下：电动机转动，通过摆线针轮行星减速器带动蜗杆蜗轮转动，与蜗轮成一体的螺母又带动螺杆 9 上下移动，则推动弧形槽板使轴承体 6 在挡板 4 内移动，完成轴交叉动作。

在与传动装置对应的轴承体上端（图 5-39 上部所示）有一个由液压油控制的工作液压缸，在液压油压力的推动控制下，产生一个与下端螺杆推力相当的平衡力，配合螺杆的上下移动推力对应工作，使轴承体的轴交叉作用位置得到力的平衡和定位，防止轴承体工作时位移。弧形板和弧形槽的作用是当轴交叉调整辊筒轴线偏斜时，轴承体能在上下为同心圆的弧形槽板内转动，自动调整辊筒轴颈与轴承体的正常配合接触。

辊筒的轴交叉装置还有偏心轮式轴交叉结构和双斜块式轴交叉结构。为了减小占地空间，减速传动都采用蜗杆蜗轮机构。轴承体移动后，为了能使轴承体内轴衬与轴颈配合得到调整，也有能自动调整的弧形配合面装置，其结构分别如图 5-40 和图 5-41 所示。

表 5-21 列出了引进压延机设备上轴交叉装置的主要参数。

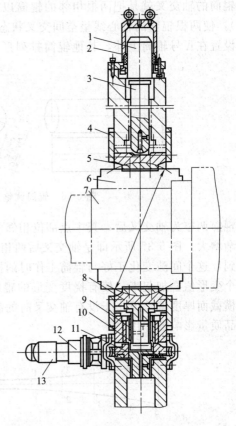

图 5-39　液压式轴交叉装置结构
1—液压缸柱塞；2—液压缸缸体；3—压杆；4—挡板；
5—弧形板；6—轴承体；7—辊筒轴颈；8—弧形槽板；
9—螺杆；10—螺母；11—蜗轮；12—摆
线针轮行星减速器；13—电动机

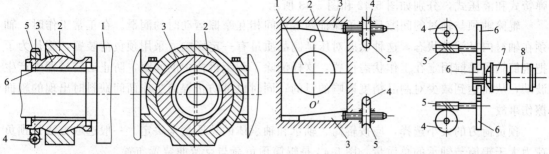

图 5-40　偏心轮式轴交叉装置结构

1—辊筒；2—轴承体；3—偏心轮；
4—蜗轮；5—轴衬；6—蜗杆

图 5-41　双斜块式轴交叉装置结构

1—辊筒轴颈；2—轴承体；3—斜块螺杆；4—蜗轮；5—蜗杆；
6—传动齿轮；7—摆线针轮行星减速器；8—电动机

表 5-21　引进压延机设备上轴交叉装置的主要参数

项目	规格（直径×长度）/mm	550×1200	610×1830	660×2300	700×1800	800×2500	700×1800
		斜Γ形三辊	Γ形四辊	Γ形四辊	S形四辊	S形四辊	S形四辊
安装位置		Ⅰ号辊筒	Ⅲ号辊筒	Ⅲ号辊筒	Ⅰ、Ⅳ号辊筒	Ⅰ、Ⅳ号辊筒	Ⅰ、Ⅳ号辊筒
结构形式		电液式	电液式	电液式	电液式	电液式	双楔块式
最大偏移角度		1°14′	1°2′	52′	1°6′	1°	
最大偏移量/mm		25.5	25	25	25	30	15～20
液压缸定位推力/kN		80	90	100	100	150	
轴交叉移动速度/(mm/min)		3.43	4.15	2.84	4.81	4.81	
驱动电动机功率/kW		0.8	0.75	0.75	0.75	1.1	2.2

5-21　辊筒预负荷装置的作用是什么？

辊筒预负荷装置又称为拉回装置，安装在辊筒的轴颈两端，机架的外侧。其结构形式分

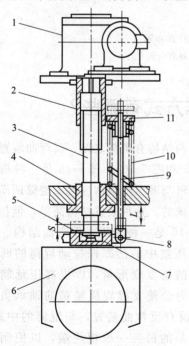

图 5-42　弹簧式结构预负荷装置

1—蜗杆减速器；2—托架；3—螺杆；4—螺母；
5—推力轴承；6—轴承体；7—推力轴承座；
8—销钉；9—拉杆；10—弹簧；11—压板

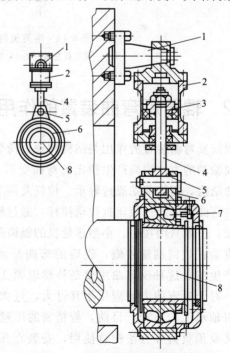

图 5-43　液压式结构预负荷装置

1—支撑架；2—液压缸；3—活塞；4—活塞杆；
5—销钉；6—轴承体；7—轴承；8—辊筒轴颈

弹簧式和液压式，分别如图 5-42 和图 5-43 所示。

辊筒轴颈与轴衬的间隙是为了保证两零件间相互摩擦运动时的润滑。在正常工作时，轴颈在轴衬内呈浮动状态，这种状态对压延制品质量有一定影响。采用预负荷装置，就是为了把辊筒轴颈提前固定在工作状态位置，这样消除了调距机构中的间隙，防止运转过程中产生波动，从而达到减少对制品精度影响的目的；同时也可防止辊筒工作面间缺料时出现的辊面擦伤事故。

预负荷力的大小选择，应按辊筒、轴承和轴承体的总质量来决定。一般选取方法是预负荷力大于辊筒与轴承的总质量。图 5-44 是辊筒预负荷与反弯曲装置布置。

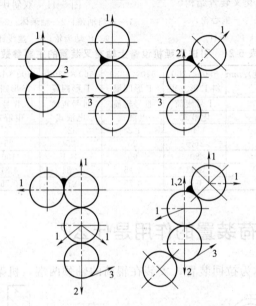

图 5-44　辊筒预负荷与反弯曲装置布置

1—预负荷装置；2—反弯曲装置；3—制品引出方向

5-22　辊筒反弯曲装置的作用与工作方式有哪些？

辊筒反弯曲装置的作用与结构和预负荷装置的作用与结构有类似之处。反弯曲装置作用在辊筒轴端的力使辊筒产生预定的弯曲变形（如图 5-45 和图 5-46）。图 5-45 是一种机械式反弯曲结构，辊筒两端通过轴承、拉杆及调节螺栓、螺母与液压缸活塞连接。辊筒两端拉动辊筒的弯曲力是通过液压缸拉动拉杆，通过轴承牵动形成的。这种装置结构简单，但拉力强度有限，一般只用在中、小型压延机的辊筒两端。图 5-46 是一种液压式反弯曲结构。这种装置安装在辊筒端轴外侧，辊筒的弯曲是通过高压液压缸中的活塞杆拉动辊筒的两侧端轴而产生的。这种反弯曲主要是补偿辊筒工作时产生的挠度变形量，以提高压延制品的精度。对于反弯曲力的应用不宜过大，过大的反弯曲力会使支撑辊筒轴颈的轴承负荷加大，对轴承工作不利。目前，较精密的压延机一般都设有反弯曲装置，与辊筒的中高度、轴交叉及预负荷等方法配合使用，安装在压延成型制品的最后一根辊筒端，以使制品的尺寸精度得到保证。

反弯曲装置多采用液压式结构，图 5-47 所示为应用较多的一种反弯曲装置。

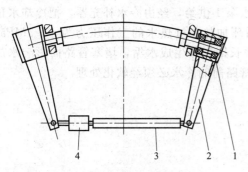

图 5-45 机械式反弯曲结构及工作示意
1—反弯曲轴承；2—长臂；3—液压缸；4—拉杆

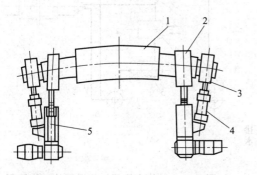

图 5-46 液压式反弯曲结构
1—辊筒；2—辊筒轴承部件；3—反弯曲轴承部件；
4—反弯曲液压缸；5—调距装置

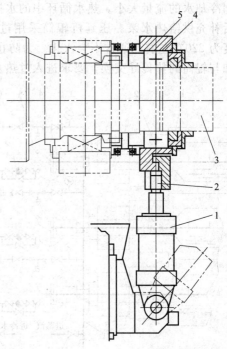

图 5-47 应用较多的一种反弯曲装置
1—液压缸；2—拉杆；3—辊筒轴颈；
4—轴承；5—轴承座

5-23 辊筒的加热方式有几种？各有什么特点？

压延机上的辊筒压延成型塑料制品，需要有一定的工艺温度才能完成。辊筒的加热方法有蒸汽加热、过热水循环加热和导热油循环加热法。

（1）蒸汽加热辊筒 蒸汽加热一般只适合结构为空腔式的辊筒加热。采用蒸汽加热要使用蒸汽锅炉，设备投资比较大，占地面积大，会污染工作环境，工作时需要 1MPa 以上的蒸汽压力，而且升温速度比较慢，辊筒工作面温差大，温度的稳定性也比较难控制。其工作原理如图 5-48 所示。

蒸汽加热在早期压延机生产中应用较多，一般多是中、小型压延机，辊筒的工作转速和工艺温度要求都不太高。

（2）过热水循环加热辊筒 采用过热水循环加热的辊筒，其结构形式为多孔式。每根辊筒都由一个独立的循环热水系统、冷却装置和回收管路组成。图 5-49 为过热水循环加热辊筒的工作原理。

过热水循环加热辊筒的方法如下：当辊筒需要加热升温时，热水泵 6 启动，水加热升温开始循环，电加热器 5 通电，加热循环水升温（此时循环冷却水 4 停止循环）。过热水加热辊筒的循环路线如下：热水泵把过热水经管路输送，经由电加热器、冷却水循环器，通过进出蒸汽旋转接头进入辊筒并进行加热，然后再流回热水泵。如果辊筒加热升温达到工艺温度，则电加热断电，停止加热循环水，冷却水管路自动接通，根据加热循环水的温度，自动控制冷却水的流量大小。热水循环中的水损失由水泵 1 供给，经由冷水补充器，把冷却水预热后补充供给热水泵。压延机辊筒采用过热水循环加热，过热水的工作压力为 $1\sim3\mathrm{MPa}$，温度为 220℃ 左右，通常不会汽化。为防止过热水长期工作生成水垢，堵塞管路而影响水加热和与辊筒的热传导交换，要求进入过热水循环管路前的冷水必须经软化处理。

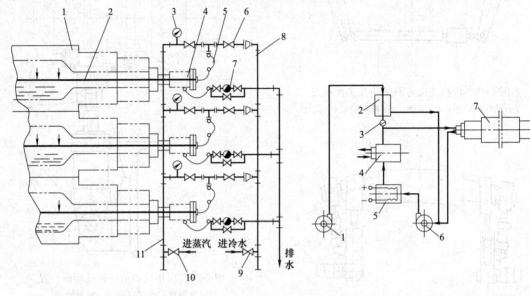

图 5-48　蒸汽加热辊筒的工作原理

1—辊筒；2,11—进汽管；3—压力表；4—辊筒进出蒸汽接头；5—进蒸汽软管；6—阀门；7—疏水器；8—排水管；9—进水阀门；10—进蒸汽控制阀

图 5-49　过热水循环加热辊筒的工作原理

1—水泵；2—冷水补充器；3—汽水分离器；4—循环冷却水；5—电加热器；6—热水泵；7—辊筒

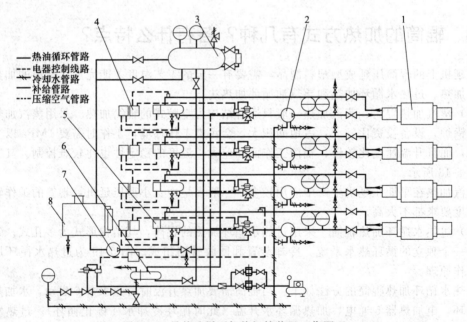

图 5-50　导热油循环加热辊筒装置工作原理

1—辊筒；2—循环液压泵；3—膨胀器；4—PID 温控仪表；5—加热器；6—冷却器；7—导热油补给泵；8—储油罐

（3）导热油循环加热辊筒 目前，辊筒结构为多孔式的精密压延机，有越来越多的厂家采用导热油作为介质加热辊筒。这种用导热油循环加热辊筒的方法，工作特点如下：传导热工作效率高，辊筒被加热温度高，导热油的工作压力低，加热 200℃时系统工作管路油压不超过 0.4MPa，这样比蒸汽加热节省能源近 35％左右。由于不用水，也减少了水的软化处理设备。导热油循环加热辊筒装置工作原理如图 5-50 所示。

5-24 旋转接头有几种结构类型？各有什么特点？

旋转接头是辊筒加热介质（过热水或蒸汽）出入辊筒轴端的连接件。辊筒旋转加热升温时，只有通过旋转接头才能完成加热介质进出辊筒的工作。压延机辊筒轴端常采用旋转接头结构，如图 5-51～图 5-54 所示。

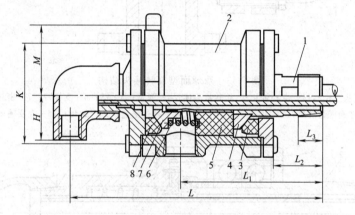

图 5-51 旋转接头结构

1—旋转接头体；2—螺纹管接头；3,8—球形石墨密封环；4—球形金属环；
5—无油轴承；6—弹簧；7—弹簧座

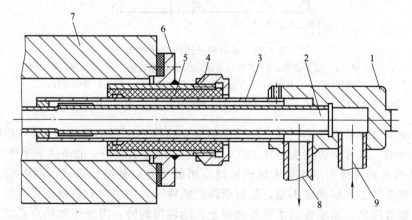

图 5-52 填料型旋转接头结构

1—旋转接头体；2—进水管；3—回水管；4—压紧螺母；5—密封填料；
6—填料套；7—辊筒轴；8—排水管；9—进水管路

图 5-51 所示旋转接头结构是塑料压延成型压延机辊筒常用的一种。

旋转接头与辊筒轴端可用螺纹连接，也可用法兰和螺钉固定。其工作方法如下：当辊筒转动时，螺纹管接头 2 固定在辊筒轴端，与辊筒同步旋转，旋转接头体 1 不转动，球形金属

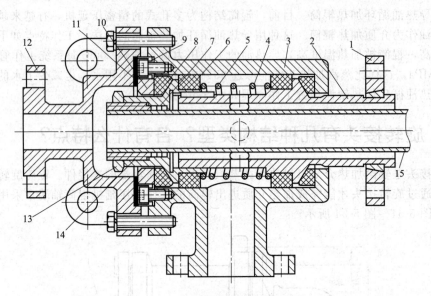

图 5-53　双球面型旋转接头结构

1—连接法兰；2,14—空心轴；3—旋转接头体；4—弹簧；5—键；6—支撑环；7—密封填料；
8—球面密封环；9,11—密封垫；10—压紧环；12—法兰；13—螺母；15—介质输入管

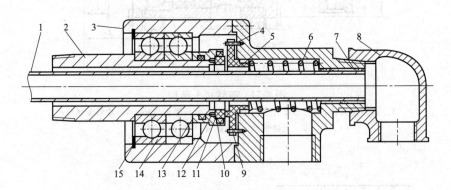

图 5-54　滚动轴承结构旋转接头

1—输入管；2—流出套管；3—旋转接头体；4—止转定位销；5—密封圈；6—弹簧；
7—密封套；8—接头；9—石墨密封环；10—套；11—转动石墨密封环；
12—销；13—挡圈；14—滚动轴承；15—弹性挡圈

环 4 和弹簧座 7 与球形石墨密封环 3 和 8 在弹簧 6 的推力作用下紧密接触，相对摩擦旋转，防止回水的泄漏。这种旋转接头可在 220℃ 及压力不超过 1.8MPa 的条件下工作。

图 5-52 所示旋转接头结构是压延机辊筒应用最早的一种结构形式。图中输入加热介质管路和旋转接头体工作时固定不动，填料套内的填料（常用填料有石棉盘根或填充聚四氟乙烯）由压紧螺母压紧，紧贴在回水管外圆面上，随辊筒旋转，阻止了加热介质的外溢。这种旋转接头结构比较简单，但由于填料与回水管外圆经常摩擦，使填料磨损较快，需要经常紧固压紧螺母，用一段时间后要更换或补充密封填料。

图 5-53 所示旋转接头结构的密封方式与图 5-51 所示旋转接头结构及密封方式相似。图 5-53 所示旋转接头是采用了两对球面摩擦副作为密封，旋转工作时在中间压紧弹簧的弹力作用下，当密封环球形接触面有了磨损时，可始终保持密封球面紧密接触，起到长时间保持良好密封的作用。这种结构旋转接头承受工作压力可达 3MPa，最高使用温度在 250℃ 以上。

图 5-54 所示的旋转接头结构为滚动轴承式，是近几年才开始应用的。它利用滚动轴承作为支撑元件，工作时旋转件与固定件通过滚珠滚动实现相互运转，因而两零件间的摩擦阻力小，定位精度高，这样就可以适当降低弹簧对石墨密封环的压紧力，从而提高了密封接触面间的耐磨损性能，达到延长石墨密封环使用寿命的目的。

5-25　压延机重点润滑部位有哪些？怎样润滑加油？

压延机工作时需要润滑油的部位主要有辊筒轴承，辊筒转动用齿轮减速器中的齿轮和轴承，辊筒的调距、轴交叉、预负荷及反弯曲装置的蜗杆减速器，万向联轴器及各导辊的轴承部位等。这些部位的润滑条件对压延机的正常工作运转，延长各转动零件的工作寿命、减少磨损有重大影响。为了使压延机能长期正常工作，保证各转动零件有良好的润滑是一项必不可少的条件。

（1）齿轮减速器等部位的润滑　压延机用减速齿轮属于高速重负荷工作。为了提高高速轴上小齿轮的工作强度，一般都用合金钢制造齿轮毛坯，经锻造、机械加工后，齿部还要经过热处理。在这里强调对齿轮要有良好的润滑条件，这也是改善齿轮工作环境，延长齿轮工作寿命的一项重要措施。减速器内齿轮和轴承的润滑，是用齿轮泵把箱体内润滑油强制循环，采用喷淋式方式分别润滑啮合齿面和轴承部位。正常情况下要一年更换一次润滑油。

调距和轴交叉装置中蜗杆减速器的润滑及各螺杆、螺母的润滑，一般多用钙钠基润滑脂或二硫化钼润滑脂。在正常情况下，减速器内半年加一次油，其他部位可一周加一次油。万向联轴器中的十字轴部位要保证每天向干油杯内加一次 ZG-3 钙基润滑脂。

（2）辊筒轴承的润滑　辊筒轴承的润滑是保证压延机能长时间工作运转的重要条件之一。这个部位润滑的目的，是为了让辊筒轴颈与支撑它的轴承衬之间能长期形成一层润滑油膜，以减少两相互旋转运动的零件表面之间的摩擦。另外，润滑油不断地从两零件间强制性流过，还可带走一部分辊筒轴颈部位的热量及轴颈与轴承衬间正常运转的摩擦热，以保证轴承部位温度在工作条件允许范围内，从而保证轴承部位的热平衡条件。该条件就是使辊筒对轴承的传热及轴颈与轴承衬间的摩擦热之和与润滑油带走热量及轴承体散发到空气中热量之和接近相等。

压延机辊筒轴承部位的润滑基本上都是用齿轮泵强制将润滑油通过管路输送到轴承部位的。图 5-55 所示为四辊压延机辊筒轴承润滑油循环图，轴承润滑油的工作循环方法如下。

压延机辊筒在启动工作前，润滑油先升温加热，这时油温控制管路 13 供热，油箱内润滑油被加热升温。润滑油循环用齿轮泵启动，润滑油经管路 1、3、4、6、7、9 回油箱，进行短路循环。当润滑油加热升

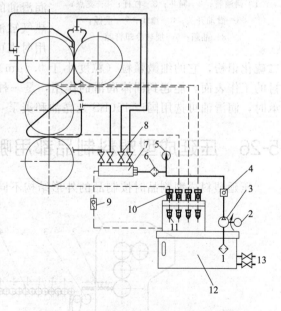

图 5-55　四辊压延机辊筒轴承润滑油循环图

1,6—过滤网；2—电动机；3—齿轮泵；4—视镜；

5—压力表；7—分配器；8—截止阀；9—溢流阀；

10—温度计；11—回油过滤杯；12—油箱

13—油温控制（加热、冷却）管路

温至要求温度时，打开截止阀 8（重新调整溢流阀 9），启动辊筒旋转电动机，辊筒低速转动，开始润滑辊筒。此时润滑油循环路线经管路 1、3、4、6、7、8 流入四根辊的轴承部位，然后经回油管路，再经过管路 10、11 回油箱。

　　该系统中润滑油的工作温度为 90℃左右。油温过高，将降低润滑油膜的工作强度，循环时带走轴承部位的热量少，对轴承部位降温不利。油温过低，则辊筒工作面端部热量散失快，造成辊筒工作面温差大，影响制品质量。所以，应注意控制润滑油温，油温的高、低控制波动不能过大。油温控制一般多采用电接点水银温度计自动控温。

　　当润滑油的循环油用量不足或循环油断路时，管路循环系统中应设有报警装置。图 5-56 是一种在压延机设备中常见的漏斗式缺油报警装置。这种漏斗式缺油报警结构和工作原理很简单，在接收回油漏斗下面开出一个回油孔，从孔中流出的油量略小于回油管落入漏斗内的油量，则正常润滑工作时漏斗内存有一定的油量。此时调整杠杆右端（图示方向）重锤位置，使漏斗与重锤在支点两侧质量相等，保持水平状态。当润滑油供油量不足时，回油管中的回油量变少，则漏斗内由于回油孔流量大于回油管落入漏斗内油量而没有了存油，使杠杆在支点两侧的质量不等，杠杆向右倾斜（质量大的一端），撞块碰到微动开关，发出缺油报警。

　　辊筒轴承用润滑油，由于其工作环境比较特殊，要求润滑油要既耐高温又承受高负荷，所以要注意润滑油的选择。轴承为滑动轴承时，一般多采用过热气缸油 HG-38（冬季用）或 HG-52（夏季用）。应用时也可在润滑油中均匀混入质量分数 30%左右的

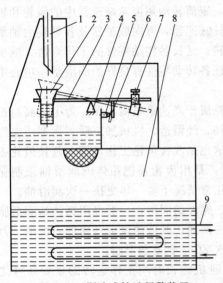

图 5-56　漏斗式缺油报警装置
1—回油管；2—漏斗；3—杠杆；4—支点；
5—微动开关；6—撞块；7—重锤；
8—油箱；9—加热冷却管路

二硫化钼粉，它的细微颗粒（粒度小于 $0.5\mu m$）有很强的附着力，随润滑油附在轴颈和轴衬的工作表面，能起到固体润滑的作用，是一种改善润滑条件的良好润滑剂。轴承为滚动轴承时，润滑油可选用国产 150BS 光亮油和美孚（Mobil）及 ISOVG460 润滑油。

5-26　压延成型塑料制品都用哪些辅机？

　　压延塑料成型制品时按制品的外形结构不同，冷却定型时常用辅机有：薄膜（片）用辅

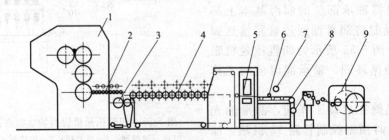

图 5-57　Γ形四辊压延透明片辅机
1—压延机；2—剥离辊；3—压光辊；4—加热或冷却辊组；5—测厚装置；
6—切边装置；7—边条回收；8—牵引辊；9—卷取

机（见图5-11～图5-14和图5-57、图5-58），人造革成型用辅机（见图5-14、图5-59、图5-60），塑料厚片用辅机（见图5-61和图5-62），压延钙塑片用辅机（见图5-63），压延壁纸用辅机（见图5-64）和压延复合膜用辅机（见图5-65）等。

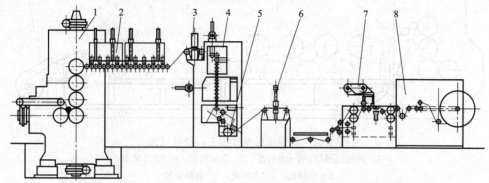

图5-58 L形五辊压延透明片辅机

1—五辊压延机；2—剥离辊；3—测厚装置；4—定向拉伸装置；

5—引出辊；6—二次测厚；7—切边和边料收卷；8—卷取装置

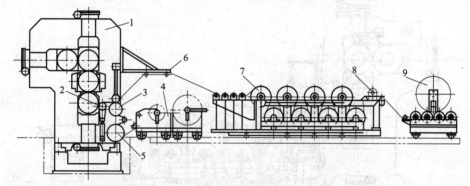

图5-59 贴胶法成型人造革压延机生产线部分设备

1—Γ形四辊压延机；2—脱离辊；3—贴合辊；4—供布基装置；5—布基预热辊；

6—导辊；7—冷却辊组；8—切边装置；9—卷取装置

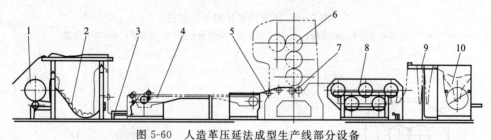

图5-60 人造革压延法成型生产线部分设备

1—布捆；2—蓄布装置；3—操作台；4—扩幅机；5—预热辊；6—四辊压延机；

7—贴合辊；8—冷却辊；9—张力调节装置；10—卷取装置

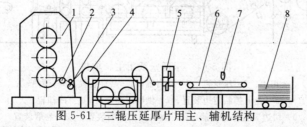

图5-61 三辊压延厚片用主、辅机结构

1—三辊压延机；2—剥离辊；3—压光辊；4—冷却辊组；5—切断；6—传送带；7—光电定长；8—成品堆放车

如图 5-61~图 5-64 所示〔图 5-62 为一个压延厚片用组机组（见〔图〕5-54、图 5-55、图 5-60），增加剥离辊组（见〔图 5-61、图 5-52〕在〔图 5-56〕下压轴（见图 5-53），压延钙塑用辅机（见〔图 5-63〕和压延壁纸用辅机（见〔图 5-64〕。

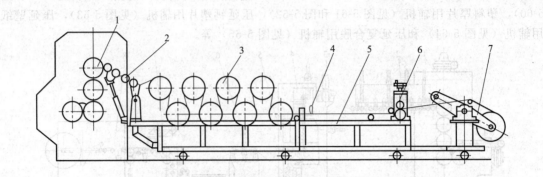

图 5-62　四辊压延厚片用主、辅机结构

1—四辊压延机；2—剥离辊；3—冷却辊组；4—切边装置；

5—检测台；6—牵引辊；7—卷取装置

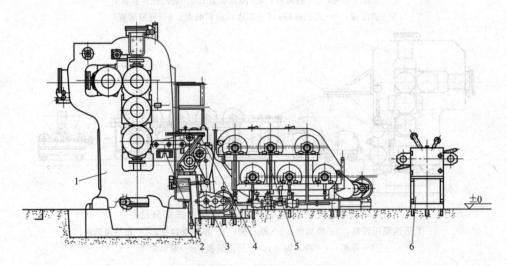

图 5-63　压延钙塑片用主、辅机

1—四辊压延机；2—剥离辊；3—压光辊；4—操作台；5—冷却辊组；6—卷取装置

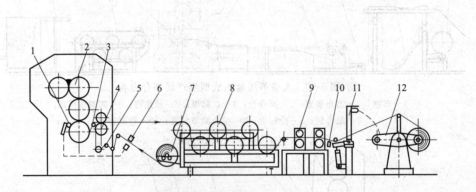

图 5-64　压延壁纸用主、辅机

1—切边；2—压延机；3—剥离辊；4—贴合装置；5—预热辊；

6—光电控制定边装置；7—供纸放卷装置；8—冷却辊；

9—切边装置；10—静电消除器；11—切断装置；12—卷取装置

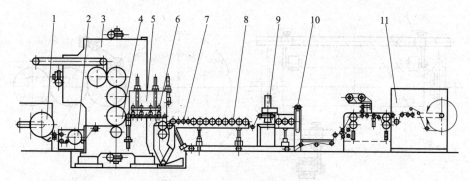

图 5-65 压延复合膜用主、辅机

1—供膜放卷装置；2—预热辊；3—压延机；4—复合辊；5—剥离辊；6—压花辊；
7—引出辊；8—加热或冷却辊组；9—测厚装置；10—质量检查装置；11—卷取装置

5-27 剥离辊的功能及工作方式有几种?

剥离辊的功能是把压延机最后一个辊筒上已经达到制品尺寸要求的薄膜引离辊筒，传递给压花装置。

剥离辊由直流电动机驱动，转速可调，调速范围从与辊筒的线速度相等至大于辊筒线速度几倍。剥离辊按制品的工艺需要，应有一定的温度，一般在 130℃ 左右，然后按顺序递减，剥离辊一般用蒸汽加热或软化水加热。

剥离辊的布置形式如图 5-66 所示。第一根剥离辊距辊筒约 5mm，各辊工作面距离为 2mm，每组辊的转速按顺序排列逐渐快些，以保持制品有一定张力。第一根剥离辊与压延机最后一根辊筒的速度差通常称之为牵伸比。这个速度差可从每分钟 0.2~0.3m 到每分钟几十米，要根据制品的工艺要求来决定，通常是较薄的制品取大些，较厚制品取小些。

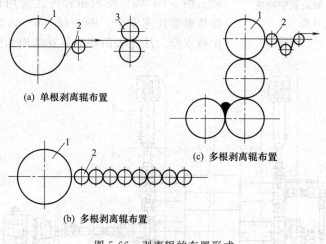

(a) 单根剥离辊布置

(c) 多根剥离辊布置

(b) 多根剥离辊布置

图 5-66 剥离辊的布置形式

1—压延机辊筒；2—剥离辊；3—压光辊

为防止脱离压延机辊筒后的薄膜横向幅宽收缩，有些压延机生产线上的剥离辊两端的辊面上，装有可对辊面施加一定压力的滚轮，其工作示意如图 5-67 所示。当剥离辊引膜进入正常生产时，把滚轮压在薄膜两端辊面上。

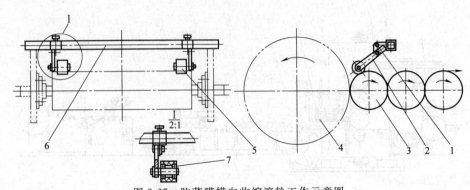

图 5-67　防薄膜横向收缩滚轮工作示意图

1—定位销；2—摆动臂；3—剥离辊；4—压延机辊筒；5—滚轮；6—方轴；7—滚动轴承

5-28　压延制品表面修饰装置的功能及结构组成有哪些？

压延制品的表面修饰装置安装在剥离辊之后，其功能是把前面剥离辊引导过来的制品在未冷却之前进行表面压花纹（或压光）修饰。

制品表面的修饰装置主要由两根辊组成：一根是钢辊表面包有橡胶层的橡胶辊；另一根是钢辊。橡胶辊是主动辊，由直流电动机（或换向器电动机）经减速器减速后带动旋转，转速和剥离辊速度相同，两者在调速时，通常都是同时进行。钢辊是从动辊，其工作面根据制品的需要，可以是镀硬铬的光面，也可以刻有不同花纹的图案。当橡胶辊固定，钢辊在气缸或液压缸推动下可上、下（或前、后）移动，调整两辊体工作面间的压力。

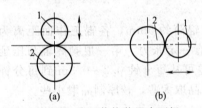

图 5-68　表面修饰装置中两辊
的布置形式

1—压花钢辊；2—橡胶辊

橡胶辊和钢辊的安装位置有两种形式，如图 5-68 所示。图 5-68（a）所示布置方式应用较多，占地小，但操作时要注意安全。图 5-68（b）占地大，但观察操作比较安全。压花表面修饰装置结构如图 5-69 所示。

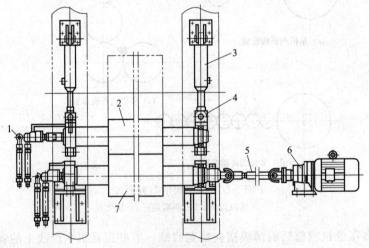

图 5-69　压花表面修饰装置结构

1—旋转接头；2—压花钢辊；3—液压缸；4—轴承座；5—万向联轴器；

6—电动机和减速器；7—橡胶辊

5-29 冷却装置结构常用形式有几种？ 怎样工作？

冷却装置是压延机成型塑料制品的冷却定型设备。压延成型制品从脱离压延机辊筒后，就开始逐渐降温。但是，经过剥离辊和表面修饰辊后，制品的温度还很高，所以，需要充分冷却和降温定型，以消除制品成型过程中的内应力，这样才能对制品进行卷取成捆。

冷却装置主要由辊体内能通冷却水的旋转辊筒、驱动辊筒转动的直流电动机或整流子电动机及减速箱等传动系统组成。常用冷却装置的结构组成如图 5-70 所示。

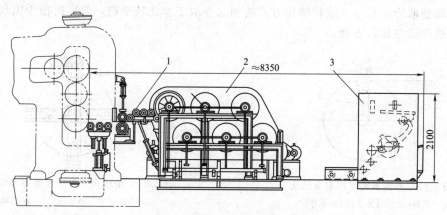

图 5-70　常用冷却装置的结构组成
1—表面修饰装置；2—冷却辊组；3—冷却辊

冷却辊的工作速度与前道工序的表面修饰辊的工作速度相同，工作速度的调整变化范围也相同。图 5-71（b）显示了一种引进设备中的冷却辊的排列形式，它由多根直径较小、内腔能通水和冷却降温的辊筒组成。驱动电动机经过减速箱减速后，由同步带与辊筒连接传动。采用同步带传动，转速比较稳定，和齿轮传动一样，同样能得到固定的传动比。

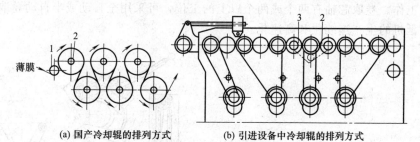

(a) 国产冷却辊的排列方式　　　(b) 引进设备中冷却辊的排列方式

图 5-71　两种冷却装置结构形式
1—导辊；2—冷却辊；3—传动同步带

5-30 薄膜的卷取装置结构有几种类型？ 各有什么特点？

压延成型薄膜的卷取装置是压延机生产线上的最后一道工序，其功能是把经冷却定型的塑料薄膜在检验合格后连续地收卷成捆，然后检斤包装入库。

卷取装置的结构形式分为两种：一种是表面摩擦卷取结构；另一种是中心轴卷取结构。

（1）表面摩擦卷取　压延制品的表面摩擦装置，是把卷制品的卷芯轴放在主动旋转的辊筒表面上，依靠卷取制品表面与主动辊表面间的转动摩擦力，即让主动辊的旋转运动因摩擦力的作用使卷制品的芯轴也转动，而完成制品的卷取工作。主动辊可用普通三相异步电动机通过减速器和链传动带动旋转。制品的卷取速度由主动摩擦辊的转速来决定。当正常生产卷取制品时，主动摩擦辊工作面的线速度要比前面冷却辊的线速度快些。卷取张紧力与制品卷成捆的直径大小有关：制品卷成捆直径增大，卷捆的重量增加，则卷取的张紧力也就随着加大。

薄膜制品的表面摩擦卷取结构形式有单辊表面摩擦卷取结构（图 5-72）、单辊多工位表面摩擦卷取结构（图 5-73）和多辊表面摩擦卷取结构（图 5-74）。在三种卷取结构中，以多辊表面摩擦卷取应用较多。这种结构方式的制品卷取工作比较平稳，卷取时很少出现打滑现象，而且换卸捆也比较方便。

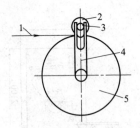

图 5-72 单辊表面摩擦卷取结构
1—制品；2—制品卷；3—卷芯轴；
4—芯轴支架；5—卷取主动辊

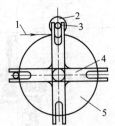

图 5-73 单辊多工位表面摩擦卷取结构
1—制品；2—制品卷；3—卷芯轴；
4—芯轴转动支架；5—卷取主动辊

从三种表面卷取装置的结构示意图中可以看到：图 5-74 所示的卷取装置结构形式比较简单，制造容易，造价也低，使用操作和维护都比较方便。不足之处是卷取制品容易打滑，制品易出现皱褶纹。这种卷取装置比较适合塑料薄膜的卷取。

（2）中心轴卷取 压延制品的中心轴卷取结构形式与表面摩擦卷取结构形式的不同之处是前者制品的卷取芯轴为主动辊。由于这种卷取方式的转矩恒定，所以它可以适应任何形式制品的卷取工作。卷取芯轴有两个或两个以上的工位，可采用全自动或半自动卷取工作，比较适合于压延机的生产连续化和高速化。

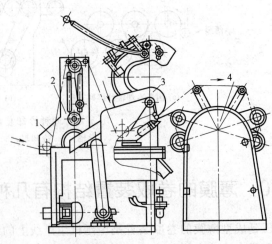

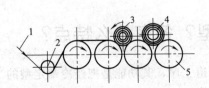

图 5-74 多辊表面摩擦卷取结构
1—制品；2—导辊；3—制品卷；
4—卷芯轴架；5—卷取主动辊

图 5-75 双工位卷取装置中的张力、切割及卷取结构图
1—制品；2—张力调节装置；3—切割装置；4—双工位卷取装置

双工位中心卷取结构应用得比较多。这种卷取方式在前面张力装置和半自动切割装置的配合下，能够连续、快速地完成换卷芯、切割及再卷取的换位、换捆工作。图 5-75 是双工位卷取装置中的张力、切割及卷取结构图。

5-31 压延机怎样进行组合安装?

压延机各主要零件的组合安装，现以 Γ 形四辊压延机的安装为例进行说明，其工作顺序如下。

① 在养生后的混凝土基础平面上画出压延机设备中心线和Ⅲ号辊筒的轴心线，两线互相垂直并把Ⅲ号辊筒轴心线延长至减速器安装基础面上。这两条线即是压延机及其传动用减速器安装位置用基准线。

② 把压延机设备上各零部件吊运到基础附近；清洗各零部件上的油污、锈痕，修整各零件结合平面上的毛刺。

③ 地脚螺栓孔两侧及各承重部位布置放平调节垫板，其布置如图 5-76 所示。调节垫板结构如图 5-77 所示。

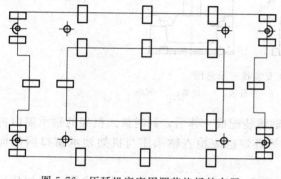

图 5-76 压延机底座用调节垫板的布置

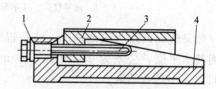

图 5-77 调节垫板结构
1—垫圈；2—调节垫块；3—调节螺钉；4—垫块座

④ 把地脚螺栓放入基础地脚孔内；吊运压延机底座，平放在调节垫板上；减速器也同样吊运放置在基础调节垫板上。

⑤ 把压延机底座上中心线和Ⅲ号辊筒的轴向基准线（一般设备生产厂家把底座平面机加工后，在底座平面上画出这两条线）与基础平面上中心线、基准线调整重合。

⑥ 地脚螺栓螺纹穿过压延机底座和减速器座紧固螺纹孔，加垫圈，拧好螺母，螺栓的螺纹部分要高出螺母 4~6 个螺距。

⑦ 粗略找一下底座与减速器的水平，水平误差在 0.05mm/1000mm 左右。Ⅲ号辊筒的轴心线与减速器的第 3 根减速输出轴的轴心线应校正重合，同时调好两零件的距离至图样要求尺寸。校正水平及装配用量具有：Ⅰ字形平尺、水平仪、塞尺、钢板尺、90°角尺、百分表和吊线坠等。

⑧ 用 500 号水泥混凝土浇灌地脚螺栓孔。

⑨ 地脚螺栓孔混凝土养生 7d 后，要重新校正底座水平、减速器水平及两零件与基准线的重合准确精度。

⑩ 紧固地脚螺栓螺母 从底座中部开始，对称的两侧同时紧螺母，逐渐加力，紧固力要均匀；与此同时，要校正底座水平，直至紧固螺母后，底座的水平误差应在0.02mm/1000mm左右。同样校正底座平面与减速器第 3 根输出轴的轴心线的水平值达到安装要求。

⑪ 在底座上安装压延机两侧机架，连接两零件间横梁；校正左右机架间相对应的轴承窗口的底平面水平，两平面的水平误差应为 0.02mm/1000mm 或不低于 GB/T 1801—2009 附表中 7 级公差（见图 5-78 中的 D 面）；与轴承窗口底平面垂直的两侧面（见图 5-78 中的 B、B 面）应在一个与底平面垂直的直线上。校正左右机架相互平行：检测机架内侧（见图 5-78 的中 A、A 部位）加工平面，要求两侧面平行度误差不大于 0.1mm 或符合 GB/T 1801—2009 中 H9 偏差精度，与底座平面垂直度误差不大于 0.1mm/1000mm。注意紧固各连接固定螺母时，要同时对称进行，各点拧紧力要均匀一致。

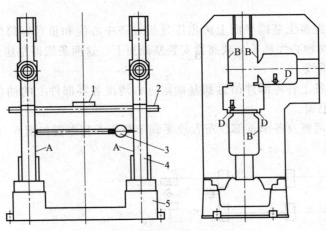

图 5-78　机架安装找正示意图
1—水平仪；2—Ⅰ字形平尺；3—千分表；4—机架；5—底座

如果辊筒两端为滚动轴承，应是辊筒与轴承装配成一体后，同时放入机架的轴承窗内再检测其水平度，公差为 0.05mm/1000mm。另外，也应检查轴承座与机架轴承窗口两侧面的间隙大小是否适宜。

⑫ 清洗辊筒两端安装轴承部位和滚动（或滑动）轴承　先把滚动轴承内圈油浴加热后装在辊筒轴承颈上，然后安装滚动轴承座。安装顺序为：内侧端盖、轴承体外壳、轴承外圈、保持架和外端盖。

如果是滑动轴承，辊筒轴承部位清洗干净后（用 120 号橡胶溶剂油清洗），涂一薄层红丹，与清洗干净的轴承（用 120 号航空汽油和干净棉纱擦洗干净）装配研磨，检查轴颈与轴瓦的接触面，沿轴线方向应不少于 70%。如达不到要求，应进行研磨，修刮。

⑬ 安装辊筒　首先安装Ⅳ号辊筒，其次是Ⅲ号辊筒，然后是Ⅰ号辊筒，最后是Ⅱ号辊筒。吊运安装方法如下。

用能够运行的 10t 起重机吊运两端已装好轴承座的辊筒（注意吊索与辊筒接触部位要垫好橡胶板或布板，防止破坏辊面），应慢慢起吊，调整辊筒水平，重力作用点应在辊面中间部位，然后沿辊筒轴向从热源输入侧缓慢向辊筒转动用的传动方向移动，如图 5-79（a）所示。当轴承座已能搭在机架轴承窗的平面上，且机架外侧吊索已不能再向前移动时（机架侧面挡住），停止吊运辊筒移动，在机架内侧辊筒轴端新加一个吊索，代替原机架外侧吊索，重新吊运辊筒向机架左侧水平移动，如图 5-79（b）所示，直至轴承座能搭在左侧机架上的轴承窗平台上，再从机架外侧重新选辊筒支撑点吊运，把辊筒轴移动至其工作位置。其他辊筒也按此种方法吊运。

⑭ 调整固定Ⅲ号辊筒　Ⅲ号辊筒是四辊压延机中辊筒成 Γ 形排列时的校准基准。它的工作面水平度和工作面圆柱体的对中性（指与机架窗口中心线重合度）一定要精确校正，误

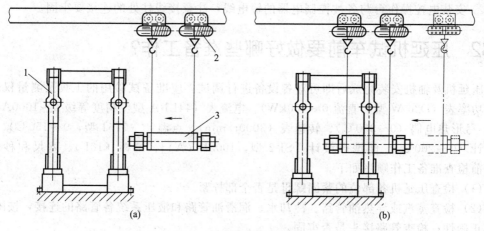

图 5-79 辊筒吊装示意图

1—机架；2—起重机；3—辊筒

差应不大于 0.02mm/1000mm。调整后将轴承体固定，但要注意留出轴承体受热后的热膨胀量。轴承体侧平面与机架轴承窗两侧间隙值见表 5-22。

表 5-22 轴承体侧平面与机架轴承窗两侧间隙值

辊筒规格尺寸 （直径×长度）/mm	230～630	360×1120	450×1200	550×1700	610×1730	700×1800
轴承体两侧与机架轴 承窗总间隙/mm	0.12～0.30	0.20～0.40	0.25～0.45	0.30～0.50	0.40～0.62	0.50～0.70

⑮ 以Ⅲ号辊筒为基准，校正其他三根辊筒的水平度及对中性（注意：各辊筒的圆形工作面端面在一个垂直于底座的平面上）。轴端与轴承座端面要有 3～4mm 间隙，以保证辊筒水平轴向移动量不小于 6mm。轴承座与机架轴承窗间的间隙不小于 0.6～0.8mm。这两个间隙量是考虑零件在高温环境中工作时的受热膨胀，防止因零件受热膨胀卡住（热态固定后间隙在 0.1～0.2mm 范围内），影响设备中辊筒的间隙调整移动。调整后的轴承座两侧平面用压板固定，以控制其移动时的位置精度。

⑯ 安装辊筒的调距装置，校正两相邻辊筒工作面的实际尺寸距离与调距刻度指示相符。

⑰ 安装轴交叉装置 调整各辊筒间轴交叉值在零值位置。

⑱ 安装预负荷装置 预负荷装置中滚动轴承的安装应采用油浴法（把滚动轴承吊挂在加热油箱中，升温 80～90℃，恒温 20～30min，取出轴承，迅速套在辊筒轴承座外端工作位置的轴颈上）。在预负荷装置结构中，有的采用轴承用锥套式配合，此结构轴承的安装不应加热，可直接安装，然后用螺母固定。

⑲ 安装反弯曲装置。

⑳ 安装万向联轴器 首先校正、核实减速器上第三根输出轴与Ⅲ号辊筒轴心线的水平及中心线的重合度误差及两轴端距离尺寸。调整后安装万向联轴器（两轴同轴度误差不大于 0.1mm）。然后试转动（手动），应无卡紧阻滞现象。

㉑ 安装挡料板，调整移动挡料板应灵活，辊筒两侧挡料板应与辊筒工作面中心线对称。

㉒ 安装切边刀架，辊筒两侧端的刀架位置应与辊筒工作面中心线对称。

㉓ 安装旋转接头，注意旋转接头不应受任何方向的压力和拉力。

㉔ 安装辊筒加热升温用输液管路和各润滑油用管路。各管路安装前都要用压缩空气清扫一次，然后再用输液清洗一次。

㉕ 安装电控操作台与各被控制电器的输电线，注意接线柱处的连接要牢固。

5-32 压延机试车前要做好哪些准备工作？

压延机及辅机安装完成后即可对各设备进行调试。应准备试验用的工具及测量仪表有：三相功率表（D26-W 型，直流 0～100kW）、电流表（44LI-A 型，精度等级 0～1000A，1.5级）、弓形热电偶（0～300℃）、转速表（3000r/min）、点温计（7151 型，0～150℃）、水银温度计（0～200℃）、便携声级计〔SJ-2 型，100dB（A）〕、量杯（10L）、塞尺和秒表等。试车前检查准备工作顺序如下。

(1) 检查压延机各部位的紧固螺母是否全部拧紧。

(2) 检查蒸汽或导热油管路、冷却水、润滑油管路和液压系统各管路的连接，按图样核对其正确性；检查管路接头是否牢固。

(3) 按图样核对电气线路，检查测试是否正确。

(4) 清洗润滑油管路，放掉回油箱中的清洗液；清洗油箱，打开润滑油管路上最低处管接头，放净管路中残留洗油。

(5) 试验润滑油箱中的加热、冷却水管路有无渗漏现象（用 1.25 倍的工作压力试验，持续 5min）。确认无渗漏水时加润滑油，加油量按油箱上油标规定量加足。

(6) 进行润滑油工作循环试验，步骤如下。

① 把辊筒轴承用润滑油在油箱中加热升温至 60℃左右。

② 打开润滑油短路循环用各个阀门。

③ 用手转动循环油用液压泵联轴器，液压泵转动应轻松，无阻滞卡紧现象。

④ 点动液压泵开关，检查液压泵旋转方向是否与标示方向相符，确认正确无误后正式启动液压泵电动机，润滑油开始短路循环。

⑤ 液压泵启动工作后，检查电动机电流是否处在额定电流值内；液压泵工作应无异常声音，润滑油流量稳定。

⑥ 当润滑油短路循环正常后，开通辊筒轴承用润滑油阀门。调整润滑油循环油压力至说明书中规定值（一般为 0.2～0.4MPa）。调整输送至两侧轴承中的润滑油流量接近相等。正常工作时润滑油流量应控制在 6～8L/min。

(7) 减速器中各传动齿轮的润滑油循环试验与上述工作顺序（6）相同，各部位润滑油用量在 0.6L/min 左右。各部位润滑用油牌号（仅供参考）如下：齿轮减速器内为 N220 或 N320 工业齿轮油，蜗杆减速器和万向联轴器采用 2 号二硫化钼润滑脂或 ZGN-2 钙钠基润滑脂，其他润滑部位采用 2 号或 3 号二硫化钼润滑脂。

(8) 进行液压系统的调整试验，步骤如下。

① 认真执行液压系统说明书中的各项规定。

② 检查、确认液压油系统中的冷却水管路无渗漏水现象。

③ 调节各控制阀门的压力至最小值。

④ 点动液压泵电动机，确认电动机旋向与液压泵工作要求相符后，正式启动液压泵电动机工作，同时检查电动机工作电流是否在额定值要求内，工作声音是否正常，循环油压是否稳定。

⑤ 排出油管路和液压缸中空气（打开油管路和液压缸上最高部位的放气阀，直至液压油喷出再关闭）。

⑥ 调节控制阀，把液压系统油压升高至实际工作压力的 1.4 倍后，检查液压泵运转工

作声音是否正常，液压泵电动机工作电流变化有无异常，电动机是否升温偏高，各循环油密封部位有无液压油渗出现象等。当一切调整正常后，降低循环油压至实际工作压力（与液压系统说明书中规定压力值相符）。

（9）调整两辊筒间距离，步骤如下。

① 把辊距选择开关调至左右联动位置。

② 检查各辊筒的工作面，清除异物，做好辊面的清洁工作。

③ 启动调距电动机，检查、确认各传动部位无异常现象后，正式低速启动电动机，立即检查电动机电流、工作声音和轴承座的移动情况是否正常，两侧轴承座是否同步移动。

④ 调整左右轴承座的移动位差，使左右两轴承座移动距离接近相等。

⑤ 调整辊筒的工作面间距离在 $0.5 \sim 1\text{mm}$ 之间，用直径为 3mm 铜线，同时从辊筒工作面的两端部位滚压通过，检测铜线厚度值；把两辊筒工作面间距离显示指针标数调整到与铜线压过的厚度值相符，然后紧固螺杆位置。

（10）调整相邻两辊筒的轴交叉，步骤如下。

① 如图 5-80 所示，引一条与 I、II 号辊筒水平中心线垂直的线坠。

② 以 III 号辊筒固定位置为基准，调整 II、IV 号辊筒工作面两端距线坠的距离，达到 $H_2 = H_3$ 和 $H_4 = H_3$，使三根辊的中心线在同一条与机座平面垂直的直线上。

③ 调整辊筒轴交叉显示指针指向零位。

④ 对于轴交叉的应用，一般认为（仅供参考）：通常在压延生产较薄的（厚度为 0.12mm 左右）薄膜时应用较多。如果生产较厚的薄片（厚度为 0.2mm 以上）时，采用轴交叉生产对制品的厚度误差校正影响不大，有时反而会起副作用。

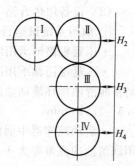

图 5-80 辊筒轴交叉前零位置的调整

当调整轴交叉时，辊筒两端左右移动方向相反，该转动是以辊筒的工作面中点为轴心，水平移动。两相邻辊筒的轴心线交叉角度调整后一般在 1°以内。

（11）调试挡料板，步骤如下。

① 调整挡料板在 I、II 号辊筒间能平稳地左右对称移动。

② 挡料板在辊筒两端，以辊筒工作面中点为中心左右对称。

③ 如果挡料板采用电动机驱动，则挡料板既能左右同时调整移动，又要能单独调整移动。

（12）进行限位开关的工作试验，步骤如下。

① 按说明书中规定的轴承座、轴交叉移动尺寸距离，调整固定限位开关位置。

② 启动辊筒调距电动机，用手压法试验调辊距用限位开关工作是否准确；采用同样方法试验轴交叉用限位开关的工作准确性。

③ 调小两辊筒间的距离时，如果没有辊距限位开关控制，此时要有两个人进行合作：一个人在机台上监视辊筒的移动位置；另一个人进行辊筒调距操作。

④ 调整 I、II 号辊筒间距离时，注意应先把挡料板抬高。

（13）调整试验紧急停车装置，步骤如下。

① 检查紧急停车装置中的各螺钉、螺母的紧固情况。

② 调整、试验制动轮与制动片的同轴度及间隙的均匀性，一般应保持两零件的间隙为 $0.3 \sim 0.6\text{mm}$。

③ 试验紧急停车按钮，应动作反应灵敏，工作可靠。

④ 检验紧急停车和主电动机用联锁工作线路的正确性和可靠性。

5-33 压延机投料生产前要做好哪些准备工作?

新进厂压延机按设备说明书中内容要求,经空试车、投料试车后,开始正常生产时,其准备工作要求如下。

(1) 设备检查

① 查看压延机各辊筒间的辊面间隙是否符合空运转时最小辊距要求,辊筒工作面应清洁,无污物和其他杂物。

② 检查供料传输带上有无杂物,试验金属探测仪是否能准确工作并及时报警。

③ 认真检查各设备上的零件紧固螺栓、螺母是否有松动现象并及时紧牢。

④ 检查冷却循环水是否通畅,工作压力应大于 0.2MPa。

⑤ 试验气动压力机构工作运行是否灵敏,管路中的空气压力应符合工作要求。

(2) 设备加热升温

① 润滑系统试运行步骤如下。

• 压延辊筒轴承用润滑油加热升温,各润滑部位加注润滑油 (脂)。

• 压延辊筒轴承用润滑油加热温度达到 80℃时,关闭加热器,启动润滑油循环液压泵;调整润滑油循环流动油压为 0.2~0.4MPa,调节轴承左右两端供油流量接近一致,控制在 0.5~1.5L/min。

• 启动减速器中润滑油循环液压泵,检查润滑油供应是否准确到位;注意高速转动齿轮用润滑油的流量要大些,控制在 3~5L/min;低速转动齿轮用润滑油流量适当小些,控制在 0.4~0.6L/min。

• 启动液压系统循环油用液压泵,排除液压缸中的空气,调整液压系统各部位用循环油的油压;拉回液压缸系统油压为 3.5MPa,轴交叉液压缸系统油压为 5MPa (如果环境温度较低,液压油黏度较高,应适当为液压油加热升温,然后再启动液压泵工作)。

② 压延辊筒加热升温

• 按工艺要求,在控制箱的温控仪表上设定压延塑料制品所需的工艺温度,然后启动补给泵,检查系统压力是否正常。

• 逐个启动各压延辊筒加热用循环液压泵,向各辊筒输入加热循环油,压延辊筒开始加热升温。

• 各润滑部位供润滑油 10min 后,低速启动各压延辊筒驱动电动机。

• 启动剥离牵引辊加热系统,按工艺要求控制设定剥离辊温度。

• 开启压花辊和冷却辊筒用循环冷却水管路,检查输入辊体内的水流量是否符合要求。

• 压延辊筒加热升温注意事项如下。

a. 循环加热压延辊筒用导热油存放一段时间后会含有水分,高温加热时这部分水分蒸发混在导热油中,循环流动时易产生噪声,并会影响辊筒加热温度均匀性控制,所以初期生产时一定要注意给循环油排气。

b. 启动循环液压泵电动机后,要注意观察电动机工作电流是否在额定值允许范围内,如长时间出现电动机超负荷工作,要立即停止电动机工作,检查循环油路中是否有堵塞 (一般多是进油口处过滤网堵塞) 或液压泵损坏、排除故障后再重新启动液压泵工作。

c. 压延辊筒是在低速运转情况下加热升温,升温要缓慢进行:当辊筒温度小于 100℃时,加热升温速率是每小时 30℃;当辊筒温度大于 100℃时,加热升温速率为每小时 15℃。

d. 压延辊筒加热升温过程中，要经常检查驱动辊筒电动机的电流变化情况，正常运转工作时的主电动机功率不应超过额定功率的15%。检查各传动零件运转声音有无异常，各传动零件和压延辊筒运转是否平稳。

（3）压延机组中各部位速度调整

① 根据压延制品的工艺要求，初步设定各压延辊筒间的转速比为1∶(1.1～1.2)之间。调整结果是：Ⅱ辊比Ⅰ辊转速快15%，Ⅲ辊比Ⅱ辊转速快15%，Ⅳ辊比Ⅲ辊转速快15%。投料生产时应视熔料包辊现象及制品质量情况再修正各辊筒间的生产转速比、压延辊筒的转速，在速比调整和供料生产初期，转速应控制在10m/min以下。

② 压延机生产线中的剥离辊、压花辊、冷却辊及卷取装置的转速调整，应以压延辊筒中的Ⅳ出料辊转速为准，按制品的工艺要求调整好各辅助装置中辊筒间的转速比。

（4）压延辊筒调距操作

① 在压延辊筒间无料状态下调整辊筒工作面间距离，注意应不小于5mm。

② 当辊筒工作面间距较大时调整辊距，可选用快速调整；而辊筒间距较小时则必须采用慢速调整；生产中制品厚度误差调整要使用微调。

③ 在调距时，如果信号灯闪烁，说明调距电动机运转正常；反之，则应停机查找故障原因，排除故障后再进行调距。同时，应利用机架和轴承体上的直线位移传感器来测量辊距调节状况，并将数字仪表显示的辊距数值作为调距时的参考，这样可缩短辊距调整时间。

利用辊距数字仪表调整辊距的方法如下：首先调整辊距直至压出制品厚度合格为止，测出制品的实际厚度值，记录此厚度时的数字仪表所显示的数值，然后计算出仪表显示的数值与制品实际厚度值之间的数值差。如果生产与此制品厚度不同的产品时，仪表显示数据值就应按新制品的厚度与前面计算出的差值之和作为调距操作的依据。重新调节辊距时，按住调距控制按钮，待辊距达到新制品厚度与差值之和时放开按钮，测量新制品的实际厚度。若出现微量误差值，再重新调整，直至制品厚度符合工艺要求。

④ 在Γ形辊筒排列的四辊压延机中，Ⅲ辊筒为固定辊，Ⅰ、Ⅱ和Ⅳ辊可调距移动。对辊筒间调距，可单侧一端辊筒轴承移动调节，也可辊筒两端轴承同时同步移动调节。

5-34 压延机怎样进行投料生产？

① 再检查压延辊筒间有无异物，辊面是否清洁，一切运转正常后向Ⅰ辊和Ⅱ辊筒间投料。注意加料量要少而均匀，同时要观察主电动机电流变化及各运转工作零件有无异常声音，一切正常后可逐渐加大供料量，直至压延出制品。

② 根据制品厚度及熔料包辊情况，适当微调各辊温度、速度比和辊筒间距离，直至生产出合格制品。如果制品厚度小于0.20mm，可采用轴交叉或酌情使用辊筒反弯曲装置和预负荷装置，以使薄膜制品厚度尺寸控制在要求公差范围内。

对于辊筒轴交叉的调整，可小范围单独调整辊筒的一侧辊距，也可同时调整辊筒两侧辊距，但辊筒的两端水平运动方向相反。轴交叉量可通过机体上的刻度尺指示出来，也可利用直线位移传感器检测并通过数字仪表显示出数值。具体操作方法可参照"辊筒调距装置操作"中的调距方法来进行。

③ 从Ⅳ辊上把制品剥离引出，从多个剥离辊面包绕经过，再经过压花装置、冷却辊筒、切边、测厚等，把制品卷取。

④ 一切调整结束，生产制品质量合格，就可逐渐提高辊筒转速，使整个压延生产线生产速度提高，必要时对各部位还可进行一次微调。压延塑料制品生产进入正常工作运转。

5-35　压延塑料制品生产时怎样停机?

塑料制品压延生产结束时准备停机操作的顺序如下。

① 停止为生产设备供料。

② 降低压延辊筒转速至最低（一般在 10m/min 以下），辊筒间余料不多时适当调大辊距。

③ 松开压延辊筒的反弯曲装置（液压缸卸压），将测厚装置中的探头移动到生产线的一侧。

④ 辊筒间存料接近没有时，升高挡料板，立即快速调大Ⅰ辊、Ⅱ辊间距离。

⑤ 调大剥离辊与Ⅳ辊间的距离，快速调大Ⅱ辊、Ⅲ辊及Ⅲ辊、Ⅳ辊间距离（辊间距应不小于 3mm）。

⑥ 压延机停机，并反向点动主电动机使辊筒反向旋转，清除压延辊筒间残料。

⑦ 调整轴交叉回零位。

⑧ 启动主电动机，压延辊筒低速旋转，停止导热油加热，辊筒开始降温。当辊面温度降至低于 60℃时，停止辊筒转动。

⑨ 辊筒驱动主电动机停止 10min 后，停止导热油循环泵。

⑩ 停止液压系统循环液压泵，停止润滑油循环液压泵。

⑪ 全部清除设备及辊面上一切杂物和油污；如果停机时间较长，应在辊面上涂防锈油。

⑫ 关冷却水循环泵。

⑬ 切断设备供电总电源。

5-36　压延机生产操作应注意哪些事项?

压延机压延成型制品的质量与压延前的原料准备、混炼预塑化工艺参数的选用及预塑化原料的质量有关，选择不当制品的质量会受到一定影响。但最重要的影响因素还是压延机压延制品成型过程中的各工艺参数条件，它是保证制品成型质量的重要条件。压延工艺参数的控制与调整具体要求如下。

(1) 辊筒各种工艺参数的确定　塑料薄膜在压延成型过程中，压延机上辊筒的温度、转速、各辊筒间的速度比、辊筒工作面间的工作间隙和相邻两辊筒间的熔料存量多少等，都是压延机压延制品成型质量的重要影响因素，有关工艺技术人员和压延机操作者应了解这些参数间的相互影响及它们之间的参数变化对产品质量的影响，以做到合理调整，保证压延制品质量的稳定，主要措施如下。

① 辊筒温度　辊筒的温度是保证压延塑料在熔融状态下压成薄膜的重要条件之一。辊筒的温度主要来源于输入辊筒体内的蒸汽或过热水及导热油等导热介质，在辊筒体内循环，进行热交换而使辊体受热，使辊筒温度逐渐升高。另一个因素是在压延塑料过程中，辊筒与原料的滚动摩擦和原料间的剪切摩擦产生的热量，同样也会使辊筒温度有所变化。原料间剪切摩擦产生的热量多少与辊筒的工作转速和原料本身的黏度有关：辊筒的转速高、原料黏度大，产生的摩擦热就多；反之则摩擦热就小。

由于压延熔料易于包在辊温高、转速快的辊筒上，所以辊筒的辊温控制应是Ⅱ辊高于Ⅰ辊，Ⅲ辊高于或等于Ⅱ辊，Ⅲ辊略大于或等于Ⅳ辊。辊筒之间的温度差一般控制在 5～10℃。在特殊情况下，Ⅲ辊的温度略低于Ⅱ辊和Ⅳ辊的温度。

② 辊筒转速　辊筒的转速控制，一般是按压延制品的原料性质和制品的厚度来决定。通常，生产硬质聚氯乙烯制品时，辊筒的转速控制在 3～30m/min；生产软质聚氯乙烯制品时，辊筒的转速控制在 10～100m/min。

③ 各辊筒间的转速比　辊筒间的转速比是指辊筒工作面线速度的比值。压延制品成型调整辊筒间有一定的速度比，目的是使压延熔料能够较顺利地贴附在快速辊的辊面上。相邻辊间的速度差使熔料增加剪切作用并得到延伸，改进了熔料的塑化质量，也同时提高了产品质量。各辊筒间转速比的大小与辊筒转速和制品厚度有关，可参照表 5-23 进行调整和选择。如果是按熔料的包辊情况调整速比，应以熔料既不包辊又不吹辊为准。辊筒间速度差过大会出现包辊现象。辊筒间速度差过小，易夹带空气，使膜吸辊情况变差，制品容易产生气泡。

表 5-23　四辊压延机辊筒间速度比值

薄膜厚度/mm		0.1	0.23	0.14	0.50
Ⅲ号辊辊速/(m/min)		45	35	50	18～24
速度比值范围	$v_Ⅱ/v_Ⅰ$	1.19～1.20	1.21～1.22	1.20～1.26	1.06～1.23
	$v_Ⅲ/v_Ⅱ$	1.18～1.19	1.16～1.18	1.14～1.16	1.20～1.23
	$v_Ⅳ/v_Ⅲ$	1.20～1.22	1.20～1.22	1.16～1.21	1.24～1.26

三辊压延机的辊筒转速比的控制，一般是Ⅱ辊转速比Ⅰ辊转速快 25%，Ⅲ辊与Ⅱ辊的转速接近相等，速度比为 1。

④ 辊筒温度与辊筒转速　在压延成型塑料制品的生产操作中，调整控制辊筒温度时，应注意辊筒转速与辊筒温度的相互影响。辊筒转速的快、慢变化对原料在被压延时的剪切、延伸作用产生影响，使原料间摩擦产生的热量也随之变化。这样，辊筒温度也会同样随之产生升降变化。所以，生产操作时要注意它们之间的影响关系：两者间其中有一项变化，则另一项也应随之调整，这样才能保证生产顺利进行及产品质量的稳定。例如，生产一种塑料薄膜时，采用辊速 40m/min，辊筒温度 175℃，生产正常进行。如果把辊速提高到 60m/min，而对辊筒温度不进行调整，则熔料温度会提高，引起色辊现象。反过来，如果用辊速 60m/min 进行正常生产时，降低辊速至 40m/min，辊筒温度还不进行调整，则熔料温度会慢慢降低，影响压延制品的表观质量，出现毛糙、透明度差或出现气泡及孔洞等现象。

⑤ 辊距的调整　辊距是指各辊筒的工作面间的距离。这个辊筒距离（也是辊筒工作面间的间隙）是为了控制制品的厚度，也是为了控制各辊筒间熔料的量。辊筒间的间隙大小调整，是以最后一组出制品的辊筒间隙为准，这个间隙与制品的成型厚度值接近。然后，依顺序Ⅲ号、Ⅱ号辊间及Ⅱ号、Ⅰ号辊间的间隙值，一个比一个大些。这样，能保证各辊在压延塑料熔料时，各辊间有一定的熔料存量，这个存料量大小，也是从下向上逐渐增加的。辊筒间有一定的熔料存量，对保证压延制品质量的稳定和改善熔料的塑化质量有利。各辊间的熔料存量多少，可参照表 5-24 中经验数据进行调整。

表 5-24　辊筒间熔料存量　　　　　　　　　　　　　　　　单位：mm

位置		Ⅰ、Ⅱ辊间	Ⅱ、Ⅲ辊间	Ⅲ、Ⅳ辊间
制品厚度	0.5	熔料卷直径 10～20	熔料卷直径 8～15	熔料卷直径 6～10
	0.10	熔料卷直径 10～20	熔料卷直径 10 左右	熔料卷直径 5 左右

生产中各辊间的存料量应参照成型制品的表面质量情况适当调整：存料过多时，熔料在两辊间旋转不好，易使塑料薄膜表面出现气泡，制品的厚度偏差波动较大，使制品质量不稳定。如果两辊间存料过少，会因有时进入辊间隙间的料量不稳定而引起膜边有裂纹或断裂。

对于硬片的压延成型，过多的辊间存料易使制品表面出现疤痕，增加辊筒的运转负荷。

（2）剥离辊、冷却辊和卷取辊的转速调整　聚氯乙烯薄膜压延成型后的后处理工作，即剥离辊、冷却辊和卷取辊的转速调整对制品质量也有较大影响。为了保证压延制品生产质量的稳定，使压延成型塑料制品生产顺利进行，剥离辊、冷却辊和卷取辊的工作速度一定要与压延机辊筒的转速匹配以协调运转。

① 剥离辊的转速调整　剥离辊的转速对制品的质量影响比较明显。正常工作时，对剥离辊转速的调整应以压延机中Ⅲ号辊的（指四辊压延机）转速为准。一般情况下，剥离辊的转速应比辊筒的转速略快些，具体应快多少，由熔料在四辊上的运行情况来决定。当出现薄膜包辊时，这说明剥离辊的转速偏慢，应把剥离辊转速调快些，以提高剥离辊与压延机辊筒的转速差。如果出现脱辊膜有较严重的拉伸现象时，说明剥离辊的转速过快，应适当把剥离辊转速调慢些，缩小剥离辊与压延机辊筒间的转速差。通常剥离辊的转速是辊筒转速的1.3倍左右。

② 冷却辊转速的调整　冷却辊的转速要比剥离辊的转速略快些。而冷却辊组中的各辊按运行顺序排列，也应是一个比一个略快些，但究竟应快多少，很难定出一个准确速比值，主要是薄膜在这里运行保持略有张紧状态即可。为保证薄膜制品的质量，避免膜产生较大的内应力或有较大的收缩率，注意冷却辊转速的调整，应以不使制品出现冷拉伸现象为准。

③ 卷取辊转速的调整　卷取辊的转速在正常生产卷取时，应该是略快于冷却辊的转速，这是为了保证制品的卷取工作能在一个较恒定的张力下进行。为了让制品在卷取过程中永远有一个比较恒定的张力，通常在卷取机前装有一个张力调整装置（即设一个张力辊），由张力调整中的张力辊上下浮动来控制卷取辊的转速变化，借以达到因卷膜捆直径增大而引起的卷膜速度变快。随着膜卷捆直径增大，逐渐降低卷膜速度，以达到保持卷膜张力的恒定。

张力辊的重力由卷取膜的厚度决定（实际也是膜的拉伸强度），可参照表5-25中的数值确定。卷取膜在卷取捆上较松，说明膜的张力还小，应适当加大浮动辊的重力。过松的制品卷取、长时间堆放，容易使薄膜产生皱褶。如果卷取捆上的薄膜过紧，说明张力辊过大，应减轻配重。过紧的制品卷取应用时很难摊平，而且收缩率也较大。

表 5-25　张力辊与薄膜厚度关系

薄膜厚度/mm	0.10	0.23	0.32
张力辊配重/kg	1.5×2	2.0×2	3.0×2

（3）薄膜厚度的控制措施　聚氯乙烯薄膜的压延成型，制品的厚度尺寸是质量检测的一个主要指标。在薄膜的压延成型中，最突出的问题恰恰是该制品的横向截面厚度的控制问题：出现制品的两端和中间偏厚及中间区的两侧偏薄现象。这种现象形成的主要原因是辊筒压延塑料薄膜时，受原料反压延力作用，使辊筒产生了弹性变形。为了消除这种现象对制品厚度尺寸的影响，应主要采取以下措施。

① 控制辊筒体的长径比（即辊筒工作面直径与长度的比值），一般压延软质塑料辊筒的长径比 L/D 最大不许超过3。

② 选择较好的材料制造辊筒来提高筒的工作强度和刚性，如用合金钢或铸钢铸造或锻造成形辊筒体毛坯。

③ 辊筒工作面磨削成中间部位略高些且呈腰鼓形辊筒工作面。

④ 采用辊筒轴交叉法或预负荷法。

⑤ 在压延成型制品的最后一个辊筒两端及中间部位设置红外线照射，而在辊中部的两侧安置风管吹冷风等。

5-37 压延机生产操作对设备（压延机）有哪些要求？

压延机生产运行时压延机操作应注意下列事项。

① 新压延机试车和试生产期间内不允许用大于 60m/min 的车速进行生产，不许满负荷试车。

② 正常压延生产塑料制品时不许主电动机超负荷工作（允许瞬间超载）。

③ 正常生产时，压延辊筒轴承润滑油的回油温度最高不许大于 100℃；如果是滑动轴承，要经常检查回油中的铜粉含量，找出磨损铜粉增加的原因，及时排除。每次检修后要试验润滑油供应油路不通畅报警是否能准确工作。

④ 要经常检查压延辊筒间的余料存量，一般控制料卷直径在 $\phi 30mm$ 左右。

⑤ 只有在压延辊筒间有存料时才允许采用微调辊距，即对辊筒的反弯曲和预负荷装置等进行调节。

⑥ 正常生产中的辊筒间余料存量变化和辊筒的升、降速及辊面温度的波动等，都要对制品的厚度尺寸产生影响，发生上述几种工艺条件变化时，要及时检测制品质量，及时对辊间距进行微调控制。

⑦ 辊筒的升、降温调节（指开车或停车时）都应在辊筒慢速旋转条件下进行，辊筒升温速率控制在每小时不超过 30℃。

⑧ 在正常生产中要随时观察液压系统、润滑系统及冷却水循环系统的工作运转情况，发现问题要及时处理。

⑨ 没有特殊意外事故不许用紧急停车开关。由于停电或紧急停车时要及时清除辊筒上的熔料，此时允许辊筒短时间（不大于 2min）开倒车，以方便清除辊筒间残料。

⑩ 清除辊面上残料时，不许用钢质刮刀，只能用铜质或竹刀类工具，避免划伤辊面。

⑪ 使用辊筒轴交叉装置来调整制品的横向截面厚度公差时，不应调整较大的轴交叉量，调整时注意其对制品横向截面厚度尺寸变化的影响。轴交叉时以辊筒的工作面中点为轴，辊筒两端向相反方向移动，左右移动量对称相等，轴交叉角小于 1°。

⑫ 当生产停止时，压延辊筒的温度只有降到低于 60℃时才允许停止辊筒旋转。

⑬ 新设备试车生产 1 个月后（不少于 500h），必须清洗各润滑部位，换新润滑油；检查各工作传动零件磨损情况，做好记录；磨损严重的零件要求设备制造厂给予更换，此现象属制造质量问题。

⑭ 注意压延辊筒用润滑油的选用，一般可选用设备制造厂提供的润滑油。笔者过去曾用 52 号过热汽缸油中混有 30％的二硫化钼粉（细度不大于 $0.5\mu m$，要与油混合均匀）作为润滑油；还采用进口美孚石油公司的 Mobil 80 号润滑油，效果也较好。

⑮ 压延辊筒的反弯曲和预负荷装置的使用调整要在辊筒间有存料时进行。不采用这种装置时，要先调大辊距后再将推动这个装置的液压缸卸压，避免擦伤辊面。

5-38 压延机工作质量对产品有哪些影响？

在压延机生产线上，压延机是压延塑料制品（如薄膜、片）成型的最后一台设备。所以，压延机制造精度的高低、辊筒转速和温度控制的平稳性、主要零件的工作强度及成型制品辊筒的工作表面粗糙度等是否符合工艺要求，都将直接影响制品的质量。压延机工作状态对制品质量影响如下。

① 辊筒轴承间隙过大，使制品（薄膜）的纵向、横向厚度尺寸误差大，制品表面有不规则横纹。

② 辊筒轴承密封差、漏油严重，使制品表面污染。

③ 喂料挤出机过滤网破裂，导致制品表面出现气泡、斑点，制品有孔洞。

④ 辊筒工作面几何尺寸精度低，表面粗糙度 Ra 值大，使制品的横向、纵向截面厚度尺寸误差大，制品表面不光泽，制品透明度差。

⑤ 辊筒工作面镀铬层脱落，表面磨损严重，压伤、划痕较多，使制品横向、纵向截面厚度尺寸误差大，制品表面发暗，无光泽，制品表面有划痕和条纹。

⑥ 传动齿轮制造精度低，啮合工作位置不准确，使制品表面有横纹，制品纵向截面厚度尺寸误差大。

⑦ 万向联轴器工作不平稳，使制品纵向截面厚度尺寸误差大，制品表面有横纹。

⑧ 两相邻辊筒间隙不均匀，使制品横向截面厚度尺寸误差大，制品表面有云纹。

⑨ 辊筒工作面温度误差大，使制品横向截面厚度尺寸误差大，制品表面有云雾状阴影，透明度差。

⑩ 辊筒轴交叉调整不当，使制品横向截面厚度尺寸误差大，制品边缘过厚。

⑪ 辊筒预负荷调整不当，使制品横向截面厚度尺寸误差大。

⑫ 辊筒工作面污染，使制品表面发暗，透明度差或制品表面有云雾纹。

⑬ 辊筒旋转速度不稳定，制品易出现横向纹，纵向厚度误差波动大。

5-39 压延机工作故障的排除方法有哪些？

压延机工作常见故障产生原因与排除方法见表 5-26。

表 5-26 压延机工作常见故障产生原因与排除方法

故障现象	产生原因	排除方法
辊筒工作面温度不均匀，温度差过大	①中空式辊筒的辊体壁厚不均匀 ②滑动轴承用润滑油温度低或流量过大 ③加热介质的输入管在辊筒空腔内过短 ④加热介质的输入管路不通畅	①辊筒空腔内壁应进行机械加工使辊体壁厚均匀 ②减少轴承润滑油流量 ③输入管加长，出口应接近空腔端面 ④清除管路中异物
辊筒加热升温缓慢	①加热介质（油或蒸汽）输入管路不通畅，有堵塞现象 ②加热介质循环量小 ③加热介质温度偏低（循环加热功率小或蒸汽压力小）	①检查管路不通畅部位，消除管内污垢和异物 ②加大加热介质循环流量 ③查出循环油温度低的原因，加大加热功率，蒸汽加热时提高送蒸汽压力
辊筒旋转速度不稳定或抖动	①驱动电动机转速不稳定，受电压波动影响 ②传动系统中有轴承严重磨损 ③万向联轴器中的零件磨损严重 ④传动齿轮的齿面磨损严重	①查出电压不稳原因，接入正常电源 ②更换磨损严重轴承 ③检修、更换损坏零件 ④更换传动齿轮
辊筒间隙调整不到位或不准确	①辊筒支撑轴承（滑动或滚动轴承）严重磨损，配合间隙过大 ②轴承调距中的传动件丝杆或螺母出现严重磨损	检修、更换磨损件

故障现象	产生原因	排除方法
辊筒旋转工作时轴向窜动量过大	①辊筒如果采用滑动轴承支撑是由于轴承铜衬套端面与辊筒轴肩距离过大所致：直接原因一是安装时调整不当；另一点可能是两者接触磨损造成的 ②辊筒如果采用滚动轴承支撑，是由于装配时轴承的轴向游隙留量过大所致	①检修、更换严重磨损的铜衬套，如果是装配不当应修正 ②重新调整滚动轴承游隙窜动量，适当缩小
辊筒调距显示值不一致	①位移传感器安装不当 ②位移传感器安装零件强度差 ③位移传感器易受振动影响 ④显示仪表、工作有误	①校正位移传感器与辊距相符 ②适当调换强度好的零件 ③适当调换位移传感器工作位置，减少振动 ④检修、校正显示仪表
齿轮减速器轴承温度高	①滚珠轴承上的珠架损坏 ②润滑油不足 ③润滑油不清洁 ④滚珠严重磨损 ⑤安装不当，没留出轴窜动游隙 ⑥传动轴弯曲变形	①更换新滚珠轴承 ②加足润滑油(脂) ③清洗轴承部位，更换洁净润滑油 ④换新轴承 ⑤检修、重新装配 ⑥检修、查出轴变形原因，校直轴
减速器工作时发出较大噪声或出现较大振动	①齿轮工作面严重磨损 ②齿轮精度低、啮合位置不当、齿轮轴弯曲变形 ③润滑油不足 ④滚珠轴承损坏 ⑤箱体紧固螺钉松动	①更换齿轮 ②检修、查出齿轮旋转产生噪声原因，进行调整修复 ③加足润滑油 ④换新轴承 ⑤紧牢松动螺母
齿轮减速器体温度高	箱体内润滑油温度过高。可能是润滑油量过多，润滑油内杂质多，齿轮啮合传动装配不当而产生较高摩擦热	检修、控制箱内润滑油量在允许油标范围内，过滤润滑油，找出传动齿轮发热原因
辊筒轴承用润滑油回油温度过高	①油箱内冷却管路面积小，冷却水流量小或冷却管路不通畅，水垢过多或有异物堵塞 ②润滑油流量过小 ③滚动轴承或滑动轴承磨损严重 ④辊筒内隔热套损坏，辊筒轴颈被导热油加热 ⑤液压泵供油量过大，使其在减压阀以下循环，造成油温升高	①检修润滑油冷却循环管路排除故障 ②加大润滑油流量 ③更换轴承 ④检修，打开辊筒轴端密封盖，更换隔热套 ⑤调换排油量较小的液压泵
辊筒轴承漏油	①循环润滑油压力过高 ②轴承密封垫磨损 ③回油管路内有异物堵塞 ④循环润滑油进轴承内油量过大 ⑤滑动轴承体有漏油和砂眼	①适当降低循环油压力 ②检修、更换新密封垫 ③检修、查出管路堵塞部位，清除异物 ④适当调小润滑油供油量 ⑤找出漏油部位，堵塞该部分

续表

故障现象	产生原因	排除方法
旋转接头泄漏	①石墨密封环磨损严重或损坏 ②弹簧压力不足 ③旋转接头壳体有砂眼或损坏 ④循环介质中杂物多，密封环平面间混入异物	①更换密封环 ②更换弹簧 ③检查壳体泄漏处修补或更换新壳体 ④过滤、清除介质中杂质
剥离辊温度不均匀	①辊体内部流道结构不合理 ②导热介质流量偏少 ③导热介质流动不顺畅	①更换新辊，适当修改介质流道结构 ②加大导热介质流量 ③检修介质流通管路，用酸性溶液清洗辊筒内腔流道
制品运行张力不稳定，忽松、忽紧	①压延机生产线中的各辅机辊筒旋转线速度调整不合理。从压延机至卷取各设备，应有一个稳定且逐渐加快的速度差 ②有个别设备中的辊筒转动不平稳，可能是因辊筒动平衡质量不好或该辊旋转用传动系统有问题	①重新调整生产线中各辊筒的转速度差 ②检修、查找辊筒的动平衡状况及传动系统问题
制品运行"跑偏"	①压延机生产线上各辅机中心线与压延机中心线不在同一轴心线上 ②辅机中各辊筒轴心线不平行（即辊筒工作面间的间距不相等）	检修，重新校正

5-40　辊筒、轴承及其润滑系统怎样进行维护保养？

参照压延机使用说明书，认真按压延机使用内容中的压延机生产操作顺序进行操作，还应高度重视问题5-36中所提到的压延机生产操作注意事项。如果做好上述内容中的各项工作要求，就是对压延辊筒、轴承及润滑系统的最好维护保养。

对于压延辊筒、轴承及润滑系统的维护保养，在这里重点提示以下几点。

① 对于压延机设备中各旋转部位润滑油的使用，应按设备使用说明书中规定的品种、油质要求选用；新设备进厂试车生产500h后，要排除全润滑系统中的润滑油（脂），将润滑部位及输油管路清洗干净，更新与原牌号相同的新润滑油（脂）。

② 定期检查润滑油供应量的多少及油质的变化，发现油质不纯（含水或杂质多）或出现油分解现象要及时更换新油。

③ 导热油的加热及控制系统与压延机生产线车间之间要有隔离墙和防火门，室内备有用于预防油类火灾用气体、干粉或泡沫灭火器。

④ 定期检测导热油质量。发现变质或分解要及时更换。

⑤ 压延辊筒的升、降温工作，必须是在辊筒低速旋转条件下进行；升、降温速率要缓慢，升温速率最高每小时不超过30℃；辊筒降温至小于60℃时才可停止辊筒运转。

⑥ 要经常检查压延机辊筒工作运转是否平稳，传动零件是否有异常声音，主电动机工作电流是否出现异常。发现问题（电流急速升高）时要及时停机，查出故障原因，排除故障后再继续生产。

⑦ 定期检测、试验各安全装置的使用性能，是否能及时准确地报警，使其一直保持在最佳工作状态。

⑧ 压延机辊筒的启动或停止都应在低速条件下进行。

⑨ 设备运转工作中不许拆卸、更换零件。

⑩ 调整辊筒间距离时，要先把挡料板和剥离辊与辊筒的距离调大，然后再调辊距。正常工作时，挡料板不要与辊筒接触，以避免加快挡料板的磨损或划伤辊筒工作面。

⑪ 当出现突然停电时，要立即停止导热油加热，用手盘动传动系统，在辊筒转动状态下降温。

⑫ 当设备长时间停机时，要排净管路中的水、油、蒸汽，同时把各进出口封严，辊面涂防锈油，用薄膜包扎好。

⑬ 辊筒、轴承备件做好清洁处理后要涂防锈油，用薄膜包扎好，存放在干燥、通风、环境温度不低于5℃的库房内。

5-41 辊筒、轴承是怎样损坏的？

辊筒、轴承损坏原因大致如下。

① 辊筒安装吊运时，钢质吊索与辊面直接接触，使辊筒工作面出现压伤或划痕。

② 喂料用挤出机的过滤网破裂，金属探测仪失灵，使熔料中杂质或硬金属块在压延中造成辊面出现压痕或小坑。

③ 辊筒试车初期运转速度过快，加快了辊筒轴颈与轴承衬的磨损。

④ 辊筒的加热升温或冷却降温速度过快，造成辊筒局部应力集中，出现微小裂纹，加快了辊筒的损坏速度。

⑤ 辊筒与两端轴承安装后的同心度不好，辊筒轴颈与轴承衬接触不全面，工作时加剧了两者的局部磨损。

⑥ 辊筒间没有熔料而进行辊距调整，操作不当，造成辊面擦伤。

⑦ 清理辊筒工作面时工具选择不当，划伤辊面。

⑧ 在辊筒间无料而辊距很小的条件下，调整辊筒弯曲或预负荷装置，造成辊面擦伤。

⑨ 生产中辊筒间断料（即没有料），没有及时迅速调大辊距造成辊面擦伤。

⑩ 长期存放的辊筒，由于涂防锈油或包扎保护辊面工作做得不好，造成辊面生锈或被冲撞受损。

⑪ 辊筒轴颈 R 圆弧部位与轴承轴衬的轴向窜动量过小，辊筒加热工作膨胀后，造成轴颈 R 圆弧处严重磨损。

⑫ 辊筒轴承润滑油工作时油温过高，降低了油膜强度，使轴承部位不能保证良好的润滑条件而加剧了辊筒轴颈与轴承衬的磨损。

⑬ 润滑油流动压力不足，不能进入轴承衬的受力部位，局部造成干摩擦，很快使轴颈和轴衬损坏。

5-42 损坏的辊筒、轴承怎样进行修复？

损坏的辊筒、轴承修复方法如下。

① 如果辊筒的工作面上有凝固挥发物或出现烧焦现象，影响制品表观质量时，可用竹类刀具或用棉布涂些硬脂酸清除辊面上污物；必要时用抛光机在辊面上涂些抛光膏把辊面抛

光；如有锈斑，可用 120 号航空汽油擦洗，再用 180 号砂布蘸全损耗系统用油擦洗，然后用棉布蘸全损耗系统用油与抛光膏混合剂进行抛光。

② 把辊面损伤比较严重的 Ⅳ 号辊与磨损伤不太明显的 Ⅱ 号辊对调使用，也可暂时生产制品质量要求不太高的塑料制品。

③ 如果辊面局部有 1～2 个小坑，可用刷镀方法修补，然后用细油石磨光，最后再抛光。

④ 如果辊筒工作面磨损比较严重，应该拆卸并磨削辊筒工作面，精磨后的辊筒工作面表面粗糙度 Ra 应不大于 $0.05\mu m$。如果用于生产透明膜，则 Ⅲ 号、Ⅳ 号辊筒的辊面表面粗糙度 Ra 应不大于 $0.012\mu m$；Ⅰ 号、Ⅱ 号辊筒工作面表面粗糙度可略大些。精磨后辊筒工作面的直线度和同轴度误差应控制在 $2\mu m$ 以内。

⑤ 滑动轴承的磨损主要是轴衬损坏　轴承衬是滑动轴承的易损件，采用滑动轴承的压延机，投产后就应配备好轴衬备件。重新修配轴衬时，要先把辊筒的轴颈部位修复磨光，然后按辊筒轴颈修光后的实测尺寸配制滑动轴衬。轴衬机械加工时，要留出能够保证两零件装配后的 $0.6～0.9mm$ 间隙值。轴衬与轴承座采用压配合，然后用骑缝螺钉固定两零件相互位置。当加工从进油孔向两端延伸的润滑油用分布油沟时，应由深逐渐变浅，同时油沟边要倒角。

5-43　辊筒怎样进行拆卸?

需要磨削修复辊筒工作面时，拆卸辊筒应参照问题 5-31 中压延机辊筒的安装，把辊筒的吊运安装顺序反过来，将最后安装的零部件改为首先拆卸的零件即可。辊筒的吊运拆卸顺序是先 Ⅱ 号、Ⅰ 号辊筒，再拆卸 Ⅲ 号、Ⅳ 号辊筒。辊筒吊运方法参照图 5-79 中吊运方式。

(1) 辊筒及各附属零部件拆卸时的注意事项

① 各零件拆卸前要查阅压延机各部位装配图，了解各部位零件的结构和部件中各组成零件间的相互配合关系，然后决定各零件的拆卸顺序。

② 对各部零件的拆卸，一般规律是先拆上部零件，再拆下部零件；先拆外部零件，再拆内部零件；先拆部件，然后再拆部件上的零件。

③ 用手锤击打拆卸零件时，被击打部位要垫硬木块或软金属垫，防止击伤零件表面。

④ 管件拆卸后，首先要清洗各部位，然后封好管口，避免掉进杂物。注意：管路清洗应使用与原输送液同性质的油。

⑤ 对那些无定位标注而有方向要求的零件，拆卸前要打印标记；辊筒轴端传动用人字形齿轮，原啮合齿一定要对应打上标记。

⑥ 一组部件上的零件，拆开清洗后要摆放在一起，以方便装配；小零件拆下清洗后，要尽量先安装在原件上，避免丢失。

(2) 辊筒及各附属零部件的拆卸顺序

① 调大辊筒间的距离（不小于 10mm），用橡胶片或泡沫人造革包扎好辊筒工作面，防止碰伤辊面。

② 拆卸水、蒸汽、油及液压系统管路。

③ 拆卸各调整装置电动机上的电路线路。

④ 拆卸万向联轴器。

⑤ 拆卸预负荷、辊筒弯曲装置。

⑥ 拆卸轴交叉和辊筒调距装置。

⑦ 拆卸吊运辊筒。

（3）预负荷装置中轴承的拆卸与安装

① 滚动轴承的拆卸过程如下。

· 首先焊接一个专用轴承拆卸器，结构形状如图 5-81 所示。

· 拆下轴承外侧端盖及轴承外壳体，旋下轴承定位螺母，卸下定位卡簧。

· 连接液压泵和轴端拆卸注油孔管路。

· 安装好轴承专用拆卸器，拉爪勾住轴承内套承受拉力，启动液压泵，注入有一定压力的润滑油到轴承内套与辊筒轴之间，旋转螺杆，即可把轴承卸下。

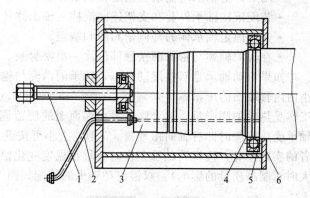

图 5-81　预负荷、轴弯曲轴承的拆卸
1—拆卸器螺杆；2—输油管；3—辊筒轴颈；4—轴
承定位卡簧；5—滚动轴承；6—拆卸器拉爪

② 滚动轴承的安装次序如下。

· 把清洗好的轴承内侧端盖和内侧密封圈装在辊筒轴颈上（密封圈一般是拆卸一次，更新一次）。

· 把预负荷装置中的轴承吊放在油中，加热至 $80\sim90$℃，保持恒温 $20\sim30$min 后，立即装在辊筒（一般在Ⅲ号辊筒轴端）端轴颈原位置上（也可采用吹冷风，加快轴承降温定位）。

辊弯曲轴承的安装是直接推入辊筒轴颈至最紧，然后用螺旋液压器专用工具推轴承至原位，控制轴承间隙在 $150\sim170\mu$m 之间，然后旋紧定位螺母。

· 装上轴承外壳和外侧密封圈及端盖，用螺栓紧固。

（4）辊筒弯曲装置轴承的拆卸与安装

① 辊弯曲装置轴承的拆卸与预负荷轴承拆卸方法相同，参照预负荷轴承的拆卸方法操作。

② 辊弯曲装置轴承的安装次序如下。

· 把清洗干净的内侧端盖和新换的密封圈套入轴颈。

· 把锥孔轴承推入轴颈至最紧部位。

· 用螺旋液压器专用工具推动轴承移动到位，控制轴承间隙在 $150\sim170\mu$m 之间，然后旋紧轴承定位螺母。

· 装上轴承外壳和外侧端盖，用螺栓紧固。

（5）辊筒轴承的拆卸与安装

① 辊筒轴承的拆卸次序如下。

· 拆卸侧端盖与轴承体连接螺栓。

· 从轴颈上退出侧端盖和轴承体外壳。

· 卸下滚柱轴承外套和滚柱保持架。

· 清洗保持架和外套，检查磨损情况。如果质量完好，涂油包好，待装。滚柱轴承内圈与辊筒轴颈采用压配合安装。如果清洗检查一切完好，轴承内套一般正常情况下不需要拆卸，因为比较麻烦，需要有专用压力机才能完成的工作。

② 辊筒轴承的安装次序如下。

- 把清洗干净的轴承体内侧端盖和密封圈套入辊筒轴颈上。
- 把轴承体外壳套在辊筒轴颈上。
- 用螺钉把轴承内侧端盖固定在轴承体上。
- 装配滚柱轴承外套和支架连同滚柱入轴承体外套内。
- 安装固定轴承体的外侧密封圈和端盖。
- 在辊筒轴颈与密封圈接触部位涂一层密封胶。

如果滚动轴承是双锥滚动轴承，轴承的内套与辊筒轴颈是过盈配合，则配合过盈量的大小由内套端面的压紧螺钉来调节，如图 5-82 所示。这种轴承装配时，注意一定要留出轴承工作受热时的膨胀量，这个膨胀量由端面上的压盖调整间隙 δ 来保证。有了这个 δ 间隙值，轴承受热膨胀时即有轴向窜动量。δ 值的大小可按设备说明书中的要求调节，也可根据操作者的实践经验，按辊筒轴承工作时的轴承温度变化留出 δ 值（但同时又要注意轴承窜动量过大时对制品质量的影响）。双锥滚动轴承的装配如图 5-83 所示。

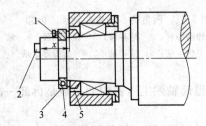

图 5-82　双锥滚动轴承内套与辊筒轴颈的配合

1—调节螺钉；2—（磁铁）标准块；

3—螺钉；4—半环；5—垫圈

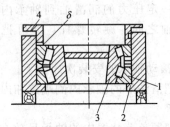

图 5-83　双锥滚动轴承的装配

1—轴承外套；2—轴承体；

3—轴承锥形内套；4—端压盖

5-44　压延辊筒的加热冷却系统怎样进行使用与维护？

压延机辊筒的升温加热方式有：蒸汽加热、电阻加热、过热水循环加热和导热油循环加热。初期生产的压延机辊筒加热多数采用蒸汽加热辊筒。需要锅炉占地较大，生产环境比较杂乱。近些年生产的压延机一般都采用导热油循环加热冷却方式来控制辊筒的工作温度。导热油循环加热冷却辊筒用的设备占地小，工作噪声也小，环境比较整洁。

（1）导热油循环加热冷却系统的工作方式

导热油循环加热冷却压延辊筒设备比较简单，导热油循环结构组成如图 5-84 所示。

它由电阻加热器、冷却器、气动三通阀、加油泵、循环液压泵、膨胀器和控制元件组成。导热油加热辊筒循环工作方法如下。

当辊筒 4 需要加热升温时，循环液压泵 1 启动，导热油在循环管路中流动；自动控制元件启动电阻加热器 5 开始工作，温度控制元件把气动三通阀 3 中的 a 和 c 接通，b 管口关闭。这时，导热油在循环液压泵的推动下，经由 a 和 c 阀→辊筒→电阻加热器→循环液压泵。导热油循环流动加热辊筒。当辊筒加热升温超过工艺要求温度时，温度控制元件自动关闭电阻加热器，关闭三通阀中的 a 管通口，打开 b 阀门，使 b 管和 c 管阀门接通，则导热油循环流动经冷却器 2 降温后，再经三通阀中的 b 孔和 c 孔流经辊筒，使辊筒的温度逐渐降下来。

（2）导热油的选择及使用

① 导热油的选择条件

- 热稳定性好，在高温条件下长期循环工作不变质。

- 热传导性能好，而且比热容高。

- 对金属设备零件无腐蚀性，无毒，凝固点高，不污染环境。

目前，国内压延机加热用导热油多数由燕山石化研究院生产，牌号有 YD-250、YD-300、YD-325 和 YD-340 等。进口导热油产品有 KSK260、Therm200、Therm300 等。

② 导热油的使用要求

- 不同牌号的导热油不能混合使用。

- 导热油循环工作应在密闭的管路中，不许与空气接触。

- 导热油使用前要进行脱水处理。脱水处理方法如下。

a. 打开导热油循环加热冷却系统管路中的排油阀。

b. 启动循环液压泵，导热油加热升温至 100℃。

c. 辊筒转动，导热油流动，从排油阀流入容器内，油中水分随油流出蒸发；将容器中导热油再加入循环管路中，再经加热排出，油中水分再蒸发。这样处理让导热油被加热循环数次，直至油中水分蒸发干净为止。

d. 把导热油在循环管路中加热升温至 130℃，再让导热油循环 4～8h；确认油中无任何挥发物后，停止导热油脱水，关闭排油阀门。

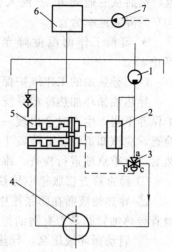

图 5-84　导热油循环加热冷却系统结构

1—循环液压泵；2—冷却器；3—气动三通阀；4—辊筒；5—电阻加热器；6—膨胀器；7—加油泵

在导热油进行脱水处理时，注意膨胀器中导热油量的控制，受热膨胀条件下的导热油液面不要超过膨胀器中液面限制的最高指标。

(3) 导热油循环加热冷却的操作

① 导热油循环加热前的准备

- 清洗导热油循环管路（用与导热油性质相同的清洗剂清洗），同时检查油管路的最高部位是否有排气阀，各阀门及控制元件是否工作可靠，动作是否控制准确到位，管路要通畅。

- 点动循环液压泵，核实液压泵旋向是否正确。

- 试验导热油的加热、冷却装置是否能准确、正常工作。

- 试验调整气动三通阀动作应准确到位，工作气压调整控制在 0.14MPa。

- 打开压力表和膨胀器阀门。

② 加注导热油工作顺序

- 开每个独立循环的导热油管路中最高部位的排气阀。

- 启动导热油补给泵，加注导热油至循环油管路中，直至排气阀有导热油溢出，关闭排气阀。

- 当膨胀器中的导热油液面高出油标低位线时，停止加注导热油。

- 启动循环液压泵，导热油在循环管中流动 1h 后，再打开排气阀直至有油溢出，再关闭排气阀。

- 检查膨胀器中导热油液面，如果低于油标最低线，再启动导热油补给泵加注导热油，直至导热油液面高于油标最低标线。

③ 导热油加热、冷却循环工作停止顺序

- 压延机停止供料生产，关闭电加热系统。

- 气动控制三通阀关闭 a 进油孔，把 b 油路和 c 油路接通；导热油经风冷却装置冷却降温，然后从三通阀 b、c 流入辊筒，辊筒也开始降温；注意降温速率不可过快，以每小时 30℃的降温速率为宜。

- 辊筒工作面温度降至 60℃时停止辊筒转动，关闭导热油循环泵，导热油循环停止。

（4）导热油的工作维护保养

导热油循环加热冷却系统由于长期工作，各控制元件磨损严重或由于操作者对设备的维护保养不当，生产时会出现一些故障。对于设备操作者而言，当设备运行中出现故障时，经检查，应该知道设备故障发生的原因，能够从几个方面去分析和找出出现故障问题的原因，然后，有重点地进行检查、维修、排除故障。

① 经常检查膨胀箱中导热油的液面，应使之保持在油标最低限之上。

② 导热油液面在膨胀箱中低于油标最低限时应及时加油补充，如果液面不见升高，应检查导热油管路是否有漏油部位。

③ 启动循环液压泵，导热油循环出现噪声异常、压力表摆动时，可能是输油管路中有空气或导热油脱水不完全或者是循环液压泵出现故障、工作转动不平稳造成的。可依顺序检查排除或对循环液压泵进行维修。

④ 导热油循环液压泵轴承部位温度较高（超过 65℃），影响原因可能有：轴承部位滚动轴承损坏或严重磨损；电动机与循环液压泵轴不同轴；连接电动机和泵轴用联轴器损坏。应维修去排除故障。

⑤ 导热油加热升温慢，故障原因如下：电阻加热器中电阻损坏；气动三通阀工作位置不准确，有部分导热油从冷却装置管路通过；温度自动控制系统失灵。

⑥ 导热油降温速率慢，故障原因如下：温度控制系统失灵；电阻加热没有停止工作；气动三通阀工作位置不准确。

⑦ 气动三通阀不能正确工作，故障原因如下：阀芯磨损严重，导热油在阀内窜流；阀芯上有毛刺或异物，造成阀芯移动阻滞。

⑧ 导热油系统经维修后，工作前要核实校正仪表显示油温与实测油温之间的误差。

（5）旋转接头的维护保养

① 旋转接头安装使用前，要把各零件清洗干净后组装。组装时两摩擦面间要涂些耐高温润滑油，以延长其工作寿命。

② 旋转接头输入、输出管应耐高温、高压。管的长度以能保证辊筒调距需要即可，不宜过长。

③ 旋转接头体外不许承受任何压力和拉力。

④ 旋转接头在没有通入加热介质时不宜长期空运转。

⑤ 如果出现漏油现象，要及时维修　检修后一定要清洗干净各零件再组装；密封摩擦面间不许有任何异物。如果检修后还有漏油现象，可能是弹簧长期在高温条件下工作变形，弹簧压力减弱，应更换新弹簧。

5-45　挡料板怎样进行使用与维护？

挡料板在Ⅰ、Ⅱ压延辊筒的两端部位，两块挡料板的距离可调，其作用是控制喂料挤出机（或带输送机）供料时在Ⅰ、Ⅱ辊间的宽度。在控制加料宽度的同时，使压延成型制品的宽度也得到控制。挡料板的结构组成比较简单。如问题 5-16 中图 5-33 辊筒用挡料板结构所示。图 5-33 中是用电机驱动，通过减速后，由螺杆、螺母带动挡料板能够左右移动调整两块挡料板间距离的结构组成形式。两块挡料板既能同时进行相反方向移动，又能同时进行相对方向移动，使左右两挡料板间距离调大或调小，以达到工艺操作需要的宽度。

为了防止划伤辊筒表面，挡料板一般都用黄铜板制造。平时在交接班工作时要注意检查固定挡料板用各部位螺钉或螺母，保证其不应有松动现象；若有松动，发现后要及时拧紧。这一点非常重要，一旦螺钉或螺母脱落，辊筒面将会损坏，造成重大事故。另外，在辊筒调距时，注意把挡料板移开，避免损坏辊面或挤坏挡料板。转入正常生产时，注意经常清除螺杆、螺母间的残料，避免影响挡料板的调整移动。

5-46 压延辊筒调距和轴交叉装置怎样进行维护?

① 装置中的减速传动零件装配前要清洗干净，加足润滑油（脂）。

② 涂色检验蜗轮蜗杆啮合部位是否合格，适当调整两零件在分度圆部位正确啮合工作。

③ 用手转动传动装置，应灵活运转，无阻滞卡紧现象。

④ 空载启动电动机工作，轴承部位温升应不超过45℃，电动机负荷电流不大于额定电流的15%。

⑤ 轴交叉装置中的自动调心滑动弧面应光滑、转动灵活。两相邻辊筒轴交叉前，工作面要平行、间距相等。轴交叉调整时，辊筒两端要同时移动调整，两端轴线交叉角要相等。

⑥ 辊筒调距和轴交叉装置工作一年后要清洗各传动零件，更换润滑油（脂）。

⑦ 两种装置检修后，要校正两相邻辊筒工作面的距离与调距指针显示尺寸，使之相符，轴交叉校正核实应是零。

5-47 压延辊筒预负荷和辊弯曲装置怎样维护?

① 液压系统开始工作前要检查油箱中液压油量，及时补足液压油液面在油标低限之上。进出油口应在液面以下。

② 第一次启动液压泵时，要检查液压泵旋向，保证与工作要求相符。

③ 液压系统第一次工作或停车时间较长时，开车后要进行液压管路的排气工作。

④ 液压油循环工作温度不应超过65℃，温度过高时应停车找出故障原因，排除故障后再生产。

⑤ 经常检查吸油口过滤网，必要时应清洗过滤网，防止堵塞。

⑥ 手动操作控制阀动作要缓慢进行。

⑦ 液压缸活塞运行应平稳，不许出现爬行或油压不稳定现象，出现漏油现象时要及时更换密封圈。

⑧ 处于运转工作状态的辊筒，在没有调大辊距前，不许把预负荷和辊弯曲液压缸卸压，以免擦伤辊面。

5-48 压延机主要零部件怎样进行维护检查?

表5-27列出压延机设备上主要零部件的维护保养及日常工作时的检查方法，供操作工和设备维修工参考。

表5-27　压延机零部件维护保养检查方法

部件名称	零件名称	检查项目	检查方法 运转时	检查方法 停机时	检查时间 日	检查时间 旬	检查时间 月	备注
全套设备	机架	紧固螺母是否松动		○			12	试车后检查一次；正常生产后，大修时检查
	机座	紧固地脚螺母是否松动		○				
辊筒及轴承部位	辊筒	工作面磨损，轴颈部位磨损，辊面生锈、裂纹	○	○	1		12	正常时交接班检查，必要时停车检查，每次大修时清洗后检查
	滑动轴承衬	磨损	○		1		12	磨损严重时换轴承衬
	滚动轴承	听转动声音	○	○	1		12	大修时清洗检查
	润滑油	油温	○		1			超过120℃时及时调整
		油质		○			12	大修时检测
	轴承端盖	漏油	○		1			根据漏油现象酌情处理，更换油封
	油封	漏油	○				6	
	轴承座	检查去污		○			12	大修时清洗
调距装置	蜗轮	磨损、破裂		○			3	正常情况下，可2~3年大修一次；油量和调距指示器应按时检查
	减速箱	漏油齿面磨损		○			12	
	油位计	润滑油量	○			1		
	调距指示器	调整核实"零"点		○			3	
	端盖	漏油	○		1			
轴交叉装置	蜗轮	磨损、破裂		○			12	正常情况下，可2~3年大修一次再拆卸清洗检查
	减速箱	齿面磨损、漏油		○			12	
	丝杆球形面	球形面磨损		○			12	
	销	调整间隙		○			12	
	轴交叉指示器	调整核实"零"点		○			3	
	液压缸	漏油	○		1			必要时换密封胶圈
	油位计	油量	○			1		油液面高在油标线以内
	端盖	漏油	○		1			必要时换密封垫
挡料板装置	挡料板	磨损		○			12	弧面磨损，间隙过大时可换挡料板；丝杆弯曲应校直
	丝杆	弯曲、油污		○			12	
	减速箱	齿面磨损、漏油		○			12	
拉回装置	轴衬（瓦）	磨损		○			12	磨损间隙超过2.5mm时应更换
	液压缸	漏油	○		1			液压缸漏油换密封圈
	油封	漏油、油封磨损	○				6	换油封
	端盖	漏油	○		1			必要时换密封垫
	轴承座	去污检查		○			12	大修时清洗
液压系统	液压泵	磨损	○				12	根据液压泵工作声响及油压稳定情况酌情检查
	压力表	检查工作压力	○		1			
	油位计	油量	○			1		
	油温		○		1			油温工作时不超过65℃
切边装置	切刀	刃口磨损		○				切边不齐时及时修磨
	切刀轴承	磨损		○			12	大修时检查，磨损严重更换
	链条	磨损		○			12	
	链轮	磨损		○			12	
紧急停车装置	制动器	试验检查工作可靠性	○	○				轮与带间隙应在0.3~0.6mm间
加热冷却系统	旋转接头	渗漏	○		1			酌情及时检修密封圈、垫
	法兰	渗漏	○		1			

续表

部件名称	零件名称	检查项目	检查方法		检查时间			备　注
			运转时	停机时	日	旬	月	
减速箱	轴承部位	温度	○		1			不超过 65℃
	齿轮	声音	○	○	1			声音异常,应停车检查
		磨损		○			12	大修时检查齿面
	油位计	油量	○			1		油液面在油位计线内
	滤油器	油网		○		1		清洗过滤网
	温度计	润滑油温	○		1			不超过 80℃
	液压泵	声音、油压	○	○	1			必要时停机检查
	润滑部位	润滑油流量	○			1		辊筒 3～5L/min,拉回装置 1.5～2L/min
	滚珠轴承	磨损		○			12	大修时检查
联轴器	滑块	磨损		○			3	磨损严重时,工作不平稳,应及时检修
		润滑		○	1			
		工作平稳性	○		1			
弹性联轴器	对轮	弹性胶圈、同轴度		○			3	弹性胶圈损坏更换、校正轴同轴

注:○表示适宜条件。

参 考 文 献

[1] 耿孝正. 塑料机械的使用与维护. 北京：中国轻工业出版社，1998.

[2] 刘廷华. 塑料成型机械使用维修手册. 北京：机械工业出版社，2000.

[3] 黄锐. 塑料工程手册. 北京：机械工业出版社，2000.

[4] 毛谦德等. 机械设计师手册. 北京：机械工业出版社，1996.

[5] 秦大同等. 现代机械设计手册. 北京：化学工业出版社，2011.

[6] 马康毅. 钳工问答. 上海：上海科学技术出版社，2012.

[7] 谢志余. 工具钳工简明实用手册. 南京：江苏科学技术出版社，2010.

[8] 周殿明. 塑料成型与设备维修. 北京：化学工业出版社，2004.